Rudolf Petersen
Karl Otto Schallaböck

Mobilität für morgen

Chancen einer zukunftsfähigen Verkehrspolitik

Springer Basel AG

Copyright-Nachweis

Farbteil I:
Bild 1   © Petersen
Bild 2 und 3   © Monheim
Bild 4 und 5   © Petersen
Bild 6   © Monheim/Thiemann
Bild 8 bis 12   © Petersen

Farbteil II:
Bild 1 bis 3   © Petersen
Bild 4   © Auwärter/Steinenbronn
Bild 5   © SGP, Wien
Bild 6   © DUEWAG, Düsseldorf
Bild 7   © Petersen
Bild 8   © WSW, Wuppertal
Bild 9   © Ing.-Büro Hüsler, Zürich
Bild 10   © Ing.-Büro Hüsler, Zürich
Bild 11 und 12   © American Railroad Association
Bild 13   © Spitzner, Wuppertal Institut/FOPA Dortmund
Bild 14   © Petersen/Spitzner

Die Deutsche Bibliothek – CIP-Einheitsaufnahme
Petersen, Rudolf:
Mobilität für morgen : Chancen einer zukunftsfähigen Verkehrspolitik /
Rudolf Petersen ; Karl Otto Schallaböck. –
Orig.-Ausg. – Berlin ; Basel ; Boston : Birkhäuser, 1995
   ISBN 978-3-0348-5708-6
NE: Schallaböck, Karl Otto:

Umschlaggestaltung: Markus Etterich, Basel
Gedruckt auf säurefreiem Papier, hergestellt aus chlorfrei gebleichtem Zellstoff. TCF ∞

ISBN 978-3-0348-5708-6   ISBN 978-3-0348-5707-9 (eBook)
DOI 10.1007/978-3-0348-5707-9

9 8 7 6 5 4 3 2 1

Inhaltsverzeichnis

V

Ziele und Strategien für eine Verkehrswende

VI

Bilder einer künftigen Mobilität

VII

Eine neue Qualität für Bus und Bahn

Vorwort

In Nordrhein-Westfalen fahren etwa so viele Autos wie in ganz Afrika. Die Bewohner der Stadt Marl haben etwa so viele Autos wie die 120 Millionen Bewohner von ganz Bangladesch. Das sind zwei Zahlen zur weltweiten Autoverteilung. Was, wenn sich die ganze Welt am deutschen (oder gar US-amerikanischen) Vorbild orientiert? Brauchen wir für die Verkehrsentwicklung so etwas wie einen Atomwaffensperrvertrag?

Zwei Zahlen und zwei Fragen aus diesem Buch von Rudolf Petersen und Karl Otto Schallaböck. Wer es sich antut, über diese Zahlen und Fragen ernsthaft nachzudenken, kann leicht in Verzweiflung geraten. Im Thema Verkehr liegt genug Sprengstoff für große, weltweite Konflikte. Mit Elektronik, Management und der leicht dahingesagten Formel »Mehr Markt im Verkehr« sind die Bomben nicht zu entschärfen.

Wir brauchen neue Visionen. Unsere Zivilisation muß besser erkennen lernen, was Sinn und Zweck und was lediglich Mittel zum Zweck ist. Heute steht die Mobilität im Zentrum. Um sie dreht sich alles, und zwar immer schneller, aber im Kreis herum. Um der Mobilität willen brauchen wir das Auto und das Fliegen.

Wir brauchen die hohe Mobilität um des beruflichen Erfolges willen, und wir rennen dem beruflichen Erfolg nach, um uns das Auto und das Fliegen leisten zu können. Die neue Vision fragt andersherum. Sie stellt Sinn und Zweck ins Zentrum. Was wollen wir erreichen? Wie erreichen wir unsere Ziele mit möglichst wenig Streß, Geld und Umweltbelastung? Und wie sollte unser Gemeinwesen die Straßen und Schienen, das Wohnen, Arbeiten und Lernen, das Einkaufen und die Freizeitmöglichkeiten organisieren, damit wir unsere Ziele mit wenig Streß, Geld und Umweltbelastung erreichen können?

Einfache Antworten auf diese komplexen Fragen gibt es nicht. Dieses Buch aus dem Wuppertal Institut führt zu ersten Antworten hin. Jetzt sind Leserinnen und Leser dran, sie im öffentlichen Diskurs zu testen.

Ernst Ulrich von Weizsäcker

Zur Einführung

*Die vom Prinzip Hoffnung getragene Sozialutopie hat eine deutli-
che Tendenz, technische Modelle zu vernachlässigen und sich an einer vortechnischen Welt, einer Welt ohne Geräte, zu orientieren;
die das Prinzip Hybris bergende technische Utopie extrapoliert alle
in der Gegenwart angelegten technischen Möglichkeiten, will die
Hoffnung von der Enttäuschbarkeit befreien und richtet ihr Auge
furchtlos in eine Zukunft, in welcher der Mensch Teil eines Appara-
tes und damit selbst »Gerät« wird.*

Jean Améry, Widersprüche

Mobilität: Ein Begriff verändert seine Bedeutung

Noch vor zehn Jahren hätte kein Laie und kaum ein Wissenschaftler den Begriff Mobilität mit Verkehrspolitik in Verbindung gebracht.
Heute sind Mobilität und Verkehr in der Alltags- und in der Politiksprache
nahezu Synonyme. Die ursprüngliche Bedeutung definiert Meyers Lexikon
in 10 Bänden, Ausgabe 1993, zwischen den Eintragungen »Mobilisierung«
und »Mobilmachung« wie folgt:

> »Mobilität (zu lat. mobilitas »Beweglichkeit«), räumlich-
> regionale (z. B. Binnen-, Ein-, Auswanderungen) und/oder
> positionell/soziale Bewegungsvorgänge von Personen, Perso-
> nengruppen, Schichten oder Klassen einer Gesellschaft. Hohe
> M. ist ein bes. Kennzeichen dynam. Ind.gesellschaften, in
> denen sich infolge technolog. oder sozialer Entwicklungen
> insbes. die berufl. und sozioökonom. Positionen großer

Bev.gruppen verändern. Ursachen und Grenzen der M. sind gesamtgesellschaftl., gruppenspezif. und individuelle Faktoren: histor. Zeitumstände (z.B. Kriegsfolgen), techn. und sozialer Wandel (Veränderungen der Berufs- und der kulturellen Wertestruktur), ökonom. und soziales Entwicklungsgefälle (z.B. Gastarbeitnehmer), schichten- und familienbestimmte (Herkunfts-) Traditionen und ›Barrieren‹, persönl. Aufstiegs- und Leistungsinitiativen.«

Dies ist offensichtlich nicht der Begriff von Mobilität, der gegenwärtig die Diskussionen bestimmt. Dessen Anwendung auf Verkehr und die Gleichsetzung von Mobilitäts- mit Verkehrsproblemen sind neu. Offensichtlich geht es jedoch nicht um sozialen und beruflichen Aufstieg oder Wohnortwechsel, sondern um die momentane räumliche Bewegung von Personen und Gütern.

Der Sachverständigenrat für Umweltfragen hat in seinem wichtigen Gutachten zur »Dauerhaften Entwicklung« von 1994 die Veränderungen dieses Begriffes nachgezeichnet und betont, daß nach der sprachlichen Herkunft als Mobilität »Beweglichkeit« zu verstehen sei, also die Fähigkeit zur Bewegung, nicht jedoch die Bewegung an sich. Mehr Mobilität zu haben bedeutet also, mehr Optionen für räumliche Bewegungen zu haben – aber nicht unbedingt, sie auch alle wahrzunehmen.

Der Schritt von der Bedeutung »Beweglichkeit« zu »Bewegung« schafft die Probleme, mit denen wir uns hier befassen. Wenn alle Menschen die Möglichkeiten zur Bewegung ausnutzen wollen, geht nichts mehr. Dies gilt insbesondere dann, wenn wir ein solches platzraubendes Verkehrsmittel wie das Automobil betrachten, im Prinzip sind jedoch alle Möglichkeiten der Realisierung von Mobilität durch Kapazitäts-, Umwelt- oder Sicherheitsprobleme begrenzt. Die Fähigkeit zur Beweglichkeit kann nur dann aufrechterhalten werden, wenn maßvoll Gebrauch von den Möglichkeiten gemacht wird.

In der gegenwärtigen politischen Diskussion um Mobilität und Verkehrsfragen hat die Vorstellung einer notwendigen Selbstbegrenzung allerdings kaum Resonanz gefunden; offensichtlich widerspricht dies den Wertvorstellungen einer auf die Ausnutzung aller Optionen orientierten Industriegesellschaft. Was genutzt werden kann, soll und wird genutzt werden. Auch dem Sachverständigenrat geht der aus der anfänglichen

Sprachanalyse abgeleitete Ansatz verloren, wenn er zu Mobilität im Verkehrskontext ausführt: »Man versteht dann darunter die Summe aller Ortsveränderungen eines Individuums in einer bestimmten Periode.«

Mehr Mobilität – mehr Verkehr?

Bei dieser Definition bleiben allerdings wichtige Fragen offen, insbesondere zu der Bedeutung der zurückgelegten Distanzen und – damit untrennbar verbunden – der Verkehrsmittel. Von der Automobilindustrie und den Autozeitschriften wird zunehmend die Zahl der Autokilometer mit Mobilität gleichgesetzt; mehr Kilometer gleich mehr Mobilität, heißt es dann. Und wenn in politischen Erklärungen die Forderung erhoben wird, »die Mobilität« zu sichern; dann ist damit zumeist gemeint, daß mehr Straßen gebaut werden müßten. Personen und Güter sollen unbehindert im Raum bewegt werden können; dies, so wird verlangt, habe die Verkehrspolitik zu garantieren.

Nach den mit diesen Ortsveränderungen zu erreichenden gesellschaftlichen Zielen wird zumeist nicht gefragt, nicht nach dem dahinterstehenden Sinn. Könnte soziales und wirtschaftliches Wohlergehen nicht mit weniger Verkehr erreicht werden? Müßte nicht gerade in einer auf Effizienz und Rationalität ausgerichteten Gesellschaft sehr viel stärker abgewogen werden zwischen den Vorteilen und den Nachteilen unserer Art von Mobilität? Trägt nicht schon die allgemeine Ausnutzung aller Verkehrsmöglichkeiten dazu bei, die unter Mobilität ursprünglich verstandenen Optionen einzuengen?

Je mehr Infrastrukturen für schnelle Verkehrsmittel gebaut werden, desto weiter rücken die Orte der Aktivitäten auseinander. Dieser Prozeß hat sowohl objektive als auch psychologische Gründe. Sachlich unvermeidbar ist, daß Flächen für Straßen und Parkplätze und die zum Schutz vor dem Auto notwendigen Abstandsflächen die Siedlungsdichte verringern; die Entfernung zum Einkaufen, zur Schule und zu Ruhezonen nimmt zu. Mit der Verfügbarkeit eines Autos vor der Tür und mit vorhandenen Infrastrukturen steigt darüber hinaus die Neigung an, entferntere Ziele anzusteuern anstelle der nächstgelegenen, ohne daß damit objektiv nachvollziehbare Vorteile verbunden wären.

Wenn auf diese Weise das Verkehrsvolumen gesteigert wird, ist dies nicht nur eine Privatangelegenheit der autofahrenden Personen, auch

geht dies über das freie eigene Ermessen von Firmen hinaus, denn schließlich werden durch diesen Verkehr Dritte behindert, belästigt und geschädigt.
Von der Autolobby wird gelegentlich ein »Grundrecht auf Mobilität« behauptet, was wohl an die Grundrechtsartikel in unserer Verfassung erinnern
soll. Die Forderung von Kritikern unserer Verkehrsgesellschaft nach Begrenzung der Autonutzung bekommt damit den Rang einer Grundrechtsver-
letzung. Dabei geht es, wie bei allen Aktivitäten, unter denen Dritte leiden
könnten, um eine Güterabwägung; Mobilität – zumal Auto-Mobilität – darf
nicht als Wert verabsolutiert werden.

In der Deutschen Straßenverkehrsordnung (StVO) besagt § 30:
»Bei der Benutzung von Fahrzeugen sind unnötiger Lärm und vermeidbare
Abgasbelästigungen verboten. (…) Unnützes Hin- und Herfahren ist inner-
halb geschlossener Ortschaften verboten, wenn andere dadurch belästigt
werden.« Was jedoch ist »unnötig«, »vermeidbar« oder »unnützes Hin- und
Herfahren«? Dies ist ebensowenig verbindlich definierbar wie der in verkehrspolitischen Diskussionen geforderte Vorrang für den »notwendigen«
Wirtschaftsverkehr. Kann denn z.B. die Produktion und die Auslieferung von
Surfbrettern notwendiger Verkehr sein, der Freizeitverkehr für die Verwendung dieser Geräte dagegen entbehrlich? Es ist klar: Ein erheblicher Teil auch
des Güterverkehrs ist nicht notwendig, sondern er wird durchgeführt, um ein-
zelwirtschaftliche Gewinne zu erzielen. Bei anderen Rahmenbedingungen,
etwa bei höheren Kosten für den Verkehr, würde eine andere Organisation des
Produzierens und Verteilens mit weniger Verkehr profitabler sein.

Auf dem Wege zu einem ökologischeren Mobilitätsbegriff

Die verkehrspolitische Karriere des Mobilitätsbegriffes stellt
das eigentliche Problem dar. Mehr Chancen für Aktivitäten, mehr Optionen
bestehen vielmehr dann, wenn die Orte dieser Aktivitäten mit weniger
Aufwand zu erreichen sind, wenn die unproduktiven Transportlängen weitestgehend reduziert werden und wenn wir unsere alltäglichen Tätigkeiten
sowie auch Freizeit und Erholung mit wenig Verkehrsaufwand realisieren
können. Die Gleichsetzung von großen Distanzen sowie hohen Geschwindigkeiten mit mehr Mobilität hat in die Irre geführt.

Daher haben Verkehrswissenschaftler in den letzten Jahren
verstärkt an dem Konzept »Verkehrsvermeidung« gearbeitet, das Mobilität
wieder mit der Zahl der Wege und der Aktivitäten verknüpft und nicht mit

Entfernungen. Sind große Entfernungen für eine Aktivität zurückzulegen, erhöht sich demnach nicht die Mobilität, sondern vielmehr der Aufwand für Mobilität. Ein Beispiel: Ein Einkauf zu Fuß im nahe gelegenen Laden bedeutet die gleiche Mobilität wie die Fahrt mit dem Auto zum Supermarkt am Rande der Stadt – eine Aktivität, zwei Wege. Wenn wohnungsnahe Läden sterben und dadurch der Zwang zu längeren Wegen entsteht, nimmt die Lebensqualität genausowenig zu, wie wenn Eltern ihre sechsjährigen Kinder zur Vorschule fahren, weil sie fürchten, ihr Kind könnte im Verkehr einen Unfall erleiden. Hier wird offensichtlich, daß die platte Gleichsetzung von Mobilität mit Autokilometern unsinnig ist.

Wir möchten auf die falsche Konjunktur dieses Begriffes und auf die falschen Rezepte »zur Bewahrung unserer Mobilität« aufmerksam machen. Den aus vermeintlichen Sachzwängen abgeleiteten verkehrspolitischen Entscheidungen heutiger Tage, wie zum Beispiel neuen Autobahnprojekten, setzen wir die Notwendigkeit einer neuen Denkweise entgegen. Es geht um eine Wende in der Verkehrspolitik, um eine »Verkehrswende« (so der Titel eines 1994 erschienenen Buches des Wuppertaler Verkehrsforschers Markus Hesse). »Mobilität für alle« (so der Titel eines jüngst erschienenen Buches des Basler Raumplaners Christian Zeller) ist nur möglich unter weitgehender Abkehr von der alltäglichen Autonutzung vor allem in den Städten und Ballungsgebieten – in dem Buch »Straßen für alle« von Heiner Monheim und Rita Monheim-Dandorfer werden bis ins Detail gehende Konzepte für den Stadtverkehr der Zukunft dargestellt.

Es geht um mehr als um bessere Verkehrsplanungen, es geht um die Gestaltung politischer, ökonomischer und gesellschaftlicher Rahmenbedingungen für eine langfristig ökologisch verträgliche Zukunft.

Mobilität mit weniger motorisiertem Verkehr

Definieren wir Mobilität als Nutzung von Gelegenheiten, als Mittel zur Erledigung von Aktivitäten, so zeigen die Erfahrungen, daß städtisches Leben sich nur dort gleichberechtigt und ökologisch verträglich entwickeln kann, wo es wirkliche »Auto«-Mobilität gibt, eigene Mobilität nämlich, die sich nicht den Zwängen und der Eigendynamik von technischen Systemen unterwirft.

Der Technikeinsatz im Verkehrsbereich spiegelt eine Rationalität vor, deren Bewertungsmaßstab Quantität und nicht Qualität ist. In der

Verkehrswirtschaft sieht man die absolvierten Distanzen und Transportmengen als Indikator für Wohlstand und übersieht dabei, daß Personenkilometer und Tonnenkilometer eher einen Aufwand kennzeichnen als ein erstrebenswertes Ergebnis. Dies ist aus der einzelwirtschaftlichen Sicht der Verkehrsunternehmen verständlich, schließlich wird damit Geld verdient. Der übliche Begriff »Verkehrsleistung« für diese Größen führt jedoch aus gesamtgesellschaftlicher Sicht in die Irre; statt dessen sollte vom »Verkehrsaufwand« gesprochen werden, der Mittel zum Zweck ist und der genauso reduziert werden muß wie der Energieaufwand einer Gesellschaft.

Die durch Verkehrstechnik ermöglichte Ausdehnung der Aktivitäten über größere Distanzen führt dazu, daß die gleichen Tätigkeiten, die früher überwiegend nichtmotorisiert im Nahbereich unternommen wurden, jetzt mit erheblichem Energie- und Geldaufwand und mit zunehmender Zerstörung unserer natürlichen Lebensgrundlagen verbunden sind. Der wirtschaftliche Erfolg dieser Lebensweise scheint dies zu rechtfertigen, auch die Erweiterungen der individuellen Chancen sprechen oft in der Abwägung für längere Distanzen zwischen Wohn- und Arbeitsort, für Supermärkte, die nur noch per Auto erreichbar sind, und für die Urlaubsreise bis ans Ende der Welt.

Dennoch ist den meisten Menschen ebenfalls bewußt, daß diese Form der Mobilität ein Leben auf Kredit darstellt. Die aufgelaufenen Schulden samt Zinsen werden allerdings von anderen gezahlt oder zukünftig zu zahlen sein, von den ausgebeuteten Ländern und von den zukünftigen Generationen. Doch auch innerhalb unserer Mobilitätsgesellschaft wird die Rechnung immer wieder präsentiert, berücksichtigt man die Unfallopfer, die asthmakranken Kinder, die lärmgeschädigten Anlieger von Schnellstraßen.

Wir müssen die mit Verkehr angestrebten individuellen und gesellschaftlichen Ziele wieder in den Mittelpunkt rücken und, ähnlich den Strategien im Energiesektor, mehr Output bei weniger Aufwand zu erreichen suchen. Also: Mehr Zugang zu Arbeitsmöglichkeiten, mehr kulturelle Vielfalt, mehr soziale Begegnungen, mehr Wohlstand mit weniger ökologischen Belastungen. »Wohlstand« kann dann allerdings nicht mehr nur in materiellen Kategorien definiert werden. Da das Zu-Fuß-Gehen keinen Beitrag zum offiziellen Wohlstandsmaßstab, dem Bruttosozialprodukt, liefert, wohl aber das Verbrennen von Benzin und die Behandlung von Unfallopfern, müssen wir auch die Erfolgsmaßstäbe der Wohlstandsvermehrung in Frage stellen. Das Prinzip »Bewahren« muß an die Stelle des Verbrauchens treten, im Verkehr wie in den übrigen Lebensbereichen.

Gelingt dies, so werden die Lösungskonzepte nicht nur uns und unseren Kindern Natur und Umwelt erhalten helfen, sondern auch als Leitbild für die (noch) Nichtmotorisierten dieser Erde dienen können. Dies aber ist die Voraussetzung dafür, daß der Planet im ökologischen Gleichgewicht bleibt. Gelingt die Entwicklung ökologischer Mobilität in Europa und den USA aber nicht, werden die Völker der sog. 3. Welt unsere Fehler kopieren – jeder möge sich einmal vorstellen, wie die Welt aussähe, wenn China nicht 0,5 Autos pro 1000 Einwohner hätte, sondern 500 (wie Deutschland) oder 750 (wie die USA).

Warum noch ein Buch zum Thema Verkehr?

In den vergangenen Jahren sind derart zahlreiche Bücher zum Thema Verkehr erschienen, daß die Vermutung naheliegt, alle Aspekte seien bereits abgehandelt worden. Bei den meisten Darstellungen haben Umweltprobleme einen hohen Stellenwert. Es sind überwiegend engagierte, kenntnisreiche Bücher, in denen wir eine Fülle von interessanten Denkansätzen und einzelne Problemlösungen gefunden haben. Eine Auswahl der uns am wichtigsten erscheinenden Bücher sind jeweils am Schluß der einzelnen Kapitel genannt.

Einigen Büchern hätten wir eine größere Verbreitung gegönnt, andere sind bis auf die Bestsellerlisten vorgedrungen, was das hohe Interesse der Öffentlichkeit verdeutlicht. Dann gibt es solche, die wegen ihrer Zuverlässigkeit, ihrer Detailfülle oder ihrer weit in die Zukunft reichenden Fragestellungen zu Standardbüchern für all diejenigen geworden sind, die sich beruflich oder ehrenamtlich mit dem Komplex »Verkehr und Umwelt« befassen. Auch bei uns stehen sie in Griffweite.

Dann gibt es die Flut der Sammelbände, Kongreßberichte, Schwerpunkthefte der angrenzenden Wissenschaftsdisziplinen, Positionsbeschreibungen der Kirchen, Gewerkschaften, des Städtebundes, einer Großbank, von Vereinen und Vereinigungen. Manche dieser Broschüren haben das vermocht, was den meisten Buchpublikationen versagt blieb: Sie haben auf die Politik Einfluß genommen.

Dies gelang vor allem aus zwei Gründen: zum einen, weil das Gewicht der dahinterstehenden Organisation im politischen Raum so erheblich ist, daß die Stimmen wahrgenommen werden mußten, zum anderen, weil aus der jeweiligen Interessenlage heraus die Hauptthesen klar und eingängig formuliert werden konnten, so daß die Botschaften im politischen Raum auch aufgenommen werden konnten.

Die Autoren dieses Buches haben das Ziel vor Augen, das komplexe Problemfeld Verkehr so zu behandeln und aufzubereiten, daß aus den Ergebnissen politische Konsequenzen abgeleitet werden könnten.

Es ist der vermessene und gleichzeitig legitime Traum aller Autoren, ihren Wirkungsbereich über das bedruckte Papier hinaus auszudehnen. Dies kann nur gelingen, wenn vor der Präsentation von Einzellösungen für die unterschiedlichsten Problemzusammenhänge die folgenden Fragen beantwortet werden:

- Warum nimmt der Verkehr ständig zu?
- Wie lauten die Konzepte der Verkehrspolitiker?
- Warum waren und sind Verkehrsprognosen grundsätzlich falsch?
- Warum wurden von der Verkehrsplanung und -politik die Probleme nicht gelöst – die Staus sind länger denn je, die Menschen leiden unter den Verkehrsfolgen, die Umwelt wird zerstört?

Die Liste der Fragen verdeutlicht, daß es uns um das politisch-wirtschaftlich-technokratische Regulationssystem geht. Darunter verstehen wir all diejenigen an Entscheidungen beteiligten Akteure, welche das Verkehrssystem gestalten und nicht nur nutzen. Die Trennlinie zu ziehen ist schwierig. Ein Autofahrer nimmt mit der Benutzung seines Fahrzeuges Einfluß auf das Verkehrssystem. Unter Umständen bringt dieses eine zusätzliche Fahrzeug den Verkehr auf einer hochbelasteten Straße zum Erliegen. Eine Radfahrerin setzt mit ihrem umweltgerechten Verhalten ein Zeichen und beeinflußt möglicherweise eine Entscheidung des Gemeinderates für die Reparatur des Radweges, woraufhin sich einige weitere Personen entschließen, das Fahrrad hervorzuholen etc.

Das politische System und die Mobilitätsbedürfnisse der Einzelnen

Die Klischees sind bewußt gesetzt: »der Autofahrer« versus »die Radfahrerin«. Hinter diesem Klischee steckt das Faktum, daß der Umfang der Verkehrsmittelnutzung bei verschiedenen Gruppen unserer Bevölkerung sehr unterschiedlich ist. Im Individualverkehr verhalten sich zum Beispiel Frauen im statistischen Durchschnitt umweltgerechter als Männer, selbst wenn sie über ein Auto verfügen – was nicht im gleichen Umfang der Fall ist. Wie werden die Interessen und Bedürfnisse der verschiedenen Bevölkerungsgruppen im politischen System aufgenommen? Aus welcher Perspektive werden die Verkehrsprobleme innerhalb der Planung betrachtet? Wird nicht überproportional viel Wert gelegt auf (und Geld ausgegeben für) die Verkehrsbedürfnisse weniger Menschen, und werden darüber nicht die alltäglichen Verkehrsprobleme der Mehrheit vergessen?

Verkehrspolitik greift in erheblich stärkerem Umfang in den Alltag der Menschen ein, als dies bei den übrigen Politikfeldern der Fall ist, die im Zusammenhang mit Umweltschutz wichtig sind: Energiepolitik, Chemiepolitik.

So interessant die Fragen nach dem »Warum?« und nach dem »Wer?« auch sind, für die beiden Autoren dieses Buches bildet die Frage nach dem »Wie?« den zentralen Punkt. Die für uns wichtigste Frage, die in diesem Buch behandelt wird und für welche alle anderen vorgestellten Fragen sowie viele weitere aufgearbeitet werden, lautet: Wie sieht ein umwelt- und wirtschaftsverträgliches Verkehrssystem der Zukunft aus und wie kommt man dorthin?

Verkehrspolitik für heute und für übermorgen

Das Wuppertal Institut für Klima, Umwelt, Energie, in dem beide Autoren arbeiten, befaßt sich mit wissenschaftlich fundierter Politikberatung; gerade angesichts der zum langfristigen Denken zwingenden Klimaproblematik wird die Problematik der Fortsetzung heutiger Politik offensichtlich. Der Kurswechsel muß jetzt vorgenommen werden, damit in Jahrzehnten die Strukturen ökologisch verträglicher sind. Um dies politisch voranzubringen, müssen auch Antworten auf Fragen gegeben werden, die die Menschen heute bewegen. Und Voraussetzung für die Entwicklung langfristig besserer Lösungen sind der kritische Blick auf die Gegenwart, die Analyse der Hemmnisse für eine Veränderung und die Suche nach praktikablen und politikfähigen Strategien.

Entsprechend diesem Gedankengang ist das vorliegende Buch gegliedert. Im Abschnitt I werden verschiedene »Verkehrs-Zukünfte« skizziert, und es werden die aus unserer Sicht grundlegenden Anforderungen entwickelt, diejenigen qualitativen und quantitativen Momente, die wir unter dem Aspekt der dauerhaften Umwelt- und Wirtschaftsverträglichkeit für notwendig halten. Wir werden diese Forderungen begründen und dabei auf die Diskussion um »Sustainability«, das heißt ökologische und ökonomische Dauerhaftigkeit zurückgreifen.

Der Abschnitt II bildet den Blick auf die Gegenwart und zeichnet die historische Entwicklung in einzelnen Verkehrsbereichen soweit nach, wie es zum Verständnis notwendig erscheint. Vollständigkeit muß dabei eine Illusion bleiben, sie wird hier allerdings auch nicht angestrebt. Zu der Verkehrsentwicklung gehören die Umweltprobleme; auch hier konnten nur einige ausgewählte Bereiche dargestellt werden. Das Kapitel III setzt sich mit einigen der in der Verkehrspolitik gängigen Vorstellungen zur Problemlösung auseinander – Stichworte sind Technik, Informatik, Privatisierung.

Der Abschnitt IV widmet sich unter der Überschrift »Politikebenen und Akteure« der Frage, wo und von wem heute Verkehrspolitik gemacht wird. Es entsteht ein Bild von den strukturellen Hemmnissen, die einer Veränderung des Verkehrs in die als notwendig und erwünscht erkannten Richtung entgegenstehen. Aus den Beispielen von der Kommunalpolitik bis zur europäischen Ebene sollte sich ein gedanklicher Gesamtansatz, sozusagen eine Theorie des bisherigen Scheiterns, entwickeln lassen.

Abschnitt V behandelt Änderungsstrategien, die als erfolgsträchtig eingeschätzt werden. Die Leser werden bereits jetzt ahnen, daß es nicht um *eine* Strategie, *einen* Ansatz geht, sondern um eine Vielfalt. Daher sind auch in diesem Abschnitt eine Reihe von Einzelbeispielen enthalten.

Die Kapitel VI und VII versuchen schließlich, Bilder einer ökologischeren Mobilität zu entwerfen. Wir gehen von der aus unserer Sicht zentralen Mobilität im Nahbereich aus, die sowohl für sich genommen den höchsten Stellenwert im Alltagsleben hat als auch die Zugänglichkeit beispielsweise zu der Schienennutzung im Fernverkehr ermöglicht. Konzepte für einen zukunftsweisenden Schienenverkehr und Überlegungen zu einem ökologisch verträglicheren Güterverkehr bilden den zweiten Schwerpunkt.

Das letzte Kapitel besteht aus zehn konkreten Politikvorschlägen, welche zwar nicht die Summe aus der Gesamtdarstellung ziehen können, jedoch eine Schritt-für-Schritt-Strategie in wichtigen Themenfeldern einleiten könnten.

Wir sind sicher, daß am Ende dieses Buches wieder eine Fülle neuer Fragen stehen wird, auch Widersprüche provoziert worden sind. Wir hoffen jedoch, daß auf dem Wege dorthin ebenfalls einige brauchbare Antworten angefallen sind.

Auch dieses Buch wäre nicht möglich gewesen ohne vielfältige Unterstützung, die die Verfasser von unterschiedlichen Seiten erhalten haben. Ohne die Verantwortlichkeit für den vorliegenden Text einzuschränken, hat sich die darin formulierte Einschätzung in einem jahrelangen Diskussionsprozeß mit einer großen Zahl von Fachkollegen entwickelt, die zu nennen hier unmöglich wäre; gedankt sei ihnen jedoch an dieser Stelle herzlich. Namentlich genannt werden sollen Edda Buchleither, die den Text sekretariatsmäßig betreut hat, Dorothee Lichtenthäler, Harald Diaz-Bone und Klaus Schlünder, die redaktionelle Hinweise und Korrekturen gegeben haben, Rainer Klüting, der eine kritische Durchsicht des Gesamttexts vorgenommen hat, und Dorothée Engel, die die verlagsseitige Betreuung innehatte. Ihnen allen sei hier unser Dank ausgesprochen.

Abschließend möchten wir darauf hinweisen, daß wir zum Zwecke der einfacheren Lesbarkeit nicht an allen Stellen geschlechtsneutral formuliert haben (etwa: Verkehrsteilnehmer und Verkehrsteilnehmerinnen). Da aber im Verkehrswesen recht deutliche Einstellungs- und Verhaltensunterschiede zwischen Männern und Frauen bestehen, müssen wir unsere Leserinnen und Leser bitten, mit Sorgfalt jeweils zu prüfen, wieweit einzelne Aussagen für alle Menschen oder jeweils speziell für die eine Hälfte der Menschheit unterschiedlich gelten; dies stellt nach unserer Auffassung einen wesentlichen Teil des Problems dar, es ist auch für die Problemlösung von großer Bedeutung.

Kapitel 1
Zukunftsvorstellungen

I. Utopien von gestern

Das bißchen Kopf, das sie noch haben, zerbrechen sie sich mit sol-
chem Zeuge.

Lichtenberg, Aphorismen

Was gestern für übermorgen gedacht wurde

Beispiele von Verkehrsutopien aus den Büchern und Filmen
der Vergangenheit kreisen meist um das Fliegen und das Gleiten. In Fritz
Langs Film »Metropolis« bewegen sich über einer bedrohenden Hochhaus-
landschaft kleine Flugmaschinen sowie Kabinen in gläsernen Röhren, in
Huxleys »Schöne neue Welt« gehört der Wochenendausflug aus London
heraus auf das Land per Hubschrauber ebenfalls zur Selbstverständlichkeit.
Immerhin verortet dieser Roman die imaginäre Zukunft im 26. Jahrhundert.
Dann wird auch der Sechs-Stunden-Flug mit einem Raketenflugzeug von
Europa in den Südwesten der USA minutengenau realisiert. Die Unwägbar-
keiten des Erfindens von Zukunft werden uns allerdings dadurch vor Augen
geführt, daß der Held an ein herkömmliches Telefon gerufen werden muß,
um eine Nachricht zu erhalten – daß in der Wirklichkeit die Telekommunikation sprunghafte Innovationen erfahren hat, während die Gelegenheiten
zum physischen Transport heute im Prinzip die gleichen sind wie vor 100
Jahren, wurde nicht vorausgesehen.

Neben dem Fliegen als Zukunftstopos, an dem sich neben Jules
Verne Generationen von Weltraumautoren versucht haben, übt der Untergrund eine beträchtliche Faszination aus. Da ist es weniger das U-Boot, mit
dem zu geheimnisvollen Tiefen vorgedrungen werden soll – wie ja ohnehin
Verne die Verkehrsmittel eher für wenige Reisende als für einen massenhaf-

23

ten Gebrauch vorgesehen hat –, sondern es sind die Röhrenbahnen. Hier springen wir aus der literarischen Vergangenheit in die Gegenwart hinein. Ob es um das Projekt »Swiss-Metro« geht, bei dem die Schweizer Alpen wie ein ebensolcher Käse von Untergrundstrecken zwischen Basel und Genf, Bern und Lugano durchlöchert werden sollen, oder ob es denn gleich ein paar Nummern größer um die Röhrenverbindung zwischen New York und Hamburg oder Tokio und San Francisco geht, die – die Erde als Kreisbild vor Augen – Planer mit entschiedenem Linealstrich als Kreissekante konzipiert haben, die Zukunft des öffentlichen Verkehrs liegt für diese Planergilde unter der Erde. Die Röhren sind dabei zu evakuieren, um den Fahrzeugen keinen Luftwiderstand entgegenzusetzen; diese gleiten berührungsfrei auf Magnetkissen und können damit durch verhältnismäßig wenig Antriebsleistung extrem hohe Geschwindigkeiten erreichen.

In der interkontinentalen Version kommt man sogar ohne Antriebsenergie aus; da nach dem Start an der Erdoberfläche der auf einer geraden Linie fahrende U-Bahn-Wagen dem Erdmittelpunkt näher kommt, wird er durch die Schwerkraft – rein theoretisch – bis zur Hälfte der Strecke beschleunigt. Auf der zweiten Hälfte des Weges führt die dann wieder zunehmende Entfernung zum Erdmittelpunkt zu einem sanften Bremsen, so daß unter Vernachlässigung aller Reibungsverluste die Fahrzeuge dann wieder mit der Geschwindigkeit Null am Zielort die Erdoberfläche erreichen.

Andere Zukunftsvisionen für den Untergrund kommen weniger ausgreifend daher. Eine jüngst in westdeutschen Zeitungen breit diskutierte Idee aus dem Ruhrgebiet geht dahin, diesen Siedlungsbereich von fünf Millionen Menschen durch eine von Ost nach West unterirdisch verlaufende Autobahn zu untertunneln, eben noch drei Autobahnkreuze unterirdisch anzulegen und auf diese Art die zunehmende Stauhäufigkeit im oberirdischen Straßennetz zu reduzieren. Als besonderer Vorzug wurde dabei angepriesen, daß gerade die unterirdische Bauweise der bergmännischen Tradition dieser Region entspreche und sie vielen vom Steinkohlebergbau freigesetzten Kumpeln artverwandte Tätigkeit bieten könne. Dabei ging dann der Hinweis von Verkehrsplanern allerdings verloren, daß die Stauprobleme auf den Ruhrgebietsstraßen hauptsächlich von dem Kurzstreckenverkehr über wenige Kilometer stammen und sich daher die Probleme durch dieses Riesenbauwerk genausowenig lösen ließen wie etwa durch eine südlich oder nördlich der Problemregion zusätzlich angelegte Autobahn.

Zukunftsvisionen selten problemorientiert

Ohnehin ist es ein Kennzeichen der am meisten aufsehenerregenden Konzeptionen, daß sie weitgehend losgelöst von realen Problemlagen in die Welt gesetzt wurden und somit auch keinen Beitrag zu der Problemlösung liefern. Dies hat in jüngster Zeit dazu geführt, daß die »Hardware«-Phantasien, also Vorstellungen von neuartigen Fahrzeugen und Verkehrswegen, weniger Konjunktur haben als die Vorstellungen einer verbesserten »Software«. Daß die Fahrzeuge Auto, Eisenbahn, Flugzeug und Schiff nicht zufällig so aussehen, wie sie heute nun einmal sind, sondern ihr Einsatzspektrum ihrer Gestalt eine gewisse Logik gegeben hat, hat sich herumgesprochen. Man kann Fahrzeuge zwar sehr viel schneller machen; daß dann aber der Energieverbrauch exponentiell zunimmt, haben sowohl das Überschallflugzeug Concorde als auch bestimmte Turbinenschiffe der sechziger Jahre gezeigt; unter dem Eindruck der Kraftstoffpreise ist man zu mäßigeren Geschwindigkeiten in der Luft und auf dem Wasser zurückgekehrt.

Der Drang nach schnellerer Fahrt ist auf der Erdoberfläche allerdings noch nicht überwunden. Ob es sich um biedere Oberklasselimousinen handelt, mit denen 250 km/h überschritten werden können, oder aber das sogenannte »Flaggschiff« der Deutschen Bahnen, der ICE, mit dem ähnlich schnell Linienverkehr betrieben werden könnte, ist für die grundsätzliche Beurteilung unerheblich; beide Verkehrsarten haben offensichtlich ihr optimales Geschwindigkeitsfeld noch nicht gefunden.

Ein recht handfestes Thema bei der Beschäftigung mit zukünftigem Verkehr sind die Antriebsarten, nachdem offenkundig geworden ist, daß sowohl die Emissions- als auch die Lärmnachteile des guten alten Verbrennungsmotors durch Weiterentwicklung nicht hinreichend zu beseitigen waren. Der Schriftsteller Arno Schmidt merkte in seinem Roman »Die Gelehrtenrepublik« zu einer nach dem nächsten regionalen Atomkrieg stattfindenden Autofahrt nur lakonisch an »Auto mit Atomantrieb, geräuschlos«; die meisten schöngeistigen und fachlichen Autoren stellen sich den Antrieb der Zukunft allerdings elektrisch vor. Damit haben wir nun allerdings die aktuelle Diskussion erreicht, denn dieses Prinzip erfährt gegenwärtig eine – von der kalifornischen Gesetzgebung und von Forschungsmitteln aus dem Bundeshaushalt gestützte – Renaissance. Viel Neues gibt es zwar von der Elektroautofront nicht zu vermelden, die Fahrzeuge sind immer noch viel zu schwer und haben eine selten 100 Kilometer übersteigende Reichweite. Dennoch sieht die Industrie offensichtlich für die Fortbewegung in Ballungsräumen eine aktuelle Marktlücke, und die Politik greift nach dem Elektroauto ähnlich wie nach so vielen anderen Strohhalmen, die ihr die Technik zur Lösung von Problemen hinhält.

Wenige Jahre alt sind allerdings die auf Telekommunikation und Elektronik setzenden Verkehrsutopien. Die Elektronikrevolution hat im vergangenen Jahrzehnt das Auto erreicht und vom Mikroprozessor für die Einstellung des Zündzeitpunktes bis zur Dosierung der Antiblockiereinrichtung nützliche Anwendungsfelder gefunden; sie soll zukünftig in die Organisation des Reisens einbezogen werden. Dabei gibt es, wie so oft bei technischen Innovationen, viel zu staunen, aber wenig unmittelbar Sinnvolles für die Anwendung zu entdecken.

Während die Straßennetze üblicherweise hinreichend mit Richtungsschildern ausgestattet sind, kann man gleiches für den öffentlichen Verkehr nicht vermelden. Dennoch ist kein Forschungslabor auf den Gedanken gekommen, für einen Fußgänger in einer ihm fremden Stadt den Weg zur nächsten S-Bahn-Haltestelle elektronisch anzuzeigen und eventuell sogar die Verknüpfung mit dem geeignetsten überregionalen Zuganschluß.

Dagegen ist auf dem Markt bereits serienmäßig ein System erhältlich, mit dem der aus München ins Allgäu aufgebrochene Autofahrer durch Auswertung der Signale des »Global Positioning Systems« (GPS), also mehrerer US-Militärsatelliten, auch sicher wieder heimfindet. Wie er sich allerdings zurechtfinden kann, wenn er sich an diese Hilfe einmal gewöhnt hat und dann die amerikanische Regierung ihre Ankündigung wahrmachen und die Signale der Satelliten für die kostenlose zivile Benutzung abschalten sollte, steht dahin; wahrscheinlich wird es dann kostenpflichtigen Ersatz geben. Diesem Serienkonzept werden sicherlich viele Hersteller folgen.

Es gäbe sogar sehr vernünftige und sinnvolle Anwendungen für einen solchen Telekommunikationsdienst. Man könnte zum Beispiel zuverlässig und exakt die von schweren LKW auf verschiedenen Straßen und in verschiedenen Regionen zurückgelegten Kilometer erfassen und zur Basis einer verursachergerechten Gebührenerhebung machen. Leider wird darüber weder auf Bonner noch auf Brüsseler Ebene im Moment nachgedacht; nach unserer Einschätzung wäre jedoch ein solcher Anwendungsfall einer der wenigen überzeugenden Fortschritte der Verkehrsinformatik.

Industriemesse als Seelenbadeanstalt für Utopisten

Innerhalb weniger Jahrzehnte sind die grenzenlosen Erwartungen an eine in Mikrochips niedergelegte Intelligenz bei vielen – nicht bei allen – einer Ernüchterung gewichen, und die heroischen Pionierzeiten der Computertechnik gehen bereits ihrem Ende entgegen: Die Analogie von künstlicher Intelligenz und künstlichem Aroma spricht sich doch zunehmend herum, beides wird zwar gut verkauft, die Begeisterung des Publikums aber hält sich in Grenzen.

Denken wir ein paar Jahre zurück: März 1987, CeBIT in Hannover, weltgrößte Computer-Messe, damals noch jugendlich frisch und ein bißchen spätpubertär an den amerikanischen Initiationsritus der »Proms« erinnernd. Am Stand einer auch damals eher unbekannten Berliner Firma namens AVAL PV ein Jaguar Double Six, innen Leder, außen gewienert, obzwar dank Gummireifen als Landfahrzeug kenntlich, leicht schräg über einen künstlichen Wassergraben placiert: Präsentation von homer, einem geradezu revolutionären Device zur satellitengestützten Orientierung und Navigation.

Nach der Produktinformationsmappe – eine praktische Vorführung konnte vom Standpersonal bedauerlicherweise nicht eingerichtet werden – waren die Leistungen des Systems absolut erstaunlich. Sozusagen im Vorgriff wurden die Aufgabenstellungen des auf zehn Jahre angelegten großen Verbundprojekts PROMETHEUS der EU und der europäischen Autoindustrie erledigt, und zu einem großen Stück die damals aktuelle Vision des Bremer Informatikprofessors Klaus Haefner, endlich ein echtes Auto-Mobil zu schaffen, das das Fahren selbst ohne menschliches Zutun abwickelt (Haefners Argument damals: Menschen als Fahrzeuglenker sind zu gefährlich). Als einzelne Features konnten der technischen Spezifikation entnommen werden:

- Kommunikation des Fahrers mit der Anlage mittels Tastatur, Spracheingabe und Sprachausgabe,
- nach Zieleingabe Erstellung der optimalen Fahrtroute vom Standort bis zum Ziel auf dem Bildschirm,
- ständige Abrufbarkeit von Verkehrsinformationen über Wetter, Staus etc. über den Bildschirm,
- Verfügbarkeit sämtlicher geographischer Daten Europas im System,

27

- kartographische Darstellung auf dem Bildschirm entsprechend marktüblicher Stadtpläne und Landkarten,
- laufende Bildschirmanzeige des exakten Fahrzeugstandorts, auf Abfrage auch zusätzliche Angaben wie beispielsweise die Lage der nächsten Tankstelle,
- rechtzeitige audiovisuelle Warnungen vor Abweichungen von der vorgesehenen Route und vor Hindernissen.

Die komplette Bewältigung der genannten Aufgaben per Computer wird heute als nicht leistbar angesehen; charakteristisch für diese Jahre war der Optimismus, mit welcher Ausrüstung dies alles erledigt werden sollte: Kernstück war ein damals üblicher PC-AT mit Intel-Prozessor 80286, mit 2,5 MByte Hauptspeicher, einer 50-MByte-Festplatte, einer einfachen Grafikkarte, einem 13-Zoll-Monitor, Standardtastatur und einem handelsüblichen Empfänger – damals im wesentlichen die Konfiguration eines normalen Bürocomputers; heute sollte man für ein gebrauchtes Gerät dieser Klasse nicht mehr als 500 DM ausgeben.

Die Aufnahme von Homer durch die Presse war der Erinnerung nach seinerzeit äußerst freundlich und wohlwollend, obwohl eigentlich Sachkundigen klar sein mußte, daß eine seriöse Kommentierung des Systems kaum ohne ironischen Tonfall hätte auskommen können. Eigentlich war und ist alles an dem Konzept bestenfalls talmi:

- Sprachausgabe ist in allgemein- und alltagstauglicher Form (sprecherunabhängig, wortschatzkonform mit der Alltagssprache bei praktisch fehlerfreier Semantik und in Echtzeit) auch heute nicht verfügbar, schon gar nicht transportabel und wohlfeil; nicht mal ein Termin kann dafür seriös angegeben werden.
- Routing, also die Wegeoptimierung, ist seit langem ein Standardproblem in der EDV; »optimale« Wege werden wegen des immensen Aufwands seit langem bei komplexen Geometrien nicht gesucht, sondern lediglich hinreichend günstige Routen.
- Bezüglich der ständigen Anzeigemöglichkeit der Verkehrsstörungen war scherzhaft gefragt worden, ob diese auf der Basis eines nicht existenten digitalen Verkehrsfunks, auf der Basis der unmöglichen Interpretation normaler Radiomeldungen oder gestützt durch eine Flotte eigener Beobachtungshub-

schrauber erfolgen sollte; eine komplette und ständige automatische Aufnahme des Verkehrsflusses auf allen Straßen ist auch heute nicht in Aussicht.

■ Die angebliche Verfügbarkeit aller geographischen Daten Europas ist besonders witzig; kein uns bekanntes Hochschulinstitut für Geographie verfügt über einen solchen Datenbestand, schon vor fast zehn Jahren sollte er als Beigabe auf einer kleinen Festplatte enthalten sein. Allein eine Datei mit stark vereinfachten deutschen Gemeindegrenzen benötigt bei einem aktuellen professionellen Programm (MapInfo) mehr als 10 MByte. Im Vergleich zur einfachen Stadtgrenze von Berlin oder München enthält ein entsprechender Stadtplan um Zehnerpotenzen mehr Informationen.

■ Die audiovisuellen Warnungen – ob sie nun tatsächlich rechtzeitig erfolgen, vermögen im Einzelfall hinterher die den Unfallort Umstehenden zu beurteilen – sind in ihrer Wichtigkeit nachvollziehbar: wenn der Fahrzeuglenker auf dem Bildschirm verfolgt, wo er ist und wie er fahren muß, braucht er solches. Verfügbar ist das aber auch heute nicht; man geht heute im übrigen davon aus, daß Bildschirme im Auto eher problematisch sind, weil sie die Aufmerksamkeit vom Verkehr ablenken.

Abschließend sei kurz auf den Namen des Systems eingegangen: Homer war ein großer Geschichtenerzähler; ob es ihn tatsächlich gegeben hat, weiß man nicht sicher. Jedenfalls hat er sich ausführlich in Gestalt seines Protagonisten Odysseus mit Navigation beschäftigt. Seitdem ist der allgemeine Bildungsgehalt des Herumirrens dem gebildeten Publikum geläufig.

Auch die Großindustrie macht Scherze

Nun mag das Dargestellte als wenig relevant zu den Akten gelegt werden. Für die gegenwärtig ernsthaft verfolgten Ideen und Utopien ist es nach wie vor typisch.

Ein besonderes Entwicklungsanliegen scheint zu sein, sich recht komplizierte Bezeichnungen auszudenken, die dann lustig abgekürzt werden können. Von PROMETHEUS, dem EU-geförderten Gemeinschaftsprojekt der europäischen Automobilindustrie, war schon die Rede; ausgeschrieben heißt der altgriechische Held in neueuropäischem Kauderwelsch: *Pro*gram*m*e for a *E*uropean *T*raffic with *H*ighest *E*fficiency and *U*nprecedented *S*afety. Mehr an Donald Duck erinnert DAISY, *D*ual *A*utomobile *I*nformation *S*ystem, von Volkswagen. Die Europäische Union macht's vornehmer, dort heißen die Programme beispielsweise EUREKA, ESPRIT oder DRIVE (für *D*edicated *R*oad *I*nfrastructure for *V*ehicle Safety in *E*urope); daß man bei letzterem gerade den zentralen Begriff der Sicherheit in der abgekürzten Form ausläßt, mag ein Freudsches Versehen sein: Spötter erinnern daran, daß auf die erste Programmausschreibung so wenig zum Thema eingereicht wurde, daß eine weitere Ausschreibung erfolgen mußte.

Die Liste der im Umlauf gesetzten Akronyme ließe sich nahezu beliebig fortsetzen, Wolfgang Zängl hat in seinem Buch »Der Telematik-Trick« hierzu einiges zusammengetragen. Dort kann man beispielsweise erfahren, weshalb man bei FRUIT an Frankfurt, bei LISB an Berlin und bei STORM an Stuttgart denken soll, bei PAMELA wie auch bei ROBIN, HADES und bei GAUDI an elektronische Gebührenerfassung.

Es sind allerdings nicht nur die Namen, sondern häufig auch die inhaltlichen Ansätze eher kurios. Viele erinnern sich vielleicht an die CONVOY (in Anspielung an den bei VW an PROMETHEUS beteiligten Dr. Voy) genannte Idee, Autos auf den Autobahnen automatisch im Windschatten hintereinander herfahren zu lassen. Auf den einfachen Einwand, daß es zu einem ungünstigen Ergebnis führen könnte, wenn ein Fahrzeug der Kolonne stark gebremst würde und dahinter fahrende Fahrzeuge zwar darüber informiert würden, aber nicht mehr rechtzeitig genug bremsen könnten, gab es eine einfache Zwischenlösung: Es sollten nur mehr Kleinkolonnen von etwa einer Handvoll Fahrzeugen gebildet werden, was die Zahl der rammenden Fahrzeuge verringert hätte – fürwahr ein erbaulicher Vorschlag. Mittlerweile wird das Konzept allem Anschein nach nicht weiter verfolgt.

Auch ein anderer Aspekt mag noch eine Rolle gespielt haben, CONVOY aus der öffentlichen Debatte zurückzuziehen. Unser englischer Freund John Whitelegg, Herausgeber der Fachzeitschrift »World Transport Policy & Practice«, hat die Vorstellung fremdgesteuerter Kolonnen von Kabinen so kommentiert: »Oh, it's great. We call it railways.« Allerdings fehlen dann die Toiletten. Wenn viele gleich die Eisenbahn nähmen, weil so auf längere Distanzen höhere Geschwindigkeiten erreicht werden können, so wäre das vermutlich nicht genau das Ergebnis, das die Automobilindustrie mit PROMETHEUS im Sinne hat.

Gerne kommen die Konzepte etwas großspurig daher. So brachte die Firma VDO vor etwa zehn Jahren den »Citypilot« auf den Markt, ein ziemlich einfaches Autoleitsystem. Es soll nach vorheriger Zieleingabe während der Fahrt laufend die aktualisierte Richtung und die Restdistanz zum Ziel anzeigen. Zur Zieleingabe diente ein »Lichtlesestift«, Home-Computer-Nutzer sagten seinerzeit Lightpen dazu; zur Richtungsfeststellung diente eine »Erdfeldsonde«, die dem normalen Publikum als Kompaß bekannt ist. Die nötigen Rechenfunktionen sind auch eher einfacher Natur und bestehen aus der laufenden Umwandlung von Polarkoordinaten in kartesische Koordinaten und umgekehrt sowie aus Summen- und Differenzenbildung. Derartige Rechnungen machen etwa ein Prozent der Leistungsfähigkeit eines guten Zwanzig-Mark-Taschenrechners aus.

Verständlich, daß sich das System nicht durchgesetzt hat, bei einem Preis von etwa 2000 DM und der sturen Luftlinienorientierung der Zielansprache, unabhängig von Hindernissen wie Gebäuden, Gewässern oder Einbahnstraßen. Auch die Erfahrung eines Testers der Zeitschrift auto, motor und sport mit dem Gerät, daß nämlich nach einer Fahrt von 8,3 km am Zielort noch eine Restentfernung von 500 Metern angezeigt wurde, läßt die vom Hersteller versprochene »elektronische Genauigkeit« als hinreichenden Kaufanreiz fraglich erscheinen.

Einige Fortschritte haben die technischen Konzepte mittlerweile zwar zu vermelden, die zentrale Frage bleibt jedoch offen: Wozu?

Dem Inschenör …

Die weit in die Zukunft weisende Aufgabenstellung im Projekt PRO-CAR, einem Teilprojekt von PROMETHEUS, wurde beispielsweise in einem Symposium bei der Internationalen Verkehrsausstellung in Hamburg 1988 herausgestellt. Die hochrangigen Entwickler der Firmen Bayrische Motorenwerke AG, Porsche AG, Daimler-Benz AG und Volkswagen AG stellten fest, daß »der Neugestaltung der Fahrer-Fahrzeug-Schnittstelle hohe Bedeutung« zukommt, denn: »In ihr wird vor allem die neue Art der Beziehung zwischen Fahrer und Fahrzeug, wie sie durch umfassenden Einsatz von Sensorik, Mikroelektronik, Datenverarbeitung und Telekommunikation ermöglicht wird, sichtbar werden.«

Wie systematisch sich die Techniker ihrer neuen Beziehungskiste widmen, zeigt sich im weiteren Text, wo sie hervorheben – wie alles andere auch »nur kurz angedeutet«: »Auch das Antriebsgeräusch, das in heutigen Komfortlimousinen nur noch schwache Nutzinformationen liefert, könnte – synthetisch erzeugt – als Display für eine warnende Funktion erneut herangezogen werden. Inwieweit künstlich erzeugte Vibrationen am Sitz als Fahrerdisplay geeignet sind, ist z.Z. nicht klar zu beurteilen.« Kurz und gut, jede Menge Forschungsbedarf für Play und Display, für Geräuschdämmung und anschließenden Einsatz von Soundmaschinen zur Wiedererzeugung des Geräusches, zur Entwicklung komfortabler vibrationsarmer Sitze und zum anschließenden ersatzweisen Einbau von Vibratoren als Fahrerdisplay – wie wäre es mit einer gänzlich anderen, privaten Verwendung?

Notabene: Die zitierten Sätze sind ja nicht von uns erfunden, sondern stammen aus der offiziellen Kongreßdokumentation, getragen durch den Bundesminister für Forschung und Technologie (BMFT) in Zusammenwirken mit dem Bundesminister für Umwelt, Naturschutz und Reaktorsicherheit (BMU) und dem Bundesminister für Verkehr (BMV), besorgt durch den honorigen TÜV Rheinland e.V.; jede Technikutopie hat neben trivialen eben auch affirmative Elemente.

Ein großes Thema für die technischen Verkehrsutopien einschließlich DRIVE und PROMETHEUS ist die Fahrzeugortung und die Fahrerunterstützung bei der »Navigation«. Klar ist, daß man hier ein breites Feld von Zukunftsideen ausbreiten kann, mit und ohne Satellitenstützung, mit und ohne große Verkehrsleitrechner, mit und ohne gleichzeitige Kostenzurechnung und Gebührenabbuchung, auf mehr oder weniger großen Teilnetzen, mit unterschiedlichen Maßstabsebenen der Unterstützung bis hinunter zur einfachen Einparkhilfe. Abgesehen einmal von kleineren Hilfsmitteln ist wiederum zu fragen: wozu? Dienen die großen Ideen, fein säuberlich – und keineswegs kostenfrei – realisiert, einem ernsthaften Bedürfnis?

Nun mögen die meisten Leute, uns eingeschlossen, fallweise etwas desorientiert sein. Ernsthafte Orientierungsmängel bezüglich des eigenen Aufenthaltsortes allerdings sollten vor allem während des Autofahrens zu den eher ungewohnten Erfahrungen gehören. Jedenfalls dürfte es für die meisten wohl eine eher befremdliche Vorstellung sein, ständig ein Gerät mitzuführen, das ihnen sagt, auf welchem Wege sie ihre Arbeitsstelle erreichen können, wo es Brot und Butter zu kaufen gibt, und wie sie zu der Schule kommen, zu der sie ihren Sprößling gerade hinfahren, weil wegen des starken Verkehrs Gehen oder Radfahren als zu gefährlich eingeschätzt wird. Mehr als befremdlich wird die Sache, wenn – wie häufig vorgesehen – nicht nur ein eigenes, mitgeführtes Gerät hierfür eingesetzt wird, sondern an externer Stelle die Mobilitätswünsche gesammelt, gespeichert und verarbeitet werden, um daraus Verhaltensanweisungen für die Verkehrsteilnehmer zu basteln – man sollte sich in solchen Fragen nicht von entlastenden Sprachregelungen beeindrucken lassen, etwa dadurch, daß die Verhaltensanweisungen zunächst »Verhaltensanregungen« genannt werden.

Ein weiteres Glanzlicht in dem utopischen Ideenstrauß ist die Vorstellung von der Kommunikation zwischen den Verkehrsteilnehmern auf Maschinenebene. Dabei gibt es eine breite Palette von der – verhältnismäßig – einfachen Umgebungserfassung bis zum automatisierten Datenaustausch zwischen den jeweiligen fahrzeuginternen EDV-Anlagen, möglicherweise auch noch unter Beteiligung zentraler Rechner. Das damit angestrebte Fahren auf elektronische Sicht, das Überholvorgänge beispielsweise auch an unübersichtlichen Stellen vor Kuppen, Kurven oder Hausecken ermöglicht, erfordert aber nicht nur die elektronische Markierung der Fahrzeuge. Vielmehr müßte jeder Hund, jedes Kind und auch jeder Erwachsene mit einer Art elektronischer Hundemarke (»Transponder«) versehen werden, soll der Aufenthalt beispielsweise hinter Kuppen, Kurven oder Hausecken nicht ausschließlich Fahrzeugen vorbehalten bleiben.

Dabei soll nicht vergessen werden, daß es die Entwickler in der Regel gut mit uns meinen. Sie wollen uns zusätzliche Informationen beinahe beliebigen Umfangs zukommen lassen. Im Extremfall sieht man dann am Bildschirm im Auto, durch welche Gegend man gerade fährt, und kann – die Wirklichkeit bei weitem übertreffend – jederzeit auswählen, ob die Kirschbäume kahl sind, gerade blühen oder reich fruchten. Dies könnte man sich allerdings auch zu Hause ansehen, während das Fahrzeug unbesetzt durch die Gegend fährt, wenn denn unbedingt gefahren werden soll.

Es ist halt schon eine etwas sinistre Ironie, wenn Toyota das technische Credo von einem Affen singen läßt: Nichts ist unmöglich.

Technische Utopien und ökonomische Machtstrukturen

Das Spiel mit der Technik, der Spaß am Erfinden sollen allerdings hier nicht schlecht gemacht werden; es ist doch zutiefst menschlich, sich immer neue Hilfsmittel auszudenken, die eine Verbesserung der Lebensabläufe ermöglichen; der *homo ludens* ist mit dem *homo faber*, und die *vita activa* mit der *vita contemplativa* untrennbar verbunden. Weder auf den Spieltrieb, noch auf den Tätigkeitsdrang, noch erst recht auf die Freiheit des Geistes möchten wir verzichten.

Es müßte aber ernsthaft zum Nachdenken Anlaß geben, daß sich an der gegenwärtigen Technikentwicklung Frauen kaum beteiligen; dies wirkt sich sichtlich auf die Themenauswahl und die Ergebnisse aus. Die geschilderten Technikutopien zum Verkehr bringen alle eine gewisse Problemferne zum Ausdruck und entsprechen mit ihrer Art des Zugriffs auf die Wirklichkeit, mit ihrer Faszination für neuartige Maschinen und letzten Endes körperlich abgeschlossene Werkzeuge sowie deren Manipulation den Darstellungen von Jules Verne und der Fernsehserie Star Trek.

Ein erheblicher Unterschied jedoch besteht darin, daß Jules Verne nicht für eine Industriefirma gearbeitet hat und daß Star Trek, obzwar selbst eine industrielle Veranstaltung, nicht Raumschiffe verkauft, sondern die Fiktion von Raumschiffen. Sich so anzuziehen wie im Raumschiff Enterprise, ist entweder ein Spaß, oder es signalisiert Realitätsverlust. Die geschilderten verkehrstechnischen Utopien dagegen sind – zumindest dem geäußerten Anspruch nach – auf Realisierung, auf praktische Umsetzung angelegt: Industrieprojekte oder Projekte im Vorfeld der Industrie. Entsprechend signalisiert dort auch – anders als bei Star Trek und Jules Verne – Realitätsverlust, daß so wenig davon umgesetzt werden kann, oder es verweist die Vorhaben in den Bereich der Unterhaltung und der *public relations*, der symbolischen Unternehmenspolitik.

Damit wird eine Basis für eine spezifische Schieflage bei der Entwicklung von Innovationen erkennbar: Aufwendige Entwicklungen werden in der Regel wirtschaftlich nur getragen, wenn Erträge aus hinreichend profitabler Anwendung erwartet werden. (Wir nehmen hier die Forschungsförderung aus öffentlichen Haushalten einmal aus.) Die betriebswirtschaftliche Logik fordert die Entwicklung technischer Produkte und deren Markteinführung auch in Fällen, wo nichttechnische Lösungswege angemessener und volkswirtschaftlich vernünftiger wären; aus dieser Logik ergibt sich auch, daß irgend etwas massenhaft oder teuer verkauft werden muß, wenn schon viel Geld in die Entwicklung geflossen ist. Dies fördert bisweilen den groben Unfug, wenn nur die dahinterstehende Marktmacht groß genug ist. Technikanwendung verkommt dabei leicht von einer Problemlösungs- zu einer Problemerzeugungsstrategie.

Die Ökonomisierung möglichst aller Bereiche der Gesellschaft verschärft diese Schieflage weiter: Häufig gelten nur mehr solche Utopien und Zukunftsbilder als diskutabel, die technischer Art sind und die als industriekonform eingeschätzt werden. Nicht grundlos wirken die Technikutopien häufig menschlich und sozial recht farblos, ungestaltet, ungeschlacht: Da sich entsprechende Anforderungen nicht ordentlich für ein Lastenheft formulieren lassen, kommen sie dort auch nicht oder bloß lächerlich verkürzt vor. Die Forderung nach Schönheit wird durch Design ersetzt, die Forderung nach gutem Design durch ein Prüfsiegel eines Designprüfungsinstituts. Das ist zwar dann eine erfüllbare Anforderung, aber sie erfüllt keinen substantiellen Anspruch. Wie in vielen Bereichen des Alltags zu erkennen ist, setzt sich gleichwohl diese Art ökonomisch begründeter Entwicklung über den sogenannten technischen Fortschritt weiterhin durch.

Über die ökonomische Potenz, mit der in unserem Themenfeld Mobilität die Technologien und technologische Utopien durchgesetzt werden könnten, sollte sich niemand falsche Vorstellungen machen: Selbstverständlich ist diese Potenz sehr hoch. Selbstverständlich wird über die damit verbundene Macht auch ständig Technologie durchgesetzt, allerdings bisher vor allem in herkömmlicher Art bei den Fahrzeugkonzepten und der Fahrzeuggestaltung. Wenn die genannten Informatikutopien bis jetzt noch Utopien geblieben sind, dann möglicherweise, weil die Konzepte noch nicht zur Marktreife gebracht werden konnten, aber nicht, weil sie unsinnig sind oder es an wirtschaftlicher Macht zu ihrer Durchsetzung fehlt. Durch die Verknüpfung der bisher eher nebeneinander operierenden Branchen Automobilproduktion und Elektroindustrie mit dem Bereich der Finanzdienstleistungen wird sich diese ökonomische Potenz weiter verstärken.

In diesem Zusammenhang ist es nicht ohne Bedeutung, daß sich die hochfahrenden Ideen einer elektronischen Verkehrsorganisation zunehmend auf Aspekte konzentrieren, die mit Road Pricing und der privaten Bewirtschaftung von Straßen zusammenhängen. Interessant ist, daß von verschiedenen Wirtschaftsbereichen, einschließlich des Bankensektors, Interesse hieran angemeldet wurde.

Die Frage nach Datenautobahn und/oder Information Super Highway erscheint dadurch in einem klareren Licht; es geht um eine Ausweitung des ökonomischen Sektors in Bereiche, die heute noch unerfaßt sind: die Entscheidung über zurückzulegende Wege und zu wählende Routen, die Benutzung der Wege selbst, die Information über Verbindungen, Straßenzustand, Umwege, Verkehrsstörungen, die Wahl der Fahrgeschwindigkeit und das Überholen. Die neuen Konzepte der informationstechnischen Aufrüstung des Straßenverkehrs verwandeln dies in – wie auch immer zu bezahlende – kostenpflichtige Dienstleistungen. Daß von Wirtschaftsunternehmen angestrebt wird, immer weitere Lebensbereiche zu bewirtschaften, ist aus ihrer Sicht nachvollziehbar; daß diese kapitalistische Verwertungslogik allerdings zur Basis zukünftiger Verkehrspolitik werden soll und im Interesse der Bürgerinnen und Bürger ist, stellen wir nachdrücklich in Frage.

Auch für die informationstechnische Industrie im engeren Sinne ist nachvollziehbar, daß sie laufend neue Anwendungsfelder sucht, gemäß der Beschreibung durch den amerikanischen Computerpionier und -kritiker Joseph Weizenbaum: Die Computer sind die Lösung, aber wo ist denn das Problem?

2. Realitäten und Anforderungen heute

*Für die Gruppe, das politische Kollektiv, von dem gar nicht erst er-
wartet werden kann, daß es »edel, hilfreich und gut« sei, das aber
hier das wirklich Handelnde sein muß, nimmt aufgeklärtes Selbstin-
teresse die Stelle persönlicher Ethik ein, und ein solches Interesse
gebietet in der Tat nicht nur palliative Linderung fremder Not durch
Abgabe von Überschuß, sondern sogar Daueropfer an Eigenbefrie-
digung zugunsten einer Behebung der Weltarmut von den Ursachen her.*

Hans Jonas, Das Prinzip Verantwortung

Die zweigeteilte Verkehrswelt

Die hochtechnisch geprägten Leitvorstellungen von der Zukunft des Verkehrs stehen in einem seltsamen Kontrast zur weltweiten
Verkehrswirklichkeit: Für die meisten Menschen hat Verkehr nur wenig und
selten mit Technik zu tun, und selbst dann handelt es sich überwiegend um
recht einfache Technik. Auch die hauptsächliche Ausrichtung auf das Automobil entspricht einer eher beschränkten Sichtweise. Es ist doch klar:
Mittlerweile mehr als eine halbe Milliarde Automobile – das ist schon eine
eindrucksvolle Zahl; verglichen mit der Weltbevölkerung aber ist das nicht
so erstaunlich viel. Berücksichtigt man außerdem, daß weitaus die meisten
PKW in den wenigen Industrieländern fahren, so wird schnell deutlich, daß
der Autoverkehr für die meisten Menschen, die ja in den sogenannten
Entwicklungsländern leben, keine relevante Verkehrsoption darstellt.

Nach einer häufig herangezogenen Darstellung unseres Kasse-
ler Kollegen Helmut Holzapfel gibt es allein in Nordrhein-Westfalen mehr
Automobile als in ganz Afrika; man kann dies fortsetzen mit dem Hinweis,

daß kleinere Industrieländer wie die Schweiz oder Österreich über mehr PKW verfügen als China oder Indien, die mit ihren zusammen mehr als zwei Milliarden Einwohnern nahezu 40 Prozent der Weltbevölkerung ausmachen.

Die Verkehrswelt, in der wir leben, ist also zweigeteilt. Dies zeigt sich in besonders deutlicher Weise auch im Luftverkehr. Fliegen ist ja auch in den Industrieländern eine nur selten genutzte Verkehrsform, erst recht in der Dritten Welt. Quantitativ bedeutend wird der Luftverkehr in der Dritten Welt allenfalls, wenn viele Besucher aus den reichen Ländern dorthin fliegen. Entsprechend liegen die fünfzig verkehrsstärksten Flughäfen mit Ausnahme von Bangkok und Mexico City sämtlich in den Industrieländern (unter Einschluß der »Kleinen Tiger« in Südostasien): Indien mit knapp einer Milliarde Menschen hat keinen Flughafen, der an die Passagierzahlen von Kopenhagen-Kastrup heranreicht; China mit deutlich über einer Milliarde Menschen hat keinen Flughafen, der es mit Palma de Mallorca aufnehmen könnte.

Zum Beispiel Montana, U.S.A.

In Montana kann man – mit elterlicher Zustimmung – sogar schon mit 13 Jahren einen Autoführerschein erwerben. Entsprechend gibt es überdurchschnittlich viele Führerscheininhaber: 725 von 1000 Einwohnern haben die driver's license; Kraftfahrzeuge gibt es noch mehr: 1100 je 1000 Einwohner, das ist sogar in den USA ein Rekord. Daraus ergibt sich das andernorts eher kuriose Verhältnis von zwei Drittel Führerscheininhabern je Fahrzeug, oder anders herum: je Führerscheininhaber 1,5 Kraftfahrzeuge.

Die Fahrzeuge werden im Durchschnitt etwa 9400 Meilen pro Jahr bewegt, gut 15000 km, das ist für USA-Verhältnisse sehr wenig; der spezifische Treibstoffverbrauch liegt mit etwa 15 Meilen pro Gallone, entsprechend etwas mehr als 15,5 l / 100 km, schlechter als im USA-Durchschnitt. Wegen der hohen Fahrzeugdichte liegt damit der jährliche Verbrauchswert je Einwohner bei recht hohen 2600 l Treibstoff, also bezogen auf eine vierköpfige Familie bei über 10000 l Treibstoff im Jahr. Zum Vergleich: In Deutschland ist der Verbrauch je Auto nur etwa halb so hoch und die Autodichte auch nur auf etwa halber Höhe, so daß je Einwohner nur ein Viertel der Treibstoffmenge verbraucht wird.

Montana ist zwar mit gut 380000 Quadratkilometern geringfügig größer als das wiedervereinigte Deutschland, hat aber nur 0,8 Millionen Einwohner – ein Hundertstel von Deutschland.

(Daten abgeleitet aus: The World Almanac and Book of Facts 1995, Funk & Wagnalls, New Jersey 1994)

Zum Beispiel Bangladesh

Die ungenügend entwickelte Infrastruktur stellt ein großes Entwicklungshindernis dar. Die Überschwemmungen des Deltas behindern ihren Ausbau. Die internationalen Kreditgeber können schwerlich dafür kritisiert werden, daß sie viel Geld in Infrastrukturprojekte investieren. Die Frage ist, ob diese Projekte wirklich dringlicher sind als Investitionen in die ländliche Entwicklung. Der geplante Bau einer riesigen Brücke über den Jamuna kann sicherlich keine Dringlichkeit beanspruchen, sondern befriedigt die Lust an Prestigeobjekten (und das Interesse der Geberländer an Bauaufträgen).

Das meist einspurige Eisenbahnnetz hatte 1990 ein Länge von 4400 Kilometer, das Netz asphaltierter Straßen eine Gesamtlänge von nur 13627 Kilometer. 80 bis 90 Prozent der Güter- und Personentransporte werden jedoch auf dem Wasserweg abgewickelt. Während der Regenzeit und manchmal noch Monate danach können die Landwege ohnehin nicht genutzt werden. Deshalb wurden auch die Flugverbindungen zu allen Großstädten ausgebaut.

Der Grad der Motorisierung ist noch niedrig. 1990 verkehrten nur 44000 PKW auf den schlechten Straßen. Auch in den Großstädten verkehren Busse nur selten und unregelmäßig. B. hat aber ein energiesparendes und arbeitsintensives Verkehrsmittel: Allein in der Hauptstadt Dhaka gibt es rund 250000 Rikschas. Schätzungsweise leben etwa eine Million Menschen (800000 Fahrer, außerdem Verleiher und Reparaturwerkstätten) von diesem Gefährt, allerdings nur recht und schlecht.

Aus: Asit Datta: Bangladesh, in: Nohlen/Nuscheler (Hg.): Handbuch der Dritten Welt, Bd. 7 Südasien und Südostasien, S. 165f.

Nach den Angaben im jüngsten Weltentwicklungsbericht der Weltbank muß man die Bevölkerung Bangladeshs im Jahr 1992 auf fast 115 Millionen, mittlerweile auf über 120 Millionen schätzen, bei einer Fläche von 144000 Quadratkilometern. Das Land hat also etwa die eineinhalbfache Bevölkerung Deutschlands auf der doppelten Fläche von Bayern – mit dem PKW-Bestand einer Stadt wie Marl. Der gesamte Energieverbrauch – für alle Zwecke und in allen Energieformen – wird für 1992 mit 59 Kilogramm Öleinheiten pro Kopf und Jahr angegeben, das entspricht etwa 80 Liter Benzin.

Die zweigeteilte Verkehrswelt im Bereich des Automobilverkehrs kann ein Vergleich zweier Beispiele, hier des US-Bundesstaates Montana und des Staates Bangladesh, auf anschauliche Weise vorführen.

Die technischen Utopien des vorigen Kapitels erscheinen weder für Bangladesh noch für Montana sonderlich relevant: In Bangladesh gibt es weder die Fahrzeuge noch die Straßen, um aufwendige technische Lösungen im motorisierten Straßenverkehr in nennenswertem Umfang zu realisieren. Angesichts der wirtschaftlichen Verhältnisse erscheinen die hochtechnischen Konzepte auch wegen ihrer Kosten völlig utopisch.

In Montana wiederum gibt es gar nicht so viele Verkehrsprobleme, jedenfalls nicht bei oberflächlicher Betrachtung: Autos sind weitgehend allgemein verfügbar, Treibstoff ist reichlich und preiswert zu beziehen, Verkehrsflächen gibt es auch reichlich und könnten bei Bedarf auch noch erweitert werden.

Auch ohne Satellitenortung und elektronisches Parkraummanagement könnten die Verkehrsmöglichkeiten in Montana aus Sicht von Bangladesh attraktiv sein; allerdings: der Verkehr in Montana gründet auf einem derart massiv höheren Wohlstandsniveau, daß wohl mehr dieser Wohlstand selbst und weniger der damit verbundene Verkehr die Attraktivität ausmachen dürften. Ein solcher Wohlstand ist jedoch allgemein um so weniger erreichbar, je mehr Aufwand er zu seiner Aufrechterhaltung erfordert. Eine weitere technische Aufrüstung der Verkehrssysteme, wie in den utopischen Konzepten vorgesehen, reduziert deren Verträglichkeit noch mehr – soweit das überhaupt möglich ist, da auch schon der gegenwärtige Aufwand für Verkehr nach dem Muster Montana offensichtlich nicht übertragbar ist: Bei einem weltweiten Umgang mit Autos nach diesem Muster würde man allein für das Autofahren die vierfache Menge des insgesamt gegenwärtig geförderten Mineralöls benötigen.

Die verhältnismäßig hohe Attraktivität der automobilgestützten Verkehrsstruktur in Montana ist neben dem großen Reichtum auch durch die geringe Bevölkerungsdichte bedingt, die einerseits große Entfernungen, andererseits genug Platz für Autoverkehr zur Folge hat. Bei dichter besiedelten Gebieten – man muß noch nicht einmal an die Dichte in Bangladesh herankommen – verliert allerdings das Autoverkehrssystem auch in den reichen Ländern viel von seiner Attraktivität. Zwar geht man zunehmend dazu über, die Autos als fahrende Wohnzimmer und Büros auszugestalten, auch die Geschichten von telefonischen Flirts im Stau, von einer klimatisierten Karosse zur nächsten, sind geradezu rührend. Trotzdem wird man es normalerweise nicht für besonders erstrebenswert halten, den Großteil des Tages auf dem Weg zur Arbeit oder wieder nach Hause zu verbringen.

Im entgegengesetzten Fall eines dünn besiedelten Gebiets in der Dritten Welt fallen auch häufig zunehmende Wegezeiten an, etwa zur Versorgung mit Brennholz und mit Wasser. Der Einsatz von Automobilen hierfür könnte als Erleichterung empfunden werden; allerdings wäre es speziell beim Brennholz doch recht widersinnig, teures Öl zu verbrennen, um leichter an eine geringe Menge von Holz zum Verbrennen zu kommen. Die großen technischen Utopien sind offenbar in allen Fällen nicht hilfreich – seien es dicht oder dünn bevölkerte, arme oder reiche Regionen.

Weltweite Kopie des westlichen Verkehrsmodells

Das Verkehrsmodell in den industrialisierten Ländern ist also nur in einem recht beschränkten Teil der Welt Wirklichkeit. Als Modell hat unsere Mobilitätspolitik aber eine eher globale Dimension. Die erschließt sich denjenigen in aller Deutlichkeit, die im ehemaligen Ostblock, in den Staaten an der Schwelle zur Industrialisierung oder in der sogenannten »Dritten Welt« die Verkehrsentwicklung verfolgen. Es wird exakt jener Autogesellschaft nachgeeifert, von der viele in den wohlhabenden Ländern – zumindest der Einsicht nach, noch nicht in der Realität   bereits Abschied genommen haben.

Sicher, einschneidende politische Maßnahmen zur Reduzierung der Autozahlen gibt es bisher weder in europäischen Staaten noch erst recht in den USA, das Wissen um die Notwendigkeit einer langfristigen Zurückdrängung des privaten Automobils beginnt sich jedoch langsam in einzelnen Planungsentscheidungen auszudrücken; da gibt es keine Hoffnungen mehr, mit mehr Straßen ließen sich die Stauprobleme lösen; da gibt es autofreie Stadtteile, Modelle für Carsharing, bei denen der Besitz des Autos zugunsten der Option, eines zu nutzen, aufgegeben wird. Niemand in den autoreichen Ländern wird sich heute gegen den Fußgänger- und den Fahrradverkehr als für Umwelt und soziale Strukturen vorteilhafteste Verkehrsarten wenden.

Auch die Bereitschaft zu vorsichtigen Kurskorrekturen wächst. Die öffentlichen Verkehrsmittel sollen wirklich Vorrang bekommen, in vielen Städten wird die Wiedereinführung der Straßenbahn ernsthaft erwogen, einzelne haben sich bereits dafür entschieden. Das Auto wird zumindest in der kommunalen Verkehrspolitik nur mehr als Störfaktor aufgefaßt, man wäre froh, seinen Anteil am Verkehrsgeschehen reduzieren zu können und hätte dies sicherlich viel deutlicher getan, wenn nicht die bundesgesetzlichen Rahmenbedingungen einerseits und die Angst vor einer Abfuhr bei den Wählern andererseits dies gebremst hätten.

Die Situation in den meisten der ärmeren Länder ist grundlegend anders. In China, dem bevölkerungsreichsten Staat der Erde, bereiten die Verwaltungen großer Städte die Zurückdrängung des Radverkehrs vor. Die Massen sollen den – besser planbaren – öffentlichen Verkehr benutzen. In Jakarta sieht man es als Fortschritt an, die Fahrradrikschas verboten zu haben, die statt dessen eingeführten Bajaj-Motordreiräder stören angeblich den Verkehrsfluß weniger; die Abgasschwaden und das allgegenwärtige laute Knattern waren demgegenüber weniger wichtig. In Mexico City, der weltweit wohl größten Metropolis, werden mit Milliardenaufwand und mit Begleitung der Weltbank bleifreies Benzin und Katalysatortechnik eingeführt, der nichtmotorisierte Verkehr und die Nahmobilität kommen in den Planungen überhaupt nicht vor; immerhin wird das Metronetz weiter ausgebaut – für diejenigen, die sich kein Auto leisten können.

Diese Einstellung ist typisch für Verkehrsplanungen in Entwicklungs- und Schwellenländern. Wer ein Auto hat, so wird dort argumentiert, geht nicht mehr zu Fuß und benutzt auch nicht mehr die öffentlichen Verkehrsmittel. Konsequenterweise wird dann auch beispielsweise die U-Bahn in Ankara nicht dort gebaut, wo sich die Autos aus den wohlhabenderen Vierteln stauen, vielmehr sind die Planungen auf Fahrgäste ohne Auto ausgerichtet.

Dies hat einerseits sogar eine sozialpolitische Berechtigung, andererseits verschärft sich der Druck zur Motorisierung der Mittelschicht – und dies angesichts der Tatsache, daß in allen der schnell wachsenden Millionen- und Multimillionenstädte bereits heute die Schadstoffgrenzwerte der Weltgesundheitsorganisation (WHO) und, falls solche existieren, auch die zulässigen Werte der jeweiligen Länder überschritten sind.

Mit den genannten Städten wetteifern Bangkok, Santiago de Chile und Kairo um Platz 1 in der – fiktiven – Rangliste der Städte mit der schlimmsten Luftverschmutzung. Wir haben im Wuppertal Institut einmal dazu Daten erhoben. Die Meßdaten aus den Ländern sind lückenhaft, und die Belastungen sind sehr verschiedenartig, was eine Bewertung erschwert. In einer Stadt liegt die Konzentration an Dieselpartikeln extrem hoch, an anderer Stelle die des Kohlenmonoxids. In den asiatischen Städten mit vielen motorisierten Zweirädern sind es die Kohlenwasserstoffe, in bestimmten Situationen extrem hohe Ozonbelastungen. Jedenfalls ist deutlich geworden: Gerade in denjenigen Ballungsräumen, die extrem hohe Wachstumsraten an Fahrzeugzahlen haben und in denen bereits heute die Luftverschmutzung gesundheitsgefährdend hoch ist, wird dem Auto in Politik, Planung und in der täglichen Praxis Vorrang eingeräumt.

Indikatoren dafür sind die Investitionen, die gesetzlichen Vorschriften, die niedrigen Steuern, die Verteilung der Verkehrsflächen – selten sind die Fußwege breit genug, oftmals werden sie den Belangen des Kraftfahrzeugverkehrs geopfert. Dazu kommt die fehlende Ahndung von Verkehrsverstößen – Parken auf den ohnehin knappen Bürgersteigen gilt als notwendig, wo man einen Parkplatz braucht, Geschwindigkeitsüberschreitungen sind die Regel, schwächere Verkehrsteilnehmer haben zu weichen.

Dies alles könnte man als innere Angelegenheit dieser Länder abtun, nach dem Motto: Wir liefern nur die Autos, die die Menschen dort haben wollen. Für mehr sind wir nicht verantwortlich.

Nun, dies wäre keine sehr menschenfreundliche Einstellung, stünde aber in Übereinstimmung mit dem Prinzip der Nicht-Einmischung. Angesichts der globalen Risiken einer Fortsetzung der weltweiten Motorisierung ist eine solche Haltung jedoch ausgesprochen töricht, ja unverantwortlich. Man kann nicht einerseits, wie die Bundesregierung, die Klimarisiken durch CO_2 beschwören und zur Reduzierung aufrufen und andererseits wohlwollend zuschauen, wie Daimler Benz für China einen Generalverkehrsplan entwerfen hilft, der die Automobilisierung dieses Landes aktiv fördert. Sicherlich: Die absoluten Zahlen, um die es in den nächsten Jahren geht, sind bescheiden. Spricht man in Indien von einer Verdoppelung der Automobilproduktion und -zulassung innerhalb von zehn Jahren, so geht es um den Schritt von 250000 auf 500000 PKW im Jahr – in Deutschland werden jährlich drei bis vier Millionen neu zugelassen.

Es geht jedoch um den Kurs, der damit eingeschlagen oder verstärkt wird. Wir haben abzuwägen: Das Exportargument wiegt sicherlich schwer, auch das Argument »Wenn wir es nicht machen, machen es die Japaner«. Ähnliches gilt allerdings auch für den Waffenexport, dort sind es andere Konkurrenten. Brauchen wir für die Verkehrsentwicklung so etwas wie den Atomwaffensperrvertrag? Nein, aber eine andere Ethik, eine andere Vorbildhaltung. Wir könnten die Lösungen entwickeln und anwenden, die ökologisch verträgliche Mobilität ermöglichen. Wenn wir zeigen, daß Wohlstand auch ohne Umweltzerstörung gelingen kann, hätte dies Vorbildfunktion für die anderen Länder. Dies gilt im übrigen auch für den Umgang mit der sogenannten zivilen Nutzung der Kernenergie, die gerade auch dort vorangetrieben wird, wo immense Energieeinsparpotentiale wirtschaftlich attraktiv nutzbar wären.

Der Vorrang des Autos in den Planungen der ärmeren Länder beruht auf der Vorstellung, damit die wirtschaftlichen Erfolge der USA und Mitteleuropas wiederholen zu können. Es herrscht eine weit verbreitete Naivität, die damit verbundenen Umweltprobleme technisch beherrschen zu können; eine Vorstellung, die aus der Entwicklung der hochmotorisierten Länder heraus als widerlegt gelten muß.

Selbst die Weltbank, die bis vor kurzem Verkehrsplanung in den Entwicklungs- und Schwellenländern ausschließlich aus der autodominierten Perspektive ihres Gastlandes heraus unterstützt und finanziert hat (der Sitz der Weltbank ist Washington), beginnt sich umzuorientieren.

Zum quantitativen Anforderungsniveau

Die gegenwärtigen Verhältnisse sind von den künftigen Erfordernissen weit entfernt; wir spüren die Probleme sowohl selbst als Verkehrsteilnehmer wie auch als Betroffene von Lärm und Abgasen. Die nach dem US-amerikanischen Beispiel weltweit vorangetriebene Motorisierungsentwicklung könnte sich aus vielerlei Gründen als ökologische Sackgasse erweisen; davon handelt der erste Teil dieses Buches. Die besseren Lösungen müssen sich an qualitativen und an quantitativen Zielen messen lassen; das Übergewicht des Quantitativen stellt eine immer wieder verlockende Vereinfachung dar, der nachzugeben allerdings bedeutet, wichtige Inhalte zu vernachlässigen. Dennoch brauchen wir zumindest zur Orientierung, auch als »Leitplanken« für die Entwicklung, die zahlenmäßigen Ziele.

Einige wichtige Leitziffern wollen wir hier zitieren. Ernst von Weizsäcker bereitet mit dem amerikanischen Energieforscher Amory Lovins ein Buch mit dem programmatischen Titel »Factor Four« vor, in dem der Nachweis geführt wird, daß in vielen maßgeblichen Bereichen die ökologische Effizienz auf das Vierfache des heute Üblichen gesteigert werden kann. Zum anderen hat sich 1994 unter Beteiligung zweier Wissenschaftler des Wuppertal Instituts eine internationale Gruppe gebildet, die als längerfristiges, ehrgeizigeres Ziel die Möglichkeiten einer Reduktion der Energie- und Materialansprüche und der davon ausgehenden Belastungen um den Faktor zehn erkundet, also eine Verminderung des »Umweltverbrauches« auf ein Zehntel der heutigen Werte. Die Gruppe nennt sich deshalb »Factor-10-Club«.

Weitere quantitative Ziele sind in der Klimadebatte formuliert worden; die Bundesregierung legte sich darauf fest, die Kohlendioxid-Emissionen bis zum Jahre 2005 um 25 Prozent zu senken. Dies nimmt einen Teil der Empfehlungen der Enquête-Kommission des Deutschen Bundestages auf, die darüber hinaus bis zum Jahre 2050 eine Verminderung dieser aus der Verbrennung von Kohle, Öl und Gas herrührenden Emissionen um 80 Prozent, also auf ein Fünftel, als möglich und notwendig herausgestellt hat. Diese Empfehlungen sind übrigens mit dem Votum aller Parteien des Bundestages beschlossen worden.

Wir wollen hier jedoch nicht bestimmte Zahlen als Vorgabe für ein ökologisch verträgliches Verkehrssystem festlegen, deren Höhe dann doch im wesentlichen erst durch eine breite gesellschaftliche Debatte festgelegt werden könnte und die vermutlich in verschiedenen Bereichen auch vernünftigerweise etwas unterschiedlich aussehen könnten. Wir haben die Zahlen referiert, um eines zu zeigen: Wie auch immer man es dreht und wendet, es geht um ernsthafte Veränderungen, nicht um ein bloßes Kratzen an der Oberfläche.

Wichtiger noch als die Zahlen sind die Prinzipien, denen ein zukunftsfähiges Verkehrssystem folgen muß.

3. Forderungen für den Verkehr von morgen

*»Sieh, ein Schicksal zu erfinden / ist wohl schön, doch Schicksal
sein, / Das ist mehr, aus Wirklichkeit / Träume baun, gerechte
Träume.«*

Hugo von Hoffmannsthal, Der Kaiser und die Hexe

Gebrauchstüchtigkeit statt Technikutopien

Sind die Verkehrsutopien früher überwiegend aus den Vorstellungen über das technisch Machbare hervorgegangen, so müssen wir
auf dem Weg zu einem ökologisch verträglichen Verkehrssystem einen
anderen Ausgangspunkt wählen. Hier kann es nicht darum gehen, den
faszinierenden und technisch aufwendigen Innovationen ein Anwendungs-
feld zu schaffen; vielmehr müssen die Leistungen benannt werden, die
der Verkehr zu erbringen hat, und gegen seine negativen Folgen abgewogen werden. Verkehr ohne nachteilige Folgen für die natürliche Umwelt
oder für Dritte gibt es nicht; allerdings müssen diese Folgen so weit wie
möglich minimiert werden. Demgegenüber verschwenden die meisten bisherigen Verkehrsutopien keinen Gedanken an den Umfang des Verkehrs
und seine Probleme. Wir aber müssen die Vorteile und die Nachteile sorg-
fältig abwägen.

Ökologisch verträgliche Mobilität muß konkretisiert werden.
Nähert man sich diesem Begriff mit Hilfe des von der Brundtland-Kommission 1987 entwickelten Konzeptes *sustainability,* so ist auch von der zukünftigen Mobilität zu fordern, daß sie weder die Lebens- und Entwicklungschancen zukünftiger Generationen beeinträchtigt noch die Menschen
in allen Ländern der Erde ausklammert. Sustainable mobility, dauerhaft

ökologisch und sozial verträgliche Mobilität, muß sowohl über die zeitliche als auch über die geographische Dimension verallgemeinerbar sein.

Verkehr in Deutschland, der EU und generell in den wohlhabenden Ländern der Erde verdient den Begriff Dauerhaftigkeit nur dann, wenn die Inanspruchnahme der Ressourcen unbegrenzt lange fortgesetzt werden könnte *und* wenn das Verkehrssystem auch auf die große Mehrheit der in Entwicklungs- und Schwellenländern lebenden Menschen übertragen werden könnte.

Bei der Durchmusterung der Anforderungen an künftige Verkehrskonzepte werden wir immer wieder auf das Automobil schauen, einfach weil es unser gegenwärtiges Verkehrsgeschehen so augenscheinlich dominiert. Aber selbstverständlich müssen auch die anderen Verkehrsbereiche diesen Anforderungen genügen, sollen sie zukunftsträchtig sein.

Jetziges Verkehrssystem und die High-Tech-Utopien: nicht zukunftsgeeignet

Weder unser heutiges Verkehrssystem noch die High-Tech- und High-Speed-Utopien sind nach dem Kriterium der Brundtland-Kommission dauerhaft verträglich. Schauen wir die Schwachpunkte einmal an: Da gibt es zunächst das Problem des hohen Verbrauchs nicht erneuerbarer Energien. Zwar sind die Erdölvorräte der Erde immer noch auf etwa das Fünfzigfache der heutigen Jahresproduktion zu beziffern, es werden auch sicherlich noch weitere Vorräte entdeckt werden. Man kann daher davon ausgehen, daß die Deutschen zumindest kurzfristig in bezug auf ihren Autokraftstoff nicht auf dem trockenen sitzen werden. Selbst wenn die nachgewiesenen Vorräte jedoch verdoppelt würden, wenn es also bei den heutigen jährlichen Verbrauchsmengen einhundert Jahre noch so weitergehen könnte, wäre ein darauf basierendes Verkehrssystem nicht dauerhaft verträglich. Schließlich verbrauchen etwa 20 Prozent der Menschen auf der Erde 80 Prozent des geförderten Erdöls. Eine Ausdehnung unserer Verbrauchsgewohnheiten auf alle Menschen der Erde würde den Verbrauch vervielfachen; der Erdölvorrat wäre nach wenigen Jahren aufgebraucht.

Eine weitere Begrenzung liegt in der Verfügbarkeit der Materialien zum Bau der Fahrzeuge und der Infrastrukturen. Ein Verkehrssystem, das auf der Verfügbarkeit bestimmter Materialien basiert, sei es für die Batterien von Elektro-PKW oder aber für Katalysatoren, muß sich die

Frage nach der Verallgemeinerbarkeit und nach der Dauerhaftigkeit gefallen lassen. Weitere Engpaßfaktoren könnten hochwertige Legierungsmetalle für die im Flugzeugbau eingesetzten Stähle sein, Metalle für Kommunikationsleitungen und anderes.

Oftmals wird bei technischen Entwicklungen in dem Bemühen, höhere Leistungsdichten zu erreichen und Gewicht zu sparen, ein Entwicklungsweg beschritten, der nur für einen kleinen Sektor des Verkehrssystems brauchbar ist. Dies ist dann durchaus legitim, wenn es sich um Nischenanwendungen handelt und es dabei bleiben soll. Die grundlegenden Probleme der zukünftigen Mobilität lösen derartige Fortschritte jedoch nicht.

Eine Bestimmungsgröße für ein künftiges Verkehrssystem sind die Menge und die Art der produzierten Abfälle. Unter Abfall verstehen wir dabei nicht nur die zu Schrott gewordenen Materialien aus der Produktion, der Wartung und der Nutzung der Fahrzeuge, sondern dazu gehören alle unbeabsichtigt in die Umwelt entlassenen Nebenprodukte des Verkehrssystems. Das sind auch die Emissionen der Kraftwerke für die Strombereitstellung für die Fahrzeugproduktion, die Emissionen der Raffinerien für die Herstellung von Kraftstoffen, von Bitumen für den Straßenbau und Rohstoffen für die Kunststoffgewinnung. Dazu gehören ferner die Emissionen der Lackieranlagen, die Abwässer der chemischen Fabriken, welche die verschiedenartigsten Kunststoffe und die Textilien für die Innenauskleidung der Kraftfahrzeuge erzeugen. Dazu gehören vor allem auch die Emissionen der Fahrzeuge bei ihrer Nutzung. Man kommt heute überschlägig zu dem Ergebnis, daß die Nebeneffekte der Kraftfahrzeugnutzung etwa drei Viertel der Umweltbeeinträchtigungen ausmachen und die den Bereichen Industrie und Kraftwerke zuzurechnenden Emissionen einschließlich der Aufwendungen für die Infrastrukturen etwa ein Viertel.

Daraus wird gelegentlich die Schlußfolgerung abgeleitet, die Menschen sollten ruhig Autos kaufen – dies nütze dem Wohlergehen der Wirtschaft –, sie sollten diese jedoch nicht mehr so viel benutzen. Wir werden an anderer Stelle über die Probleme derartiger Vorstellungen sprechen. Vorausgeschickt sei hier nur, daß eine solche Strategie wesentliche Nutzergewohnheiten vernachlässigt; auch wird man die Probleme in den Städten wegen der riesigen erforderlichen Parkflächen berücksichtigen müssen; sie sind ein Grund dafür, daß Ziele ohne motorisierte Fahrzeuge schwerer zu erreichen sind.

Verallgemeinerbarkeit im eigenen Land

Zukunftsvorstellungen vom Verkehr erschöpfen sich häufig in den Eigenschaften schnell, weit, hochtechnisiert, immer und überall verfügbar. Ähnlich werden uns heute die Verkehrsmittel in der Werbung dargestellt, gleichgültig ob es sich um Automarken, ICE-Züge oder um Fluggesellschaften handelt. Das Autofahren in seiner in den Werbebildern vermittelten Idealform geschieht weitab der Stauungen und vollen Parkplätzen auf leeren Nebenstraßen in malerischer Landschaft; kein Gedränge an der Einfahrt zum Parkhaus oder an der Ampel trübt die Fahrerfreude. Typischerweise ist auch bei Straßenszenen überhaupt kein anderes Auto als das angepriesene Modell zu sehen.

Diese Werbebilder vom Auto enthüllen eine tiefe Wahrheit: Für überquellende Straßen in Ballungsräumen, für innerstädtische Situationen mit Parkhäusern und selbst für Wohnviertel ist das Auto schlecht geeignet, es hat seine Stärken in abgelegenen, dünn besiedelten Gebieten. Die Tragik des Automobils und unserer Erfahrungen damit liegt zu einem guten Teil in seinem massenhaften Erfolg: Hohe PKW-Dichten pro Einwohner und hohe Bevölkerungsdichte resultieren in Verkehrschaos. Schon zum Parken der Autos im Wohnviertel, am Arbeitsplatz und zum Einkaufen brauchen wir im Mittel mehr Abstellfläche, als wir an Wohnfläche pro Kopf haben. Mit urbaner Dichte und urbaner Erlebnisqualität ist das nicht vernünftig vereinbar. Ein mit 30 bis 50 km/h fahrendes Auto benötigt etwa 40 bis 80 Quadratmeter Fläche – woher nehmen, ohne die Straßen in den Städten so aufzuweiten, daß der Stadtcharakter verlorengeht?

So erweist sich eine für eine begrenzte Zahl von Käufern wundervolle und für dünnbesiedelte Gebiete sehr nützliche Erfindung in der allgemeinen Anwendung als Alptraum.

Die Lebenslüge der Verkehrsplaner war über Jahrzehnte die Vorstellung, mit den nächsten Baumaßnahmen den Kampf gegen den Stau und für den Verkehrsfluß entschieden zu haben. Doch nach der Neubaustrecke lauerte wieder der nächste Stau, dem man dann durch wieder eine Neubaustrecke oder Kapazitätserweiterung beizukommen versuchte – eine aussichtslose Therapie, da das angewandte Medikament gleichzeitig eine Verstärkung der Krankheitsursache in sich birgt.

Technikbegeisterte Autoren pflegen sich bei ihren Vorstellungen von zukünftiger Mobilität nicht mit Stauproblemen, nicht mit der Suche nach Parkplätzen, mit Benzinrechnungen und Unfällen aufzuhalten. So wie in der Werbung auch nur ein einziges Auto auf den Straßen unterwegs ist, so blenden die meisten Zukunftsvisionen die lästigen Begrenzungen des Faktischen aus. Nehmen wir einmal die in den Magazinen der sechziger Jahre populär gewordene Vorstellung, vermittels privater Kleinhubschrauber oder andersartiger Flugmaschinen in die dritte Dimension ausweichen und die damals bereits lästiger werdenden Stauungen (obwohl wir 1960 in der Bundesrepublik nur ein Fünftel des heutigen Kraftfahrzeugbestandes hatten!) überfliegen zu können. Sobald man sich einmal den Energieverbrauch eines Fluggerätes im Vergleich zu einem rollenden Fahrzeug anschaut, die Lärmentwicklung, die Sicherheitsprobleme, den notwendigen Koordinationsaufwand und anderes, was zum Fliegen nun mal dazugehört, wird die Unangemessenheit eines solchen Konzeptes offenbar.

Nun schützt dies natürlich nicht davor, daß derartige Dinge Realität werden. Wenn die Energiefrage durch strikte Bevorzugung der reichen Gesellschaften »gelöst« wird, wenn die Umweltbelastungen von dem mitmachenden oder dem passiv duldenden Publikum akzeptiert werden und wenn darüber hinaus der technische Fortschritt den Betrieb der Flugmaschinen für jedermann erlaubt – wenn auch mit einem jährlichen Blutzoll von beispielsweise in Deutschland jährlich etwa 10000 Toten und 400000 Verletzten –, dann hätten wir damit ziemlich genau die Beschreibung unseres heutigen Verkehrssystems. Wer wollte behaupten, daß unter solchen Randbedingungen nicht doch die High-Tech-Visionen der Magazinautoren der Sechziger Realität werden können? Sicherlich, mit einem solchen zukünftigen Verkehrssystem würde die Stabilität des Weltklimas gefährdet, litte eine zunehmende Anzahl von Menschen unter Atembeschwerden, könnten die Wälder sterben und auch Deutschland käme irgendwann in die Situation, in entlegenen Regionen der Welt Kriege zur Sicherung der Kraftstoffversorgung führen zu müssen. Doch zeichnet sich dies alles nicht auch schon heute ab?

Kaum jemand wird diese gar nicht so unrealistische Perspektive allerdings als erstrebenswert ansehen oder als sonderlich vernünftig. Jedenfalls wird in der Öffentlichkeit erwartet, daß Konzepte, die für die allgemeine Verwendung angepriesen werden, auch allgemeintauglich sein müssen.

Globale Anwendbarkeit der Konzepte

Zur allgemeinen Anwendbarkeit gehört auch, daß die Konzepte nicht nur im eigenen Land, sondern auch für andere Teile der Welt geeignet sind. Sicher braucht man – beispielsweise – die Heiztechnik nicht so zu gestalten, daß sie in allen Klimazonen einheitlich eingesetzt werden kann. Aber es spricht wenig für die Annahme, daß es bei Mobilität und Verkehrstechnik natürliche Unterschiede in den Ansprüchen und Wünschen der Bewohner unterschiedlicher Regionen gibt: Warum sollte ein Guatemalteke seinen Arbeitsplatz in einem anderen Entfernungsbereich suchen wollen als ein Franzose? Warum sollte ein Bangladeshi weniger interessiert sein an einem eigenen Auto als ein Schweizer, warum ein Sambier weniger Vergnügen an Flugtourismus haben als ein Deutscher?

Der rhetorische Charakter der Fragen ist offensichtlich, wir haben die enormen Unterschiede in der Ausstattung mit Verkehrsdienstleistungen ja oben schon herausgestellt. Gleichwohl wird damit ein ziemlich großes Problem charakterisiert: Zwar haben wir bei uns bereits Massenmotorisierung in einem teilweise schwer erträglichen Ausmaß, aber – einmal abgesehen davon, daß selbst bei uns nennenswerten Bevölkerungsgruppen der Zugang zum eigenen Auto verwehrt ist – weltweit ist das absolut untypisch; dies gilt auch für den Flugtourismus.

Es dürfte wenig Widerspruch erzeugen, wenn man die Verallgemeinerung unseres Verkehrsstils für absehbare Zeit als völlig unmöglich bezeichnet: Einen derart hohen Aufwand für Verkehr kann sich die Welt offensichtlich nicht leisten, und würde man derlei ernsthaft versuchen, wäre es ein sicheres Mittel, die Lebensgrundlagen aller Menschen zu zerstören.

Dies führt weiter zu der Frage: Wie müssen wir unseren Verkehrsstil verändern, damit er verallgemeinerbar ist? Oder, mehr staatsmännisch und realpolitisch: Welches Maß an Nichtverallgemeinerbarkeit können wir zu welchem künftigen Zeitpunkt mit welchen Konsequenzen durchsetzen?

Dabei kann eine machtpolitische Behandlung nach Stammtischart vermutlich ebensowenig befriedigen wie eine rein idealistische. Vielmehr scheint es notwendig, Antworten zu entwickeln, die in einem weltweiten Diskussionszusammenhang verstanden werden können und nicht desorientierend und destabilisierend wirken – eine Aufgabe, die über das Thema dieses Buches weit hinausgeht.

Nachhaltigkeit und Dauerhaftigkeit

Die Industriegewerkschaft Metall hat auf ihrem viel beachteten Verkehrskongreß 1990 eine Argumentationsbroschüre zur Zukunft des Verkehrs vorgelegt. In einer ganz einfachen Grafik wird dort die Entwicklung der Weltbevölkerung dargestellt; als kleines Klötzchen ist in der Grafik eingezeichnet, wer in welcher Zeit das ganze Öl verbraucht, wenn wir so weitermachen wie bisher. Nun, das ist keine wissenschaftlich fein gemeißelte Analyse, aber das Ergebnis ist klar und einleuchtend: Selbst wenn man den Mineralölverbrauch wie bisher weitgehend auf die wenigen reichen Länder beschränkt, ist die zeitliche Perspektive recht bescheiden. Schon bei unseren Enkeln fängt es an, eng zu werden. Das mag durch höhere Preise, die auch kostenträchtigere Lagerstätten wettbewerbsfähig machen, durch Neufunde, durch Ölschiefer und -sände durchaus gestreckt werden; andererseits ist auch nicht zu erwarten, daß sich der weit überwiegende Teil der Menschheit wie bisher beim Mineralölverbrauch zurückhält, damit wir weiterhin unseren hohen Verbrauch möglichst lange möglichst ungeschmälert erhalten können.

Insgesamt ist unbezweifelbar, daß wir uns trotz der erheblichen Verbesserungen der Energieeffizienz während der letzten zwanzig Jahre noch immer auf Kollisionskurs mit der Endlichkeit der Energieressourcen befinden. Die Einsparerfolge haben die Dramatik des Zeitproblems sichtlich entspannt, das Problem im Grundsatz ist geblieben.

Zukunftsorientierte Konzepte müssen deshalb darauf geprüft werden, wieweit sie der Anforderung einer nachhaltigen und dauerhaften Bewirtschaftung der Ressourcen genügen, beziehungsweise ob sie den Übergang zu einem so gearteten Umgang mit unseren Rohstoffen hinreichend unterstützen. Dabei kann es nicht nur um die fossilen Energieträger gehen, sondern gleiche Anforderungen gelten auch für die anderen Wertstoffe.

Genau wie beim Kriterium der Verallgemeinerbarkeit ist auch hier zwischen dem begrifflich klaren Ziel und der nicht so klar bestimmbaren zeitlichen Entwicklung zu diesem Ziel hin zu unterscheiden. In dem einen wie in dem anderen Fall erscheint es ebenso unangemessen, das grundsätzliche Ziel aus den Augen zu verlieren, wie sozusagen für morgen schon seine absolute Realisierung anzumahnen.

Umwelt- und Klimaverträglichkeit

Ein maßgebliches Prüfkriterium für zukunftsgeeignete Verkehrskonzepte ist deren Umwelt- und Klimaverträglichkeit. Es kann uns nichts nützen, wenn zwar der Verkehr gut läuft, wir dafür aber unsere allgemeinen Lebensgrundlagen zerstören. Die gegenwärtigen Belastungen und Probleme werden im Kapitel II näher behandelt; vorab sollen nur einige begriffliche Unterschiede herausgearbeitet werden.

Zunächst ist zu unterscheiden zwischen den örtlichen Belastungen und den Beiträgen zu regionalen oder globalen ökologischen Problemen. Während die örtlichen Belastungen wie etwa Lärm und Gestank auch für die jeweiligen Verursacher kaum zu übersehen sind, ergeben sich die großräumigen ökologischen Problemlagen als Ergebnis vieler, häufig kleiner und kleinster Einzelbelastungen. Weil es schwierig bis unmöglich ist, diese Belastungen in jedem Einzelfall einzelnen Verursachern zuzurechnen, und wegen der räumlichen und zeitlichen Verschiebungen von Ursachen und Wirkungen findet sich für die globalen Umweltprobleme nur schwer eine Handlungsbereitschaft.

Darüber hinaus muß man unterscheiden zwischen Belastungen für die natürliche Umwelt selbst und Belastungen, die sich für uns daraus ergeben. Unabhängig von den Bewertungsschwierigkeiten wird man als vernünftig ansehen können, nicht allzu kurzsichtig nur wieder die uns betreffenden Effekte zu beachten. Wegen der ökologischen Vernetzung der Abläufe müssen wir das Augenmerk verstärkt auch auf Wirkungsmechanismen richten, durch die zunächst »nur« die Natur geschädigt wird, ohne daß wir Menschen unmittelbar darunter leiden.

Schließlich verdient die Täter-Opfer-Symmetrie auch aus praktischen Gründen eine besondere Erwähnung. Wenn die Schäden hauptsächlich bei denjenigen Personen eintreten würden, die die Schäden auch verursachen, dann hielte dies das Ausmaß der Schäden sicherlich in engen Grenzen. Dies ist in unserem Verkehrssystem jedoch in großem Ausmaß nicht der Fall. Daher sind Regeln erforderlich, welche die gängige Belastungs- und Risikoüberwälzung von den Verursachern auf andere Betroffenen unterbinden. In der Umweltökonomie spricht man von einer »Internalisierung externer Lasten«, die vorgenommen werden müsse; Steuerungsansätze für eine solche Korrektur werden wir im weiteren Verlauf des Buches diskutieren.

Ethische Aspekte: *Zum Beispiel Freiheit*

Ethische Aspekte bilden weitere Leitprinzipien für die Gestaltung eines zukunftsverträglichen Verkehrssystems. Neben den Kriterien der sustainability geht es um Ziele wie Gerechtigkeit, Humanität und Freiheit. Insbesondere der letzte Begriff wird häufig als Argument für einen schrankenlosen Umgang mit dem Auto und gegen Einschränkungen der freien individuellen Nutzung des Automobils herangezogen. Im Hinblick auf das zu entwickelnde zukünftige Verkehrskonzept wäre die Frage zu prüfen, ob die Nutzung bestimmter Verkehrsarten die Freiheitsspielräume der ganzen Bevölkerung eher erhöht oder aber reduziert. Bereits durch einfache Überlegung läßt sich für den heutigen Stadtverkehr zeigen, daß die gleichzeitige Nutzung von etwa 25 Prozent der zugelassenen PKW dazu führt, daß die übrigen Menschen in ihrer Mobilität stark behindert werden. Halten wir als Kriterium für die Verkehrszukunft einmal fest: Die Freiheitsspielräume der einzelnen Menschen, ihre Optionen für die unterschiedlichsten Aktivitäten, sollen erweitert werden.

Diese Forderung kann sich möglicherweise nicht nur gegen die PKW-Nutzung in dicht besiedelten Gebieten richten, sondern sie hat auch Konsequenzen für die Entwicklung der Siedlungsformen. So läßt sich beispielsweise durch Simulationsmodelle zeigen, daß eine vor allem auf nicht motorisierte Verkehrsarten, also auf den Fußgänger- und Radverkehr, ausgerichtete Stadtentwicklung die meisten Optionen bietet. In einer solchen Modellstadt finden sich die Startpunkte und die Zielpunkte der Wege relativ nahe beieinander. Selbstverständlich gehören auch zu einer hoch verdichteten Stadt öffentliche Verkehrsmittel, der private Autoverkehr und der LKW-Verkehr. Es handelt sich also nicht um rückwärts gewandte Schwärmereien, in denen eine dörfliche Idylle beschworen wird. Die Modellrechnungen zeigen vielmehr, daß einfach aufgrund des Platzbedarfs der Anlagen für den Kraftfahrzeugverkehr und wegen der notwendigen Abmessungen, die Abgas- und Lärmschutz sowie Verkehrssicherheit verlangen (Entfernung von den Straßen, Breite der Bürgersteige etc.), die Entfernungen zunehmen, auch innerhalb der Städte. Ist dies aber der Fall, so sinkt automatisch der Anteil der Menschen, die zu Fuß oder mit dem Fahrrad ihre täglichen Wege erledigen können.

Dem Umsteigen eines Teils der Bevölkerung jedoch folgt mit zwingender Logik eine Abfolge von Reaktionen, die man insgesamt als

Verkehrsspirale kennzeichnen kann. Es handelt sich um den Teufelskreis der fortlaufend steigenden Benutzung des Autos als Folge der Benutzung von Autos – dies wird im nachfolgenden Kapitel II ausführlich behandelt. Festgehalten werden sollte an dieser Stelle, daß das zukünftige Verkehrssystem selbststabilisierende Eigenschaften haben muß. Es darf also nicht die Gefahr eines Umkippens in eine Wachstumskurve aufgrund fehlender Dämpfungseigenschaften des Systems bestehen.

Ethische Aspekte: Zum Beispiel Gerechtigkeit

Neben dem Begriff der Freiheit als Kriterium für ein zukünftiges Verkehrssystem waren als Anforderungen Gerechtigkeit und Humanität genannt worden. Unter ersterem Begriff wollen wir verstehen, daß nicht bestimmte Gruppen von Menschen benachteiligt werden. Die Bedürfnisse der Kinder sollen ebenso ernst genommen werden wie diejenigen der Manager; Hausfrauen sollen sich ebenso ungehindert bewegen können wie junge Männer; das Verkehrssystem soll weder alten Menschen noch körperlich Behinderten eine Teilnahme am öffentlichen Leben und eine Verwirklichung der jeweiligen Aktivitätswünsche entgegenstellen. Dies ist ein Anspruch, der in Deutschland kaum diskutiert wird. Nehmen wir zum Beispiel die Mobilitätsbedürfnisse von Rollstuhlfahrern. Während die Busse der New Yorker Transit Authority genauso wie diejenigen der meisten US-amerikanischen Städte durch Absenken am Bordstein oder durch Ausfahren eines Rollstuhlliftes den Behinderten eine selbstverständliche Mobilität ermöglichen, ist dies in den bundesdeutschen Verkehrsunternehmen zumeist noch kein Thema. Zwar kann man auf die meisten Bahnsteige mit aufwendigen Lifts gelangen und dann mit gesonderten Hebezeugen auch in die Züge, ohne Helfer geht es jedoch in der Regel nicht.

Das Rückgrat des ÖPNV ist in Deutschland der Bus. So lange Rollstuhlfahrerinnen und Rollstuhlfahrer den Bus nicht ohne fremde Hilfe benutzen können, können kostenaufwendige Lösungen an bestimmten Schienenhaltestellen allenfalls als Beweis für den guten Willen der dort Verantwortlichen gewertet werden. Eine umfassende Mobilitätssicherung setzt voraus, daß systematisch alle Hindernisse beseitigt werden und daß Stadtverkehrsplanung, die Ausführenden im Baugewerbe, Konstrukteure von Fahrzeugen für den öffentlichen Nahverkehr und auch Haltestellenplaner zusammenarbeiten. Parkende Autos auf den Gehwegen und Fußgängerunterführungen mit Treppen verhindern oft eine selbstverständliche Teilnahme von Behinderten am öffentlichen Leben. Der jetzige Zustand ist ein viel zu wenig beachteter Skandal.

Sinngemäß gilt das für Rollstuhlfahrer Gesagte auch für Menschen, die mit einem Kinderwagen unterwegs sind oder aber ihren Einkauf mit einem Handwagen transportieren wollen. Für andere Gruppen der Bevölkerung sind die Einschränkungen ebenfalls gravierend, beispielsweise für Blinde oder auch für wegen ihres Alters sehr langsame Menschen.

Gerechtigkeit als Kriterium für ein zukünftiges Verkehrssystem hat viele Facetten. Glücklicherweise gibt es viele gleichgerichtete Systemanforderungen. Eine Verkehrswelt, welche Kindern Aufmerksamkeit entgegenbringt, in der Autos langsam und Busse oft fahren und Fahrpläne gut lesbar sind, ist auch für alte Menschen angenehm. Helle, übersichtliche und belebte Haltestellen und U-Bahnen, in denen aufmerksame und freundliche Angestellte zur Stelle sind, können von Frauen auch am späten Abend genutzt werden. Dort brauchen weder alte Menschen Angst zu haben, noch fühlen sich ängstliche Naturen mit Anzug und Brieftasche gefährdet. Insgesamt können wir an dieser Stelle die These formulieren, daß ein gebrauchstüchtiges öffentliches Verkehrssystem nicht auf bestimmte Zielgruppen hin konzipiert zu werden braucht. Vielmehr ist dieses System dann gut, wenn es von den unterschiedlichsten Menschen einfach und unkompliziert und bequem benutzt werden kann.

Jedenfalls kann sich die Forderung nach Gerechtigkeit nicht auf den Aspekt der Rechtsstaatlichkeit bei der Beurteilung von Rechtsverstößen zurückziehen, sondern muß sich in materieller Hinsicht messen lassen: Auch eine rechtsstaatlich gefundene und zutreffende Beurteilung einer rechtswidrigen Tötung macht den toten Menschen nicht wieder lebendig. Die Morgenstern'sche Behandlung durch Palmström: »... weil nicht sein kann, was nicht sein darf« ist eben nicht nur lustig, sondern vor allem bitter. Insofern im Kollisionsfall unabhängig vom Verschulden der tatsächliche Schaden vor allem vom Schwächeren getragen werden muß, kann ein liberalistisches »Irren ist menschlich« keinen Ersatz für strukturelle Gerechtigkeit bieten. Nicht zuletzt daher rührte wohl auch die ohnmächtige Wut in der Bevölkerung, als vor einigen Jahren in Hamburg ein neunjähriges Mädchen von einem LKW überrollt wurde: Das Mädchen hatte das grüne Licht an der Ampel, der LKW war einfach bei Rot durchgefahren.

Zum Thema Gerechtigkeit wäre noch der finanzielle Aspekt hinzuzufügen. Der Anspruch würde sicherlich verfehlt, wenn für die Interessen weniger Menschen ein derart hoher Anteil der verfügbaren Geldmittel eingesetzt würde, daß für die Verbesserung der Mobilitätschancen der meisten anderen Menschen nur noch wenig übrig bliebe. Eine Subvention einer bestimmten Verkehrsart oder einer bestimmten Gruppe von Menschen kann zwar durchaus begründet sein. Die stillschweigende Bevorzugung des Luftverkehrs beispielsweise mit dem Argument, daß dies für die Wettbewerbsfähigkeit einer Region und damit für alle Menschen dieser Region wichtig sei, verlangt nach einer sorgfältigen Prüfung. Unter Umständen verbergen sich dahinter die Interessen derjenigen Menschen, die an den entscheidenden Stellen sitzen und die darüber hinaus eben häufig fliegen. Da liegt es dann nahe, ein übergeordnetes Gemeinwohlinteresse am billigen Flugverkehr zu konstatieren.

Ethische Aspekte: Zum Beispiel Humanität

Das Kriterium Humanität als wesentliche Anforderung an das zukünftige Verkehrssystem bedarf kaum näherer Erläuterungen. Es gibt wohl keinen anderen Bereich des täglichen Lebens, in dem strukturbedingt allein in Deutschland jährlich etwa 10000 Menschen getötet und über 400000 verletzt werden. Man mag einwenden: In den privaten Haushalten passieren auch viele Unfälle. Das Inhumane an unserem Verkehrssystem liegt jedoch darin, daß die Verkehrsopfer als »unvermeidlicher« Bestandteil des Verkehrs billigend in Kauf genommen werden. Dieser Vorwurf bedarf einiger Erklärungen. Es ist damit nicht gemeint, daß einzelne Akteure im politischen System, in den Verwaltungen, in den Automobilunternehmen oder bei der Polizei etwa ihre Pflichten vernachlässigen. An vielen Stellen wird engagiert für mehr Verkehrssicherheit, das heißt, für eine Reduzierung der Zahl der Verkehrsunfälle, der Zahl der Toten und der Zahl der Verletzten gearbeitet. Wir wollen vielmehr auf einen blinden Fleck in der Wahrnehmung hinweisen, der für das Verkehrssystem vor allem im Unterschied zur Arbeitswelt auffallend ist.

In die Werkshallen der Fabriken hat eine Sicherheitstechnik Einzug gehalten, welche die dort arbeitenden Menschen im großen und ganzen vor Tod und Verstümmelung schützt. Dies ist ein Erfolg der organisierten Vertretung der Arbeitnehmerinteressen; aber auch der Staat hat frühzeitig erkannt, welchen volkswirtschaftlichen Nutzen Schutzeinrichtungen haben. Im Ergebnis ist es heute so, daß an Maschinen Schutzgitter angebracht sind; Pressen müssen durch beide Hände betätigt werden, um auszuschließen, daß jemand in den Gefahrenbereich bei laufender Maschine hineinfaßt. Lichtschranken sorgen dafür, daß bei Eindringen in einen gefährlichen Bereich Maschinen stillgelegt werden; Sicherheitsbeauftragte sind für die Einhaltung der Vorschriften und für die Funktionsfähigkeit der Einrichtungen verantwortlich. Es wäre heute wohl keine Produktionseinrichtung genehmigungsfähig, in welcher die Beschäftigten bestimmte Pfade auf dem Boden einhalten müssen, um nicht unvermittelt von einem Hebelarm oder einer Transmission erfaßt zu werden; man kann davon ausgehen, daß eine momentane Unachtsamkeit nicht unmittelbar mit Tod oder Verstümmelung geahndet wird.

Dies ist im Straßenverkehr völlig anders. Dort baut das System darauf, daß keine Fehler gemacht werden. Jeder falsche Schritt eines Fußgängers, jede momentane Unachtsamkeit eines Autofahrers, jede Ablenkung von den vorgeschriebenen Prozeduren kann unmittelbar zur Katastrophe führen, ohne daß technische Einrichtungen zum Schutze der Beteiligten zwischengeschaltet wären. Da greift keine lichtschrankengesteuerte Notabschaltung ein, wenn ein Autofahrer versehentlich ein rotes Signal überfährt; da gibt es noch nicht einmal ein Warnsignal, wenn schwere LKW innerorts die erlaubte Höchstgeschwindigkeit überschreiten. Direkt neben Fußwegen, auf denen Kinder unbeschwert herumhüpfen, fahren Autos mit einer Geschwindigkeit, welche für ein auf die Fahrbahn geratenes Kind unmittelbar den Tod bedeuten würde.

Das heutige Verkehrssystem ist aus zwei Perspektiven heraus unmenschlich: Zum einen erfordert es einen Blutzoll, den zu erbringen einer zivilisierten Gesellschaft unwürdig ist. Zum anderen erfordert es von den Beteiligten am Verkehrsgeschehen ein übermenschliches Maß an Konzentration und Fehlerlosigkeit. Fehlverhalten wird brutal bestraft: entweder mit dem Tod für die Schwächeren im Verkehr oder mit einem Schuldigwerden, an dem oftmals Menschen zerbrechen.

Humanität ist auch eine Anforderung an die Technik

Ein zukünftiges Verkehrssystem muß der Forderung nach Humanität also dadurch Rechnung tragen, daß die Fahrzeuge und die Verfahrensregeln für alle Teilnehmer fehlerfreundlich sind. Den schwächeren Verkehrsteilnehmern müssen Fehler möglich sein, ohne daß dies gleich mit dem Tod oder mit Verletzung geahndet wird; den Tätern aus Fahrlässigkeit muß durch die Regeln und durch den Einsatz intelligenter und weniger gefährlicher Technik das Risiko eines Fehlverhaltens und damit eines Schuldigwerdens weitestgehend genommen werden.

In besonders scharfer Weise zeigt sich hier derzeit ein blinder Fleck bei den Sicherheitsvorschriften: In aufwendigen Crashtests werden die Fahrzeugmodelle auf ihre Insassensicherheit getestet. Dies ist löblich, aber nicht in erster Linie Staatsaufgabe: Selbstgefährdung in Automobilen muß in einem freiheitlichen Staat dem Bürger weitgehend eingeräumt werden, zumal diese Gefährdung über die Wahl der Fahrgeschwindigkeit beliebig niedrig gehalten werden kann; darüber hinaus kann erwartet werden, daß durch das Eigeninteresse von Fahrzeuglenkern an geringer Selbstgefährdung auch bei höheren Geschwindigkeiten der Markt die Angebotspalette entsprechend gestaltet. Dagegen ist der Schutz unbeteiligter Dritter vor Automobilen auf öffentlichen Wegen unaufgebbare Sicherheitsaufgabe des Staates. Weshalb wird die Sicherheit von PKW vor allem durch das Auffahren auf Betonblöcke beurteilt und nicht durch die Kollision mit Dummies, die Fußgänger simulieren? Ein sicheres Fahrzeug ist aus rechtsstaatlicher Sicht nicht eines, womit man sich nicht selbst verletzen, sondern vor allem eines, womit man andere nicht schädigen kann.

In den vergangenen fünf Jahren sind vereinzelt Gedanken zu einer technischen Verkehrsberuhigung entwickelt worden, welche sowohl sicherer als auch kostenmäßig erheblich effizienter ist als der mit dem Stichwort Verkehrsberuhigung oftmals verbundene Umbau von Straßen. So sehr diese Verkehrsberuhigung ein hoffnungsvolles Indiz für einen Fortschritt in der kommunalen Verkehrspolitik ist, so bleiben andererseits deren Erfolge hinter den Möglichkeiten und Notwendigkeiten zurück. Warum ist der kostenaufwendige Weg der Verkehrsberuhigung durch Pflasterungen, Verschwenkungen, Schwellen und Blumenkübel gegangen worden, um der dringend notwendigen Geschwindigkeitsdämpfung innerorts näherzukommen, und warum nicht der sehr viel sicherere Weg einer technischen »Zähmung« des Autos auf verträgliche, niedrige Geschwindigkeiten?

Last, but not least: Kosten und Kosteneffizienz

Zu den wichtigen Kriterien für die Entwicklung des zukünftigen Verkehrssystems gehört die Kostengünstigkeit. Die öffentlichen Haushalte lassen kaum Spielräume für die notwendigsten Ausgaben, daher kommen aufwendige neue Verkehrssysteme, Infrastrukturen und Fahrzeuge nicht in Frage. Niedrige Kostenvorgaben und strenge Kosten-Effizienz-Kriterien sind an alle Planungen anzulegen; hätte man dies in der Vergangenheit konsequent durchgeführt, wäre eine große Zahl teurer Bauvorhaben nie begonnen worden. Dies gilt selbst für den Fall, daß die externen, nicht im Preis enthaltenen Kosten des Verkehrs als extrem niedrig veranschlagt werden.

Kostengünstigkeit als Kriterium ist auch dann nicht entbehrlich, wenn an Stelle der öffentlichen Haushalte private Investoren in das Finanzierungsgeschäft der Straßeninfrastruktur einsteigen würden. Die Mittelbindung für aufwendige Projekte führt über den Umweg über Lobbytätigkeit dann zu politischen Entscheidungen, die aus der Sicht der Investoren angemessene Erträge sicherstellen. Ein Beispiel dafür ist die Planung einer Transrapidstrecke zwischen Hamburg und Berlin. Damit sich der Betrieb rechnet, werden höchstwahrscheinlich die Ausbaupläne der Bahn auf dieser Relation gestrichen, und es werden viele Umwegfahrten erzwungen. Mit dieser Nachhilfe kann die teure Transrapid-Investition dann ökonomisch gerechtfertigt werden.

Die grundsätzlichen Probleme privater Autobahnen und Schienen-Hochgeschwindigkeitstrassen werden weiter unten erörtert. An dieser Stelle sei nur auf die Notwendigkeit einer gesamtgesellschaftlich optimalen Verwendung der Finanzmittel hingewiesen, und es sei im Vorgriff angemerkt, daß in einem so wichtigen Bereich wie dem Verkehr die politischen Gestaltungsmöglichkeiten nicht dadurch aufgegeben werden sollten, daß die Infrastrukturen dem privaten Sektor überantwortet werden.

Kostengünstigkeit als Bewertungskriterium bedeutet die Gegenüberstellung von Aufwendungen und Erträgen. Als Erträge können dabei selbstverständlich nicht unmittelbar die weiteren Fahrdistanzen bei höheren Durchschnittsgeschwindigkeiten oder die Verkehrsleistungen herangezogen werden; vielmehr wären die positiven Effekte in wirtschaftlicher und/oder sozialer und ökologischer Hinsicht nachzuweisen. Ein besonderes Charakteristikum bisheriger Infrastrukturplanung ist ja geradezu, daß die Aufwendungen zwar sehr exakt beziffert werden können, die damit zu erzielenden Erträge jedoch höchst unsicher sind und die verursachten Schäden zumeist unter den Tisch fallen. Üblicherweise wird auf die Ableitung tatsächlicher gesellschaftlicher Vorteile zugunsten der Hypothese verzichtet, daß jeglicher Zeitgewinn bereits zeigt, daß eine Investition sinnvoll war – wobei selbstverständlich angenommen wird, daß diese Investition weder die Zahl noch die Entfernung der zurückgelegten Wege ändert, daß also die Verkehrsgewohnheiten der Menschen durch das Angebot neuer Verkehrsinfrastrukturen nicht beeinflußt werden. Dies greift nach unserer Ansicht jedoch erheblich zu kurz. Wir alle wissen, daß die Wegebeziehungen gerade nicht konstant sind, sonst hätten wir nicht seit Jahrzehnten das Problem, mit immer mehr Verkehr fertig zu werden.

Mit der Frage der Kostengünstigkeit eines Verkehrssystems ist also unmittelbar die Frage nach dem Nutzen verbunden. Welchen Nutzen hat Verkehr? Zweifellos einen erheblichen wirtschaftlichen, sozialen und kulturellen. Fassen wir die Frage einmal präziser: Welchen Nutzen hat unser heutiges Verkehrssystem? Gibt es in der Abwägung von Kosten und Nutzen eventuell günstigere Verkehrszusammensetzungen, andere Systemstrukturen, eine andere Balance zwischen Ferne und Nähe, hoher und niedriger Geschwindigkeit, motorisiertem und nichtmotorisiertem Verkehr? Gibt es in der Motorisierungsdichte zwischen einem Entwicklungsland mit extrem niedrigem Autobestand einerseits und beispielsweise den USA, Schweden oder der Bundesrepublik Deutschland mit sehr hohen Autodichten möglicherweise ein Optimum?

Diese Fragen können erst dann beantwortet werden, wenn eine gründliche Bilanz der positiven und der negativen Auswirkungen des Verkehrs gezogen und wenn diese Bilanzierung für verschiedene Verkehrsmodelle vorgenommen worden ist. Dies wirft eine Reihe von methodischen Schwierigkeiten auf, die im Verlauf der folgenden Kapitel behandelt werden, die wir auch nicht umfassend werden lösen können. Wir müssen aber bereits jetzt davon ausgehen, daß sich die Vorteile und die Nachteile der Individualmotorisierung nicht proportional entwickeln. Spätestens dann, wenn aufgrund der häufigen Stauungen ein Mehr an Autos nicht mehr Aktivitäten ermöglicht, muß man annehmen, daß mit der Zahl der Fahrzeuge ihr Nutzen offensichtlich nicht steigt. Nichtlineare Beziehungen zwischen Verkehrsaufkommen und Umweltschäden dürften dafür sorgen, daß bereits lange bevor die Kapazitätsgrenzen von Straßen erreicht sind, die negativen Effekte steiler zunehmen als die positiven.

Literatur

Bierter, W. (1994): Wege zum ökologischen Wohlstand, Wuppertal Texte, Berlin/Basel

BT-EK (1990): Enquête-Kommission »Vorsorge zum Schutz der Erdatmosphäre« des Deutschen Bundestages: Schutz der Erde; Eine Bestandsaufnahme mit Vorschlägen zu einer neuen Energiepolitik, Bonn-Karlsruhe, 2 Bde.

BT-EK (1990) (Enquête-Kommission »Vorsorge zum Schutz der Erdatmosphäre« des Deutschen Bundestages, Hrsg.): Konzeptionelle Fortentwicklung des Verkehrsbereichs, Bonn-Karlsruhe, Energie und Klima, Bd. 7

BT-EK (1994): Enquête-Kommission »Schutz der Erdatmosphäre« des Deutschen Bundestages, Studienprogramm Verkehr, Bonn, 2 Teilbände

Dieren, W. van (1995): Mit der Natur rechnen, Der neue Club-of-Rome-Bericht, New York/Basel

Hesse, M. (1993): Verkehrswende – Ökologisch-ökonomische Perspektiven für Stadt und Region, Marburg

Hilgers, M. (1992): Total abgefahren? Psychoanalyse des Autofahrens, Freiburg

Hüsler, W. (1991): Moderne Verkehrsplanung wohin?, DISP 107 (Sonderdruck)

Industriegewerkschaft Metall (Hrsg.) (o.J.): Auto, Umwelt und Verkehr. Umsteuern, bevor es zu spät ist, Frankfurt

Kågeson, P. (1994): The Concept of Sustainable Transport, T&E Publication 94/3, Bruxelles

Lebensraum Stadt (Hrsg.) (1994): Mobilität und Kommunikation in den Agglomerationen von heute und morgen, 4 Bände, Berlin

Lowe, M. (1990): Alternatives to the Automobile: Transport for Livable Cities, Worldwatch Paper 98, Washington

Midgley, P. (1994): Urban Transport in Asia, An Operational Agenda for the 1990s, World Bank Technical Paper 224, Washington

Monheim, H. ; Monheim-Dandorfer, R. (1990): Straßen für alle, Hamburg

Newman, P.; Kenworthy, J. (1989): Cities and Automobile Dependence. An International Sourcebook, Aldershot

Oblong, D. (Hrsg.) (1992): Zeit und Nähe in der Industriegesellschaft. Eine Annäherung aus verkehrspolitischer Sicht, Alheim.

Petersen, R.; Weizsäcker, E.U. von (1993): Mobility in the Greenhouse, UNEP Industry and Environment, Vol. 16 No. 1 – 2 January – June 1993

Sachs, W. (1984): Die Liebe zum Automobil, Reinbek

Sachs, W. (Hrsg.) (1994): Der Planet als Patient, Über die Widersprüche globaler Umweltpolitik, Wuppertal Paperbacks, Berlin/Basel

Schallaböck, K.O. (1988): Sozialverträglichkeit und neue Technologien im Automobilverkehr, Werkstattbericht Nr. 21, Landesprogramm Mensch und Technik, Ministerium für Arbeit, Gesundheit und Soziales des Landes Nordrhein-Westfalen, Düsseldorf

Schmidt-Bleek, F. (1994): Wieviel Umwelt braucht der Mensch?, Berlin/Basel

Strasser, J. (Hrsg.) (1994): Die Wende ist machbar, Realpolitik an den Grenzen des Wachstums, München

Teufel, D. et al. (1995): Folgen einer globalen Motorisierung, upi-Bericht Nr. 35, Heidelberg

Vester, F. (1990): Ausfahrt Zukunft. Strategien für den Verkehr von morgen. Eine Systemuntersuchung, München

Virilio, P. (1992): Rasender Stillstand, München/Wien

Weizsäcker, E.U.von (Hrsg.) (1994): Umweltstandort Deutschland, Argumente gegen die ökologische Phantasielosigkeit, Basel

Weizsäcker, E.U. von; Lovins, Amory; Lovins, Hunter (1995): Faktor vier. Doppelter Wohlstand – halbierter Naturverbrauch, Droemer Knaur, München

Wolf, W. (1992): Eisenbahn und Autowahn – Personen- und Gütertransport auf Schiene und Straße. Geschichte, Bilanz, Perspektiven, Hamburg

Zeller, C. (1992): Mobilität für alle! Umrisse einer Verkehrswende zu einem autofreien Basel, Stadtforschung aktuell 35, Basel

Zuckermannn, W. (1992): End of the Road – From World Car Crisis to Sustainable Transportation, Vermont

Ökologischer Verkehr – ohne Perspektiven?

Eine Stadt mit Fußgängern lebt: Fußwegachse vom gründerzeitlichen Wohnviertel zur Innenstadt (Hannover).

Die europäische Innenstadt: Hier garantiert ein Verbund von Öffentlichen Verkehrsmitteln sowie Fußgängern und Radfahrern vitale Urbanität.

Autogerechte Lebenswelten: Hauptstraße in Florida/USA – am Tag

... und in der Nacht.

Die USA als größte Autonation der Welt haben die autogerechte Stadtwüste verwirklicht (Downtown Seattle/USA).

Bisher war Autofahren ein Privileg weniger Funktionäre, nun rüstet sich das bevölkerungsreichste Land für die Motorisierung (Straßenbaustelle in Chengdu/VR China).

Städtebau nach amerikanischem Muster: für die Minderheit der Autobesitzenden: Parkhaus in Ankara.

Wer kein Auto hat und es sich irgend leisten kann, nimmt ein Taxi, weil der öffentliche Nahverkehr katastrophal ist: Yellow Cabs in Ankara.

»Normale« Stadtstraße: Parken auf dem Bürgersteig, eine Hochstraße zerschneidet den Stadtraum, im Hintergrund der Hauptbahnhof (Bremen).

Raum für Fußgänger nur in der Einkaufs-City (Bremen)?

Taxen prägen auch in Mexico-City das Verkehrsbild.

Seit 1995 dürfen nur noch Taxen mit Kat fahren – grün lackiert.

Kapitel II
Mobilitätsentwicklung und Probleme

1. Strukturmerkmale des Verkehrs

*Als Sozialpersonen handeln wir oft sehr »schematisch«, d.h. in habi-
tuell gewordenen, eingeschliffenen Verhaltensfiguren, die »von
selbst« ablaufen.*

Arnold Gehlen, Die Seele im technischen Zeitalter

Übersicht

Wie jeder weiß, gibt es immer mehr Automobile und immer
mehr Autoverkehr. Aber hinter dieser Entwicklung zu »immer mehr Verkehr« verbergen sich zwei annähernd konstante Größen, die zeigen, daß
dies nicht »mehr Mobilität« bedeutet:

Praktisch konstant über Generationen und quer durch verschiedene Kulturen ist der zeitliche Aufwand für Verkehr: Etwa eine Stunde pro
Tag ist man durchschnittlich unterwegs. Dabei gibt es selbstverständlich
große individuelle Abweichungen und auch Unterschiede von Tag zu Tag.
Im Mittel ist dieser Wert jedoch so stabil, daß man damit sogar die Entwicklung der Stadtgrößen erklärt hat: Städte erreichen ebenfalls einen Durch-
messer von etwa einer Stunde, sie wachsen im Ausmaß der Verkehrsge-
schwindigkeiten. Zwar wird die Hypothese vom konstanten Reisezeitbud-
get nicht mit dem Anspruch eines Naturgesetzes zu vertreten sein, sie stellt
jedoch eine gut gesicherte Erfahrungstatsache dar.

Noch mehr erstaunt die Tatsache, daß auch die Anzahl der Wege
im statistischen Mittel kaum Veränderungen unterworfen ist: Etwa drei Wege
– z. B. von der Wohnung zum Arbeitsplatz, vom Arbeiten zum Einkauf, vom
Freizeitort zur Wohnung – absolvieren wir je Person und Tag, gut 1000 pro
Jahr. Die Dauer eines Weges ist dabei ziemlich unabhängig von der geogra-

phischen Lage und erreicht im Durchschnitt etwa 20 bis 25 Minuten. So gesehen hat sich unsere Mobilität praktisch nicht verändert: Wir erreichen in der gleichen Zeit wie früher die gleiche Anzahl von Zielen wie früher.

Auch die Art der Ziele hat sich nicht stark geändert, wohl aber deren Distanz. Der Abstand der Ziele und die Länge der Wege ist um ein Mehrfaches gewachsen, in den letzten 30 bis 40 Jahren im Durchschnitt von etwa zwei Kilometern auf mittlerweile etwa 10 bis 15 Kilometer. Der Verkehrsaufwand an jährlich zurückgelegten Kilometern ist dabei je Einwohner von etwa 2000 bis 2500 Kilometern in den fünfziger Jahren bis heute auf das Sechsfache gestiegen, auf etwa 12 000 Kilometer – ohne den Luftverkehr, den wir noch gesondert betrachten wollen.

Eine derartig starke Ausweitung des Verkehrsaufwands bei praktisch gleichem Zeiteinsatz setzt eine entsprechend starke Erhöhung der mittleren Transportgeschwindigkeiten voraus: Wir legen schneller größere Entfernungen zurück, um in der gleichen Zeit die gleiche Anzahl von Zielen zu erreichen. Dies deckt sich mit der verbreiteten paradoxen Erfahrung, daß wir uns bei ständig verbesserten Verkehrsmöglichkeiten zugleich immer mehr abhetzen.

Ermöglicht wird diese Geschwindigkeitserhöhung vor allem durch einen Wechsel der eingesetzten Verkehrsmittel, und hier kommen wir wieder zur eingangs aufgegriffenen Feststellung, daß es immer mehr Automobile und Autoverkehr gibt: Die maßgebliche Erhöhung des Verkehrsaufwands kommt durch den Ersatz von nicht motorisiertem Verkehr durch Autoverkehr zustande. Die Entwicklung der PKW-Zahlen in Deutschland verdeutlicht dies, der Bestand ist von weniger als 1 Million im Jahre 1950 (BRD und DDR) auf rund 40 Millionen PKW heute (wiedervereinigtes Deutschland) gestiegen. Die Bestandszahlen nehmen weiterhin ungebremst zu.

Gleichzeitig mit der Verlagerung vom Fußgänger- und Fahrradverkehr auf das Automobil erhöhten sich – gestützt durch die Geschwindigkeitserhöhungen im Kraftverkehr – die durchschnittlichen Fahrtweiten im motorisierten Individualverkehr (also unter Einschluß der motorisierten Zweiräder) von gut 7 Kilometer im Jahr 1950 auf mittlerweile das Zweieinhalbfache (gut 17 Kilometer im Jahr 1993). Die Nutzung der Bahnen hat sich im Umfang dagegen wenig verändert, auch dort sind jedoch – wie beim Radfahren – die Distanzen gestiegen.

Gesondert herauszuheben ist der Luftverkehr, der gegenüber dem Automobil noch einmal sprunghaft erhöhte Geschwindigkeiten und

Reichweiten ermöglicht. Mittlerweile werden mit durchschnittlich 2000 bis 2500 Kilometer je Einwohner und Jahr etwa ein Sechstel aller Kilometer »im Fluge« zurückgelegt – immerhin der Umfang des gesamten Verkehrskontingents in den fünfziger Jahren.

Strukturanalyse

Im folgenden werden die Entwicklungen der Verkehrsmittelwahl näher betrachtet; die Angaben beziehen sich auf das frühere Bundesgebiet (1955 und 1960 noch ohne Westberlin und das Saarland). In den neuen Bundesländern gleicht sich das Verkehrsverhalten rasch an die Strukturen in Westdeutschland an; in der DDR gab es zwar ebenfalls einen Trend zum Autoverkehr, jedoch im Umfang um mehrere Jahrzehnte verzögert.

Noch immer werden etwa 35 bis 40 Prozent aller Wege zu Fuß oder mit dem Fahrrad erledigt – nach der Anzahl der Wege steht somit der nicht motorisierte Verkehr kaum hinter dem Autoverkehr zurück. Der Luftverkehr dagegen ist mit einer Häufigkeit von einem Weg je Einwohner und Jahr (von den insgesamt gut 1000 Wegen) aus statistischer Sicht nach wie vor selten.

Die Entwicklung der zurückgelegten Kilometer zeigt ein anderes Bild. Die Zahl der motorisiert zurückgelegten Kilometer steigt doppelt so stark an wie die Zahl der Wege – zum Einkaufen, zur Arbeit und zu Verwandtenbesuchen wird also weiter gefahren. Da die Umweltbelastungen mit der Zahl der Kilometer zunehmen, gibt dies auch einen Hinweis auf die

Mobilitätsdaten: Verkehrsmittelwahl

Etwa die Hälfte aller Wege wird relativ umweltverträglich, nämlich unmotorisiert oder mit öffentlichen Verkehrsmitteln, zurückgelegt, die andere Hälfte mit dem Auto – davon rund 40 Prozent als PKW-Lenker sowie 10 Prozent als Mitfahrer. Der Autoanteil steigt mit zunehmender Entfernung, er liegt bei den Wegen mit mehr als 50 km Länge bei rund 80 Prozent. Von allen Wegen ist nur etwa die Hälfte weiter als 3 km, darunter etwa ein Fünftel über 10 km und lediglich jeder dreißigste Weg über 50 km; im Durchschnitt fällt also nur etwa alle drei Wochen einmal eine Reise (hin und retour) mit einer Weite von mehr als 50 km an. Auch bei den mit dem Auto zurückgelegten Wegen ist das Überwiegen kürzerer Distanzen deutlich: Die Hälfte der Autofahrten geht nicht über 6 km hinaus, über 10 km sind ein Drittel aller Fahrten, und lediglich etwa jede zwanzigste PKW-Fahrt ist weiter als 50 km.

Die zurückgelegten Kilometer verteilen sich naturgemäß anders als die Wegezahlen. So machen die PKW-Fahrten über 10 km – etwa ein Drittel aller PKW-Fahrten und nur etwa ein Sechstel aller Wege – rund 85 Prozent der mit PKW zurückgelegten Kilometer aus; die geringe Zahl der Fahrten über 50 km – etwa ein Zwanzigstel der PKW-gestützten beziehungsweise ein Vierzigstel aller Wege – beinhaltet etwa die Hälfte der mit dem Auto zurückgelegten Personenkilometer. Bezogen auf die Fahrzeuge anstatt auf die Personen erhalten wir leicht geringere Anteile, weil die durchschnittliche Anzahl der Fahrzeuginsassen mit der Reiseentfernung etwas ansteigt, die Unterschiede sind aber nicht sehr groß. Danach werden gut 80 Prozent der Fahrzeugkilometer bei Fahrten über 10 km abgewickelt, sowie knapp 45 Prozent bei Fahrten über 50 km.

Beim öffentlichen Verkehr wird üblicherweise der Schienennahverkehr der Bahnen und der Linienverkehr im öffentlichen Straßenpersonenverkehr als Kurzstreckenverkehr bis 50 km zusammengefaßt; darauf entfallen (Deutschland 1993) gut 97 Prozent aller Fahrgäste und etwa 55 Prozent der im öffentlichen Verkehr zurückgelegten Personenkilometer. Der Schienenfernverkehr der Bahnen und der Bus-Gelegenheitsverkehr machen dementsprechend nur zwei bis drei Prozent aller Fahrgäste aus, aber fast die Hälfte der Personenkilometer.

Entwicklung der Probleme. Ein Großteil dieses Anstieges entfällt auf den Automobilverkehr, der Luftverkehr holt jedoch stark auf – auch in den Umweltfolgen.

Für den Luftverkehr gilt generell, daß ein geringer Anteil an den Wegezahlen – wie bereits erwähnt, etwa 0,1 Prozent – mit einem mittlerweile nennenswerten Anteil an den Kilometern – aktuell etwa 15 bis 20 Prozent – verknüpft ist. Innerhalb des Luftverkehrs zeigt sich wieder die größere Häufigkeit bei den kürzeren Distanzen, während der damit verbundene Aufwand bei den größeren Distanzen konzentriert ist. Im Jahre 1992 entfielen auf den Regionalverkehr (bis etwa 800 Kilometer) rund 40 Prozent aller Fluggäste, aber nur rund 7 Prozent der geflogenen Kilometer. Auf den Mittelstreckenverkehr bis etwa 4000 Kilometer entfallen weitere 40 Prozent der Fluggäste mit etwa einem Drittel aller geflogenen Kilometer. Die meisten Ziele im Fernverkehr liegen ab etwa 6000 Kilometer Entfernung, es sind vor allem die USA; darauf entfallen zwar nur etwa 20 Prozent aller Fluggäste, aber 60 Prozent der geflogenen Kilometer.

Verkehrszwecke

Als Verkehrs- oder Reisezwecke werden üblicherweise unterschieden: Berufswege (vom und zum Arbeitsplatz) mit 20 Prozent der Wege und 19 Prozent des Verkehrsaufwandes in Personenkilometern (Pkm), Ausbildungswege (7 bzw. 4 Prozent), Geschäftsreiseverkehr (mit 8 Prozent der Wege, aber 17 Prozent der Kilometer), Einkaufsverkehr (mehr als 27 Prozent der Wege, aber nur 11 Prozent der Kilometer), Freizeitverkehr (jeweils etwa 40 Prozent der Wege und der Strecken) und Urlaubsverkehr, der nur 0,2 Prozent aller Wege ausmacht, auf den aber statistisch etwa 9 Prozent der zurückgelegten Strecken entfallen. Insofern ein Teil des Einkaufsverkehrs auch mehr dem Freizeitbereich zuzuordnen ist (Shopping als Erlebnismobilität), ist auch im Verkehrsbereich das Schwergewicht der Aktivitäten mittlerweile als Freizeitbeschäftigung anzusehen.

Service- und Begleitverkehr (das Bringen und Abholen von Personen im privaten Bereich) ist statistisch nicht getrennt erfaßt, der entsprechende Verkehr wird zumeist anderen Zwecken zugeordnet. Der Verkehr findet zum einen so statt, daß von einem Standort aus, typischerweise der Wohnung, ein bestimmtes externes Ziel angesteuert wird, mit anschließender Rückkehr wieder zu diesem Standort. Ein großer Teil wird allerdings auch über Wegeketten abgewickelt, die mehrere Ziele hintereinander verknüpfen. Solche Wegeketten charakterisieren vor allem den Alltag von Frauen, die unterschiedlichen Arbeiten wie zum Beispiel Erwerbs-, Reproduktions- und Begleitarbeit nachgehen.

Die »Verkehrsspirale«

Was nun sind die Triebfedern für die enorme Ausweitung des Verkehrsgeschehens und den massenhaften Einsatz des Automobils? Zunächst und in erster Linie natürlich die sachlichen Vorteile, die das Automobil für seine Nutzer bietet, aber dies reicht zur Erklärung nicht aus.

Fahren – das Wort hatte ursprünglich eine sehr breite Bedeutung – war immer mit Fährnissen, mit Gefahren verbunden, die bestenfalls hinterher als Erfahrung zur Verfügung standen. Eisenbahn und Dampfmaschine als Ausgangspunkt der industriellen Revolution brachten hier grundsätzlich Neues. Der deutsch-amerikanische Technikhistoriker Wolfgang Schivelbusch hat dies 1977 in bewegender Form dargestellt. Zwar verlief auch hier die Entwicklung nicht von Anfang an glatt oder gar gefahrlos, aber von vornherein hat die Eisenbahn den Charakter, den Typus des Reisens verändert: Sowohl Zeit als auch Raum werden neu definiert: Fahrpläne gab es zwar auch schon zur Postkutschenzeit, aber die Eisenbahn, nicht mehr abhängig von der Erschöpfung von Zugtieren, gibt dem Fahrplan einen neuen Charakter. Durch die Neubestimmung des Raumes treten aufgrund der recht gradlinigen Streckenverläufe (zurückzuführen auf die ursprünglichen technischen Schwierigkeiten beim Kurvenfahren) nicht mehr die Zufälligkeiten des Wegeverlaufes in Erscheinung, sondern die Distanz. Man kann sagen: Raum und Zeit werden rationalisiert; der Bahnbenutzer kommt in eine doppelt neuartige Situation: Er kann sich (zunehmend) auf diese Rationalität verlassen; Fahren wird berechenbar. Er muß sich dieser ihm fremden Rationalität aber auch ausliefern: Die Rechnung macht ein anderer.

Das Automobil bietet hier noch weitergehende Versprechungen: Unabhängig von den Launen der Natur wie die Eisenbahn, zusätzlich noch dem eigenen Willen unterworfen. Dies ist eine ganz andere Freiheit: Man bestimmt selbst den Zeitpunkt, man bestimmt selbst die Route, man bestimmt selbst die Geschwindigkeit, ja nicht zuletzt das Fahrzeug selbst – und es geht ohne Umsteigen von Haus zu Haus. Nun geht es zwar in der Wirklichkeit nicht ganz so ideal zu: Zu Anfang der Motorisierung gab es kaum gute, autogerechte Straßen oder nicht unbedingt dort, wo man sie haben wollte; jetzt, wo sich die Verkehrsnetze der Vollendung nähern – auch in den USA wurde erst vor kurzem die letzte Lücke in dem unter Eisenhower konzipierten Autobahnnetz geschlossen, an der Interstate 70 in Colorado –, ist wegen des Massenandrangs von Fahrzeugen von freier Fahrt nur mehr eingeschränkt zu sprechen. Gleichwohl: Das Versprechen der großen Freiheit auf vier eigenen Rädern war nicht nur glaubwürdig, sondern konnte – in Deutschland jedenfalls bis weit in die sechziger Jahre – auch dahingehend eingelöst werden, daß der Mensch mit PKW gegenüber jenem ohne PKW tatsächlich erheblich größere Gestaltungsspielräume besaß.

Seitdem entwickelt sich die Vorteilslage für die Autofahrer eher zwiespältig. Weiterhin bestehenden Vorteilen gegenüber ergeben sich auch unübersehbare Nachteile, für jeden etwas unterschiedlich und von jedem auch etwas unterschiedlich wahrgenommen; der Wuppertaler Kulturwissenschaftler Wolfgang Sachs hat dies in seinem 1984 erschienenen Buch »Die Liebe zum Automobil« im Detail nachgezeichnet.

Zwischenzeitlich hatte sich die Massenmotorisierung als selbstbestätigender Prozeß bereits etabliert und ist inzwischen als »Verkehrsspirale« in vielfältiger Form beschrieben. Dieses zuerst in den siebziger Jahren von den Verkehrswissenschaftlern Kutter und Heinze in Berlin herausgearbeitete selbstverstärkende Regelkreisgeflecht soll hier ins Gedächtnis gerufen werden: PKW-Verkehr erzeugt mehr PKW-Verkehr. Der Verkehr sprengt mit seinem hohen Flächenbedarf die geschlossenen Siedlungslagen; der PKW-Besitz erhöht die Entfernungstoleranz sowie die Bereitschaft zu räumlich gestreuten Aktivitätsmustern. Beides zusammen führt zu Siedlungsstrukturen, die den PKW begünstigen. Die durch das Auto ermöglichten räumlich weit auseinanderliegenden Bezugspunkte gehen typischerweise einher mit dem schrittweisen Verlust der Bezüge im näheren Umfeld – um die neuen Bezüge aufrechtzuerhalten, ist man ebenfalls von der Autonutzung abhängig. Ist die Autobenutzung für einige Aktivitäten erst einmal als notwendig etabliert, akzeptiert man leichter weitere Notwendigkeiten der Autobenutzung; werden die anderen Verkehrsmöglichkeiten zu ungünstig, so muß man die Kinder mit dem Auto hin und her transportieren.

Verliert man dann aber, etwa mit fortschreitendem Alter, zunehmend die Lust am Autofahren, kann man möglicherweise die räumliche Situation nicht mehr anders einrichten. Schließlich kommt es im Zuge der zunehmenden Motorisierung dazu, daß von aktiven Personen gesellschaftlich – etwa im Rahmen der Erwerbstätigkeit – erwartet wird, daß sie über ein Auto verfügen und daß die Anforderungen entsprechend gestaltet werden. Aus der Freiheit und Freiwilligkeit der Autobenutzung wird dann der Motorisierungszwang, der wiederum die Autozahlen erhöht – usw. usw.

Wie sich Verkehr und Siedlung im Gemenge von öffentlicher Planung und privaten Entscheidungen, von Haushalten und Unternehmen entwickeln, schildert der folgende Abschnitt: Offensichtlich muß das Ergebnis keine besonders hohe Rationalität aufweisen, wenn verschiedene Beteiligte jeweils aus ihrer Sicht durchaus rational handeln.

2. Ursachen der Verkehrsspirale

An dem Nutzen von Mobilität kann kein Zweifel bestehen. Die hohe Mobilität ist eine Errungenschaft für die Menschen in den Industriegesellschaften, ohne die das Leben kaum noch denkbar wäre. Mit einer weiteren Steigerung wird gerechnet.

Enquête-Kommission »Schutz des Menschen und der Umwelt« des Deutschen Bundestages (Hrsg.), 1994

Nachfrage nach mehr Wohnraum

Trotz einer seit mehreren Jahrzehnten im großen und ganzen stagnierenden Bevölkerungszahl in der Bundesrepublik Deutschland stieg der Wohnflächenbedarf stark an. Die Ursachen dafür liegen zum einen in der ungleichmäßigen Bevölkerungsverteilung, insbesondere dem Wachstum im Umland großer Städte im Vergleich zu den Kernstädten; das Wohnen in den Innenstädten hat stark abgenommen, wogegen die Attraktivität der Umlandgemeinden als Wohnstandorte zugenommen hat.

Innerhalb von zehn Jahren kommen so in den deutschen Ballungsgebieten zwischen zwei und fünf Prozent Kernstadtverluste und zwischen ebenfalls zwei und sechs Prozent Randgewinne zustande. Dies erscheint auf den ersten Blick wenig, bedeutet jedoch immerhin Veränderungen, die weit höher als die durch die natürliche Fluktuation der Bevölkerungszahlen (Geburt, Tod) bedingten Veränderungen sind. Die Veränderungen der Bevölkerungszahlen sind jedoch nicht das entscheidende Moment für die Wohnflächen- und Siedlungszunahme. Bei im wesentlichen unveränderter Bevölkerungszahl stieg die Zahl der Wohnungen in den zwanzig Jahren von 1970 bis 1990 um vierzig Prozent an. Die starke

Zunahme der Anzahl der Wohnungen liegt an den Veränderungen in der Familiengröße und -zusammensetzung, in der Altersstruktur der Bevölkerung – mehr Seniorenhaushalte, weniger Familien mit Kindern – sowie in der durch die positive Wirtschaftsentwicklung und die Veränderung der Lebensstile geförderten Neigung junger Erwachsener, frühzeitig einen eigenen Haushalt zu begründen, also eine eigene Wohnung zu beziehen.

Bereits seit Jahrzehnten hat die Landesplanung versucht, die Entwicklung in bestimmte Bahnen zu lenken, um auf der einen Seite die städtischen Verdichtungen beizubehalten, auch um für die ÖPNV-Erschließung geeignete Strukturen zu bewahren, und auf der anderen Seite Freiräume naturnah zu erhalten. Diese Planung ist während der siebziger Jahre und danach verstärkt unterlaufen worden zugunsten einer flächenhaften Struktur, bei der die traditionellen Verdichtungen zunehmend eingeebnet und die vorher leeren Räume besiedelt werden.

Trend zu größeren Wohnungen

Der Entwicklung der Zahl der Wohnungen kann man nun noch den Trend zu einer höheren Wohnungsgröße überlagern. Nach den Statistiken haben sich die Flächenansprüche der Deutschen von der durchschnittlichen Pro-Kopf-Wohnfläche von etwa 3,5 Quadratmetern in der unmittelbaren Nachkriegszeit mit vielen Zerstörungen und ebenfalls großen Flüchtlingsströmen bis hin zu einem heute für die westlichen Bundesländer geschätzten Pro-Kopf-Wert von 42 Quadratmetern entwickelt. Zum Vergleich: Die verfügbare Wohnfläche pro Kopf in China wird heute auf etwa 5 Quadratmeter geschätzt. Die Entwicklung von der in den sechziger Jahren festzustellenden Standard-Konfiguration »2 Erwachsene und 1 Kind auf 2 ½ Zimmern mit etwa 65 qm« zu »2 Erwachsene ohne Kinder auf 3 bis 4 Zimmern mit 90 qm« ist Ausdruck dieser Strukturveränderungen; dieses Einzelbeispiel entspricht ziemlich genau der statistischen Zunahme von etwa 20 auf mehr als 40 Quadratmeter pro Kopf, die zwischen Anfang der sechziger Jahre und heute ausgewiesen wird.

Aus den Wünschen nach mehr und größeren Wohnungen resultieren Erweiterungen der überbauten Fläche. Die Lokalisierung im Außenbereich und die Bevorzugung des freistehenden Einfamilienhauses ließ die Nachfrage nach Siedlungsflächen geradezu explodieren. Im langfristigen Mittel rechnet man etwa mit einer Zunahme von 1 bis 1,5 Prozent pro Jahr, wobei der prozentuale Anstieg in den Randbereichen deutlich größer ist als im verdichteten Kern.

Woran liegt nun die Zunahme der Siedlungsflächen in den Städten, wo doch das Wachstum der Bevölkerung und damit der Wohnungsnachfrage draußen stattfindet? Es sind die Gewerbeflächen in unterschiedlichster Form, die hier dafür sorgen, daß auch noch die letzten Freiflächen innerhalb der Städte erodiert werden. Große Handelsbetriebe sprengen die gewohnten Dimensionen der kleinen Läden in den Untergeschossen der Wohngebäude, sie sind praktisch nur im Außenbereich oder auf den letzten im Stadtgebiet verbliebenen Großflächen unterzubringen. Die Ausdünnung der wohnungsnahen Versorgung ist ein Faktum, das auch verkehrsrelevant ist – schließlich werden die vorher zu Fuß erledigten Einkäufe zu den weiter entfernten Supermärkten dann per Auto unternommen.

Die größere Entfernung wiederum erklärt sich zum einen daraus, daß große Läden einen größeren Einzugsbereich haben, da sie ja mehr potentielle Kunden brauchen, zum anderen jedoch auch schlicht durch den Flächenbedarf. Zu den großen Abmessungen der Läden sind daher – zwangsweise und doch wieder gewollt – mindestens ebenso große Flächen für Parkplätze hinzuzurechnen. Insgesamt ergeben sich (aus der Sicht des städtischen Siedlungszusammenhangs) überdimensionierte Einrichtungen, die die Flächenentwicklung bestimmen.

Ähnliches gilt für Gewerbebetriebe, für die sich als Standardbauweise der eingeschossige Flachbau in Autobahnnähe herausgebildet hat. Eine im herkömmlichen Baubestand eingeklemmte Werkhalle, gar noch ein auf mehreren Etagen arbeitender Gewerbebetrieb atmet dagegen die Enge der beginnenden Industrialisierung im vorigen Jahrhundert und gilt überwiegend als nicht mehr zeitgemäß. Die Kommunen forcieren die Ansiedlung außerhalb der bisherigen Siedlungsbereiche, weil dadurch die Konflikte mit der Wohnbevölkerung minimiert werden.

Siedlungsvorbild USA
Der Extremfall derartiger flächenintensiver Siedlungstätigkeit ist in den Vereinigten Staaten entlang der Straßen zu beobachten. Die ausschließliche Bauform etwa des Supermarktes ist das ebenerdige einstöckige Gebäude, umgeben von mindestens einem Hektar Gras- und/oder Parkplatzflächen und großzügigen Zufahrten direkt von einer vierspurigen Autostraße aus. Mit dieser vorherrschenden Siedlungsform

hat sich in weiten Teilen der Vereinigten Staaten die Grenze zwischen Stadt und Land aufgelöst. Gewerbesiedlungen und auch Wohnhäuser werden entlang der Straßen ohne bauliche Konzentration errichtet; die Besiedlungsdichte pro Fläche ergibt sich aus der Dichte des Straßennetzes. Das Hinterland zwischen den Gitterelementen des Straßennetzes ist nicht besiedelt. An den Kreuzungen haben sich zumeist Service-Einrichtungen, Werkstätten, Schnellrestaurants und um Großparkplätze herum angeordnete Ladenzeilen (Plazas) gebildet. Befinden sich mehr Menschen im Einzugsbereich oder kreuzen sich Straßen mit höherem Verkehrsaufkommen, so trägt dies häufig eine Mall, das ist eine häufig kreuzförmig oder über Eck angelegte Einkaufsanlage mit überdachten Gängen und von dort zugänglichen Läden bis hin zur Größe von Supermärkten. Auch diese Anlagen sind zumeist strikt ebenerdig gebaut und benötigen daher, zusammen mit den Park- und Zufahrtsflächen, oft Grundstücke von mehreren Hektar Größe.

Derartig große Flächen stehen innerhalb unserer Städte nur selten zur Verfügung. In den altindustrialisierten Regionen zum Beispiel des Ruhrgebietes können sie am ehesten aus aufgegebenen Industrieflächen gewonnen werden. Hier ist allerdings die Neigung der ansiedlungswilligen Industrie oder des flächenintensiven Großhandels extrem gering, da Altlasten befürchtet werden und das Ambiente als wenig imageträchtig angesehen wird. Trotz großer aufgegebener Flächen besteht auch in diesen Regionen eine Nachfrage nach Siedlungsraum in den Grünzügen. Dies bildet einen stetigen Konflikt zwischen den auf Wirtschaftswachstum zielenden Vertretern der Gemeinde, insbesondere also des Ressorts Wirtschaftsförderung, sowie den wirtschaftsnahen Verbänden und den für die Erhaltung der wenigen verbliebenen Grünflächen Kämpfenden. Es gelingt kaum, die Frage nach der Notwendigkeit einer solchen stärkeren Besiedlung zu stellen.

Weiteres Verkehrswachstum erwartet

Unter Verkehrsplanern ist die Einsicht gewachsen, daß das ständige Wachstum des motorisierten Straßenverkehrs nicht durch immer mehr Straßen bewältigt werden kann. Kein Verkehrsentwicklungsplan einer Stadt und einer Region verschließt sich mehr der Zielsetzung, den motorisierten Straßenverkehr, sei es das individuelle Auto oder der LKW, zu vermindern. Die verkehrsplanerischen Instrumente zur Verlagerung auf den ÖPNV und auf den Radverkehr erreichen nur bescheidene Erfolge, denn die Attraktivität des Autos ist immer noch größer als die von Bussen und Bahnen. Auf das Fahrrad trauen sich aufgrund der fehlenden Radwege und der Verkehrsgefahren nur wenige. Trotz der Stauungen zeigt die »Abstimmung mit dem Gaspedal«, daß das Autofahren nach wie vor hinsichtlich Zeit und Komfort herausragende Vorteile hat.

Die Zukunftsszenarien gehen konsequenterweise auch nicht davon aus, daß zukünftig die Menschen in Massen auf den ÖPNV abwandern. Im großen und ganzen erwartet man, daß die Verkehrsmittelwahl sogar in den Ballungsgebieten auf dem heutigen Stand beibehalten wird; im Verkehr im Ballungsrand sowie im ländlichen Umland rechnet man mit einer weiteren Zunahme der Autonutzung, weil der Autobestand weiter zunehmen wird.

Die Verfügbarkeit über ein Auto garantiert dann aller Erfahrung nach, daß andere Verkehrsmittel für die glücklichen Eigentümer und Führerscheinbesitzer nicht mehr in Frage kommen. Eine Ausnahme besteht nur dort, wo die Stauungen und Parkplatzprobleme ein so großes Ausmaß angenommen haben, daß ein Teil der Pendler auf Bahn und Busse umsteigt. Dies scheint jedoch, wenn man den Statistiken glauben kann, nur in relativ geringem Umfang einen für das Umsteigen notwendigen Druck erreicht zu haben.

Auch im Güterverkehr gehen die Planungen von weiterem Wachstum auf der Straße aus. Angetrieben wird diese Entwicklung im Fernverkehr vor allem durch die gesunkenen Gütertarife infolge der EU-Liberalisierung. Die ausländischen Wettbewerber mit ihren gegenüber Deutschland günstigeren Kostenstrukturen haben bereits seit einigen Jahren die Tarife unter Druck gesetzt. Diese Entwicklung hat sich verschärft durch den beschleunigten Marktzutritt osteuropäischer Fuhrunternehmer, die – offiziell oder trotz fehlender Genehmigungen – auf dem Verkehrsmarkt mit agieren und Marktkennern zufolge dazu beigetragen haben, daß ein Vierzig-Tonnen-Zug pro Kilometer bereits für weniger Geld zu chartern ist, als man für einen Taxi-Kilometer berappen muß.

Billiger Verkehr fördert die Auslagerung in weiter entfernte Produktionseinrichtungen; daneben gibt es die von der europäischen Einigung beflügelten Konzentrationstendenzen der Unternehmen und ihrer Produktionsstätten. Europaweit angebotene Markenartikel haben die nationalen und regionalen Marken abgelöst; diese Artikel werden zunehmend zentral hergestellt und vermarktet. Die Verteilung übernimmt dann der Straßentransport – um den Preis weiterer Umweltzerstörung und vieler Verkehrsopfer.

Verkehrsarme Strukturen und Lebensstile

In neueren Verkehrsplänen fällt die Einbeziehung raumplanerischer Überlegungen auf. Man ist sich nunmehr einig darüber, daß die Ursachen der Verkehrsentwicklung angegangen werden müssen. Diese liegen, vordergründig betrachtet, in der Raumstruktur, das heißt in der örtlichen Verteilung von Quellen und Zielen in der Fläche.

Die Diagnose der durch die Raumstrukturen verursachten Zwangsmobilität ist jedoch nur teilweise richtig. Sicherlich stimmt, daß die Auflösung der traditionellen Stadt-Land-Dichotomie den Kraftfahrzeugverkehr hat ansteigen lassen. Nähert man sich jedoch mit den Instrumenten der empirischen Erhebung unterschiedlichen Siedlungsformen und versucht herauszufinden, inwieweit sich die Verkehrsgewohnheiten ihrer Einwohner unterscheiden, so stellt man Verblüffendes fest: Der Umfang der Autonutzung ist unter den Einwohnern der noch traditionell strukturierten Stadtkerne und Innenstadt-Randbereiche kaum anders als unter den Bewohnern der als verkehrsaufwendig geschmähten Stadtrandsiedlungen oder Umlandsiedlungen mit Einfamilienhäusern. Die Unterschiede bewegen sich in einer Größenordnung von maximal 10 bis 15 Prozent, wenn man den Mobilitätsanalysen des Berliner Forscherpaares Petra Rau und Christian Holz-Rau, des Schweizer Stadt- und Verkehrsplaners Willi Hüsler sowie des Wuppertal Instituts folgt (siehe Literaturhinweise am Ende des Kapitels).

Unterschiede in der Zahl der Autokilometer gibt es zwar in den verschiedenen untersuchten Siedlungstypen, diese Unterschiede sind aber nicht im entferntesten so groß, wie sie als Folge der verkehrssparenden Strukturen sein könnten. Das Autofahren ist offensichtlich nur in geringem Umfang durch ungünstige Stadtstrukturen erzwungen. Wesentlicher ist, daß bei ähnlich hohen PKW-Zahlen auch ähnlich viele Kilometer gefahren werden. In den üblichen Wohnlagen kann man davon ausgehen, daß stets Platz für das Abstellen eines Autos ist und daß die Autonutzung auf den Straßen mehr oder weniger problemlos möglich ist.

Man darf vermuten, daß Autos nicht nur deswegen gekauft werden, weil sie für konkrete Transportzwecke benutzt werden sollen, sondern daß sie zu einem bestimmten Lebensstil dazugehören und – selbst wenn sie für die täglichen Wege an sich nicht notwendig sind – die Mobilitätsorientierung prägen. Ist ein Auto vorhanden, so wird der Bedarf durch die sich entwickelnden Gewohnheiten nachträglich geschaffen. Die Benutzung von Bahnen und Bussen gerät nach und nach aus der Übung. Sobald das Auto vor der Tür steht, ist es unwahrscheinlich, daß das unbequemere und langsamere Verkehrsmittel gewählt wird, es sei denn, daß Nutzungsrestriktionen vorliegen, etwa wenig Parkplätze oder hohe Parkgebühren in den Städten oder immer wiederkehrende Stauungen auf dem Arbeitsweg. Dies dürften die einzigen Anlässe sein, das bequem und schnell vor der eigenen Haustür erreichbare Auto stehenzulassen.

Dichte Siedlungsstrukturen mit großer Funktionsmischung sind nur ein Angebot, eine Möglichkeit für ein Leben mit wenig Autonutzung. Ob diese Möglichkeit wahrgenommen wird, hängt von der relativen Attraktivität von Auto und den alternativen Verkehrsmitteln ab. Gibt es genügend Parkplätze und genügend Straßenraum, so wird die Möglichkeit für eine Mobilitätsorganisation ohne Auto dennoch nicht in großem Umfang angenommen. Ein entscheidender Punkt ist also, daß ohne »Daumenschrauben« gegenüber dem Auto günstige Stadtstrukturen mit nahen Einkaufsmöglichkeiten den Drang zur Autonutzung nicht bremsen; auch ein relativ gut ausgebautes und schnell erreichbares Netz öffentlicher Verkehrsmittel entfaltet dann keine allzu hohe Verlagerungswirkung.

Autobesitz als entscheidender Faktor

Die Lehre daraus: Erstens, der Schritt zum Autobesitz ist der entscheidende Faktor zur Autonutzung. Die häufig geäußerte Einschätzung, die Menschen sollten ruhig Autos kaufen (auch damit es der Autoindustrie weiterhin gut geht), aber sie weniger nutzen, ist realitätsfern. Die Rezepte, die auf eine Erleichterung der Autohaltung (etwa durch Abschaffung der Kraftfahrzeugsteuer) und gleichzeitig einer Verteuerung des Fahrens (Umlegung dieser Steuer auf den Benzinpreis) hinauslaufen, sind daher nicht erfolgversprechend. Wenn dadurch eine – wenn auch kleine – finanzielle Hürde für die Anschaffung eines (weiteren) Fahrzeuges im Haushalt reduziert würde, ist wegen der dann höheren Fahrzeugzahlen ein höheres Verkehrsvolumen zu erwarten; die Einflußnahme hinterher über die Benzinpreise wird weniger Erfolg haben als eine von vornherein niedrigere Zahl der Autos.

Die zweite Schlußfolgerung lautet, daß die erheblichen Investitionen in verbesserte Angebote des ÖPNV, daß zusätzliche U-Bahn- und S-Bahnen dann ihren Zweck verfehlen, wenn keine überzeugenden Gründe die Autofahrer zum Aussteigen veranlassen. Allein die Möglichkeit, daß man mit der S-Bahn vom Umland in die Stadt fahren kann, löst bei Autofahrern noch nicht den Wunsch aus, den PKW stehen zu lassen.

Selbstverständlich ist es wünschenswert, auch den Menschen, die kein Auto benutzen wollen oder können, die Mobilitätschancen durch besseren ÖPNV zu erweitern. In der verkehrspolitischen Diskussion wird jedoch oft genug der Eindruck erweckt, diese Milliarden-Investitionen seien Maßnahmen für den Umweltschutz. Sie schaffen zunächst einmal zusätzliche Verkehrsmöglichkeiten und leisten einem weiteren Verkehrswachstum Vorschub. Von Regierungsseite wird die Frage nach den Erfolgen des jeweiligen verkehrspolitischen Kurses gern mit einer Auflistung der für den ÖPNV aufgewandten Haushaltsmittel beantwortet. Richtiger wäre es allerdings, die Investitions-Milliarden in den Schienenverkehr als Aufwand zu verbuchen und den Ertrag allein darin zu messen, wieviel Passagiere und Tonnen an Gütern nun nicht mehr mit Kraftfahrzeugen auf der Straße transportiert werden. Dann wäre allerdings offensichtlich, daß die bisherigen Schritte dies nicht zu erreichen vermochten.

Insbesondere die Investitionen in den Schienenschnellverkehr sind im Endeffekt ökologisch eher negativ. Eine Überschlagsrechnung: Wenn bei bestimmten ICE-Strecken etwa die Hälfte der Passagiere bereits früher Kunden der – langsameren und daher im Energieverbrauch günstigeren sowie in der Geräuschentwicklung tendenziell leiseren – normalen Züge waren, nur 25 Prozent Umsteiger vom Auto oder Flugzeug waren und die übrigen 25 Prozent des Verkehrsvolumens erst durch die ICE-Attraktivität diese Fahrten durchführten, also dieses Viertel ein durch das Angebot neu erzeugter Verkehr ist, so gerät die Ökobilanz trotz der auch erzielten Verlagerungen vom Auto und vom Flugzeug eindeutig negativ. In noch größerem Umfang dürfte dies Prognosen zufolge für Transrapidstrecken der Fall sein.

Die Zukunft mit weniger Autoverkehr gestalten

Trotz der aufgezeigten geringen Unterschiede in der Autonutzung in verschiedenen Siedlungsstrukturen und räumlichen Gliederungen der Städte wäre es allerdings verfehlt, auf Gestaltungsmöglichkeiten der Stadtentwicklung zur Verkehrsreduzierung zu verzichten. Man sollte sich allerdings im klaren darüber sein, daß dies allein nicht ausreicht. Hinzu kommen müssen Maßnahmen, durch die das Autofahren weniger attraktiv gemacht wird. Wenn wir keine Strukturen schaffen, die potentiell auch ohne das Auto nutzbar wären, dann schneiden wir uns die Möglichkeit für eine alternative Verkehrsentwicklung ab.

Sind einmal die Siedlungsformen so weitläufig und dezentral wie in den USA angelegt, so sind Kurswechsel in der Behandlung des Privat-PKW gar nicht mehr durchsetzbar, weil keine zumutbaren Alternativen existieren. Die Realität sieht dann so aus, daß der Gang auf die Straße zur Qual wird oder auch schon eine Qual ist. Die Zahl der Panikpatienten, die sich unter anderem aus Angst vor den Blechlawinen nicht mehr vor die Tür wagen, nimmt auch in Deutschland zu.

Man kann also die Maxime formulieren, daß günstige Siedlungsformen allein zwar nicht zu weniger Autoverkehr führen, daß sie jedoch eine Voraussetzung dafür bilden, autoreduzierende Maßnahmen auch tatsächlich durchsetzen zu können. Ist der Einkauf um die Ecke wieder möglich und steht nicht genug Platz für das Autofahren und -abstellen zur Verfügung, werden Einkaufswege – vielleicht – auch wieder gelegentlich zu Fuß erledigt. Und gerät dies wegen der zurückgedrängten Autos zu einem angenehmen Erlebnis, dann könnte sich diese positive Erfahrung der teilweisen Freiheit vom Auto – vielleicht – ausbreiten.

Der Ruf nach der Raumplanung, den die Verkehrswissenschaftler aus Verzweiflung über das nicht mehr zu bewältigende Verkehrswachstum seit mehreren Jahren verstärkt erheben, wird alleine an den Verkehrsmengen nichts ausrichten. Es ist nicht falsch, eine Wende in der Siedlungspolitik zu fordern, um das Verkehrsproblem in den Griff zu bekommen. Man sollte sich jedoch vor der Illusion hüten, daß eine solche Wende in der Siedlungsentwicklung ausreichend wäre. Sie erspart nicht – genauso wenig wie eine ÖPNV-Angebotspolitik – das Nachdenken über geeignete politische Mittel, um die Nutzung des Autos auch tatsächlich zu reduzieren.

Dies wäre auch ein Beitrag zu einer gerechteren Verkehrswelt, denn sowohl die individuelle Zugänglichkeit zum Verkehrsmittel Auto als auch die Vor- und Nachteile seiner Nutzung sind sehr ungleich verteilt.

1991 verfügten in den alten Bundesländern im Mittel 55 Prozent der Einwohner (ohne Ausländer) ständig über einen PKW, von den Männern immerhin 73 Prozent, von den Frauen dagegen nur 39 Prozent; weitere 11 Prozent können zeitweise auf einen PKW zugreifen, 34 Prozent der Menschen können dies überhaupt nicht. Diese Werte beziehen sich lediglich auf die Bevölkerung ab 18 Jahren. Berücksichtigen wir dagegen die jüngeren Menschen wie auch die – durchschnittlich schlechter PKW-versorgten – Ausländer, so stellt sich heraus, daß nur eine Minderheit ständig über einen PKW verfügt, die halbe Bevölkerung dagegen keinen Zugriff hat.

Auch in Zukunft kann sich das nur beschränkt ändern. Das Auto wird nach allen Voraussagen allerdings noch weiter als bisher die Mobilität dominieren. Prognosen zur Motorisierungsentwicklung waren zwar seit den fünfziger Jahren notorisch falsch – sie haben stets das Wachstum zu niedrig vorausgesagt und mußten immer wenige Jahre später nach oben hin korrigiert werden; dies wird auch auf die aktuellen Studien zutreffen –, dennoch geben sie einen groben Eindruck von der auf uns zukommenden Entwicklung, wenn nicht gegengesteuert wird.

Weitere Zunahme der Verkehrsmengen droht

Folgt man den aktuellsten Verkehrsprognosen des Deutschen Instituts für Wirtschaftsforschung (DIW), so stehen wir vor einer weiteren drastischen Zunahme des motorisierten Verkehrs – und damit der ökologischen Belastungen. Im Vergleich zum Analysejahr 1992 erwarten die Berliner Forscher bei anhaltendem Trend folgende Veränderungen bis zum Jahr 2010 (umgelegt auf die erwartete Einwohnerzahl):

- Im motorisierten Individualverkehr (also per Auto, Motorräder haben nur einen sehr geringen Anteil) werden statt 8986 dann 10.764 Kilometer pro Person zurückgelegt werden.
- Die Nutzung der Eisenbahn wird von 710 auf 814 Kilometer pro Person und Jahr zunehmen – der entsprechende Wert für Schweizer Bürger liegt in dem sehr viel kleineren Land heute bei mehr als 1600 Kilometer.
- Auf den straßengebundenen öffentlichen Verkehr, also auf Busse und Straßenbahnen, sollen im Jahre 2010 etwas mehr als im Analysejahr 1992 entfallen – 1232 statt 1109 Kilometer.
- Das Zu-Fuß-Gehen und das Radfahren werden den Vorausrechnungen zufolge abnehmen: statt 676 nur noch 656 Kilometer pro Kopf und Jahr.

Diese Entwicklungen werden für den Fall erwartet, daß sich die Verkehrspolitik insbesondere des Bundes nicht signifikant ändert. Sie stellen noch nicht den schlimmsten erwartbaren Fall dar, weil – wie oben erwähnt – bisher noch alle Verkehrsprognosen die Realität unterschätzt haben. Selbst die offiziellen Prognostiker im Bundesverkehrsministerium mußten ihr Zahlenwerk von 1990 zum Bundesverkehrswegeplan innerhalb weniger Jahre zu Makulatur erklären, was im übrigen genau den Verläufen früherer Planungen entspricht. Aus diesem Grund werden wir auch die vom DIW vorgelegten Prognosen zum Luftverkehr nicht übernehmen: Die Verhältnisse des prognostizierten Jahres 2010 würden sonst schon in den neunziger Jahren stattfinden; eher ist zu erwarten, daß sich die geflogenen Kilometer von gut 2000 auf nahezu 5000 je Einwohner und Jahr bis 2010 erhöhen.

Gab es vielleicht einen politischen Wunsch, die Verkehrsmengen nicht so hoch anzunehmen, daß die Öffentlichkeit wegen der damit verbundenen Belastungserhöhung auf die Barrikaden gehen würde? Wer hätte 1960, als bereits über Luftverschmutzung, Autolärm und Stauungen geklagt wurde, untätig eine Vervielfachung um den Faktor sieben akzeptiert? Nein, damals wurde ein moderates Wachstum über mehrere Jahre vorausgesagt, gefolgt von einer baldigen »Sättigung«, was deutliche verkehrspolitische Kurskorrekturen entbehrlich erscheinen ließ.

Die Verkehrsentwicklung wird auch heute noch nach dem gleichen Schema vorausberechnet; auch diese Zahlen werden in wenigen Jahren wiederum als zu niedrig erkannt und korrigiert werden. Es dürfte in der Wissenschaftslandschaft einmalig sein, daß über Jahrzehnte hinweg fortlaufend Fehlprognosen vorgenommen werden. Auch heute sind daraus noch keine Konsequenzen gezogen worden. In der Rückschau drängt sich die Empfehlung an die gutachtenden Institute auf, die komplexen Computermodelle zu vergessen und zumindest die PKW-Bestandsentwicklung mit einem Lineal in die Zukunft zu verlängern. Blickt man auf die Bestandsziffern der USA, die ja in vielerlei Hinsicht prägend für die technisch-ökonomische Entwicklung in Deutschland waren, so steht keine Sättigung des Bestandes bevor; vielmehr droht mittelfristig eine Erhöhung auf mehr als 700 PKW je 1000 Einwohner – also noch eine Zunahme um rund 30 Prozent.

Diese systematische Unterschätzung hat sich auch in den früheren Studien zum Straßengüterverkehr gezeigt. Die nachfolgenden Zahlen zum Güterfernverkehr sind also ebenfalls unter der Einschränkung zu sehen, daß sie mit großer Sicherheit falsch sind, daß die Verkehrs- und Umweltbelastungen also stärker steigen werden:

- Auf der Straße soll der Verkehrsaufwand (in Tonnenkilometern, tkm) von 438 (im Jahre 1991) auf 793 Millionen tkm (2010) steigen, das entspricht einer Zunahme um mehr als 80 Prozent.
- Der Schienengüterverkehr soll danach nur geringfügig von 402 auf 428 Millionen tkm zunehmen.
- Für die Binnenschiffahrt in Deutschland wird eine Steigerung von 230 auf 300 Millionen Tonnenkilometer bis 2010 erwartet.

In den nachfolgenden Abschnitten werden wir auf die aus diesen Verkehrsmengen resultierenden Umweltbelastungen eingehen. Dabei werden nicht die ebenfalls von verschiedenen Instituten berechneten emittierten Schadstoffmengen im Vordergrund stehen, denn aufgrund der Unsicherheiten in den Verkehrsszenarien werden auch die Emissionsszenarien kein korrektes Bild liefern können. Bei einigen Schadstoffen wird es infolge der fahrzeugtechnischen Verbesserungen möglicherweise Reduzierungen der verkehrsbedingten Emissionen geben, andere werden weiter ansteigen.

Die Darstellung in den anschließenden beiden Kapiteln gibt einen Überblick über die Art der ökologischen Belastungen und geht tiefer auf einige der Probleme ein, welche die Öffentlichkeit aktuell beschäftigen – die Verschmutzung der Luft in den Städten, das Ozonproblem und die Klimabedrohung.

3. Ökologische Folgen unbewältigt

*Zwar ist in den führenden Kreisen wie auch in der Bevölkerung seit
1970 ein gewisses »Umweltbewußtsein« entstanden, doch ist der
derzeitige Erkenntnisstand noch ausgesprochen unbefriedigend.*

Denkschrift UMWELT 2000, herausgegeben von der Sencken-
bergischen Naturforschenden Gesellschaft, 1971

Historischer Abriß

Die Mobilität der Menschen war schon immer mit negativen
Auswirkungen für die Umwelt verbunden. Bereits auf einem regelmäßig
benutzten Trampelpfad ist die Erde so verdichtet, daß bestimmte Pflanzen
dort nicht mehr wachsen können.

Der Bau der Verkehrswege und der Verkehrsmittel sowie ihr
Unterhalt und Betrieb sollen im Altertum im gesamten Mittelmeerraum
gigantische ökologische Schäden angerichtet haben. Der Bau großer Flot-
ten, so ist zu lesen, soll zu den Zeiten der Römer so viel Holz verschlungen
haben, daß die vorher dicht mit Nadelwäldern bestandenen Höhen des
Appenin und des Balkans kahl wurden; nach dem Verschwinden der Bäume
folgte die Erosion des Humusbodens, wodurch auch die Niedervegetation
zurückging. Wind und Regenfälle sorgten dafür, daß auch die Flächen für
eine landwirtschaftliche Nutzung immer spärlicher wurden.

Nach schriftlichen Zeugnissen vom Anfang des Jahrtausends
soll in Nordafrika und im Nahen Osten in vielen Regionen noch eine
dichte Vegetation geherrscht haben, wo jetzt nur noch Wüsten sind. Zur
Zeit des Kalifen Harun-al-Raschid soll es möglich gewesen sein, im angenehmen Schatten der Bäume von Bagdad nach Damaskus zu wandern.

Der Bau der Bagdadbahn Anfang dieses Jahrhunderts, so erzählt man dort, hat dann den damals bereits schütteren, doch noch in großen Flächen vorhandenen Nadelwäldern den Todesstoß versetzt. Noch heute ahnt man bei der Betrachtung der Holzschwellen innerhalb der Geröllwüste, wie viele Bäume tatsächlich für deren Bau gefällt werden mußten. Aufgrund des Brennstoffbedarfes der, wie man sieht, durchaus nicht immer umweltfreundlichen Bahn wurde dann während der ersten Jahrzehnte des Betriebes der Bagdadbahn sowie der Strecke nach Mekka (Haj-Bahn) den letzten Gehölzen in der Umgebung der Haltepunkte der Garaus gemacht. Heute kämpfen gerade die Länder in den trockenen Zonen verzweifelt gegen die Erosion und um Bewahrung dieser Flächen für landwirtschaftliche Nutzung.

Luftverschmutzung durch Fahrzeugmotoren schon lange ein Problem

Gegen Ende der sechziger Jahre achtete man vor allem auf die innerstädtische Luftbelastung durch Kohlenmonoxid (CO) aus dem Auspuff von benzinbetriebenen Fahrzeugen. Die Giftigkeit dieses Gases ist durch immer wieder passierende Unfälle mit schlecht ziehenden Kohleöfen auch in der Bevölkerung hinlänglich bekannt. Erste Messungen über die Kohlenmonoxid-Konzentrationen im Abgas von Automobilen datieren aus den zwanziger Jahren; einer Veröffentlichung des Berliner Hygiene-Instituts von 1928 kann man entnehmen, daß die CO-Konzentrationen der untersuchten Fahrzeuge damals mit 3,5 bis 4,5 Volumenprozent im Leerlauf auf dem gleichen Niveau lagen, das auch die PKW der Baujahre bis etwa 1986, also vor der Einführung des Dreiwegekatalysators, bei der Abgasuntersuchung einhalten müssen.

Wegen dieser Vergiftungsgefahr vor allem in geschlossenen Räumen wie Parkhäusern oder Garagen schaute man zunächst auf den CO-Gehalt im Leerlauf. Von 1970 an wurde die Emission je gefahrenen Kilometer im dichten Innenstadtverkehr gesetzlich begrenzt. Dieser Verkehr wurde auf dem Fahrzeugprüfstand mit einem Fahrzyklus simuliert, der als Ergebnis von Untersuchungen in mehreren europäischen Städten als repräsentativ festgelegt wurde; der Europa-Fahrzyklus weist eine Durchschnittsgeschwindigkeit von 18,7 km/h und eine Maximalgeschwindigkeit von 50 km/h auf. Dies kennzeichnet die Fahrkurve als lediglich typisch für innerstädtischen Verkehr; die Emissionen bei schneller Fahrt galten damals

als unkritisch. Bereits von Beginn an wurde auch der Ausstoß an Kohlenwasserstoffen (CH) limitiert, denn unter den Verbindungen dieses Substanzgemisches gibt es mehrere hochgiftige Stoffe.

Der CO- und der CH-Ausstoß von PKW mit Otto-Motoren wurde also im Innenstadtverkehr seit Anfang der siebziger Jahre limitiert. Die gesetzlichen Vorschriften zielten damals wie heute nur auf Neufahrzeuge; nach den Zulassungsprozeduren muß ein Hersteller einen Prototyp des neuen Modells den Prüfbehörden vorstellen. Dies ist in der Regel ein TÜV, der über eine moderne Abgasprüfeinrichtung und einen Rollenprüfstand verfügt. Ob das in Serie nach diesem Prototyp hergestellte Auto dann allerdings im Alltagsbetrieb die Werte auch einhält, das gilt nicht mehr als Verantwortungsbereich des Herstellers, er garantiert die Emissionen nur bis zum Werkstor. Eine Herstellerhaftung über den größten Bereich der Fahrzeuglebensdauer, wie sie in den USA verpflichtend ist, konnte weder in Deutschland noch im EG-Rahmen bisher durchgesetzt werden.

Infolge der überaus starken Zunahme der Fahrzeugzahlen in der Bundesrepublik Deutschland in den sechziger und siebziger Jahren und wegen unserer hohen Bevölkerungsdichte wurde hier das Problem der zunehmenden Luftverschmutzung auch am stärksten wahrgenommen. Die deutsche Regierung hat nach Vorarbeiten des Umweltbundesamtes, das 1974 gegründet worden war, auf weitere Emissionssenkungen gedrängt. Emissionsvorschriften für Kraftfahrzeuge dürfen jedoch innerhalb der EU nicht in nationalen Alleingängen, sondern nur in Abstimmung mit den Gemeinschaftsbehörden und mit den anderen Mitgliedsländern eingeführt werden.

Von 1977 an nahmen die Verantwortlichen in der EG-Kommission endlich das Problem der Stickoxidemissionen von Kraftfahrzeugen wahr. Diese Schadstoffe wirken in mehrfacher Hinsicht schädigend auf die menschliche Gesundheit und auf die natürlichen Öko-Systeme. Neben der direkten Reizwirkung sind sie an der Ozonbildung beteiligt, was die Schadstoffsituation vor allem an heißen Sommertagen sowohl am Rand von Ballungsgebieten als auch in ausgesprochenen Reinluftregionen auf kritische Werte hochschnellen läßt. Darüber hinaus sind Stickoxide an der Bildung des sauren Regens beteiligt; in dieser Eigenschaft traten sie vom Beginn der achtziger Jahre an auch ins Bewußtsein der politischen Öffentlichkeit in Deutschland.

Die vielfache Schädigungswirkung durch Stickoxidemissionen lenkte den Blick erstmals über den innerstädtischen Bereich hinaus und machte deutlich, daß die negativen Folgen des Kraftfahrzeugverkehrs nicht mehr nur ein lokales Problem sind, dem durch Umgehungsstraßen und grüne Welle sowie einige technische Verbesserungen beizukommen ist. Vielmehr tritt hier eine Schadstoffemission in den Vordergrund, die nicht durch einfache technische Maßnahmen am Motor in den Griff zu bekommen ist, die zudem mit steigender Motorleistung, das heißt steigender Fahrgeschwindigkeit, und mit zunehmender Fahrzeuggröße drastisch zunimmt und in sehr weiter Entfernung vom Entstehungsort langfristige Schäden an den Öko-Systemen anrichten kann.

Die technischen Möglichkeiten zur Schadstoffminderung durch weitere Optimierung innerhalb des Motors, durch bessere Vergaser und Zündkerzen und anderes schienen weitgehend ausgereizt, wenn man nicht deutliche Verschlechterungen im Kraftstoffverbrauch und bei den Fahreigenschaften in Kauf nehmen wollte. Eine weitere Gemischabmagerung, so argumentieren die Konstrukteure in der Automobilindustrie, würde die »Performance« beeinträchtigen, die »Driveability« sei nicht mehr gewährleistet, vielmehr würde das Fahrzeug beim Beschleunigen ruckeln – all dies erfüllte die auf Perfektion ausgerichteten Entwicklungsabteilungen mit Abneigung.

In dieser Situation hätte es nahegelegen, einmal in die USA und nach Japan zu schauen, wo bereits sieben bis zehn Jahre früher sehr niedrige Emissionswerte mit Hilfe der Lambdasonde und der Katalysatortechnik realisiert wurde. Diese auch heute noch wirksamste Form der Abgasreinigung ist übrigens eine deutsche Entwicklung, über die von Bosch-Ingenieuren bereits 1970 in Fachzeitschriften berichtet wurde. Die Anwendung dieser Methode der Abgasreinigung, so hatte man in den USA sehr schnell akzeptiert, erfordert die Verwendung von unverbleitem Benzin. In Deutschland bestand jedoch in dieser Hinsicht eine Denkblockade. Nicht zuletzt unter dem Einfluß der Mineralöllobby blieb das Thema »bleifreies Benzin« lange ein Tabu; statt dessen wurden Anfang der achtziger Jahre Millionen an Forschungsgeldern in den letztlich nutzlosen Versuch investiert, bleiresistente Katalysatoren zu entwickeln.

Bleiverbindungen schon früh als toxisch erkannt
Blei schadet nicht nur dem Katalysator, sondern auch der menschlichen Gesundheit. Bereits seit mehr als hundert Jahren hatte man in der Umgebung von Bleibergwerken und Bleihütten die Giftigkeit dieses Schwermetalls kennengelernt. Auch bei ei-

ner relativ niedrigen Dosis, die nicht zu aktuellen Vergiftungserscheinungen führt, wirkt dieser Stoff giftig auf die Nervenzellen. Ein Anlaß zum Durchbruch des bleifreien Benzins in den USA und auch später in Europa waren dann Studien unter anderem aus Großbritannien, denen zufolge Kinder aus verkehrsreichen Wohnquartieren, die einen höheren Bleigehalt im Blut aufwiesen, eine signifikant schlechtere Intelligenzentwicklung aufwiesen als Vergleichsgruppen.

Letztlich sind es also wieder vor allem die Kinder, die mit Entwicklungsstörungen und möglicherweise chronischen Vergiftungen unter der Automobilisierungswelle leiden – sofern es denn überhaupt zu Kindern kommt, denn Blei schränkt auch die männliche Zeugungsfähigkeit ein. Die Weltbank beziffert für die USA den ökonomischen Wert der bleibedingten Reduzierung des Intelligenzquotienten auf 4588 Dollar je IQ-Punkt und Kind und hält damit Minderungsmaßnahmen für überaus kosteneffizient; in einem Land mit niedrigem Einkommen wie Indonesien würden sich – laut Weltbankberechnung – monetäre Schäden von 115 Dollar je IQ-Punkt und Kind ergeben.

Die vielfachen Gesundheitsrisiken durch das Blei führten in Deutschland in den siebziger Jahren in zwei Stufen zur Reduzierung des zulässigen Bleigehaltes im Benzin nach dem sogenannten Benzin-Blei-Gesetz, mit dem verbleibenden Gehalt von 0,15 Gramm je Liter wies der deutsche Markt den geringsten Bleigehalt auf, die meisten Partnerländer der EU tolerierten 0,3 oder 0,4 Gramm je Liter, Ostblock- und Drittweltländer teilweise deutlich mehr. Noch heute gibt es Länder, etwa im Nahen Osten, in denen Bleigehalte bis zu 0,85 Gramm pro Liter vorkommen. Ob den Verantwortlichen in diesen Ländern bekannt ist, daß sie die marginale Energieeinsparung durch derart hohe Bleimengen auf Kosten der Vergiftung der Bevölkerung und verringerter Entwicklungschancen der jüngeren Generation erreichen?

Bemerkenswert an dem Verhalten dieser Länder ist, daß die Mineralölwirtschaft zumeist in den Händen des jeweiligen Staates liegt; Förderung, Verarbeitung und Vermarktung werden nicht von den viel geschmähten Multis vorgenommen, sondern unterliegen politischer Steuerung. Um dem Mittelstand in diesen Ländern das Autofahren zu verbilligen, werden die für einen Bleiersatz notwendigen Investitionen in die Raffinerien nicht vorgenommen – eine Entwicklungsstrategie für die Wirtschaftseliten und gegen das eigene Volk.

Auch wenn in den reicheren Industrieländern der große Schrecken »Luftverschmutzung durch Blei« mittlerweile gebannt zu sein scheint, werden seine Nachwirkungen noch lange zu spüren sein. Denn: Was drin ist im Boden, bleibt auch drin; der Bleigehalt reduziert sich nicht von selbst. Unter dem Stichwort Seitenstreifen-Altlast haben die Dortmunder Forscher Ulrike Lichtenthäler und Oscar Reutter für 1986 die bleibelastete Verdachtsfläche entlang von Bundesautobahnen, Bundes-, Landes-, Kreis- und außerörtlichen Gemeindestraßen der Bundesrepublik abgeschätzt. Demnach müssen auch heute noch auf einer Fläche von etwa 131000 Quadratkilometern problematisch hohe Bleibelastungen vermutet werden.

Bleiverbindungen werden dem Ottokraftstoff zugemischt, um seine Klopffestigkeit zu erhöhen, um also mehr Leistung und einen etwas günstigeren Kraftstoffverbrauch durch Erhöhung des Verdichtungsverhältnisses zu realisieren. Ohne Blei sinkt die Oktanzahl um einige Punkte ab – dann muß man entweder die Motoren umkonstruieren und ihr Verdichtungsverhältnis etwas absenken (dies war der amerikanische Weg), oder man begibt sich auf die Suche nach Ersatzstoffen wie Benzol. Entsprechend wurde kurz nach dem Verbot der Bleizusätze über wenige Jahre ein Anstieg der durchschnittlichen Benzolkonzentration im Benzin, und damit auch im Abgas, festgestellt. Mehr Benzol im Abgas bedeutet allerdings auch mehr Benzol in der Umgebungsluft – eine unerwünschte Entwicklung angesichts der blutkrebserzeugenden Wirkung dieses Stoffes. Überwiegend lösten die Mineralölkonzerne das Problem, eine höhere Oktanzahl auch ohne Blei zu erreichen, durch eine generelle Veränderung der Benzinzusammensetzung, so auch durch das Hinzufügen von Methanol oder einem anderen die Oktanzahl erhöhenden Stoff (Methyltertiärbutylether MTBE). Insgesamt erwies es sich, daß das Verbot der Bleizusätze durchaus nicht die gravierenden energetischen und finanziellen Nachteile mit sich brachte, die von den Mineralölunternehmen vorher warnend an die Wand gemalt worden waren.

Katalysatoreinführung letztlich vergebens?

Als nach 1985 auch die deutsche Autoindustrie ihren Widerstand gegen die Katalysatoreinführung aufgegeben hatte, erwarteten Politiker, beamtete Umweltschützer und die Öffentlichkeit, daß das Problem »Luftverschmutzung« zu den Akten gelegt werden könnte. Um mehr als 90 Prozent würden die Abgasfilter die Emissionen reinigen, so konnte man hoffen. Bis hin zum Werbebegriff »Umweltauto« verstiegen sich die PR-Abteilungen der Autofirmen, um dem Publikum das gute Gewissen beim Autofahren wiederzugeben. Wer hätte erwartet, daß zehn Jahre danach die Gesundheitsgefährdung der Stadtluft so ernsthaft wie nie zuvor diskutiert werden würde, daß Ozonalarm gegeben würde und daß das Auto nach wie vor im Visier der Umweltbesorgten sein würde?

Was ist falsch gelaufen, daß die Erwartungen der achtziger Jahre auf eine Lösung dieser Probleme sich nicht erfüllten?

Eine Reihe von Gründen sind zu nennen. Erstens: Die Ablösung von Nicht-Katalysatorfahrzeugen im Bestand dauert länger als vorausgesehen – die Absenkung der mittleren Emissionen je Kilometer wird sich in den nächsten Jahren allerdings fortsetzen. Zweitens: Die Zahl der PKW hat sich erheblich stärker erhöht als erwartet, auch die zurückgelegten Jahresfahrleistungen. Drittens: Der Straßengüterverkehr hat sich in noch viel stärkerem Umfang erhöht als der PKW-Verkehr, für die LKW gibt es jedoch keine so wirksame Abgasentgiftung. Viertens: Gerade im Stadtverkehr entwickelt der Katalysator nicht in dem Maße seine Wirkung, wie die Optimisten behaupteten. Fünftens: Auch der Katalysator verliert einen Teil seiner Wirkung durch Alterung und Verschleiß; dieser Aspekt wird um so stärkeres Gewicht erlangen, je höher der Anteil alter Kat-Autos wird. Da die Bundesregierung sich aufgrund der Widerstände aus Autoindustrie und Kraftfahrzeughandwerk nicht dazu entschließen konnte, ein wirksames Prüfverfahren einzuführen, dürfte der Anteil der Modelle mit Fehlfunktionen in den nächsten Jahren einen weiteren Teil der theoretischen Verbesserungen zunichte machen.

Schließlich: Nur wenige der vom Auto verursachten Umweltbelastungen lassen sich durch Katalysatoren beseitigen.

Bewertung der Luftbelastung – das Beispiel Stickoxide

Wirkungsbeurteilungen beziehen sich stets auf Immissionskonzentrationen, also die Menge der Stoffe, die an einem betroffenen Ort in der Atemluft vorhanden ist. Der Schritt von der Emission (dem Schadstoffausstoß an der Quelle) zur Immission, die Transmission der Schadstoffe, war und ist Gegenstand umfangreicher Forschung. Letztlich steht dahinter der Versuch, die Immissionsbelastungen vorauszusagen und dies zur Grundlage von Belastungsbeurteilungen, Genehmigungen und planerischen Maßnahmen zu machen.

Die Berechnung, aber auch die Messung von Immissionskonzentrationen erbringt – einmal abgesehen von den Unsicherheiten bei beiden – interpretationsbedürftige Ergebnisse. Selbst bei unterstellter konstanter Verteilung und Stärke der Emissionsquellen sorgt die wechselhafte Meteorologie dafür, daß die Verteilung der Schadstoffe in der Umgebungsluft sehr verschieden sein kann. Für die Messung sind nur Aussagen zu genau dem Meßort und der Zeit zulässig, an dem die Messung vorgenommen wurde. Räumliche und zeitliche Extrapolationen sind unsicher. Die örtliche und zeitliche Variabilität der Immissionswerte ist in der Regel um so höher, je näher der Rezeptorort zur Emissionsquelle, also der befahrenen Straße steht. Dies erschwert die Charakterisierung der Belastungslage, erlaubt andererseits jedoch die Zuordnung der Luftverschmutzung zum Verursacher, also dem momentanen Verkehr.

Stickoxide (NO$_x$) werden zu etwa 90 Prozent als Stickstoffmonoxid (NO) emittiert, das dann mit dem Sauerstoff der Umgebungsluft innerhalb von Minuten bis etwa einer halben Stunde zu NO$_2$ oxidiert wird. Lufthygienisch problematisch ist vor allem das Stickstoffdioxid. Die für die menschliche Gesundheit zulässigen Grenzwerte werden im Nahbereich von stark befahrenen Straßen überschritten. Bei Autobahnen und Schnellstraßen liegen zwei Faktoren vor, die das Problem verschärfen: Zum einen steigt der Stickoxidausstoß mit der Motorleistung, also auch der Fahrgeschwindigkeit stark an (besonders drastisch bei Nicht-Katalysatorfahrzeugen, weshalb dort ein Tempolimit von z.B. 100 km/h zur Zeit der Debatte um das Waldsterben vorgeschlagen worden war), zum anderen haben schwere LKW einen derart hohen Stickoxidausstoß, daß sie bei einem auf vielen Straßen typischen Verkehrsanteil von 15 bis 20 Prozent mehr als die Hälfte der Emissionen erzeugen. Eine Entspannung der Immissionssituation, etwa aufgrund des fortschreitenden Einsatzes von Dreiwegekatalysatoren in PKW mit Ottomotoren, wird sich angesichts der steigenden Schwerverkehrszahlen kurzfristig nicht auswirken.

Für Dieselmotoren gibt es keine so wirksame technische Lösung zur Verminderung der Stickoxidemissionen wie den Dreiwegekatalysator bei Ottomotoren. Verbesserungen müssen durch Optimierung der motorischen Verbrennung erreicht werden, wobei durchaus Zielkonflikte zwischen einer Stickoxidsenkung einerseits sowie den Rußpartikeln und dem Kraftstoffverbrauch andererseits bestehen. Wegen der Begrenztheit der denkbaren technischen Verbesserungen sind verkehrspolitische Maßnahmen zur Reduzierung der Verkehrsmengen um so wichtiger.

Ökologische Probleme im wesentlichen auch heute noch ungelöst

»Verkehr und Umwelt« ist also als Thema nach wie vor »in«. Wie vor 10 oder 20 Jahren zeigt sich die überaus große Aktualität der Umweltbelastungen durch den Verkehr sowohl in der veröffentlichten Meinung, in den Medien als auch in Meinungsumfragen: Bürger bewerten die vom Verkehr verursachten Umweltbelastungen, die Unfallgefahren und generell die Dominanz des Autos in ihrem Lebensumfeld überwiegend als negativ. Dies gilt nicht nur für die Schadstoffemissionen der Autos. Seit Jahrzehnten geht es auch um den Verkehrslärm: Bereits 1962 konstatierte der Deutsche Arbeitsring für Lärmbekämpfung (DAL), daß der Verkehrslärm »ein unerträgliches Ausmaß« angenommen habe, was auf den überaus großen Anstieg der Fahrzeugzahlen zurückzuführen sei. In den seither vergangenen drei Jahrzehnten ist der PKW-Bestand in den westlichen

Ländern der Bundesrepublik auf das Fünffache der damaligen Werte angestiegen, und obwohl die innerstädtischen Fahrleistungen nicht ganz um
diesen Faktor zugenommen haben, muß man doch die vom Kraftfahrzeugverkehr verursachten Belastungen als um ein Vielfaches höher gegenüber
dem damaligen Stand bezeichnen.

Mit folgenden Belastungsfaktoren muß sich die Verkehrs- und
die Umweltpolitik nach wie vor auseinandersetzen:

- Lokale Luftbelastung und Gesundheitsgefährdung durch Inha-
  lation von Kohlenmonoxid (CO), Benzol, Rußpartikel und
  Stickoxide (NO_x);
- regionale bis weiträumige Ozonbelastung, gebildet aus den
  Vorläuferstoffen Kohlenwasserstoffe (HC) und NO_x bei starker
  Sonneneinstrahlung;
- globale Klimaveränderung durch den Treibhauseffekt infolge
  Emission von Kohlendioxid (CO_2), Methan, NO_x, bodennahem
  Ozon und anderen »Treibhausgasen«;
- weiträumige saure Niederschläge, gebildet aus Schwefeldioxid
  (SO_2) und NO_x;
- Überdüngung der Böden und Eutrophierung der Gewässer;
- Ausrottung von Tier- und Pflanzenarten als Folge von durch
  Menschen veränderte Umweltbedingungen;
- Bodenkontamination und Belastung der Nahrungskette durch
  Schwermetalle (Blei aus verbleitem Benzin, Cadmium aus
  Reifenabrieb);
- es gibt zur Zeit keine einheitliche Bewertung weiterer Luft-
  schadstoffe, Platinabrieb aus Katalysatoren, Faserstoffe von
  Bremsen, Aldehyde, vor allem bei Gebrauch alkoholhaltiger
  Kraftstoffe, Ammoniak und Schwefelwasserstoff aus Kataly-
  satorfahrzeugen;
- Verkehrslärmbelastung durch Motorgeräusche (dominant in-
  nerorts bei niedrigen Geschwindigkeiten) und durch Reifenge-
  räusch (dominant bei über 60 km/h); Belastung durch Flug-
  lärm;

Begrenztes Verständnis der Ökosysteme – »Vorbeugen ist besser als reparieren«
Eine umfassende und abgeschlossene Beurteilung der tatsächlichen Beeinträchtigungen durch den Verkehr ist nicht möglich. Zu vieles ist naturwissenschaftlich nicht eindeutig faßbar; zu wenige der ökologischen Zusammenhänge werden überhaupt verstanden und können bewertet werden. Welche Bedeutung die Existenz einer bestimmten Insektenart innerhalb der ökologischen Systeme hat, kann zumeist erst dann überblickt werden, wenn katastrophale Konsequenzen sichtbar werden. Möglicherweise wird im nachhinein eine der in den vergangenen Jahrzehnten ausgestorbenen Tier- und Pflanzenspezies eine tragende Bedeutung für die Ökosysteme zugewiesen bekommen, möglicherweise werden wir ihre Bedeutung nie erfahren. Insofern wird auch der reale Stellenwert des Verkehrs für die ökologische Situation in unserem Lande wahrscheinlich niemals exakt ermittelt werden können.
Bei dem Versuch, Umweltauswirkungen zu verstehen, bewegt sich die Wissenschaft in unsicheren Bereichen. Es handelt sich nicht um direkte Beobachtungen wie Newtons Apfel, der stets vom Baum auf die Erde hinunterfällt und wo man eine Bewegung in der umgekehrten Richtung praktisch ausschließen kann. Aus diesem Grunde wird politisches Handeln zum Schutz der Umwelt auch immer aus dem Vorsorgegedanken gespeist sein müssen, wollen wir nicht irreversible Entwicklungen riskieren, die eines Tages zu einer katastrophalen Zerstörung der natürlichen Lebensgrundlagen der Menschheit führen. Nach dem Vorsorgeprinzip müssen auch dann Minderungsmaßnahmen getroffen werden, wenn die schädlichen Wirkungen noch nicht mit letzter Sicherheit bewiesen sind. Ferner wird dieses Prinzip herangezogen, wenn es um die Festlegung von Sicherheitsabständen zwischen den zulässigen Belastungswerten und dem Beginn einer nachgewiesenen Schädigung geht. Dennoch muß man befürchten, daß die Wirkungsmechanismen bei den Menschen – ähnlich wie in natürlichen Ökosystemen – derart komplex und unübersichtlich sind, daß nicht alle Schädigungen vermieden werden können.

- Geruchsbelästigung durch Abgase von Verbrennungsmotoren sowie durch verdunstende Kraftstoffe, letztere tragen auch zur Ozonbildung bei;
- Flächenversiegelung, Veränderung des städtischen Kleinklimas durch asphaltierte und betonierte Straßen und Plätze;
- Beeinträchtigung des Landschaftsbildes, Zerschneidung von Lebensräumen durch Straßen und Schienen;
- Ressourcen- und Energieverbrauch sowie Emissionen bei der Produktion und Entsorgung von Fahrzeugen und Infrastruktur.

Umweltpolitik verlangt mehr als Abgasvorschriften

Die gesetzlichen Vorschriften für zulässige Abgasemissionen und Lärmemissionen werden von der Politik und von den Fahrzeugherstellern häufig als Beweis verbesserter ökologischer Verträglichkeit des Kraftfahrzeugverkehrs genannt. Dies offenbart ein grundsätzliches Mißverständnis. Einige wenige gesundheitliche Belastungsfaktoren sind dabei angegangen worden – am einzelnen Fahrzeug dazu noch, ohne Berücksichtigung der allgemeinen Erhöhung der Belastungen durch die gestiegenen Verkehrsmengen.

Das grundsätzliche Defizit der offiziellen Umweltpolitik besteht in der Fragmentierung der Probleme. Im Sommer sind die Ozonprobleme dran, zur Weltklimakonferenz ist es der Kohlendioxidausstoß, im vorigen Jahr war es die innerstädtische Belastung mit krebserregenden Substanzen, vorher das Waldsterben, zwischenzeitlich die Belastung der Böden und der Gewässer durch Nitrateintrag – im Mittelpunkt stehen jeweils einzelne Phänomene, deren gemeinsame Wurzel die Verkehrsentwicklung insgesamt ist. Behandelt wird jedoch immer nur der jeweils aktuelle Aspekt. Dies geht zum Beispiel so weit, daß in dem Fragebogen des Umweltausschusses des Deutschen Bundestages zur Ozonproblematik an die geladenen Sachverständigen vom Juni 1995 weder Bezüge zum Klimaschutz enthalten sind noch irgendwelche anderen ökologischen Aspekte möglicher Maßnahmen.

Bei integrierter Betrachtungsweise wäre längst deutlich geworden: Wir brauchen in jedem Fall eine Trendwende bei der Geschwindigkeitsentwicklung – aus Gründen des Gesundheitsschutzes, der Unfallreduzierung, einer menschengerechteren Technikentwicklung, der langfristigen Siedlungsentwicklung und auch zum Schutz der natürlichen Umwelt.

Ökologische Mobilität nur durch Systemverbesserungen

Ökologische Argumentationen konzentrieren sich meist auf die direkten, meßbaren Auswirkungen. Die indirekten Folgen der Entwicklung des Autobestandes bzw. der Ausrichtung staatlicher, wirtschaftlicher und privater Strukturen auf den PKW-Besitz wie auch die Strukturveränderungen im Güterverkehr werden dabei übersehen. Dies sind unter anderem:

- Der Rückgang der Verkehrsangebote des öffentlichen Verkehrs, damit Mobilitätsbeeinträchtigungen für alle Nichtautofahrer (viele Frauen, Alte, Kinder, sozial Schwächere);
- die Ausrichtung der Siedlungsentwicklung, der Einkaufsstätten und Dienstleistungsinfrastrukturen auf das Auto, die Zentralisierung sowie der Abbau siedlungsnaher Funktionen;
- die Flächeninanspruchnahme (fließender und ruhender Verkehr) durch Kraftfahrzeuge, deren Dominanz im Stadtbild, Verdrängen der Verkehrsteilnehmer ohne Autos auf unverhältnismäßig kleine Restflächen;
- die Erosion urbaner Strukturen und Funktionen infolge der gesunkenen Aufenthaltsqualität in den Stadtzentren und infolge der verstärkten Funktionstrennungen;
- die Ausprägung autofixierter Mobilitätsbilder.

Entsprechend dem Systemcharakter der Veränderungen sind Einzelaktionen wie in der traditionellen Umwelt- und Verkehrspolitik auch nicht wirksam.

Häufig wird bei der fragmentierten Diskussion der Umwelt- und Gesundheitsgefahren durch Abgase ein Bereich übersehen, den wir auch im privaten Bereich bei der Autonutzung verdrängen:

- Jährlich werden allein in Europa Zehntausende von Menschen im Verkehr getötet und Millionen verletzt.
- Verkehrsunsicherheit, Verletzungs- und Tötungsgefahren bedrohen unmotorisierte und motorisierte Verkehrsteilnehmer ständig (nur fünf Prozent der Eltern schulpflichtiger Kinder haben nach jüngeren Erhebungen aus Deutschland und Großbritannien keine Angst wegen der Unfallrisiken), es wächst die Betreuungsarbeit von Kindern, die nicht mehr vor dem Haus spielen können.
- Die autogerechte Gestaltung der Städte und Ortschaften verstärkt auch die individuelle Gefährdung abseits der Unfallgefahren durch Verkehrsmittel; groß dimensionierte Straßenbauwerke und Lärmbarrieren erzeugen dunkle und abweisende Räume, in denen Fußgänger und Radfahrer Angst vor Belästigungen und Überfällen haben müssen.

- Die Abkapselung der Wohnungen durch Lärmschutzfenster und eine straßenabgewandte Gestaltung entzieht die öffentlichen Räumen jeder sozialen Kontrolle; der Rückzug in private Räume gibt den Straßenraum der Anonymität preis.
- Die Folge von Verlärmung, Schadstoffbelastung und Verkehrsunsicherheit an Hauptverkehrsstraßen ist die soziale Ausgrenzung bestimmter Bevölkerungsgruppen, die sich kein Haus im ruhigen Grünen leisten können.

Was im einzelnen als (negative soziale und ökologische) Umweltfolgen des Verkehrs beschrieben und bewertet wird, läßt sich nicht objektiv-wissenschaftlich abgrenzen: Eine neue Qualität räumlich-zeitlicher Erreichbarkeit verändert den Blick auf die Umwelt und die Abgrenzungen zwischen Umwelt und Gesellschaft. Jeder mag die hier angefangene Auflistung für sich und seine spezifische Situation ergänzen oder modifizieren. Wir stellen keinen Anspruch auf Vollständigkeit.

Welcher Grenzwert ist der »richtige«?
Die Unklarheiten bezüglich der Wirkungsmechanismen von Schadstoffen für die Umwelt werden kaum je vollständig zu beseitigen sein. Dennoch hat es sich als praktikabel erwiesen, bestimmte Belastungswerte zu tolerieren oder ihre Überschreitung als problematisch anzusehen. Dabei vermeiden die zuständigen Behörden allerdings, sich selbst unter Handlungszwang zu setzen. Es gibt keine eindeutig definierten Umweltstandards, deren Einhaltung ein normaler Bürger einklagen könnte.
Die gesetzlichen Regelungen im Umweltbereich weisen ein hohes Maß an Undurchschaubarkeit auf. Typischerweise werden Belastungsgrenzwerte nicht von Parlamenten beschlossen, sondern innerhalb demokratisch kaum legitimierter Zirkel. So haben in der Bundesrepublik eine Reihe von Empfehlungen des berufsständischen Vereins Deutscher Ingenieure (VDI) praktisch den Stellenwert von staatlich erlassenen Regelungen eingenommen, ohne daß ihr Inhalt und ihre Konsequenzen je Gegenstand politischer Erörterung gewesen wären.
Dieses Verfahren entstand aus einigen flexiblen Formulierungen innerhalb des Umweltschutzrechtes. Dort wurde zum Beispiel vom Gesetzgeber formuliert, daß bestimmte Emissionen »nach dem Stand der Technik« oder »nach dem Stand von Wissenschaft und Technik« zu begrenzen seien. Diese vermeintlich progressive Regelung bedarf natürlich der Konkretisierung. Die Konkretisierung wiederum wird

vorgenommen von Expertengremien, an denen die von interessierten Firmen entsandten Mitarbeiter maßgeblich beteiligt sind. Auf diese Art und Weise gelingt es der Industrie, wichtige Regelungsinhalte im Umweltbereich selbst zu bestimmen. Es soll an dieser Stelle keineswegs die Bedeutung der Arbeit von Vereinigungen wie dem VDI geschmälert werden; unbestritten bleibt jedoch, daß das Setzen von Emissions- und Immissionsgrenzwerten dabei überwiegend in der Hand derjenigen liegt, welche davon wirtschaftlich betroffen sind. Dies hat für die betroffene Wirtschaft den Vorteil, daß sie nicht durch unangemessen scharfe Vorgaben drangsaliert wird. Die so gefundenen Grenzwerte werden oft fälschlicherweise so interpretiert, als ob sie den Umweltaspekten Rechnung tragen würden; in Wirklichkeit handelt es sich bereits um die Ergebnisse von Abwägungen mit technischer Machbarkeit und wirtschaftlicher Vertretbarkeit. Eine unabhängige Abwägung zwischen den Interessen der Verursacher und denjenigen der potentiell Geschädigten dürfte auf Grund der Zusammensetzung der Gremien allerdings kaum möglich sein.

In anderen Fällen ist es die Bundesregierung selbst, die mit Zustimmung der Bundesländer der Bevölkerung bestimmte Gesundheitsrisiken zumutet, ohne daß dies zumeist ausdrücklich in der politischen Öffentlichkeit diskutiert worden wäre. Die Länder haben bei den jüngsten Verordnungen zur Begrenzung der innerstädtischen Luftverschmutzung und des Ozons vor der Wahl gestanden, den Bundesvorstellungen zuzustimmen oder die Regelungen zu blockieren. Die Überlegung, daß halbherzige Regelungen besser sind als überhaupt keine, bewog sie dann zur Zustimmung.

Da jede Minderung der Schadstoffbelastung einen bestimmten wirtschaftlichen Aufwand erfordert, und damit eine Bindung von Kapital, das dann nicht für andere Zwecke eingesetzt werden kann, ist die Festsetzung von Grenzwerten ein politischer Akt. Zuverlässige Wirkungsabschätzungen sind jedoch nicht immer möglich, daher werden Sicherheitsfaktoren bei der Grenzwertsetzung berücksichtigt; auch diese können allerdings keinen absoluten Schutz bieten, da die Kenntnisse insbesondere bei gleichzeitigem Auftreten mehrerer Schadstoffe gering sind.

Mit der Festlegung der Konzentrationswerte für krebserzeugende Stoffe im Kraftfahrzeugabgas hat die Bundesregierung unter Zustimmung der Bundesländer auch das Risiko akzeptiert, daß einige hundert Menschen in der Bundesrepublik Deutschland durch Rußpartikel und Benzol an Krebs erkranken. Das wird in das allgemeine Lebensrisiko in einer technisierten Welt eingeordnet. So schrecklich sich dies auch anhört, so einhellig sind sich Wirkungsexperten und Politiker darüber im klaren, daß es einen absoluten Schutz gegen derartige Erkrankungen nicht geben kann.

Bei krebserregenden Stoffen ist nämlich die Festlegung von Sicherheitsfaktoren als Schutz gegen die Schadwirkungen nicht möglich, da man dort von einer Linearität zwischen Dosis und Wirkung bis hinunter zur Null-Dosis ausgeht. Es gibt also bei den kanzerogenen Stoffen keine Schwelle, unterhalb deren von einer Ungefährlichkeit auszugehen ist.

Fassen wir zusammen: Die Segmentierung der Wahrnehmung der negativen Folgen des Verkehrs bildet eine wesentliche Ursache für die ebenfalls in Einzelaktivitäten zerfallenden Lösungsversuche. Eine integrierte Sichtweise aller Verkehrsprobleme fehlt. Die Befassung mit Naturschutz, Stadtentwicklung, Verkehrssicherheit, Energieeinsparung hat bisher nicht zu der Einsicht geführt, daß nur ein grundsätzlich anders strukturierter Verkehrssektor dauerhaft verträglich ist. Die obige Aufzählung einzelner Umweltprobleme verdeutlicht, daß die Entwicklungsrichtung generell in Frage zu stellen ist; grundsätzlich falsche Weichenstellungen sind nicht anders zu korrigieren als durch grundsätzlich andere Entscheidungen.

Bei einer Bundestagsanhörung zum Klimaschutz im Jahre 1994 haben wir zu verdeutlichen versucht, in welcher Situation sich die Verkehrs- und Umweltpolitik befindet: Es ist die Situation eines Fahrgastes, der aus Bonn nach Süden reisen will und der feststellt, daß er einen Zug in Richtung Norden bestiegen hat. Um dorthin zu kommen, wohin er will, müßte er aussteigen und den Zug in die Gegenrichtung nehmen. Er tut es aber nicht, weil er gerade so schön behaglich in den Polstern sitzt. Die Folge: Der verzögerte Kurswechsel wird immer zeitaufwendiger und teurer. Bald wird der letzte Zug in die richtige Richtung abgefahren sein.

4. Umweltkrise in Beispielen

*Aus der Luft kommen die meisten Übel der Menschen, weil sie der
Schauplatz des Kampfes der Naturgötter untereinander ist.*

Plinius der Ältere, Historia naturalis, zitiert nach: Kursbuch,
Heft 96

Luftverschmutzung: Um welche Schadstoffe geht es?

Die Schadstoffemissionen aus Kraftfahrzeugen sind aus vielerlei Gründen für die natürliche Umwelt und für die menschliche Gesundheit schädlich. Gegenwärtig stehen als lokale und regionale Problemfälle folgende Stoffe besonders in der Diskussion:

- Stickoxide wegen ihrer direkten gesundheitsschädlichen Wirkung (als Stickstoffdioxid, NO_2) und wegen ihres Beitrages zur Ozonbildung vor allem in sommerlichen Hitzeperioden;
- Kohlenwasserstoffe (HC), vor allem das darin enthaltene Benzol aufgrund seiner kanzerogenen Wirkung, sowie verschiedene reaktionsfreudige Verbindungen unter den Kohlenwasserstoffen wegen ihrer Beteiligung an der Ozonbildung;
- Rußpartikel wegen ihrer krebserzeugenden Wirkung in den Atemorganen; im Unterschied zu dem Diskussionsstand Anfang der achtziger Jahre gelten heute jedoch nicht nur die am Ruß angelagerten polyaromatischen Kohlenwasserstoffe (zum Beispiel das Benzo(A)Pyren) als Auslöser der Kanzerogenese, sondern das Teilchen selbst. Diese werden im übrigen durch die von einigen Autoherstellern eingebauten Dieselkatalysatoren nicht verringert.

Schadstoffemissionen von Kraftfahrzeugen – Entstehung

Bei der Verbrennung von Kohlenwasserstoffmolekülen (C-H-Verbindungen) entsteht eine unübersehbar große Anzahl chemischer Substanzen, die in die Umgebungsluft emittiert werden und mehr oder weniger schädlich wirken können. Folgende Gruppen gasförmiger und partikelförmiger Emissionen lassen sich nach ihrer Entstehung und ihrer lufthygienischen Bedeutung unterscheiden:

– Mehr als 90 Prozent der Abgasmenge entfällt auf die Produkte vollständiger Verbrennung (Oxidation) der Kraftstoffbestandteile Kohlenstoff (C) und Wasserstoff (H), daraus entstehen das Kohlendioxid (CO_2) und Wasser (H_2O). Beide Verbindungen sind nicht toxisch. Die Emission von CO_2 muß allerdings wegen der klimabeeinflussenden Wirkung (Verstärkung des Treibhauseffektes) als umweltschädlich eingestuft werden. Der Ausstoß von Wasserdampf in großer Höhe aus Flugzeugtriebwerken beeinflußt ebenfalls das Klima; bodennahe Wasserdampfemissionen gelten als unschädlich.

– Traditionell ist das Kohlenmonoxid (CO), ein Produkt unvollständiger Verbrennung, als schädlich für den Menschen bekannt; verschiedene Kohlenwasserstoffverbindungen (HC) sind ebenfalls lange als toxisch identifiziert worden, sie kommen aus dem Kraftstoff teils unverbrannt, teils gecrackt oder anoxidiert. Die gängige Summenerfassung als Gesamtkohlenwasserstoffe trägt der spezifischen Toxizität einzelner Stoffe nicht Rechnung. Für Benzol oder Polyzyklische Aromatische Kohlenwasserstoffe (PAK), die als kanzerogen identifiziert wurden, gibt es keine Abgasgrenzwerte. In die Gruppe der Produkte unvollständiger Verbrennung gehören ebenfalls die festen Kohlenstoffpartikel, bei Dieselmotoren zum Teil sichtbar als Ruß. Auch unabhängig von den am Ruß adsorbierten PAK haben sich Rußpartikel in Tierversuchen als krebserzeugend herausgestellt.

– Die toxische Wirkung der unter dem Einfluß hoher Verbrennungstemperaturen aus den Bestandteilen der Luft entstandenen Stickoxide (NO_x, besonders NO und NO_2) rückte erst spät in den Blickpunkt. Im Bemühen um hohe Wirkungsgrade und möglichst vollständige Verbrennung werden hohe Verbrennungstemperaturen und eine gute Sauerstoffversorgung realisiert; beides bewirkt hohe Stickoxidkonzentrationen.

– Blei und in Spuren auch Dioxine und Furane entstehen bei der Nutzung von verbleitem Benzin. Wegen der Einführung von unverbleitem Kraftstoff in den letzten Jahren ist ein deutlicher Rückgang der Luftbelastung durch Blei zu beobachten.

– Schließlich gibt es umweltschädliche Substanzen, die nicht direkt im Abgas enthalten sind, sondern sich erst später aus den emittierten Verbindungen bilden. Gegenwärtig in der Diskussion ist das Ozon (O_3), das in komplexen photochemischen Reaktionsketten, also unter Einfluß von Sonneneinstrahlung, mit Hilfe von Stickoxiden und bestimmten Kohlenwasserstoffen gebildet wird.

Die Bundesregierung hat die zulässige Konzentration der Substanzen Stickstoffdioxid (NO_2), Benzol und Rußpartikel in der Atemluft am Straßenrand per Verordnung begrenzt; genauer gesagt handelt es sich um eine Ermächtigung an die lokalen Umweltschutz- und Verkehrsbehörden, bei Überschreitung bestimmter Immissions-Konzentrationen verkehrsbeschränkende Maßnahmen einleiten zu *können*. Die vorsichtigen Formulierungen innerhalb der Verordnung bedeuten, daß für die Kommunen keine Verpflichtung besteht, auch tatsächlich tätig zu werden. De facto wird bei Überschreitung der Werte jedoch der öffentliche Druck dafür sorgen, daß Minderungsmaßnahmen ergriffen werden.

Warum neue Immissionsvorschriften?

Die Verordnung zielt darauf, die Schadstoffe in unmittelbarer Nähe verkehrsreicher Straßen zu bekämpfen. Typische Problemsituationen sind mehrspurige Hauptverkehrsstraßen in Großstädten mit beidseitig mehrgeschossiger Bebauung, wo ein schlechter Luftaustausch dafür sorgt, daß die hohen Schadstofffrachten nicht hinwegtransportiert werden. Man muß also etwas unternehmen, um genau an diesen Stellen die Luftverschmutzung zu reduzieren.

Die Begrenzung der Konzentration von Stickstoffdioxid, Benzol und Ruß durch die »Dreiundzwanzigste Verordnung zur Durchführung des Bundes-Immissionsschutzgesetzes« (kurz: 23. BImSchG-VO) zeigt exemplarisch die Halbherzigkeit, mit der Umweltvorschriften besonders im Verkehrsbereich entstehen. Die Europäischen Behörden hatten Deutschland zum Beispiel seit längerem gemahnt, die 1985 erlassene NO_2-Immissionsrichtlinie 85/203/EWG endlich in nationales Recht umzusetzen. Diese besagt, daß 98 Prozent der NO_2-Meßwerte eines Jahres unterhalb von 200 Mikrogramm je Kubikmeter Luft ($\mu g/m^3$) liegen müssen (sogenanntes 98-Perzentil).

Bei einem Symposium in Düsseldorf im Januar 1989 wurde von Vertretern vieler Städte und Bundesländer, darunter Nordrhein-Westfalen und Baden-Württemberg, zugegeben, daß die Werte »in mehreren Ballungsräumen nicht nur gelegentlich überschritten werden«. Die Bundesregierung dagegen hatte in ihrem Immissionsschutzbericht 1988 etwas verharmlosend formuliert, daß »die Zunahme der NO_2-Konzentrationen im wesentlichen zum Stillstand gekommen« seien, und darauf verwiesen, »daß sich der schadstoffarme PKW durchgesetzt hat«. Ende 1988 waren allerdings erst 9,8 Prozent der PKW mit Ottomotoren einen geregelten Dreiwege-Katalysator ausgerüstet – der einzigen Technik, die den Stickoxidausstoß erheblich verringern kann.

Nach wie vor ist die Luftbelastung durch Stickstoffdioxid und durch seine Folgestoffe Realität; die neuen Regelungen zur örtlichen Begrenzung werden an der grundsätzlichen Problemlage nichts ändern. Allerdings kann man sich mit der Feststellung trösten, daß zumindest an einigen besonders kritischen Stellen etwas zur Reduzierung getan werden wird; der hauptsächliche Effekt der Diskussionen besteht jedoch darin, daß verdeutlicht wurde, daß die bisherige, ausschließlich technisch orientierte Umweltstrategie der Bundesregierung unzureichend ist.

Krebserzeugende Stoffe in der Stadtluft – was tun?

Die anderen beiden in der BImSchG-VO begrenzten Schadstoffe, das Benzol und der Ruß, sind seit mehreren Jahrzehnten als gesundheitsgefährdend bekannt. Im Unterschied zu NO_2, zu Kohlenmonoxid (CO) sowie anderen Giftstoffen (Noxen) gilt bei diesen beiden nicht der Satz des Paracelsus »Sola dosis facit venenum« (Allein die Dosis macht, ob ein Stoff ein Gift ist). Beide sind krebserzeugend; wie bei allen Kanzerogenen kann keine Unbedenklichkeitsschwelle angegeben werden (siehe Kasten S. 98).

Weil auch niedrigste Konzentrationen Krebs auslösen können, hat man in der Umweltgesetzgebung stets verlangt, diese Emissionen so weit wie möglich zu vermindern. Dieser Grundsatz ist nunmehr insofern relativiert worden, als jetzt Immissionswerte vorgelegt werden, die de facto in den Kommunen der Einschätzung Vorschub leisten könnten, daß bei Einhaltung dieser Werte keine Gesundheitsgefährdung mehr besteht und daher weitergehende Minderungsschritte nicht mehr notwendig seien.

Dies wäre allerdings fatal. Neue Forschungsergebnisse über die Unbedenklichkeit von Benzol oder Rußpartikeln bei den festgelegten Immissionswerten liegen nicht vor. Man muß vielmehr davon ausgehen, daß das Verkehrsressort und das Umweltressort mit den Werten einen bestimmten Umfang an Krebserkrankungen durch Kraftfahrzeugabgase ausdrücklich akzeptiert haben.

Im Frühjahr 1991 war in einem Gutachten von Immissionsschutzexperten empfohlen worden, ein Krebsrisiko durch Luftverschmutzung von 1 zu 2500 zu tolerieren, bei einem heute bestehenden Krebsrisiko für Menschen in den Ballungsgebieten von 1 zu 1000 (im Nahbereich starken Verkehrs sogar von 1 zu 500). Die aus dem strengeren Schutzanspruch abgeleiteten Immissionswerte wurden für Benzol mit 2,5 $\mu g/m^3$ beziffert und für Dieselrußpartikel mit 1,5 $\mu g/m^3$.

Gegen diese Werte wurde in der umweltwissenschaftlichen Literatur durchaus Kritik geübt. Es hieß dort, sie stellten allenfalls ein maximal zulässiges Risiko dar; nach dem Vorsorgegrundsatz und dem Minimierungsgebot müßten für Planungen und abwägende Entscheidungen eher Grenzen von weniger als 0,2 Mikrogramm (für Benzol) und 0,5 Mikrogramm (für Ruß) angestrebt werden; der Verordnungsentwurf des Bundesumweltministeriums von Ende 1991 führte dagegen für Benzol einen Wert von 10 und für Rußpartikel von 8 Mikrogramm auf.

Bereits diese Werte hätten eine deutliche Emissionsminderung in vielen stark befahrenen Straßen und Gebieten erfordert. Viele Großstädte führten Messungen und Berechnungen durch, nach denen nach dem Stand von 1990 eine Reduzierung der Verkehrsemissionen – und damit zumindest kurzfristig, bis zur Einführung weiterer technischer Maßnahmen – auch der Verkehrsmengen um größenordnungsmäßig etwa 50 Prozent erforderlich gewesen wären, um die Werte sicher zu unterschreiten. Die Anwendung der Vorschrift hätte also den Gesundheitsschutz verbessert.

Das Bundesverkehrsministerium und die Autolobby sahen jedoch in diesen Plänen einen drohenden Imageschaden für den Autoverkehr, auch fürchteten sie Einschränkungen des Wirtschaftsverkehrs. Also wurde die Verordnung in der Ressortabstimmung in Bonn blockiert und dann so weit aufgeweicht, daß Störungen des Autoverkehrs durch Einschreiten der Umweltbehörden nicht mehr zu befürchten sind: Der Immissionswert für Benzol wurde bis 1997 auf 15 und der Wert für Ruß auf 14 Mikrogramm hochgesetzt, erst danach sollen die urspünglich vorgeschlagenen Werte – die von Gesundheitsexperten bereits als zu hoch bezeichnet wurden, siehe oben – gelten.

Trauerspiel mit der Luftreinhalteverordnung geht weiter

Sowenig wie es allerdings einen medizinischen Grund dafür gibt, daß innerhalb der ersten Jahre der Anwendung des entsprechenden Paragraphen des Bundes-Immissionsschutzgesetzes ein höherer Gehalt krebserzeugender Substanzen in der Luft zulässig sein darf, so wenig ermuntern die Begleitumstände des Erlasses der Verordnung und des Durchführungserlasses die Kommunen zu einer vorausschauenden Luftreinhaltepolitik.

Hat der Erlaß der Verordnung mit den Grenzwerten und Leitwerten bereits mehrere Jahre gedauert, was die Vorbereitungen der Kommunen verzögert hat, so wiederholt sich dieses Verzögerungsspiel wiederum bei dem Erlaß der Ausführungsverordnung. Bis heute – Stand Juni 1995 – ist die Verwaltungsvorschrift (23. BImSchV) von der Bundesregierung noch nicht in Kraft gesetzt worden.

Bis zum letzten Moment wurde daran gefeilt, auch noch den letzten »Biß« aus der Regelung herauszunehmen. So soll der Wirtschaftsverkehr von vornherein von verkehrsbeschränkenden Maßnahmen ausgenommen werden – zusätzlich zu der im Text der Verordnung bereits enthaltenen »Berücksichtigung der Verkehrsbedürfnisse«. Ebenfalls will das Verkehrsministerium sicherstellen, daß Autobahnen von emissionsreduzierenden Verkehrsmaßnahmen ausgenommen bleiben.

Nachbemerkung zu den zu erwartenden Lösungen des Problems »Luftverschmutzung«: Überschreitungen der Immissionsgrenzwerte auf bestimmten Straßenabschnitten lassen sich auch dadurch beseitigen, daß der Verkehr auf andere Straßen umgelegt wird. Dies ist dann eine Umkehr des unter anderem im Verlauf der Verkehrsberuhigungs- und Tempo-30-Diskussion verbreiteten Bündelungskonzeptes. Nun heißt es wieder »gleichmäßige Verteilung des Schmutzes«, damit die zulässigen Werte an den Hauptverkehrsstraßen nicht überschritten werden. Die Verordnung verbietet solch eine Verschmutzungsstrategie leider nicht.

Das Beispiel Ozon – Sommersmog

Das Ozonproblem lädt ebenfalls zur Anwendung des Sankt-Florian-Prinzips ein, denn hier sind die Verursacher – der Autoverkehr vor allem in den Großstädten und Ballungsgebieten, aber auch andere Emittenten – und die von hohen Immissionskonzentrationen betroffenen Gegenden nicht identisch. Ozonspitzenwerte gibt es bei heißem Sommerwetter typischerweise in ländlichen Regionen dort, wohin aus den Ballungsgebieten die Schadstoffwolken des Verkehrs und der Industrie, vor allem auch petrochemischer Anlagen, vom Wind hingetrieben werden. Die höchsten

Belastungswerte entstehen dann nach mehreren Stunden Sonneneinstrahlung zumeist am Nachmittag.

Bindende Vorschriften für die zulässigen Immissionskonzentrationen des Ozons gibt es nicht. Seitdem jedoch die EG mit der Richtlinie 92/72/EWG im Jahre 1992 einen Schwellenwert von 180 μg/m^3 festgelegt hat, nimmt man bei der Beurteilung der Höhe der Belastung üblicherweise Bezug auf diesen Wert. Großflächige Überschreitungen werden seit etwa drei bis fünf Jahren in Deutschland häufiger gemessen. Wenn man die Ozonbildung bekämpfen will, muß an der Emission derjenigen Stoffe angesetzt werden, aus denen dieses Gift gebildet wird. Dies sind die Stickoxide (NO$_x$) und die Kohlenwasserstoffe (HC).

Die Bedeutung des Ozons für die Gesundheit der Menschen ist nicht abschließend geklärt. Eine zuverlässige Angabe darüber, wieviel Menschen in der Bundesrepublik Deutschland für welche Zeitdauer welchen Konzentrationen ausgesetzt sind, gibt es nicht. Weil Ozon sich im Verlauf heißer Tage aufbaut und abbaut, sind jeweils unterschiedliche Populationen betroffen. Die Berechnung der Expositionsdauer wird dadurch erschwert, daß es sehr starke Unterschiede zwischen der Außen- und der Innenraumbelastung gibt. Ozon wird an den Oberflächen von Materialien in Innenräumen relativ schnell abgebaut. Die kritischen Lebenssituationen sind also der Aufenthalt und die körperliche Bewegung außerhalb geschlossener Räume.

Bei Konzentrationen oberhalb von 240 μg/m^3 sind vorübergehende Beeinträchtigungen der menschlichen Atemfunktionen nachgewiesen worden, vor allem dosisabhängige Beeinträchtigungen der Lungenfunktion bei Menschen mit leichter bis schwerer körperlicher Betätigung. Die Wirkungen sind sowohl dosisabhängig als auch abhängig von der Dauer der Exposition. Die Beeinträchtigung der Atemfunktionen ist stärker, wenn noch andere Schadstoffe in der smoggeladenen Atemluft beteiligt sind. Die verschiedenen Schadstoffe machen es besonders schwierig, die Grenze zwischen einer gesundheitlich noch unbedenklichen und einer bedenklichen Ozonkonzentration zu ziehen.

Modellrechnungen zufolge wäre eine Verminderung der Emissionen um 50 bis 75 Prozent notwendig, um gesundheitsgefährdende Ozonkonzentrationen zu vermeiden.

Ozon schädigt außerdem die Vegetation. Hohe Kurzzeitkonzentrationen sollen einen stärkeren Schädigungseffekt haben, niedrigere jedoch lang andauernde Luftbelastungen. Die Schädigung von Nadelbäumen erscheint wissenschaftlich gesichert. Inwieweit Ozonbelastungen in Deutschland ursächlich für die Waldschäden sind, ist noch nicht eindeutig entschieden.

Die Doppel- oder Dreifachfunktion des Ozons in unserer Atmosphäre ist besonders verwirrend: Das bodennahe Ozon wirkt zum einen wie gerade beschrieben. In Bodennähe fängt Ozon außerdem Strahlung von der Sonne auf und trägt zur Aufheizung der Atmosphäre bei, verstärkt also den Treibhauseffekt. In den höchsten Schichten wird zudem eine Reduzierung des Ozongehaltes beobachtet, das sogenannte »Ozonloch«. Das Ozon filtert dort die energiereichen Sonnenstrahlen und vermindert dadurch auf der Erde die Gefahr von Hautkrebserkrankungen; bei Anstieg der harten Sonnenstrahlung als Folge der Ozonabnahme werden nicht nur Gesundheitsschäden, sondern auch Schäden an der Vegetation sowie möglicherweise dem Plankton in den Meeren befürchtet.

Bei aller Kritik an der Ozonstrategie der Bundesregierung sei zugegeben, daß es wegen der verwickelten Wirkungsmechanismen bei der Ozonbildung sehr schwierig ist, zu sagen, was vordringlich getan werden muß, um kurzfristig Gesundheitsrisiken auszuschließen. Nützt es zur Reduzierung der Ozonkonzentration innerhalb einer Stadt Geschwindigkeitsbegrenzungen anzuordnen und Betriebe stillzulegen? Ist es sinnvoll, bei Smoggefahr Fahrverbote für Nicht-Katalysator-Fahrzeuge innerhalb eines Bundeslandes zu erlassen? Oder bleiben Einzelmaßnahmen von Städten, Regionen und Bundesländern unwirksam?

Es gibt keine einfachen Antworten auf diese Fragen. Möglicherweise reduzieren kleine Schritte innerhalb einer Region, beispielsweise die kurzzeitige Stillegung einer chemischen Fabrik, die lokalen Ozon-Spitzenkonzentrationen so, daß die Schwelle der Gesundheitsgefährdung nicht überschritten wird. Möglicherweise ist dies aber auch eine nutzlose Maßnahme für dieses Problem. Allerdings kann man grundsätzlich festhalten, daß umfangreiche Emissionsreduzierungen notwendig sind und daß der gegenwärtige verkehrspolitische Kurs und die begrenzten fahrzeugtechnischen Fortschritte keinesfalls ausreichend sind, um das Ozonproblem zu lösen.

Klimatische Schwankungen erschweren Beurteilung der Ozontrends

Für die Ozonbildung und besonders hinsichtlich des Verhältnisses zwischen Spitzenwerten und Durchschnittswerten ist der Einfluß des Klimas erheblich. Mit steigender Sonneneinstrahlung nimmt die Ozonbildung zu. Dies erschwert die Beurteilung der Frage, ob innerhalb eines bestimmten Jahres die Ozonbildung stärker gewesen ist als im Vorjahr. Da die Sonneneinstrahlung von Jahr zu Jahr schwankt, kann in einem relativ kälteren Jahr der Ozon-Level niedriger ausfallen, ohne daß dies auf eine Verringerung der Ozonbildungspotentiale, das heißt der Emissionen, hinweist. In einem extrem heißen Jahr dagegen können unter Umständen hohe Immissionswerte für Ozon gemessen werden, obwohl die Emission an Vorläuferstoffen durch geeignete Maßnahmen bereits eingedämmt worden ist. Um hier eine Bewertung des Trends vornehmen zu können, muß man den Einfluß des Klimas herausrechnen.

Eine Korrektur des Klimaeinflusses zur Bewertung des Ozonbildungspotentiales in einem bestimmten Jahr geschieht dadurch, daß die Stunden des Sommers anhand ihrer klimatischen Kennziffern bewertet werden (Sonneneinstrahlung, angenähert auch Temperaturen) und dann Kategorien für den Temperaturverlauf gebildet werden wie zum Beispiel »Stunden mit mehr als 25°C Tagesdurchschnittstemperatur«. Grenzt man dies noch weiter ein und ermittelt die Zahl der Stunden mit 25 bis 30°C Tagestemperatur, so kann man diesen Tagen die entsprechenden Ozonmeßwerte zuordnen. Nimmt man nun aus einem anderen Jahr die Ozonmeßwerte, die zu den Tagen mit 25 bis 30°C Tagesmitteltemperatur gehören, so lassen sich daraus bereits bestimmte Erkenntnisse ableiten. Man spricht davon, daß der Temperatureinfluß »normiert« worden ist. Durch dieses Verfahren kann man durchaus zu der Erkenntnis kommen, daß trotz hoher Ozonwerte an den Meßstationen in einem bestimmten Jahr eine Verbesserung eingetreten ist – oder umgekehrt. War ein Jahr besonders heiß, so wird allein aus diesem Grunde die Ozonkonzentration gestiegen sein; war es kalt, erscheint die Situation trotz gleicher Emissionslage verbessert.

Diese Klimakorrektur ist sehr wichtig, um nicht zu falschen Schlußfolgerungen zu gelangen. Bisher liegen in der Bundesrepublik Deutschland keine Daten dafür vor, um Entwarnung hinsichtlich des Ozonproblems zu geben. Mehr noch, die Emissionsprognosen für die nächsten Jahre weisen darauf hin, daß auch Ozon noch viele Jahre hinweg hohe Werte annehmen wird.

In der Presse wurde im Januar 1995 über die wissenschaftliche Auswertung des sogenannten Ozon-Versuchs in Heilbronn berichtet. Der allgemeine Tenor der Berichterstattung war, daß sich die Nutzlosigkeit der durchgeführten Maßnahmen erwiesen habe. Weder die dort eingeführten

Geschwindigkeitsbegrenzungen – die übrigens von fast allen Autofahrern eingehalten wurden – noch die Fahrverbote für Nicht-Katalysator-Fahrzeuge noch die Eingriffe in den Betriebsablauf der Produktionsunternehmen hätten Auswirkungen auf die Ozonwerte gezeigt. Von seiten der Skeptiker wurde dies eher triumphierend festgestellt, von seiten der Befürworter des Ozonversuchs, vor allem vom baden-württembergischen Umweltminister Harald Schäfer, wurde der Erkenntnisgewinn durch diese Aktion unterstrichen und darauf hingewiesen, daß weiträumigere Minderungsmaßnahmen, insbesondere seitens der Bundesregierung und durch die Europäische Union, notwendig seien, um Ozon wirksam zu bekämpfen. Die Verantwortlichen für diesen Versuch sahen die Ergebnisse nicht als Fehlschlag, sondern als Hinweis auf die Notwendigkeit umfangreicherer Maßnahmen.

Die unterschiedlichen Bewertungen der verschiedenen Seiten sind nur dann zu verstehen, wenn man die komplexen Vorgänge der Bildung von Ozon etwas versteht. Wie beschrieben, entsteht Ozon aus einem Schadstoffgemisch aus Kohlenwasserstoffen und Stickoxiden bei Sonneneinstrahlung. Dieser Vorgang dauert einige Zeit. Üblicherweise sind bei hochsommerlichen Temperaturen mehrere Stunden nach der Emission der Schadstoffe, beispielsweise während des morgendlichen Berufsverkehrs, die Bedingungen für Ozon-Spitzenwerte gegeben.

Vom Wind wird die Schadstoffwolke in das ländliche Umland getrieben; je nach der Windstärke kann dies dann in 30 und 150 Kilometer Entfernung von den Emissionsschwerpunkten Immissionsspitzenwerte ergeben. Der Bezug zu den verursachenden Emissionen ist dann nur noch in nachträglichen Modellrechnungen nachzuvollziehen; die Diskussionen um Schuldzuschreibungen über Verursacherregionen und um unterbliebene Minderungsschritte in den Nachbarländern sind bereits vorauszuahnen.

Nach dem letzten Stand der Ozonverordnung gibt es so viele Ausnahmen von den vorgesehenen Verkehrseinschränkungen bei einer Überschreitung der Grenzwerte, daß unsicher ist, ob sich daraus wirksame Emissionsminderungen werden ergeben können. Tempolimits sollen nach dem Willen des Bundes nicht verhängt werden. Insbesondere der Straßengüterverkehr als bedeutende Quelle von Stickoxidemissionen soll auch unangetastet bleiben – es scheint, als siege wieder einmal die symbolische Politik: große Ankündigungen, umfangreiche Diskussionen, mageres Ergebnis.

Wachstumsbereich Verkehr – auch eine Klimabedrohung

Die Atmosphäre der Erde dient als »Müllhalde« für ein unüberschaubares Gemisch an von Menschen erzeugten (»anthropogenen«) Gasen, deren Auswirkungen auf das Klimagleichgewicht erst in den vergangenen zehn Jahren allmählich verstanden wurde. Wir haben diese Bedrohung für die langfristige Stabilität der gesamten Ökosphäre im ersten Kapitel dargestellt; vor allem die Emission von Kohlendioxid, die unvermeidlich mit der Verbrennung fossiler Energieträger wie Erdöl, Kohle und Erdgas einhergeht, muß als wesentliches begrenzendes Element der langfristigen Verkehrsentwicklung aufgefaßt werden.

Der Verkehrssektor stellt zwar gegenwärtig nicht die dominierende Ursache des anthropogenen Treibhauseffektes dar, allerdings ist er der Sektor mit den höchsten jährlichen Wachstumsraten; in wenigen Jahren könnte der Verkehr als Verursacher von der zweiten an die erste Stelle rücken. Nach Berechnungen des World Energy Council entfällt etwa die Hälfte des CO_2-Klimaeffektes auf die Verbrennung von Mineralöl, davon wiederum werden knapp 50 Prozent für motorisierten Verkehr eingesetzt.

Bereits heute gibt es etwa 500 Millionen PKW auf der Erde. Da die Motorisierung weiter zunimmt, kann man erwarten, daß dieser Wert auch ohne Bevölkerungswachstum weiter steigt. Tatsächlich jedoch wächst die Bevölkerung exponentiell, bis zum Jahre 2050 rechnet man mit einer Verdopplung auf 10 Milliarden Menschen – mit entsprechend steigender Nachfrage nach Autos und nach Mineralöl. Dazu müssen die ständig zunehmenden Gütertransporte berücksichtigt werden. Sowohl beim Personen- als auch beim Güterverkehr auf der Straße verursachen jedoch die Menschen in den reichen Ländern – etwa 20 Prozent der Weltbevölkerung – die meisten Schäden, nämlich rund 80 Prozent. Dies gilt noch stärker für die Luftfahrt, dem Verkehrssektor mit dramatisch hohen Wachstumsziffern.

Direkte und indirekte Klimaemissionen des Verkehrs

Die Schätzungen, wonach auf den Verkehr bereits heute etwa ein Viertel des globalen CO_2-Ausstosses entfallen, sind eher zu niedrig als zu hoch angesetzt. Sie berücksichtigen nur die Abgase von Verbrennungsmotoren und beziehen bestenfalls noch die bei der Erzeugung von Strom für Bahnen und Straßenbahnen anfallenden Emissionen mit ein. Wo ordnet man die Produktion und Wartung von Fahrzeugen ein? Bei der großen Bedeutung der Fahrzeugindustrie für die Wirtschaft der großen Industrienationen ist es evident, daß dabei auch beträchtliche Emissionen anfallen. Sie gehören auch zum Verkehrssystem, werden jedoch in allen Statistiken den Bereichen Energie und Industrie zugeordnet.

Vergleichbare Unklarheiten gelten für Bauteile, die im Ausland hergestellt wurden und deren Energie im Produkt steckt. Ob Karosserieteil aus Leichtmetall, Verkleidung aus Plastik, ob Reifen, Sitze, Lack oder Elektronik – in jedem hier zugelassenen und genutzten Kraftfahrzeug stecken anteilige Emissionen, die in einer Bilanz »von der Wiege bis zum Grab« dem hiesigen Verkehr zugerechnet werden müßten, genau wie die anteiligen Produktionsemissionen eines exportierten Autos dem dortigen Nutzer. Neben der Herstellung der Fahrzeuge sind es die Produktion der Baustoffe für Infrastrukturbauwerke und der Bau selbst. Die Zementherstellung beispielsweise ist sehr energieaufwendig; ihr auf den Verkehr entfallender Anteil wurde in der Diskussion um Klima und Verkehr bisher ausgeklammert.

Geeignete Verfahren für eine umfassende Bilanzierung sind erst in Ansätzen entwickelt und noch nicht umfassend verfügbar. Es soll hier auch keine übertriebene Genauigkeit der Aussage angestrebt werden. Wichtig sind die Größenordnungen. Nach bisher vorliegenden Schätzungen könnte die Einbeziehung der für die Herstellung der Fahrzeuge und der Verkehrswege aufgewandten Energiemengen dazu führen, daß sich der Verkehrsanteil am Treibhauseffekt in Deutschland auf über 30 Prozent erhöht.

Klimaveränderungen durch Verkehr: mehr als CO_2 beteiligt
Der wissenschaftliche Erkenntnisstand zu dem Phänomen des Klimawandels durch menschliche Eingriffe ist von zwei speziell dafür vom Deutschen Bundestag eingesetzten Kommissionen untersucht worden. Diese »Klima-Enquête-Kommissionen« bestanden jeweils zur Hälfte aus Parlamentariern aller Fraktionen und aus Wissenschaftlern. Die Ergebnisse der Untersuchungen und umfangreiche Handlungsempfehlungen an die Bundesregierung sind in zahlreichen Bänden als Bundestagsdrucksachen zusammengefaßt worden; sie sind auch im Buchhandel erhältlich. Ein Schwerpunkt der Arbeit der zweiten Kommission, die ihre Ergebnisse 1994 vorgelegt hat, war der Verkehrsbereich.

Neben dem CO_2 aus der Verbrennung kohlenstoffhaltiger Kraftstoffe tragen zur Erhöhung des Treibhauseffektes die Stickoxide bei, ferner Kohlenmonoxid, von den Kohlenwasserstoffen insbesondere das Methan, außerdem bodennahes Ozon.

Die Wirkungen der Treibhausgase werden in CO_2-Gleichwerte umgerechnet, um beispielsweise eine CO-Emission gegen Methanemissionen gewichten zu können. Man unterstellt dabei bestimmte Verbindungen spezifischer Lebensdauern in der Atmosphäre und kommt zu Kennziffern, die aussagen, wievielmal wirksamer als das Bezugsgas CO_2 der betreffende Stoff ist.

Bilanziert man so einmal die Verkehrsbeiträge, so ergeben sich folgende Tatbestände:

- die CO_2-Emissionen des weltweit abgewickelten Verkehrs entsprechen etwa einem Viertel der gesamten anthropogenen CO_2-Emissionen; daneben ist der Verkehr nennenswert an den anthropogenen Emissionen der anderen Treibhausgase beteiligt, nämlich bei den Stickoxiden, bei Ozon und den FCKW sowie bei SO_2 und H_2O durch den Luftverkehr;

- der menschlich verursachte CO_2-Ausstoß ist zu etwa 50 Prozent am Klimawandel beteiligt, die Industrieländer (abgegrenzt als Mitglieder der Organisation für Wirtschaftliche Zusammenarbeit, OECD) verursachen etwa 70 Prozent der anthropogenen CO_2-Emissionen auf der Erde, obwohl ihr Bevölkerungsanteil lediglich 30 Prozent beträgt (grenzt man die »reichen« von den »armen« Ländern anders ab, ergibt sich ein Verhältnis von 80 zu 20). Pro Kopf verursachen wir Reichen das mehr als Zehnfache an Verkehrsemissionen wie die Menschen »im Rest der Welt«.

»Modell Deutschland« international unverträglich

Es ist also nicht angebracht, anklagend auf die Länder der »Dritten Welt« zu weisen, wenn es um Umwelt- und Klimaschutz geht. Das wirtschaftliche Erfolgsmodell Deutschland wird in bezug auf die Motorisierungsentwicklung von den Nachbarländern nachgeahmt – deren Motorisierungsentwicklung steigt scheinbar unaufhaltsam, so wie die unsrige. Da weder auf dem deutschen Markt noch auf dem amerikanischen, der noch mehr als Deutschland das Wohlstandsbild der sich entwickelnden Länder prägt, energiesparende Automodelle angeboten oder klimaverträgliche Mobilitätskonzepte gelebt werden, bedeutet dies auch eine Nachahmung der klimabelastenden Verhaltensweisen der Industrieländer.

Einige Kennziffern zu den Konsequenzen einer Verallgemeinerung des Modells Deutschland (der vorige Bundesumweltminister sprach gerne von der »deutschen Schrittmacherfunktion im Umweltschutz«):

- eine Verallgemeinerung des Mineralölverbrauches im Verkehr und damit der Pro-Kopf-CO_2-Emission auf ganz Europa würde etwa eine Verdoppelung bewirken;
- würden alle Menschen auf der Erde so viele Golfs und Mercedesse fahren sowie Flugreisen unternehmen wie die Deutschen heute, dann würde sich ihr verkehrsbedingter CO_2-Ausstoß verzehnfachen.

An der Motorisierung der Drittweltländer wird auch unter deutscher Beteiligung tatkräftig gearbeitet. Mit Unterstützung von Daimler Benz wurde für die VR China ein Generalverkehrsplan erstellt, der stark auf das Auto zugeschnitten ist. In chinesischen Städten wollen einige Verkehrsplaner den Radverkehr eindämmen, weil er ihren Modernitätsvorstellungen widerspricht. Eine jüngst erschienene PKW-Prognose nennt für China einen langfristigen Bedarf von 450 Mio. Autos – etwa soviel, wie heute als PKW auf der Erde insgesamt herumfahren.

Die Bundesregierung hat kurz vor der Berliner Klimakonferenz im März 1995 eine »Freiwillige Zusage der deutschen Automobilindustrie zur Kraftstoffverbrauchsminderung« erreicht und als Erfolg verkündet; in dieser sagt der Verband der Automobilindustrie (VDA) zu, »möglichst in Übereinstimmung mit den europäischen Automobilherstellern den durchschnittlichen Kraftstoffverbrauch der von ihr hergestellten und in der Bundesrepublik Deutschland abgesetzten PKW/Kombi bis zum Jahre 2005 um 25 Prozent, gemessen am Stand von 1990, zu senken«.

Eher irritierend ist allerdings dann der Zusatz, daß zur Verwirklichung dieser Zusage auch der Einsatz von Verkehrsmanagementsystemen, die Beseitigung von Infrastrukturengpässen, der Einsatz alternativer Kraftstoffe sowie einige mehr vom Staat zu besorgende Regelungen gehören; unter anderem, daß die Bundesregierung dafür sorgen müsse, daß die Zusage nicht zu Wettbewerbsverzerrungen führe. Diese Formulierungen würden es der Industrie gestatten, die Schuld von sich zu weisen, wenn das Ziel verfehlt werden sollte.

Im Juni 1995 berichtete übrigens die Tageszeitung »Rheinische Post« unter der Überschrift »Spar-Versprechungen: Die Hersteller sind vorsichtig«, daß die meisten Autoproduzenten die Zusage des VDA für die eigenen Modellpaletten nicht geben wollen. Die Klimaschutzpolitik der Bundesregierung steht somit auf sehr wackligen Füßen.

Wachstumsbereich Luftfahrt gefährdet ebenfalls das Klima

Der Luftverkehr ist der Verkehrsbereich mit den höchsten Wachstumsraten, auch mit dem stärksten Wachstum der Emissionen; gleichzeitig ist jedoch im Luftverkehr das Bewußtsein um die Notwendigkeit einer Begrenzung der Mengenentwicklung geringer ausgeprägt als beim PKW-Verkehr und beim Straßengüterverkehr. Die Luftfahrtgesellschaften entwickeln neue, günstigere Tarifstrukturen, wobei sie oft die umweltverträglichere Eisenbahn unterbieten, begleitet durch massiven Ausbau der Flughafenkapazitäten; Reiseveranstalter erschließen zusätzliche Nachfrage unter dem Motto »Sie haben es sich verdient«, die ökologischen Probleme bleiben im Bewußtsein ausgeklammert; Zeitungen und Magazine lesen sich auch im redaktionellen Teil über große Strecken als billige Werbung für mehr Reisen (bis hin zur Veranstaltung von Leserreisen zum »Weihnachtsshopping« vom Ruhrgebiet nach New York).

Schon in den vergangenen Jahrzehnten hatte der Energieverbrauch im Luftverkehr selbst im Vergleich zu anderen Verkehrssektoren eine drastisch steilere Entwicklung. Auch für die Zukunft wird sich der Expansionskurs fortsetzen. Eine Fortsetzung des Wachstums führt vor allem im Energieverbrauch und im Klimabereich zu Problemen. Zwar wird von den Interessenverbänden der Luftfahrt behauptet, »die Flugzeuge« hätten in den letzten dreißig Jahren ihren Energieverbrauch halbiert, dies gilt jedoch nur pro Platzkilometer. Tatsächlich ist der Verbrauch aller Flugzeuge seit 1960 auf das Zwanzig- bis Fünfundzwanzigfache angestiegen.

Das ungedämpfte Wachstum bedeutet eine erhebliche Belastung für das Erdklima, die in der öffentlichen Diskussion bisher wenig wahrgenommen wird. Die Klima-Enquête-Kommission des Deutschen Bundestages bezifferte den Anteil des weltweiten Luftverkehrs an der gesamten energiebedingten CO_2-Emission auf drei Prozent (1990), was beruhigend niedrig klingt. Der Energieverbrauch und die Emissionen des Luftverkehrs steigen jedoch fortlaufend stark an; der Anstieg läßt sich auf etwa 7,5 Prozent jährlich beziffern. Dies würde in zehn Jahren zu einer Verdoppelung der Emissionen führen.

Dem Luftverkehr wird von vielen Wissenschaftlern wegen der Emission von Wasserdampf und Stickoxiden in höhere Luftschichten eine höhere Klimaschädlichkeit beigemessen, als sich dies im CO_2-Anteil

Wieviel CO_2-Emissionen durch deutschen Luftverkehr?

In der offiziellen Verkehrsstatistik wird als deutscher Luftverkehr lediglich derjenige über deutschem Territorium gezählt, wobei auch die Überflüge ohne Bodenberührung im Inland unbeachtet bleiben; grenzüberschreitende Flüge werden – statistisch gesehen – an den Grenzen gekappt. Diese Abgrenzung ist offensichtlich ungeeignet, tatsächlich befindet sich ein Großteil der von Deutschland aus beflogenen Flugstrekken außerhalb des Bundesgebiets. Kurios an den offiziellen Statistiken ist, daß auf dem Papier die Auslandsflüge deutlich kürzer sind als die Inlandsflüge – weil die Staatsgrenze typischerweise näher liegt als der innerdeutsche Zielflughafen.

Der auf traditionelle Weise ermittelte Verkehrsaufwand (in Personenkilometer, Pkm) lag im Jahr 1987 – auf das sich die Klimaempfehlungen von Bundestag und Bundesregierung beziehen – bei lediglich 2,3 Prozent des motorisierten Personenverkehrs; für 1993 ergibt sich ein Luftverkehrsanteil von 2,7 Prozent (der für alle Verkehrsarten mit insgesamt 767,5 Milliarden Pkm angegeben wird).

Wir gehen davon aus, daß die deutsche CO_2-Bilanz auch die außerhalb der Landesgrenzen geflogenen Strecken und den dazu aufgewandten Energieverbrauch berücksichtigen muß. Dazu haben wir am Wuppertal Institut geeignete Abschätzungsverfahren entwickelt.

Alle in Deutschland verbrauchten oder verkauften Energiemengen werden in der nationalen Energiebilanz zusammengefaßt. Darin werden dem Luftverkehr die Energiemengen zugerechnet, die im Inland dafür verkauft werden; dies erfaßt also auch den grenzüberschreitenden Luftverkehr bis zur ersten auswärtigen Landung.

Mit dieser Abgrenzung wurde für den Luftverkehr im Jahr 1987 ein Anteil von 7,4 Prozent am gesamten Endenergieverbrauch des Verkehrs ermittelt, für 1993 sind es bereits 9,5 Prozent. Würde man den in allen Ländern der Welt verkauften Luftkraftstoff derart zusammenrechnen, bekäme man einen korrekten Wert für den weltweiten Energieverbrauch für Flüge insgesamt, jedoch würden den Ländern, wo nur Zwischenstation gemacht wird, eine verursachende Rolle zuweisen. Ein Zwischenstop mit Auftanken in London auf dem Weg von Frankfurt in die USA würde dabei als Emission Großbritanniens gerechnet. Auch würden die Kanarischen Inseln oder Spanien dann als Verursacher derjenigen CO_2-Emissionen gelten, die beim Rückflug deutscher Urlauber anfallen.

Wir wollten jedoch untersuchen, welche Luftverkehrsemissionen tatsächlich von dem Verkehrsverhalten deutscher Bürger verursacht werden; dazu reicht das Erfassungsprinzip der Energiebilanz nicht aus, denn in den obigen Beispielen würden nur der Hinflug in den Urlaub und die erste Etappe der USA-Reise der deutschen Bilanz zugeordnet. Leider gibt es die erforderliche Datengrundlage für die genaue Berechnung der gesamten Flugkilometer der Deutschen nicht. In grober Näherung können wir die Zahlen der Energiebilanz verdoppeln; dadurch zählen wir allerdings den Verbrauch durch Flüge ausländischer Passagiere von deutschen Flufhäfen aus mit und schätzen, daß die oben genannten deutschen Umsteiger im Ausland dies ausgleichen.

Durch den Übergang auf diese Erfassung nach dem Verursacherprinzip erhöhen sich sowohl die Absolutmengen an Energie und CO_2-Emissionen, die dem Luftverkehr der Deutschen zugerechnet werden müssen, als auch der prozentuale Anteil der Flugzeuge am Energieverbrauch und den Emissionen des deutschen Verkehrs insgesamt. Er beträgt 1987 bereits etwa 14 Prozent, für 1993 können etwas über 17 Prozent angegeben werden – weil eben der Energieverbrauch im Luftverkehr noch stärker wächst als in den anderen Verkehrssektoren.

Diese steigende Entwicklung widerspricht den Empfehlungen der Klimaschutzexperten für eine Abnahme der Emissionsmengen. Das Problem wird sich weiter verschärfen. Wir sind uns im klaren, daß unsere Abschätzungen erhebliche Unsicherheiten haben, sie dürften aber »richtiger« sein als die offizielle Statistik.

allein ausdrückt. Das Ausmaß dieser Belastung kann gegenwärtig zwar nicht sicher beurteilt werden, jedenfalls entstehen daraus zusätzliche Risiken, die auf alle Fälle weit über die wenigen heutigen CO_2-Prozente hinausgehen.

Stickoxide und Wasserdampf in Emissionshöhen ab dem Übergangsbereich von Troposphäre zu Tropopause und dann weiter in der Stratosphäre stellen sogar nach Ansicht einiger auf diese Fragen spezialisierter Atmosphärenchemiker die »eigentlichen« Klimarisiken des Luftverkehrs neben dem CO_2-Ausstoß dar. Das Wuppertal Institut hat anläßlich des Berliner Klimagipfels im April 1995 auch dazu eine modellhafte Abschätzung der Risiken entwickelt; die Vertreter der Luftfahrtwirtschaft haben sie sowohl hinsichtlich der unterstellten zukünftigen Wachstumsraten als auch

Luftfahrt stärker verantwortlich als offiziell angenommen?
Ein Trendbruch in der Entwicklung des Luftverkehrs ist bisher nicht erkennbar; vielmehr beobachten wir seit etwa 1983 eine Zunahme um jährlich 7 bis 8 Prozent. Diese Wachstumsrate sehen wir für die nächste Zeit anhalten; die offiziellen Pro-

117

gnosen gehen allerdings »nur« von etwa 5 Prozent pro Jahr aus. Für die Emissionen ist wichtig, daß sich in der Vergangenheit auch der Treibstoffverbrauch um 7 bis 8 Prozent jährlich erhöht hat, was auf die gestiegenen durchschnittlichen Reisedistanzen zurückzuführen ist. Dadurch wurde über einen längeren Zeitraum die Senkung des Kraftstoffverbrauches je Platzkilometer weitgehend kompensiert.

Wir erwarten für den deutschen Flugverkehr einschließlich der internationalen Strecken und der Umsteigebeziehungen bis 2005 eine Verbrauchserhöhung um 80 Prozent gegenüber 1993 und um rund 180 Prozent gegenüber 1987. Dies setzt eine deutliche Absenkung der gewohnten Zuwachsraten voraus.

Eine vorsichtige Abschätzung der Wirkungen der Höhenemissionen von Wasserdampf und Stickoxiden könnte zu einer etwa doppelt so starken Klimawirkung des Flugverkehrs führen, als sie sich allein aus den CO_2-Emissionen ergeben würde. Das Intergovernmental Panel on Climate Change (IPCC) stellt fest, daß allein die Stickoxidemissionen des Luftverkehrs den gleichen Treibhauseffekt beisteuern könnten wie dessen CO_2-Emissionen.

Unter dieser Voraussetzung und bei vereinfachter Berücksichtigung der Rückflüge können dem Luftverkehr bereits 1993 fast 30 Prozent der Klimawirkung des gesamten Verkehrs in den alten Bundesländern zugerechnet werden. Wegen der starken künftigen Zunahme des Luftverkehrs ist eine weitere deutliche Belastungserhöhung und auch eine weitere Anteilserhöhung zu erwarten.

der Berücksichtigung der Klimaauswirkungen der Höhenemissionen an Wasserdampf und Stickoxiden stark kritisiert. Durch die dargestellten Wirkungen der Höhenemissionen würde sich der Beitrag des Luftverkehrs zum Treibhauseffekt dramatisch erhöhen (siehe Kasten).

Eine kritischere Bewertung des Flugverkehrs ist überfällig; bisher wird dieser Verkehrssektor von nahezu allen politischen Parteien unterstützt. Als Beispiel sei die Steuerbefreiung für Lufttreibstoffe erwähnt – jeder Fahrgast eines kommunalen Busbetriebes muß mit seinem Fahrschein anteilige Mineralölsteuern berappen, nicht aber ein Fluggast. Diese Subvention auf Kosten der Steuerzahler und der Umwelt hat maßgeblich dazu beigetragen, daß die Flugtickets ständig billiger geworden sind und dadurch die Nachfrage angeheizt wurde.

Die Bundesumweltministerin hatte sich im Herbst 1994 für eine Besteuerung des Flugkraftstoffes und damit die Streichung der Steuersubvention ausgesprochen; diese Position wurde jedoch nur einen Tag bis zur öffentlichen Korrektur durch den Bundeskanzler aufrechterhalten.

Literatur

Apel, D. (1992): Verkehrskonzepte in europäischen Städten, Deutsches Institut für Urbanistik, Berlin

Brög, W. (1991): Verhalten beginnt im Kopf – Möglichkeiten und Grenzen von Marketing-Aktivitäten für den ÖPNV – Round Table 91, Paris

Der Rat der Sachverständigen für Umweltfragen (1994): Umweltgutachten 1994 – Für eine dauerhaft-umweltgerechte Entwicklung, Bonn

DIW (versch. Jg.): Verkehr in Zahlen. Der Bundesminister für Verkehr (Hrsg.), Bonn

Flade, A. (1992): Mobilitätsprobleme von Kindern und Jugendlichen. In: Report Psychologie, Heft Oktober 1992

Friedrichs, J. (1990): Aktionsräume von Stadtbewohnern verschiedener Lebensphasen. In: Bertels, L.; Herlyn, U.: Lebenslauf und Raumerfahrung, Opladen

Heinze, G.W. (1979): Verkehr schafft Verkehr. Ansätze zu einer Theorie des Verkehrswachstums als Selbstinduktion, in: Berichte zu Raumforschung und Raumplanung 23, Wien

Hillman, M.; Adams, J.; Whitelegg, J. (1990): One False Move. A Study on Childrens Independent Mobility, London

Holz-Rau, H.-C. (1990): Bestimmungsgrößen des Verkehrsverhaltens. Schriftenreihe des Instituts für Verkehrsplanung und Verkehrswegebau – Technische Universität Berlin, Band 22 (Dissertation), Berlin

Holzapfel, H.; Traube, K.; Ullrich, O. (1985): Autoverkehr 2000 – Wege zu einem ökologisch und sozial verträglichen Straßenverkehr, Karlsruhe

Höpfner, U.; Knörr, W.; Heiß, K.; Kopfmüller, J. (1992): Motorisierter Verkehr in Deutschland – Energieverbrauch und Luftschadstoffemissionen des motorisierten Verkehrs in der DDR, Berlin (Ost) und der Bundesrepublik Deutschland im Jahr 1988 und in Deutschland im Jahr 2005, Berlin

IEA/OECD (1993): Cars and Climate Change, Paris

Klamp, H. (1993): Über die Art Wege zu erforschen – oder Warum Frauenwege in der Verkehrsforschung unsichtbar sind. Hrsg. Universität Gesamthochschule Kassel, Fachbereich Stadtplanung, Landschaftsplanung; Berichte zur Verkehrsplanung, Ausgabe 3 – 8/93

Kutter, E. (1975): Mobilität als Determinante städtischer Lebensqualität. In: Beiträge zu »Verkehr in Ballungsräumen« (DVWG-Jahrestagung), Köln/Berlin 1974

Lichtenthäler, U.; Reutter, O. (1987): Die Seitenstreifen-Altlast: indirekte Flächeninanspruchnahme des Kraftfahrzeugverkehrs durch Schadstoffbelastungen der Böden entlang von Straßen, in: Flächenverbrauch und Verkehr, ILS Schriften 7, Dortmund

MacKenzie, J.J.; Walsh, M.J. (1990): Driving Forces: Motor Vehicle Trends and their Implications for Global Warming, Energy Strategies, and Transportation Planning, World Resources Institute, Washington

OECD (1986): Environmental Effects of Automotive Transport; The OECD COMPASS Project, Paris

Opaschowski, H. (1985): Freizeit und Umwelt. Der Konflikt zwischen Freizeitverhalten und Umweltbelastung. Ansätze für Veränderungen in der Zukunft, BAT-Schriftenreihe zur Freizeitforschung, Band 6, Hamburg

Petersen, R.; Schallaböck, K.O. (1992): Quantifizierung von Maßnahmen zur Umweltentlastung durch Verkehrsvermeidung, Verkehrsverlagerung und umweltschonende Verkehrsabwicklung, im Auftrag des Umweltbundesamtes, Wuppertal

Schallaböck, K.O. (1995): Luftverkehr und Klima – ein Problemfall, Wuppertal

Schivelbusch, W. (1989): Geschichte der Eisenbahnreise, Frankfurt

Schmidt, M.; Petersen, R.; Höpfner, U. (1994): Energieverbrauch und Schadstoffemissionen von Stadtverkehrsmitteln, in: Apel et al. (Hrsg.): Handbuch der kommunalen Verkehrsplanung, Bonn

Schmitz, S. (1990): Schadstoffemissionen des Straßenverkehrs in der Bundesrepublik Deutschland, Forschungen zur Raumentwicklung, Band 19, Bonn

Schühle, U. (1986): Verkehrsprognosen im prospektiven Test. Grundlagen und Ergebnisse einer Untersuchung der Genauigkeit von Langfristprognosen verkehrswirtschaftlicher Leitvariablen. Schriftenreihe des Instituts für Verkehrsplanung und Verkehrswegebau – Technische Universität Berlin, Band 18 (Dissertation), Berlin

SHELL (versch. Jahre): Deutsche Shell AG (Hrsg.): Prognosen / Szenarien zur Entwicklung des PKW-Bestands in Deutschland, Hamburg, zweijährig, zuletzt: »Frauen bestimmen die weitere Motorisierung« (1987), »Grenzen der Motorisierung in Sicht« (1989), »Aufbruch zu neuen Dimensionen« (1991) und »Mehr Senioren fahren länger Auto« (1993)

Kapitel III
Konjunktur der falschen Rezepte

1. Mit Technikalternativen aus der Krise?

*Die Tageszeitung »Die Welt« fragte 1949 ihre Leser, welche
Anforderungen sie an ein Kleinstauto stellen würden. (…) Es sollte
eine Spitze von 82 km/h fahren und 5,7 Liter Benzin auf 100 km
schlucken.*

Hanns Peter Rosellen, Deutsche Kleinwagen nach 1945 –
geliebt, gelobt und unvergessen

Energieeffizienz des Automobils – ein trauriges Kapitel

Würden Sie ein Produkt kaufen, von dem drei Viertel oder
sogar 95 Prozent unbenutzbar sind oder weggeworfen werden müßten?
Wohl kaum. Dies ist jedoch die Situation bei der Verwendung des Automobils im durchschnittlichen Stadtverkehr. In den Verbrennungsmotoren heutiger Kraftfahrzeuge, egal ob Benzin- oder Dieselmotor, werden nur etwa
25 Prozent der Kraftstoffenergie in Bewegungsenergie umgesetzt. Berücksichtigt man darüber hinaus noch das sogenannte »Nutzlastverhältnis«, also
den Umstand, daß – statistisch – eine Tonne Automasse zum Transport von
etwa eineinhalb Personen, also etwa 110 Kilogramm, beschleunigt und
wieder abgebremst werden, dann läßt sich ein Transportwirkungsgrad von
weniger als 5 Prozent ermitteln.

Es ist somit Bescheidenheit angesagt mit den Wirkungsgrad-
ziffern eines technischen Produktes, das mehr als 100 Jahre Entwick-
lungszeit hinter sich hat, auf dem unser Personentransport (glücklicherweise nur in den Industrieländern) zum überwiegenden Teil beruht und
das einen erklecklichen Teil der Wirtschaftstätigkeit und der Arbeitsplätze trägt.

Trotz der Verschwendung von rund 95 Prozent der im Erdöl chemisch gebundenen Energie ist diese Art Fortbewegung mit dieser Art Antriebsmotor in den Wohlstandsländern üblich geworden. Dies hat im wesentlichen die Ursache darin, daß der Kraftstoff billig ist. Den Rohstoff liefert die Erde, er ist das in Millionen von Jahren aus organischer Substanz, aus Bäumen und Farnen, unter dicken Felsschichten entstandene Erdöl. Auch dort, wo die Förderung heute schwierig und damit relativ teuer ist, zum Beispiel in der Nordsee oder in Alaska, liegt der Preis noch so niedrig, daß das Endprodukt Motorenkraftstoff konkurrenzlos billig angeboten werden kann.

Trotz Steuern in Höhe von – in der EU durchweg – zwei Dritteln des Abgabepreises ist die Nachfrage im Verkehr fortlaufend angestiegen – weil die Einmaligkeit dieser Ressource und die Unwiederbringlichkeit einer heilen Umwelt sich nicht angemessen im Preis ausdrücken. Diese Verschwendung gilt es zu stoppen; darüber hinaus sind es die im vorigen Kapitel beschriebenen vielfältigen negativen Folgen, die zum Handeln zwingen.

Wirkungsgrade von Verbrennungsmotoren

Der Energiegehalt des Kraftstoffes liegt in der Eigenschaft der Bestandteile Kohlenstoff und Wasserstoff, bei der Verbrennung (chemisch: der Oxidation) Wärme abzugeben. In Heizanlagen, zum Beispiel im häuslichen Keller, werden bei der Verbrennung von Heizöl (entspricht etwa dem Dieselkraftstoff) oder Erdgas Wirkungsgrade von 90 bis 95 Prozent erreicht.

Der hohe Wirkungsgrad von Heizungen ergibt sich, wenn der gewollte Nutzen (heißeres Wasser in den Heizungsrohren) zum chemischen Energieinhalt in Beziehung gesetzt wird; bei Motoren sind bis zum Erreichen des gewünschten Effektes (Drehung der Motorwelle) nach der Verbrennung des Kraftstoffes weitere Schritte notwendig: Der verlustreiche Weg der Umwandlung von Wärme in die Bewegung des Kolbens im Motor. Prinzipiell gilt: Je höher die Verbrennungstemperatur und der Druck im Brennraum sind, desto mehr mechanische Energie kann aus dem Kraftstoff gewonnen werden. Damit ist die Energieausnutzung dann besonders gut, wenn das Verdichtungsverhältnis des Motors hoch ist – ein Grund für den Dieselvorteil. Große Schiffsdieselmotoren können unter günstigen Betriebsbedingungen mehr als 40 Prozent der Kraftstoffenergie in Bewegung umsetzen – ein Spitzenwert im Bereich der Verbrennungsmotoren. (Kohlekraftwerke bleiben bei der Stromerzeugung zumeist unter 40 Prozent.)

Fahrzeugmotoren arbeiteten verschwenderischer. Ein Grund: höhere Drehzahlen, um pro Motorhubraum ein Vielfaches an Leistung gewinnen zu können. Wenn für

die Verbrennung nicht mehr wie bei den Großmotoren eine halbe Sekunde, sondern gerade eine hundertstel Sekunde zur Verfügung steht, wird im Motor eben »etwas geschlampert«, die Verbrennung weniger gründlich. Ein anderer Grund: Die Reibungsverluste nehmen mit der Drehzahl zu. Und schließlich muß man bei kleinen Motoren erheblich höhere Wärmeverluste vom Verbrennungsraum in das Kühlwasser in Kauf nehmen; kleine Körper kühlen bekanntlich eher aus als große.
Dies gilt grundsätzlich für Otto- und für Dieselmotoren. Der Verbrauchsvorteil des Dieselprinzips von etwa 15 Prozent liegt zum einen in dem höheren Verdichtungsverhältnis begründet. Weil beim Ottomotor der Kraftstoff bereits vor Eintritt der Verbrennungsluft in den Motorzylinder zugemischt worden ist, besteht schon während des Verdichtungstaktes die Gefahr einer zu frühen Entzündung, daher muß das Verdichtungsverhältnis so niedrig bleiben, daß Selbstentzündung (»Klopfen«) vermieden wird. Im Diesel dagegen wird nur Luft verdichtet, und der Kraftstoff wird dann eingespritzt, wenn er auch zünden soll. Man kann daher unbesorgt eine höhere Kompression zulassen. In dem Bemühen, bei hoher Verdichtung die Selbstentzündungsneigung des Benzins im Motor zu hemmen, griff man früher zu Bleizusätzen. Diese zerstören die Wirkung des Katalysators und werden daher in allen EU-Ländern aus dem Markt verschwinden. In Entwicklungsländern werden – ungeachtet der toxischen Wirkung besonders auch auf Kinder – hohe Bleizugaben verwendet und vergiften die Luft und die Nahrung.
Eine weitere technische Ursache des Diesel-Verbrauchsvorteiles liegt in dem Regelungsprinzip: Im Ottomotor sorgt die Drosselklappe für Strömungswiderstand und damit einen schlechteren Verbrauch. Der Nachteil der Benziner wird allerdings um so kleiner, je mehr man sich dem Vollastbetrieb nähert. Vollgasfahrten auf der Autobahn können den Dieselverbrauch sogar erheblich schlechter werden lassen. Im übrigen sind die günstigen Diesel-Verbrauchswerte in den Prospekten auch eine Folge der Konvention, daß der Kraftstoff in Litern verkauft wird und nicht in Kilogramm. Diesel ist rund zwölf Prozent schwerer, in Wirklichkeit verbraucht also ein Benziner mit 11,2 l/100 km genauso viel wie ein Diesel mit 10 l/100 km – schließlich werden die Importe in Tonnen bilanziert. Auch die CO_2-Emissionen sind in erster Linie von der verbrannten Masse abhängig und daher bei Diesel pro Liter höher.

Für die Lösung der ökologischen Probleme unseres Verkehrssystems gibt es nach unserer Einschätzung keine Patentrezepte. Weder mit einer Umstrukturierung der Städte und einer transportsparenderen Wirtschaftsorganisation allein noch durch den traditionell als Problemlöser angesehenen technischen Fortschritt wird es gelingen, die Belastungen in den Wohlstandsländern und die globale Umweltkrise zu meistern; wir brauchen beides.

Es ist offensichtlich, daß die Notwendigkeit zum Umsteuern noch nicht in demjenigen Umfang in der Politik und in der Wirtschaft gesehen wird, wie es zur Realisierung konkreter Schritte erforderlich wäre. Statt dessen setzt man vor allem auf den maßgeblichen politischen Ebenen, in der Bundesregierung und in der Europäischen Union auf Technikinnovationen, bemüht sich um effizientere Managementstrategien und hofft letztlich auf die Dynamik des freien Marktes. Die allgemeine Autoorientierung wird nicht in Frage gestellt; das Automobil soll vielmehr durch die Einführung neuer Antriebsaggregate und durch weiter verschärfte Vorschriften umweltverträglicher werden.

Wir wollen im folgenden aufzeigen, daß die immer wieder als »ökologisch« propagierten »alternativen« Antriebe nicht geeignet sind, die aufgezeigte Verschwendung von Ressourcen zu reduzieren und den Umweltproblemen wirksam zu begegnen; dies schließt nicht aus, daß einzelne Konzepte durchaus gewisse Verbesserungen bringen können. Dabei handelt es sich jedoch um relativ kleine Sektoren, um sauberere Bus- und LKW-Antriebe beispielsweise. Die meisten der – teilweise mit erheblichen öffentlichen Finanzhilfen – in die Öffentlichkeit gebrachten Konzepte haben gravierende ökologische und ökonomische Nachteile; ihre Hauptfunktion scheint uns in der Unterhaltung der Öffentlichkeit und der Ablenkung von der Erkenntnis zu liegen, daß ökologisch verträglicherer Verkehr ohne tiefgreifende Systemveränderungen nicht realisierbar ist.

Kraftstoffalternativen: Teufel oder Beelzebub?

Eine der meistgestellten Fragen von Autokäufern gilt der – zugegebenermaßen immer relativen – ökologischen Verträglichkeit der Antriebsalternativen Benzin- und Dieselmotor. Dazu ist jedoch eine eindeutige und unumstrittene Entscheidung nicht möglich. Zu sehr wird die Gegenüberstellung der jeweiligen Schadfaktoren von nicht objektivierbaren Gewichtungen geprägt. Wird der höhere Stickoxidausstoß (Waldsterben, Ozon) von Dieselmotoren von seinen niedrigeren CO-Emissionen (Herz-, Kreislaufrisiken) aufgewogen? Gleicht sein aufgrund des günstigeren Kraftstoffverbrauches niedrigeres Schädigungspotential für das Klima nach Meinung der betroffenen Nachbarn die höheren Lärmwerte aus?

Wiegt das Lungenkrebsrisiko durch Dieselpartikel ärger als das Blutkrebsrisiko durch Benzol? Partikel gegen Verbrauch, Lärm gegen Umwelt. Wir wollen dennoch eine Bewertung geben: Im Stadtverkehr sollten Dieselmotoren wegen des Krebsrisikos durch Rauchpartikel nicht eingesetzt werden. Vor allem Stadtbusse sollten von Diesel auf Erdgas (mit Kat) umgestellt werden; PKW mit Dreiwegekatalysator würden wir den Diesel-PKW vorziehen.

Die neueste Entwicklungsrichtung im Bau von Dieselmotoren für PKW ist der Direkteinspritzer. Dies ist das Arbeitsverfahren, welches bereits seit mehreren Jahrzehnten im Nutzfahrzeugbereich wegen seiner gegenüber dem sogenannten »Kammer-Dieselmotor« noch weiter verbesserten Energieausnutzung dominiert; bei LKW und Bussen wurde schon immer sehr auf den Kraftstoffverbrauch geschaut. Allerdings galt der Direkteinspritzer hinsichtlich seiner Laufruhe, seiner Schadstoffemissionen und des Betriebslärms als für Personenwagen nicht kultiviert genug. In Deutschland haben vor allem Audi und VW die Entwicklung vorangetrieben und gute Fortschritte erzielt; die sehr guten Verbrauchswerte von Mittelklasselimousinen von um 5 Liter je 100 Kilometer bei auch nach heutigen Maßstäben hohen Beschleunigungswerten sind tatsächlich enorm, vergleicht man sie mit marktüblichen Modellen. Die Nachteile im Emissionsverhalten sollten jedoch die Lobeshymnen etwas dämpfen; immerhin: Der Ausstoß an klimabeeinflussendem Kohlendioxid ist aufgrund des niedrigen Verbrauches relativ gering. Dies sollte jedoch nicht dazu verführen, eine allgemeine Lösung in einer Vervielfachung des Dieselanteiles zu sehen. Zum einen würde das Krebsrisiko aufgrund der Rußpartikelemissionen ansteigen, zum anderen würde bei extremer Steigerung der Nachfrage nach Dieselkraftstoff der Energieverbrauch in den Raffinerien zunehmen, was den CO_2-Vorteil beseitigen würde.

Überblick: Alternative Antriebsoptionen

Während der Dieselkraftstoff zumindest in Europa zu den konventionellen Energieträgern für Automobile gezählt wird – in den USA sieht es zumindest für den PKW-Bereich anders aus, dort ist der Diesel-PKW ein Exot –, wäre das Autofahren mit Erdgas, Alkoholen, Pflanzenölen, Wasserstoff oder Elektroantrieb tatsächlich »alternativ«. Die verwirrende Vielzahl von Optionen läßt sich gliedern in

- Gaskraftstoffe aus fossilen Energievorräten, in Frage kommt zunächst die Nutzung von Erdgas, das in Drucktanks hochverdichtet mitgeführt werden müßte (als CNG = Compressed Natural Gas), in den achtziger Jahren vorgestellt wurde auch eine Flüssigspeicherung bei extrem tiefen Temperaturen (als LNG = Liquified Natural Gas); verbreiteter in einigen Ländern ist die Flüssiggas (englisch LPG = Liquified Patrol Gas) genannte Mischung aus Propan und Butan;

- Alkohol-Kraftstoffe, hergestellt entweder auf der Basis fossiler Energieträger, also aus Erdöl oder Erdgas, oder aber aus nachwachsenden Rohstoffen wie zum Beispiel Getreide, Holz, Zuckerrohr;

- Pflanzenöle, in klimatisch gemäßigten Zonen denkt man vor allem an Rapsöl, das in rohem Zustand zwar bei der Verbrennung in Dieselmotoren erhebliche Probleme macht, aber nach einem chemischen Umwandlungsschritt, der »Veresterung« (bei der im übrigen Glycerin anfällt) gut verwendet werden kann;

- Elektroantrieb mit Energiespeicherung in Batterien oder Bereitstellung des Antriebsstromes durch Brennstoffzellen, die mit Wasserstoff oder mit Methan gespeist würden;

- Verwendung von Wasserstoff als Energieträger, der entweder in konventionellen (wenngleich konstruktiv veränderten) Ottomotoren eingesetzt werden könnte, oder aber in Brennstoffzellen.

Die genannten Kraftstoffe lassen sich entweder heute bereits problemlos in herkömmlichen Otto- oder Dieselfahrzeugen einsetzen, oder es ließe sich innerhalb weniger Jahre ein serienfähiger Entwicklungsstand erreichen. Dies gilt auch für Batterieautos. Die rein technische Sicht und die Tatsache, daß etwas funktioniert – worauf in vielen Veröffentlichungen der Fahrzeughersteller durchaus werbend hingewiesen wird –, ist aber natürlich nicht ausreichend Grund dafür, so etwas auch tatsächlich in großem Stile zu tun.

Auch alternative Energieträger haben erhebliche Nachteile

Die ökologischen sowie die betriebswirtschaftlichen und volkswirtschaftlichen Aspekte sind bei den Alternativen nämlich nicht so positiv, daß auf ihnen eine zukünftig ökologischere Verkehrsentwicklung aufgebaut werden könnte.

Einige Probleme liegen bereits auf der Hand; so sind die Energie- und die Umweltbilanz bei der Herstellung von Alkoholkraftstoffen aus nachwachsenden Rohstoffen so ungünstig, daß trotz immenser Forschungssummen, die bis vor etwa zehn Jahren vor allem in Methanol investiert worden sind, in Deutschland heute niemand mehr davon spricht. In den USA gilt Methanol – allerdings hergestellt aus Erdgas – dagegen als »Clean Fuel« und wird gefördert. Die – auch nicht unumstrittene – positive Einschätzung wird jedoch von Kennern der politischen Szene auch auf den Umstand zurückgeführt, daß die Erdgaslobby sehr einflußreich ist, sowie auf das strategische Argument einer größeren Unabhängigkeit von Erdölimporten (die USA führen etwa die Hälfte ihres Erdölbedarfes ein).

Vor Entscheidungen über die Einführung eines alternativen Energieträgers sind zweckmäßigerweise umfassende Ökobilanzen »von der Wiege bis zur Bahre« vorzunehmen, um systematisch die Vor- und Nachteile zu erfassen. Einer Herstellung von Methanol aus Erdgas beispielsweise wäre nach unserer Einschätzung die direkte Verwendung des Erdgases als Kraftstoff vorzuziehen. Dies gilt wegen des relativ hohen Gewichtes der Speicher vor allem für Nutzfahrzeuge – die Stadtbusse wurden bereits genannt. Mit einem geregelten Dreiwegekatalysator erreichen die Fahrzeuge beispielsweise eine um 80 bis 90 Prozent niedrigere Stickoxidemission als mit Dieselkraftstoff; der Ausstoß an Rußpartikeln liegt praktisch bei Null.

Die Verwendung von Rapsöl dagegen, das von einigen sogar als »Bio-Diesel« bezeichnet wird, erbringt keine überzeugenden Emissionsverbesserungen. Dessen Einsatz wird mit dem Argument begründet, daß die Gewinnung aus Pflanzen, bei deren Wachstum ja die gleiche Menge an Kohlendioxid aus der Luft aufgenommen wird, die später bei der Verbrennung freigesetzt wird, eine insgesamt klimaneutrale Bilanz erbringt. Dies ist grundsätzlich zwar richtig, bei der Bewirtschaftung des Bodens, der Ernte und der Verarbeitung müssen jedoch auch erhebliche Energiemengen aufgewendet werden; Berechnungen haben ergeben, daß etwa 80 Prozent des Energiegehaltes einer Rapsernte in diesen Kreislauf gesteckt werden müßten und somit nur ein Fünftel für den Ersatz von Dieselkraftstoff in Fahrzeugen zur Verfügung stünde. Selbst nach sehr optimistischen Schätzungen könnte man mit Rapsdiesel überdies maximal zehn Prozent des gegenwärtigen Verbrauches an Dieselkraftstoff aus deutscher Rapsproduktion decken.

Ökonomische Aspekte auch ökologisch relevant

An dem Beispiel des Rapsöles läßt sich exemplarisch ablesen, mit welchen irreführenden Argumenten und problematischen Motiven alternative Kraftstoffe »gepusht« werden. Zunächst wird der Eindruck erweckt, daß die Umweltbilanz unumstritten positiv sei. Das Umweltbundesamt kommt dagegen zu einer eher negativen Gesamtbewertung.

Dies wurde zum einen ökologisch begründet. Dabei spielte unter anderem die Frage einer Bedrohung biologischer Vielfalt durch riesige Monokulturen eine Rolle, durch die – in der Massenproduktion wirtschaftlich notwendige – Gabe hoher Mengen an Düngemitteln und an Pestiziden; schließlich gab es die Erkenntnis, daß auch durch die Produktion dieses Kraftstoffes Klimarisiken drohen: Aus Nitratdünger bildet sich im Boden vermehrt Di-Stickstoffoxid (N_2O), das sogenannte Lachgas, das dann in die Atmosphäre übergeht. Diese Verbindung verstärkt den Treibhauseffekt mehr als zweihundertmal so stark wie Kohlendioxid.

Zum anderen hat das Umweltbundesamt auch argumentiert, daß die theoretisch durchaus erzielbare Reduktion an Kohlendioxid durch eine Rapsölstrategie volkswirtschaftlich erheblich teurer sei, als wenn man beispielsweise motor- und fahrzeugtechnische Verbesserungen zur Verbrauchssenkung vornehmen würde; die ökonomische Ineffizienz ist noch viel höher, vergleicht man sie beispielsweise mit dem Einsparpotential, das man mit dem gleichen Geld durch eine bessere Wärmedämmung von Gebäuden erschließen könnte.

Diese ökonomische Begründung hat nicht nur die traditionelle Schlachtlinie zwischen Umweltschützern und der Industrie plötzlich verwirrt; sie macht auch auf die Tatsache aufmerksam, daß ökologisch sinnvolles und ökonomisch vorteilhaftes Handeln Hand in Hand gehen können. In Deutschland ist es leider unüblich, unterschiedliche politische Handlungskonzepte einer systematischen Wirtschaftlichkeitsanalyse zu unterziehen; man nehme einmal die Abgasuntersuchung für Fahrzeuge als Beispiel, wo vor der Einführung weder der Aufwand noch der ökologische Ertrag untersucht wurden, oder auch die Frage eines Tempolimits.

Die Befürworter einer landwirtschaftlichen Rapsölproduktion in industriellem Maßstab möchten staatliche Subventionen, was ja gerade in der Landwirtschaft nicht überraschend ist. Die Milliardenaufwendungen im Rahmen der europäischen Agrarpolitik haben nicht nur nicht verhindert, sondern sogar noch dazu beigetragen, daß dieser Bereich einer der größten Ökosünder geworden ist. Ohne Befreiung von der Mineralölsteuer, also einer Staatshilfe in Höhe von etwa 60 Pfennig je Liter, ist Rapsölkraftstoff nicht wettbewerbsfähig und dürfte kaum freiwillig getankt werden. Mit der Steuer werden unter anderem Straßen finanziert – die benötigt ein Auto unabhängig vom Antrieb. Die Unterschiede in den Umweltbelastungen sind gegenüber Dieselkraftstoff auch nicht so groß, daß man Steuerbefreiungen dieser Art rechtfertigen könnte. Warum also eine Subvention, die sich für einen durchschnittlichen PKW auf tausend Mark pro Jahr oder mehr belaufen kann?

Aber: Warum kein elektrisch betriebenes Auto?

Um Subventionen zur Einführung eines »alternativen« Antriebes geht es auch in dem Fall »Elektroauto«, je nach Standort auch abfällig »Batterieauto« oder euphorisch »Solarauto« genannt. Weil sie keine Abgase produzieren – jedenfalls dort nicht, wo sie fahren – gelten Elektroautos als »umweltfreundlich«, und kaum eine Kommune kann der Versuchung widerstehen, sich durch den Kauf eines zum »City-Stromer« konvertierten VW Golf oder eines Lieferwagens für das Grünflächenamt als umweltbewußt zu profilieren. Private Kunden werden zumeist von dem Kaufpreis abgeschreckt, und von den horrenden Kosten für einen neuen Batteriesatz, der nach zwei bis drei Jahren fällig ist. Die ökologische Verträglichkeit ist sehr fraglich; die Bezeichnung »Solarauto« ist reine Augenwischerei.

Grundsätzlich gilt: Elektroautos speichern die Energie zum Fahren in einer – ziemlich schweren – Batterie und laden diese aus dem Netz nach. Ob nun in der Nachbarschaft eine sogenannte »Solartankstelle« steht, das heißt eine Anlage zur Umwandlung von Sonneneinstrahlung in Strom, und diesen Strom dann tagsüber in das Netz einspeist, ist für die Beurteilung des Energieverbrauches und der Emissionen des Elektroautobetriebes unerheblich; eine Bewertung dieser Faktoren muß auf der Basis der durchschnittlichen deutschen Stromerzeugung zum Zeitpunkt des Ladevorganges erfolgen.

Strom wird in Deutschland überwiegend aus Kohle und zu etwa 37 Prozent aus Kernenergie erzeugt. Wird nachts geladen, dürfte in der sogenannten »Grundlast« der aktuelle Anteil von Kernenergie und Braunkohle etwas höher sein als im Durchschnitt; wird tagsüber geladen, muß man mehr Steinkohleemissionen berücksichtigen. Mit Photozellen gewonnener Strom verschwindet in der Bilanz, und es ist absolut nicht nachvollziehbar, wenn die Befürworter annehmen, daß ein Elektroauto deswegen umweltfreundlicher fährt, weil parallel zur Anschaffung des Autos einige Solarkollektoren an das Netz angeschlossen wurden. Ein Auto nur mit auf dem Dach montierten Zellen zu betreiben, würde einen extremen Leichtbau voraussetzen und gleichmäßig gutes Wetter – typisches Fahrradwetter eben. Das Mobil müßte auch mehr ein Fahrrad als ein Auto sein, wegen der geringen gewinnbaren Leistung. Dies soll allerdings nicht gegen die mögliche Nützlichkeit einer solchen Fahrzeugkategorie sprechen, es wäre nur eben kein Substitut für ein Auto und könnte aus Sicherheitsgründen auch nur im Niedrig-Geschwindigkeitsbereich eingesetzt werden.

Gegen Stromerzeugung aus Sonne ist selbstverständlich nichts einzuwenden; wenngleich sie unter Kosten-Nutzen-Aspekten – zumindest bei derartigen kommunalen Kleinaktivitäten – fragwürdig ist. Demonstrative Aktionen für den Umweltschutz haben oft auch dann ihre Berechtigung, wenn unter wirtschaftlichen Erwägungen abzuraten wäre. Bei Elektroautos wecken solche demonstrativen Aktionen aber falsche Erwartungen im Publikum. Die Energiebilanz ist extrem ungünstig, weil eine schwere Batterie zu schleppen ist und der Strom in Kraftwerken von durchschnittlich 40 Prozent Wirkungsgrad gewonnen wird. Zusammengenommen unterbietet der Gesamtwirkungsgrad eines solchen Fahrzeuges wahrscheinlich noch den eines mit Verbrennungsmotor.

Aus ökologischer Sicht vorteilhaft ist allerdings, daß ein solches Fahrzeug nach etwa 150 Kilometer Fahrstrecke für den Rest des Tages stillgelegt ist, weil es wieder aufgeladen werden muß. Als allgemeiner Ersatz für ein herkömmliches Automobil ist es also nicht geeignet; konsequenterweise bemüht sich die Industrie um den Markt für Stadtautos, mit anderen Worten: für das Zweit- oder gar Drittauto der Familie.

Stadtauto – wozu und gegen wen?

Seit die Autos in den Ballungsgebieten immer regelmäßiger im Stau stehen und nach dem Eintreffen am Ziel keinen Parkplatz mehr finden, wird zur Lösung der Platzprobleme das »Stadtauto« proklamiert. Bereits in den sechziger Jahren geisterten Vorschläge für derartige Miniautos durch die Automagazine und populärwissenschaftlichen Blätter. In diesen Veröffentlichungen wurde der aufkommenden Besorgnis um die Luftverschmutzung in den Städten schon auch dadurch Rechnung getragen, daß von den entwerfenden Redakteuren oder Lesern der vermeintlich veraltete Verbrennungsmotor durch Elektroantrieb abgelöst wurde.

Damals waren die Automobilfirmen sehr distanziert gegenüber dem elektrisch betriebenen Auto, heute scheint der Sektor eine ökonomische Bedeutung zu bekommen. Die heutigen Designstudien ähneln im übrigen auffallend den Leserzeichnungen von vor Jahrzehnten – gibt es personelle Kontinuitäten? Elektroantrieb, Hybridkonzept, Unterflurmotor – alles schon vor dreißig Jahren vorgeschlagen und verworfen.

Damals wollte das Publikum jedoch ein vollwertiges Auto, Goggomobil und Isetta waren gerade zugunsten des »erwachseneren« Käfers mit 1,2 Liter Hubraum und 30 PS aufgegeben worden. Stadtautos mit 2,50 oder 3 Meter Länge aber konnte und kann man für längere Fahrten kaum nutzen. Die Gründe für die automobile Miniaturisierung, ob Hanomag oder BMW Dixi von 1930 oder Maico von 1954, lagen in dem Bestreben, auch weniger wohlhabende Käuferschichten zu erreichen; mit dem Wohlstand stiegen die Ansprüche, und die Winzlinge verschwanden vom Markt. Die Platz- und Stauprobleme beim Fahren löst ein kleineres Auto übrigens nicht; bei 40 Quadratmeter Bedarf an Straßenfläche bei Stadttempo haben zwei Quadratmeter weniger Autofläche kaum Bedeutung.

An den Schwächen des Elektroautos hat sich in den vergangenen Jahrzehnten wenig geändert. Die neuen Energiespeichertypen, ob Nickel-Cadmium oder Natrium-Hochtemperatur, haben entweder ihre Praxis- und Serientauglichkeit noch nicht bewiesen oder sind als Fehlversuche aufgegeben worden. Stand ist immer noch der – wenngleich verbesserte – schwere und nach wenigen Jahren erneuerungsbedürftige Bleiakku. Dies macht die Fahrzeuge trotz niedriger Stromkosten auch heute noch wirtschaftlich uninteressant.

Es ist zwar nicht ausgeschlossen, daß die Forschung für das in Kalifornien nach 1998 zunehmend gesetzlich verlangte »Fahrzeug mit Nullemissionen« (Zero Emission Vehicle, ZEV) zu Durchbrüchen in anderen Batterietechnologien führen wird, wahrscheinlich ist dies nicht. Mit den dort projektierten Absatzzahlen dürfte es im übrigen auf absehbare Zeit keine Reduzierung der Luftverschmutzung geben. Wenn die Zulassungszahlen, wie vorgesehen, binnen zehn Jahren von zwei auf zehn Prozent steigen, kommt nur ein Elektroauto-Bestand von wenigen Prozent vom gesamten Autobestand zusammen. Bei jährlichen Wachstumsraten der (konventionellen) Kraftfahrzeug-Fahrleistung von etwa fünf Prozent schrumpft der Effekt der Elektroautos auf einen eher symbolischen Kern. In einem aktuellen Forschungsbericht aus den USA wurde übrigens unter Verwendung typischer Daten von Batterieherstellern einmal ausgerechnet, zu welchen Auswirkungen eine Massenproduktion von Batterieautos führen würde: Die Bleibelastung der Bevölkerung wäre vielfach höher als heute, die positiven Effekte der Einführung des bleifreien Benzins wären dahin.

Bei uns sind Vorschriften wie in Kalifornien nicht geplant, wohl aber spricht man von einer »aus Umweltgründen« erforderlichen Förderung. Weit aktiver als die deutschen Autohersteller und die Stromerzeuger sind die Lobbyisten der französischen Industrie, was nicht verwundert, wenn man die mit Steuermitteln errichteten Überkapazitäten der auf Atomenergie eingeschworenen Electricité de France (EDF) kennt. Über die EU könnten ihre Bemühungen auch die deutsche Politik beeinflussen.

Ohne Subventionen wird es nur wenige Kunden geben; Gründe für eine Befreiung von der Kraftfahrzeugsteuer oder eine neu einzuführende Antriebsenergiesteuer (statt Mineralölsteuer) gibt es nicht. Die Argumente gegen eine finanzielle Förderung laufen ähnlich wie oben beim Rapsöl. Verkehrspolitisch fatal ist der Trend zum Elektro-Zweit- und Drittauto überdies noch dadurch, daß ihr Einsatzfeld genau der Bereich ist, wo die öffentlichen Verkehrsmittel gute Angebote haben.

Die kalifornische Beispielrechnung zeigt: Die Verbesserung der Luftqualität in den Städten wäre nur dann ein Argument, wenn man unsere betroffenen Mitbürger erst nach dem Jahr 2010 oder 2015 gesunden lassen wollte; so lange würde es Modellrechnungen zufolge dauern, bis E-Autos in so großem Umfang die traditionellen Fahrzeuge ablösen könnten, daß dies einen merklichen Einfluß auf die Emissionsmengen hätte.

Dann doch lieber ein Tempolimit oder eine autofreie Straße.

Ökologisch sinnvolle Technikentwicklung

Die Darstellung einer aus unserer Sicht sinnvollen Technikentwicklung würde die Schwerpunkte dieses Buches erheblich verschieben; an dieser Stelle kann nur eine grobe Orientierung erfolgen. In späteren Kapiteln entwickeln wir Vorstellungen über einen von der Dominanz des Automobils befreiten Stadtverkehr und für ein neues, auf die Fläche ausgerichtetes Bahnkonzept. Auch das Auto wird selbstverständlich eine gewisse Bedeutung für die ökologische Mobilitätskonzeption haben, es wird allerdings ein »anderes« Auto sein müssen.

Anknüpfend an die Verschwendung heutiger Fahrmaschinen und die oben zitierten Vorschläge für vom Fahrrad abgeleiteten Leichtbau, als Einstimmung einige Zahlen: Ein solches Mobil könnte Solarzellen für eine Leistung von vielleicht 50, 100 oder 200 Watt tragen; die Leistungsaufnahme der elektrischen Hilfen in einem Mittelklasseauto kann man heute bereits auf bis zu vier Kilowatt beziffern, in den USA sind es heute bereits doppelt so viel. Dort werden zum Beispiel 80 Prozent der Autos mit einer Klimaanlage verkauft. Auch in unseren Breiten verbreitet sich dieser Trend, nicht zuletzt, weil sich der Innenraum aufgrund der für hohe Geschwindigkeiten aerodynamisch optimierten Form (stark geneigte Windschutzscheibe) stärker aufheizt. Ein Liter Benzinverbrauch mehr pro 100 Kilometer fallen dann schon mal an.

Wir stellen dagegen: In zwei bis drei Jahrzehnten sollte das Auto mit ein bis zwei Liter Kraftstoff pro 100 Kilometer fahren können. Auf dem Weg dorthin müßte folgendes verändert werden:

Die Fahrzeugmasse. Das Totgewicht von mehr als 200 kg pro angebotenem Sitzplatz, von mehr als 600 kg pro (statistisch) genutztem Platz muß wesentlich reduziert werden. Ist ein fünfsitziges Auto mit heutigem Innenraum mit, sagen wir, halb so viel Masse, mit einem Leergewicht von 500 kg realisierbar? Welche Werkstoffe braucht man dazu? Wann sind sie einsatzreif? Müssen die Autos doch kleiner werden? Welche Sicherheitsanforderungen können eingehalten werden – schließlich läßt sich nicht leugnen, daß die Überlebenschancen bei einem Unfall in einem größeren und schwereren Auto besser sind als in einem Kleinwagen, vergleichbares Know-how der Konstrukteure vorausgesetzt. Und die Überschlagsgefahr bei Unfällen ist bei Fahrzeugen mit geringerem Radstand nun einmal größer.

Wie sind eventuelle Sicherheitsverluste durch verkehrsorganisatorische Regelungen wie Tempolimits aufzufangen?

Auf kurze Sicht, also in den nächsten fünf bis zehn Jahren, wird es ohne eine Reduzierung der Fahrzeugabmessungen keine signifikante Gewichtsverringerung bei Großserienfahrzeugen geben. In glasfaserverstärkten Karosserien eher als in Aluminium sieht der US-Forscher Amory Lovins vom Rocky Mountains Institute in Colorado die Chance, das Fahrzeuggewicht zu halbieren; er hat diese Vision seit Jahren vorgezeichnet und die mit Leichtbau verbundenen Synergieeffekte der – nach wie vor zögernden – Autoindustrie vorgerechnet. Dennoch: Eine Verringerung auf die Hälfte oder ein Viertel der heutigen Stahlmassen wird sich erst nach einer längeren Übergangszeit ökonomisch überzeugend darstellen lassen. Denn: Innovationen kommen nur in dem Ausmaß in die Produktion, wie sie sich rechnen.

Die Motorleistung. Die Orientierung auf hohe Geschwindigkeiten und hohe Beschleunigungswerte führt zur Übermotorisierung. Statt 30 kW (40 PS), die für einen Golf ausreichend wären, werden mehr als doppelt so viel installiert. Die Maximalleistung aber wird im Alltagsbetrieb (glücklicherweise) selten ausgenutzt, die Optimierung darauf führt zu nichtoptimalem Betrieb in den unteren Betriebspunkten. Als Beispiel: Die Ventilzeiten eines Motors können nur auf niedrige oder auf hohe Drehzahlen hin optimiert werden, eine Hochleistungsauslegung ist im Stadtverkehr immer verbrauchsungünstiger. Gleiches kann man feststellen für die Ansaug- und Abgaskrümmer, die Zündung, für die Getriebeabstufung, selbst für die Reifen. In der offiziellen Verbrauchsliste des Verbandes der deutschen Automobilindustrie (VDA) ist es nachzulesen: Die jeweils leistungs- und hubraumstärkeren Typen einer Modellreihe haben den schlechteren Kraftstoffverbrauch.

Darauf, daß eine höhere Motorleistung auch zu ihrer häufigeren Nutzung verführt und damit verbrauchserhöhend wirkt, wurde bereits hingewiesen. Übrigens: Auch die Unfallhäufigkeit nimmt mit der Motorleistung zu – dies sollte denen zu denken geben, die von »aktiver Sicherheit« reden und die Vorstellung verbreiten, man könne einer Unfallgefahr »davonbeschleunigen«. In den meisten kritischen Fällen ist Bremsen die richtige Entscheidung, und nach den Unfallstatistiken bringt hohe Motorleistung mehr Menschen in problematische Situationen, als sie solche vermeiden hilft.

Die in ein Fahrzeug zu installierende Motorleistung wird von zwei (durchaus vernünftigen) Fahranforderungen bestimmt: Es sollen Steigungen überwunden werden können, und es sollen bestimmte Beschleunigungswerte erreicht werden, um in einen Verkehrsstrom ohne dessen Störung hineingelangen zu können. Der dazu erforderliche Wert hängt natürlich von spezifischen Situationen ab; bei einem niedrigeren Temponiveau und kooperativem Fahrerverhalten wie zum Beispiel auf US-Highways genügen vielleicht 15 Sekunden für Null auf 80 km/h, auf deutschen Autobahnen kommt man möglicherweise nicht aus der Rampe heraus, wenn es nicht 15 Sekunden von Null auf 120 km/h sind.

Diese Unterschiede beeinflussen die Motorauslegung und den Kraftstoffverbrauch entscheidend. Im ersten Fall würde für ein 1000-Kilogramm-Fahrzeug ein Motor mit 1000 Kubikzentimer Hubraum ausreichen, das im Drittelmix nur 6 Liter Benzin verbraucht, im zweiten Fall müssen es 1,8 Liter Hubraum sein, um die Anforderungen zu erfüllen. Großer Hubraum bedeutet einen hohen Verbrauch. Nach Modellrechnungen im Auftrag des niederländischen Umweltministeriums könnte der Benzinverbrauch um ein Drittel niedriger sein, wenn man mit etwas niedrigerer Höchstgeschwindigkeit und mäßigeren Beschleunigungseigenschaften zufrieden wäre.

Verkehrsberuhigung. Das Tempo- und Beschleunigungsrennen muß beendet werden. Nur wenige werden die vernünftigen, sparsamen und langsameren Autos der Zukunft kaufen, wenn mit den heutigen PKW weiter gerast werden darf. Eine ernsthafte Krise der Autoindustrie würde heraufziehen, wenn die neuen Autos nicht mindestens die Attraktivität der heutigen aufweisen. Wenn die neuen vernünftigerweise langsamer sind, müssen die alten langsamer werden. Was Not tut, ist eine allgemeine Tempobremse. Den gesetzlichen Rahmen sollten Begrenzungen von 100 km/h auf Autobahnen bilden, 80 km/h auf nicht autobahnmäßig ausgebauten Außerortsstraßen, Tempo 30 auf allen innerörtlichen Straßen, die keine überörtliche Funktion haben, für diese dann 50 km/h.

Allerdings: Wer hält diese Tempobegrenzungen ein, selbst wenn sie politisch als sinnvoll akzeptiert würden?

Nötig ist eine umfassende Verkehrsberuhigung. Dies kann nicht durch auf der Straße drapierte Blumenkübel und mit Höckern erreicht werden, so notwendig sie als Einstieg auch sein mögen. Erforderlich zur »Zähmung« des Autos ist eine technische Verkehrsberuhigung, eine Tempobremse im Fahrzeug. Sie soll zuverlässig verhindern, daß die zulässigen Geschwindigkeiten innerorts überschritten werden; sie kann durch Steuersignale von Kommunikationsbaken an der Straße am Eingang zur Ortschaft aktiviert werden. Im Unterschied zum Arbeitsschutz gilt ja im Verkehr immer noch die Todesstrafe für Unaufmerksamkeit. Während in den Fabriken in den vergangenen Jahrzehnten durch Schutzgitter, Sicherheitsknöpfe, Lichtsschranken etc. das Risiko minimiert wurde, versehentlich verstümmelt zu werden oder Kollegen zu verstümmeln, ist die Systemsicherheit im Betrieb »Straßenverkehr« schwach ausgeprägt. In welchem Lebensbereich sonst wird eine momentane – menschliche – Konzentrationsschwäche so grausam geahndet? Der Straßenverkehr ist eine permanente Überforderung der Fahrzeugführer und der – in der Terminologie der Sicherheitsexperten – »weichen« Verkehrsteilnehmer.

Unser Ziel ist nicht die Automatisierung des Auto-Verkehrs; dies wäre trotz aller Fortschritte in der Elektronik aufgrund der Bilderkennungs- und Rechnerkapazitäten nicht in den nächsten Jahren zu verwirklichen. Vielmehr sollten die dringendsten Probleme gelöst werden, die Überschreitung von situationsangepaßten Geschwindigkeiten, die übermäßigen Beschleunigungen. Durch Geschwindigkeits- und Drehzahlregler könnte die Überschreitung von Tempobegrenzungen vermieden werden, ohne daß durch eine übermäßige Kontrolldichte der Eindruck eines Polizeistaates entstünde. EU-einheitlich sollte außerdem die technisch mögliche Höchstgeschwindigkeit auf 100 km/h begrenzt werden.

In einer Übergangsphase könnte durch einen im Fahrzeug angebrachten Schalter die Begrenzungseinrichtung vom Fahrer selbst aktiviert werden, um einer versehentlichen Überschreitung vorbeugen. Neben hoher Fahrgeschwindigkeit sollte man hohe Motordrehzahlen innerorts unmöglich machen, da sie besonders lärmintensiv sind. Temporegler sind – nach langen EU-internen Abstimmungen – seit Anfang 1994 für schwere LKW vorgeschrieben, sie begrenzen die Fahrgeschwindigkeit auf maximal 85 km/h. Diese Technik sollte auch für PKW verbindlich werden und kann mit wenig Aufwand nachgerüstet werden; der Münchner Verkehrsforscher Henning von Winning und der Aachener Ingenieur Heinrich Steven haben jeweils solche Konzepte zur Anwendungsreife entwickelt und in der Praxis mit überzeugenden Ergebnissen erprobt.

Das vernünftige Automobil – drei mögliche Varianten

Kurzfristszenario I »Verbrauchsoptimierter Kompakt-PKW«
Dieses Fahrzeug hat etwa 3,70 Meter Außenlänge und ein Leergewicht von 600 kg, es ist damit ein Viertel leichter als ein vergleichbar großer VW Polo oder Opel Corsa. Dies ist die untere Raumgrenze für ein familientaugliches Kompaktauto, mit dem auch Reisen von einigen Stunden Dauer möglich sind. Als Antriebsmotor dient ein Benzinmotor mit gegenüber heutigem Standard halbiertem Hubraum und geregeltem Katalysator, also ein Zweizylinder mit 400 bis 500 Kubikzentimeter. Für gleichmäßige Fahrt reichen die damit erzielten 17 kW völlig aus, für Beschleunigungsvorgänge und am Berg wird ein Aufladeaggregat zugeschaltet, das die Leistung – zeitlich begrenzt – um die Hälfte erhöht. Ein Normverbrauch von unter drei Liter auf 100 Kilometer sollte erzielbar sein – also etwa 50 Prozent weniger als heute. Das Gewicht wird vor allem durch den Ersatz von nichttragenden Stahl-Karosserieteilen durch Aluminium und/oder glasfaserverstärkte Kunststoffe reduziert, durch den kleineren Motor, schmalere Reifen und anderes. Ein kritischer Punkt bei allen Klein- und Leichtfahrzeugen ist die Insassensicherheit bei Unfällen; mit Rückhaltesystemen (Airbag, spezielle Gurte, Seitenairbag) müßte der heutige Sicherheitsstand zu halten sein.

Das verkehrspolitische Umfeld wäre charakterisiert durch ein Tempolimit auf Autobahnen von 100 km/h, Tempo 80 auf Landstraßen, 30 als Regelgeschwindigkeit innerorts. Durch relative steuerliche Bevorzugung werden die Produktionsmehrkosten für die Kunden akzeptabel – Autos mit höherem Normverbrauch werden je ein Liter Mehrverbrauch je 100 Kilometer um beispielsweise 500 DM jährliche Kraftfahrzeugsteuer teurer. Rahmenbedingung ist – wie bei den folgenden Überlegungen – eine langfristig festgelegte Erhöhung der Kraftstoffpreise um real 5 Prozent jährlich durch entsprechende Erhöhung der Mineralölsteuer.

Mittelfristszenario 2 »Neue Klasse Leichtfahrzeug«

Bis zu vier Personen sitzen in einem wettergeschützten Leichtfahrzeug mit etwa drei Metern Außenlänge und etwa 300 Kilogramm Leergewicht (einschließlich angenommenen 60 Kilogramm für die Antriebseinheit, diese wäre wiederum ein kleiner Verbrennungsmotor oder ein Elektroaggregat). Es besteht vollständig aus glas- oder kohlefaserverstärkten Materialien und ist auf eine Höchstgeschwindigkeit von 50 bis 60 km/h ausgelegt. Ein Praxisverbrauch von ein bis zwei Litern auf 100 Kilometer sollte bereits mit heutiger Technik erzielbar sein.

Das Fahrzeug ist für kurze bis mittlere Strecken gedacht und sollte aus Sicherheitsgründen nur bei weniger als 50 km/h zusammen mit größeren Fahrzeugen, vor allem LKW und Bussen, verkehren. Diese müssen hinsichtlich ihres Crashverhaltens und anderer Sicherheitsparameter (beispielsweise Rundumsicht, Bremsverzögerung) auf die schwächeren Partner abgestimmt sein – entsprechende Verbesserungen sind ohnehin überfällig. Mit der genannten Höchstgeschwindigkeit dürfte ein Kleinfahrzeug in ÖPNV-schwachen ländlichen Räumen, aber auch am Ballungsrand eine wichtige Verkehrsfunktion haben.

Die (Fahrzeug-)Physik läßt sich allerdings nicht überlisten: Kleine Fahrzeuge werden – bei vergleichbarem konstruktiven Standard – für die Insassen in jedem Fall unsicherer sein als größere Karossen. Aus diesem Grund muß zu der Einführung derartiger Autos stets ein umfassendes Verkehrskonzept gehören, das auf die Eigenschaften der Verkehrsmittel abgestimmt ist. Eine Gesamtbilanz kann dann nur unter Würdigung des Gesamtpaketes gezogen werden.

Langfristszenario 3 »leichter und sparsamer Mittelklasse-PKW«

In der Vorstellung steht ein geräumiges Reisefahrzeug mit etwa 4,50 Metern Außenlänge, also etwa zwischen Golf und Passat. Es wiegt aufgrund drastischer Gewichtsreduktion nicht mehr als 300 bis 400 Kilogramm. Der amerikanische Forscher Amory Lovins hat die Möglichkeiten ausgelotet: Mit optimiertem Rollwiderstand, einem bei gleichmäßiger Drehzahl betriebenem Verbrennungsmotor, der kleine Elektromotoren in den Radnaben treibt, mit Bremsenergierückgewinnung und mit halbiertem Luftwiderstand sieht Lovins ohne Abstriche am Nutzungskomfort Verbrauchswerte von ein bis zwei Liter als möglich an.

Die Crashfestigkeit dieser Fahrzeuge soll besser werden als bei heutigen Stahlkarosserien, was aufgrund der extremen Materialeigenschaften und der Freiheiten bei der Gestaltung nicht unwahrscheinlich klingt. Der Realisierungshorizont dieses Szenarios dürfte über 2010 hinausgehen, vor allem wegen der notwendigen Strukturveränderungen bei den Automobilproduzenten.

2. Mit Verkehrsmanagement in die Sackgasse

*Je weniger Menschen über das Auto verfügen, desto gesicherter
sein Gebrauchswert; je mehr Menschen autofahren, desto mehr
erodiert die Gebrauchswerteigenschaft des Autos, obgleich die technische Ausstattung des Autos immer sophistifizierter werden mag.
(…) Die Versuche der Automobilindustrie, diese Grenzen zu überwinden, indem die Nutzung des einzelnen Automobils … in den Sy-
stemzusammenhang eines integrierten Verkehrskonzepts gestellt
wird, tragen der Tatsache Rechnung, daß ökologische Grenzen zu
sozialen Grenzen werden, wenn das Auto nicht mehr nach individueller Neigung oder nur noch sozial begrenzt genutzt werden kann;
ein für die Lebensweise zentraler Gebrauchswert verliert seine Gebrauchswerteigenschaft.*

Elmar Altvater, Die Zukunft des Marktes

Politiker vor der Verkehrslawine: ratlos?

Aus der vorangegangenen Problemanalyse und Ursachendis-
kussion ergibt sich als Hauptproblem das Verkehrswachstum, genauer: die
fortlaufende Zunahme der Nachfrage im motorisierten Verkehr. Seit etwa
zehn Jahren hat sich auch im Bundesverkehrsministerium, in den Wirt-
schaftsverbänden und im Grundsatz auch in der Automobilindustrie die
Einsicht durchgesetzt, daß der Verkehrsraum nicht mehr in nennenswertem
Umfang vermehrt werden kann.

Um sich dennoch angesichts der aus vielerlei Gründen unbe-
friedigenden Situation – Stichworte Stauungen, Umweltkrisen – nicht den
Vorwurf der Untätigkeit zuzuziehen und um Handlungskompetenz zu beweisen, neigen manche Politiker dazu, nach den erstbesten Strohhalmen zu

greifen, die ihnen hingehalten werden. Dabei wird nicht immer den ökologischen Aspekten der Stellenwert gegeben, der ihnen zukommen sollte. Einige Beispiele: Aus der Sicht der Industrie dominiert die Befürchtung, daß das Straßenverkehrssystem zunehmend in funktionale Störungen geraten würde; sie fordert daher Maßnahmen zur Reduzierung der Stauungen. Die Autohersteller fürchten, daß das Kraftfahrzeug bei den Kunden an Anziehungskraft einbüßen würde, wenn der Verkehr nicht besser fließt; sie wenden sich radikal gegen die zunehmend in Kommunen verordneten Restriktionen für das Auto und fordern staatliche Investitionen in mehr Straßen und vor allem in elektronische Verkehrsleit- und Managementsysteme. Andererseits geben auch Automobilmanager hinter vorgehaltener Hand zu, daß die positiven Wirkungen derartiger Systeme weit überschätzt werden und man sich damit allenfalls einige Jahre Atempause vor einer dann doch unweigerlich kommenden Funktionskrise des Straßenverkehrs wird kaufen können.

Die verbreitete Ratlosigkeit über die Zukunft des Verkehrs führt dazu, daß Patentrezepte Konjunktur haben. Wir setzen uns im folgenden mit einigen dieser gängigen Vorschläge auseinander, weil sie den Blick für die wirklich notwendigen Systemerneuerungen trüben und im übrigen die knappen öffentlichen Finanzmittel binden. Auch die Lösungen, die vordergründig für die Umwelt nicht nachteilig sind, schaden langfristig, weil sie einfach zu teuer sind und dazu beitragen, die Trendwende in der Verkehrspolitik weiter hinauszuschieben.

Einige dieser Konzepte haben bereits nach wenigen Jahren an Überzeugungskraft eingebüßt; zu offensichtlich erwiesen sie sich nach den ersten Umsetzungsversuchen als untauglich. Wenn einmal eine bürokratische Planungsmaschinerie angelaufen ist, sind Korrekturen wiederum nur nach Jahren erreichbar – die nachfolgenden Anmerkungen sollen dazu beitragen, diese Zeit zu verkürzen und Investitionen in wenig hilfreiche Konzepte zu vermeiden.

P+R und GVZ – kurzlebige Patentrezepte

Welcher Fachpolitiker – außer einigen Nachzüglern – spricht sich heute noch derartig emphatisch für riesige Park-and-Ride-Anlagen mit Tausenden von Plätzen aus wie noch vor fünf bis zehn Jahren? Zu offensichtlich sind die Realisierungsprobleme. In den Ballungsräumen ist dafür einfach der Platz nicht verfügbar, die Kommunen weigern sich mit Recht, hochwertige, an den S-Bahn-Stationen liegende Flächen herzugeben und dann noch den Anwohnern massierte Verkehrsströme zuzumuten. Und den ÖPNV-Planern war schon immer klar gewesen, daß die relativ wenigen P+R-Kunden (auch die weitestreichenden Denkmodelle gingen von höchstens zehn Prozent der Fahrgäste aus) die teuersten sind; bei Gestehungskosten von 20000 bis 30000 DM je Stellplatz und angesichts des Umstandes, daß nach einer Erhebung der Studiengesellschaft Nahverkehr zum Teil nur jeder dritte Platz von einem ÖV-Neukunden belegt wird, bedeutet dies monatliche Subventionen von mehreren hundert Mark für jeden zusätzlichen Fahrgast.

P+R-Systeme entziehen dem ÖPNV in den Wohngebieten die Nachfrage. Sitzen die Kunden erst einmal im Auto, sind sie für den öffentlichen Verkehr meistens bereits verloren. Das Umsteigen wird nur dann noch in Erwägung gezogen, wenn starke Restriktionen im Zielgebiet auftreten, etwa bei den Innenstadt-Parkplätzen. Gerade unter den Berufspendlern ist jedoch der Anteil derjenigen hoch, die über Betriebsparkplätze verfügen; somit sind sie dem verkehrslenkenden Zugriff weitgehend entzogen. Im übrigen ist die Anfahrt zum P+R-Platz mit Kaltstart und Warmlaufphase typischerweise besonders emissionsreich. Das einzige überzeugende Argument für P+R könnte man sarkastischerweise darin erblicken, daß das dort abgestellte Auto während des Tages nicht genutzt werden kann.

Auch die Begeisterung für das vermeintliche Patentrezept »Güterverkehrszentrum« (GVZ) war sehr schnell abgekühlt, als es an die Suche nach Standorten ging; auch hier erweist es sich zumindest in Ballungsräumen als so gut wie unmöglich, die von Logistikplanern geforderte Mindestfläche für ein GVZ von 100 Hektar zur Verfügung zu stellen. Die Vorstellungen wurden dann schnell bescheidener, aber auch 30 oder 50 Hektar wollen erst einmal gefunden und die Akzeptanz der Anwohner für täglich Hunderte von LKW will erreicht sein. Das mit vielen Vorschußlorbeeren gestartete – bisher einzige – GVZ in Bremen hat nicht die Erwartungen erfüllt, daß durch Bündelung der Güterströme in steigendem Umfang Fernverkehr auf die Schiene verlagert werden würde. Heute ist man wesentlich zurückhaltender geworden. Allenfalls kleinen, dezentralen Anlagen werden noch Chancen eingeräumt, und von einer Erhöhung der Schienenanteile mit dem Instrument GVZ wagt angesichts des dramatischen Verfalls der Frachtraten infolge der EG-Liberalisierung kaum jemand zu sprechen. Dies gilt zumindest für die heutige Situation auf den Verkehrsmärkten.

Kooperation der Verkehrssysteme – was heißt das?

Die Beispiele aus der jüngsten Vergangenheit ließen sich vermehren. Uns interessiert an dieser Stelle, ob sich auch in den noch aktuellen Politiktrends – kooperatives Verkehrsmanagement, Verkehrsinformatik, Road Pricing und Straßenprivatisierung – eine baldige Ernüchterung absehen läßt. Sind die damit verbundenen Hoffnungen realistisch, oder handelt es sich wieder einmal um kurzlebige Politikmoden?

Die obigen Schlagworte fehlen in kaum einer verkehrspolitischen Rede. »Integriertes« oder auch »kooperatives« Verkehrsmanagement (so der damalige Bundesverkehrsminister Krause im Januar 1993) zielt auf eine Verknüpfung der Verkehrssysteme. »Dabei sollen die jeweiligen arteigenen Vorteile im Hinblick auf Umweltschutz, Verkehrssicherheit, Energieeinsparung und verstärkten Einsatz moderner Technik voll zur Geltung kommen können.« Die Firma Siemens, deren Produktions- und Forschungsprogramme nahezu alle Bereiche der Kommunikation und elektronischen Steuerung abdecken, um die es hier geht, nennt eine andere Reihenfolge der Werte: »Es geht darum, die einzelnen Verkehrsträger in ein integriertes Verkehrskonzept einzubinden, um ihren Einsatz wirtschaftlich und ökologisch zu optimieren.«

Würde man die Definition von Minister a.D. Krause wörtlich nehmen, so hätte das Auto im Stadtverkehr nicht viel zu bestellen, denn die drei erstgenannten Zielvorstellungen sind zumindest durch dessen Nutzung im heutigen Umfang nicht zu verwirklichen. Auch im Güterfernverkehr beispielsweise sind Schiene und Binnenschiffahrt umweltverträglicher, sicherer und günstiger im Energieverbrauch. Siemens allerdings sieht die Rolle des Kraftfahrzeugverkehrs eher aus der traditionellen Perspektive: »So wird deutlich, daß eine Substitution des Automobils kurzfristig nicht realisierbar wäre und mittel- und langfristig ein angestrebter Ausbau anderer Verkehrsträger bestenfalls den steigenden Bedarf an Transportleistung für Menschen und Güter auffangen könnte.« Des weiteren wird gemahnt, daß »die mit dem Verkehr verbundenen Probleme nicht durch generelles Abschaffen oder durch kontraproduktive Restriktionen bewältigt werden können«.

Ein »Abschaffen« hat noch niemand ernsthaft gefordert, wohl aber eine Stärkung der Chancen für die verträglicheren Verkehrsarten. In den Kommunen erlebt man die Probleme hautnah mit, daher sind dort restriktive Maßnahmen gegenüber dem Kraftfahrzeug am weitesten gediehen. Schließt man Restriktionen wie Verteuerung und Verknappung von Parkraum oder autofreie und -reduzierte Zonen aus, dann stellt sich die Frage, was denn mit dem angestrebten Verkehrsmanagement real bewirkt werden soll. Die heutigen Probleme sind nun einmal dadurch entstanden, daß aus der Sicht ihrer jeweiligen Nutzer der Privat-PKW, der LKW und das Flugzeug die schnellste, bequemste und (betriebs-)wirtschaftlich attraktivste Lösung darstellen. Ohne Änderung der Rahmenbedingungen für deren Nutzung wird sich daran auch nichts ändern. Diese Rahmenbedingungen werden sich gegenüber den bisher präferierten Verkehrsmitteln restriktiv auswirken müssen, gleich ob es sich um ökonomische, ordnungsrechtliche oder stadtplanerische Instrumente handelt. »Wasch« mir den Pelz, aber »mach mich nicht naß!« möchte man ob dieser Sachlage als Motto derjenigen vermuten, die sich der Schlagworte »integrativ«, »kooperativ« und »Verkehrssystemmanagement« bedienen.

Oder hängt man der Vorstellung an, die Alternativen zu den umweltbelastenden Verkehrsmitteln so ausbauen zu können, daß die Nutzer bereitwillig umsteigen, ohne sich durch Restriktionen gedrängt zu fühlen? Nun, der Bundesverkehrswegeplan sieht bis zum Jahre 2010 die Summe von 493 Milliarden DM allein aus dem Bundeshaushalt vor, wobei die Straße – aufgrund nachträglicher Korrekturen der Bundestagsmehrheit – die Schiene trotz der vorher verkündeten anderen Priorität wie stets überwiegt.

Richten wir einmal einige Blicke auf zwei Bereiche, die in der Diskussion am meisten genannt werden, wenn es um ökologische Belastungen, aber auch um funktionelle Störungen im Verkehrssystem geht: den Personenverkehr in Ballungsräumen und den Güterfernverkehr.

Lösung durch bessere Information und Integration?

Luftverschmutzung, Lärmbelastungen, Stauungen, Verkehrsunfälle – die Nutzung des Autos stößt an Grenzen, weitere Verkehrszunahmen sind kaum noch möglich und auch nicht tolerabel. Welche Möglichkeiten gibt es nun, durch Verkehrsmanagement Probleme zu lösen?

Grundsätzlich gibt es folgende Alternativen:

- den Autoverkehr so zu organisieren und zu leiten, daß die Umwelt- und die Verkehrsbelastungen reduziert werden,

- die Autofahrer zum Umsteigen auf andere Verkehrsmittel zu veranlassen,

- oder die mit dem Personenverkehr angestrebten Zwecke – zum Beispiel arbeiten, einkaufen – ohne physischen Transport zu erledigen.

Die Verkehrsleittechnik soll die beiden erstgenannten Funktionen erfüllen. Unter dem Stichwort »Intelligente Straße« wurden in den EG-Forschungsprogrammen PROMETHEUS und DRIVE derartige Konzepte entwickelt. Wenn von Sensoren auf der Straße ein hohes Fahrzeugaufkommen festgestellt wird, schaltet man beispielsweise Schilder mit Tempolimits, um den Verkehrsfluß zu vergleichmäßigen und dadurch die Staugefahr zu reduzieren. Damit können mehr Fahrzeuge über eine Strecke geführt werden als bei hohen Fahrgeschwindigkeiten, denn die Leistungsfähigkeit nimmt aufgrund der mit steigendem Fahrtempo notwendigen höheren Sicherheitsabstände ab; besonders schädlich für den Verkehrsfluß ist eine Mischung von schnellen und langsamen Fahrzeugen.

Nimmt das Fahrzeugaufkommen weiter zu, sollen nach diesen Vorstellungen Umleitungsempfehlungen gegeben werden. Dies kann entweder durch Wechselverkehrszeichen vor Kreuzungen und Abfahrten geschehen oder durch drahtlose Kommunikation über Empfänger im Fahrzeug. Dieses Vorgehen birgt einige Nachteile. Zum einen setzt es voraus, daß andere freie Strecken vorhanden sind – in Ballungsräumen zu Verkehrsspitzenzeiten nicht selbstverständlich. Da man besonders im Berufsverkehr von ortskundigen Fahrern ausgehen kann, die bereits die für sie günstigen Routen kennen, ist der Kreis der folgsamen Adressaten der Empfehlungen sehr eingeschränkt. Wenn ein Fahrer einige Male Empfehlungen gefolgt ist und sich auf der Umleitungsstrecke dann doch ein Stau bildet, bleibt er lieber bei seiner individuellen Entscheidung.

Telekommunikation sollen den Autofahrern Informationen über Streckenzustand und Verkehrslage so rechtzeitig und aktuell vermittelt werden, daß sie ihre Fahrtrouten optimieren und bei größeren Stauungen auf andere Verkehrsmittel ausweichen können.

Das Projekt LISB (Leit- und Informationssystem Berlin) wurde ab 1988 in Berlin erprobt. Die Fahrtwünsche der beteiligten Autofahrer werden an einen Rechner übermittelt, der unter Berücksichtigung der aktuellen Verkehrslage Routenhinweise gibt. Die Kommunikation zwischen Straße und Fahrzeug geschieht über Sender und Empfänger, die seitlich der Straße angebracht sind, zum Beispiel an Ampelmasten. Die Leitrechner erhalten die Fahrzeitinformationen von den Kraftfahrzeugen und werten damit stets aktuelle Informationen aus. »Rund 18.000 Leitbaken im Bundesgebiet würden genügen, um den Individualverkehr flächendeckend und situationsabhängig zu steuern.« (Siemens) Gemeint ist allerdings ausschließlich der motorisierte Individualverkehr.

STORM (Stuttgart Transport Operation by Regional Management) führt die auf die Stadt zufahrenden Autos über die zeitlich günstigsten Strecken und meldet Stauungen sowie Überlastungen der Innenstadt, wenn beispielsweise keine Parkplätze mehr als verfügbar gemeldet sind. Den Autofahrern werden Hinweise auf Haltestellen der öffentlichen Verkehrsmittel gegeben mit Angabe der Abfahrtszeit und der Fahrtdauer; an P+R-Plätzen kann dann das Auto stehengelassen und die Fahrt mit S-Bahn oder Straßenbahn fortgesetzt werden.

Errichtung und Betrieb der Leit- und Informationssysteme sollen entweder aus den öffentlichen Haushalten finanziert werden (wie heute die Parkleitsysteme); die Autofahrer müßten sich die fahrzeugseitigen Geräte etwa zum Preis eines guten Autoradios kaufen. Oder, nach anderen Plänen, könnten die Autofahrer für die Informationen entweder Gebühren entrichten, oder der Betrieb wird über Werbung finanziert (etwa von den jeweils nahegelegenen Tankstellen, Restaurants oder Geschäften).

»Verschmutzen bis zum Grenzwert« ist kein Umweltschutz

Aus ökologischer Sicht ist es äußerst fraglich, ob durch Umleitungsfahrten eine Reduzierung der Luftverschmutzung erzielt werden kann. In der Regel sind die Strecken länger, was zu Mehremissionen führt; diese verteilen sich dann zwar über eine größere Fläche, und man vermeidet dadurch möglicherweise örtliche Überschreitungen, im Ergebnis erfährt die Region aber insgesamt eine Verschlechterung. Die an skeptische Umweltexperten gerichteten Versicherungen, mit den Leitsystemen könnten nicht nur Umleitungshinweise bei drohenden Stauungen, sondern auch bei drohenden Überschreitungen von Immissionsgrenzwerten gegeben werden, verkennt die Grundsätze des Umweltschutzes, da es nicht darum gehen kann, Grenzwerte für die Verschmutzung bis zur Schädlichkeitsschwelle auszuschöpfen; dies gilt gleichermaßen für (bisher) weniger belastete Gebiete wie auch für eine zeitliche Entzerrung, bei der das Straßennetz zu nachfrageschwächeren Zeiten abends besser genutzt werden soll. Derartige Vorstellungen mögen bei einer eingeengten ökonomischen Analyse vorteilhaft erscheinen, sie verkennen jedoch die Notwendigkeiten von und die Bedürfnisse nach wirklich reiner Luft, nach Ruhe und nach Befreiung von den allfälligen Unfallrisiken. Diese Ansätze nehmen somit weitere ökologische Verschlechterungen in Kauf, um den Autoverkehr noch mehr steigern zu können.

ÖPNV als Notnagel für Nachfragespitzen im Autoverkehr?

Die Einbeziehung des öffentlichen Verkehrs in die Leit- und Informationssysteme wird von vielen Promotoren dieser Entwicklung gerne als Beleg dafür angeführt, daß es sich doch nicht um ein ausschließlich autoorientiertes Instrument handele; vielmehr werde ja ausdrücklich auf Bahnen und Busse hingewiesen, und es werde ein Umsteigen an den P+R-Plätzen empfohlen. Dies verkennt jedoch ebenfalls gründlich die Problemlagen und führt die Zielsetzung, nach der die jeweiligen Verkehrsarten entsprechend ihren artspezifischen Vorteilen eingesetzt werden sollte, ad absurdum:

Zu den Systemeigenschaften des öffentlichen Verkehrs gehört die geplante Bereitstellung einer bestimmten Beförderungskapazität. Zur Bequemlichkeit der Nutzer und zur Sicherstellung des Linienwechsels ist heute ein vertaktetes Angebot die Regel, beispielsweise Abfahrten im 10- oder 20-Minuten-Intervall. Damit ist der ÖV prädestiniert, eine möglichst gleichmäßig über den Tag verteilte Verkehrsnachfrage zu befriedigen.

Ein öffentliches Verkehrssystem ist aufgrund der Bereitstellungskosten von Fahrzeugen und Fahrern zur Deckung von sehr ungleichmäßigem Bedarf ungeeignet, es wird damit unwirtschaftlich. Die mangelnde Kostendeckung im ÖV resultiert doch gerade daraus, daß die Kurse auch in den nachfrageschwächeren Zeiten angeboten werden müssen. Ein Verkehrsleitsystem, das den öffentlichen Verkehrsmitteln die Rolle eines

»Überlaufes« für den Autoverkehr zuweist, verfehlt seine Systemeigenschaften. Hier wird offensichtlich seitens der Straßenverkehrslobby mit gespaltener Zunge argumentiert: Einerseits werden die Subventionen für den ÖV kritisiert, andererseits soll er dann einspringen, wenn's im Straßenraum nicht mehr läuft, was die Strukturprobleme noch verstärkt.

Würde man die Forderung nach der Verwendung der Verkehrsträger entsprechend ihren jeweiligen Systemvorteilen ernst nehmen, so müßte der öffentliche Verkehr die Funktion einer flächen- und zeitdeckenden Grundversorgung übernehmen, und die zusätzlichen Wege außerhalb der Räume und Zeiten guter Bedienung sollten mit Individual-PKW, mit Taxen oder mit Rufbussen zurückgelegt werden. Verkehrsleitsysteme für eine solche Aufgabenteilung müßten nicht vom Auto her konzipiert werden, wie das heute nahezu ausschließlich geschieht, sondern bei den Haushalten ansetzen. Das Auto hat seinen Platz im Verkehrssystem an den Angebotsrändern, nicht in den verkehrsintensiven Räumen.

Ist der Stau das Problem – oder der Verkehr selbst?

Nun wird häufig argumentiert, daß durch Stauungen immense Mengen an Schadstoffemissionen in die Luft geblasen, ferner Kraftstoff verschwendet werde und volkswirtschaftliche Verluste durch die Wartezeiten entstünden. Jährlich 202 Milliarden DM sollen die Zeitverluste im Stau nach Berechnungen des Autoherstellers BMW betragen, wobei unter anderem 54 Milliarden im Berufsverkehr, 42 Milliarden bei Dienstreisen, 38 Milliarden für private Fahrten, 33 Milliarden im Lieferverkehr und – im Verhältnis dazu relativ wenig – 9 Milliarden DM im Güterverkehr in Ansatz gebracht wurden. Dazu rechnet BMW einen Kraftstoffmehrverbrauch im Werte von 17 Milliarden DM aus.

Damit wird der Eindruck erweckt, Investitionen zur Staubeseitigung – wenn dies denn überhaupt möglich wäre – brächten volkswirtschaftliche Wohlfahrtsgewinne mit sich. Erinnern wir uns an den Anfang des Kapitels II: Dort hatten wir festgestellt, daß in der Geschichte die Zeit, die Menschen für ihre Wege aufwenden, praktisch gleich geblieben ist. Mehr Straßen und weniger Staus würden also nach dieser Regel nicht zu kürzeren Verkehrszeiten führen – jedenfalls nicht im langfristigen Durchschnitt, und darauf kommt es ökologisch und verkehrsplanerisch an –, sondern dazu, daß beispielsweise die Distanzen zwischen Wohnen und

Arbeiten noch größer sein könnten oder die Fahrstrecken für die Freizeitausflüge noch länger. Bleibt die Frage, welcher volkswirtschaftliche Ertrag damit verbunden sein sollte?

Der Freizeitverkehr weist die stärksten Wachstumsraten auf; auf Urlaub und Freizeit entfallen mehr als 50 Prozent aller Autokilometer. Hätten wir mehr Wohlstand, wenn dabei wegen höherer Durchschnittsgeschwindigkeiten doppelt so weit entfernte Ziele aufgesucht werden könnten? Und wo ist die Bezugsbasis der »Zeitverluste«? Wie hoch könnten die nach BMW berechneten Zeiteinsparungen sein, wenn wir alle mit Hubschraubern fliegen würden oder jede Kleinstadt einen Flughafen hätte?

Ebenfalls ist der Eindruck falsch, daß Stauungen die entscheidenden Ursachen der Luftverschmutzung seien. Die Emissionsmengen durch den fließenden Verkehr sind es, besonders die Stickoxide, sowie der Energieverbrauch im Gesamtsystem. Der Verband der Automobilindustrie (VDA) behauptet, daß zwei Drittel der durch den technischen Fortschritt erreichten Kraftstoffverbrauchsreduzierung im Stau wieder verlorengehe und begründet die Forderung nach mehr Straßen sogar klimapolitisch, ohne daß jedoch die Berechnungen der im Stau aufgewandten Kraftstoffmengen nachvollziehbar wären. Aus unserer Sicht ist die Argumentation zweifach falsch: Zunächst einmal hat der Durchschnittsverbrauch nur auf dem Papier stark abgenommen, im offiziellen Prüfzyklus nämlich. Dieser jedoch ist nicht für die Praxis aussagekräftig, weil das wirkliche Fahrverhalten weder ohne Kaltstart auskommt noch bei 120 km/h aufhört; beides wird nicht geprüft. Das Fahrerverhalten mit den heute sehr viel stärkeren und schwereren Autos ist eben anders als vor 25 Jahren, als der Europafahrzyklus eingeführt wurde; dies ist der wahre Grund dafür, daß sich die theoretisch günstiger gewordenen Verbrauchswerte kaum in der Praxis wieder finden lassen. Der Einfluß der Stauungen auf den bundesweiten Kraftstoffverbrauch dürfte demgegenüber vernachlässigbar klein sein.

Offensichtlich haben Stauungen auch eine nachfragedämpfende Funktion. »Der Stau ist das einzige Kommunikationsmittel, welches uns zur Verfügung steht!« sagte der für die Verkehrslenkung zuständige Beamte der Stadt Zürich auf einer Fachveranstaltung 1993 in München. Er meinte: Ohne daß den Fahrern auf diese Weise deutlich wird, daß der Autonutzung objektive Grenzen gesetzt sind, verzichten sie nicht auf das weitere Fahren und steigen nicht um.

Modisch und vage: Das kooperative Verkehrsmanagement

Einigkeit scheint unter den Promotoren dieses Konzeptes darüber zu bestehen, daß es wünschenswert ist, nicht nur sektoral zu planen, zum Beispiel den Straßenbau, sondern vielmehr die verschiedenen Verkehrsträger gemeinsam zu betrachten und zu entwickeln. In der Theorie würde man den Verkehrsbedarf zwischen verschiedenen Regionen und Wirtschaftssektoren analysieren und für die Deckung dieses Bedarfes diejenigen Verkehrsträger vorsehen, die am geeignetsten sind.

Das allerdings wäre Dirigismus – also staatliche Bevormundung. Stattdessen wird die »freie Wahl der Verkehrsmittel« als unabdingbar dargestellt. Dies bezieht sich nicht nur darauf, daß niemand mit Gewalt oder Verordnungen gezwungen werden darf, bestimmte Verkehrsmittel nicht oder andere ausschließlich zu benutzen, vielmehr wird damit die Forderung verbunden, keinen der Verkehrsträger durch Planungs- oder Investitionsprioritäten zu bevorzugen oder zu benachteiligen.

Hinter dem Begriff des kooperativen Verkehrsmanagements verbirgt sich die Forderung, alle Verkehrsträger zu entwickeln, die Transportgeschwindigkeiten zu erhöhen, die Kapazitäten auszubauen und darüber hinaus besonderes Augenmerk auf die Vereinfachung des Überganges von der Straße auf die Schiene und auf Binnenschiffe zu legen. Die Verknüpfung von Hochgeschwindigkeitszügen mit Flugplätzen wird darunter ebenfalls verstanden, ferner die Anlage von Park-and-Ride-Plätzen. Den Benutzern der Verkehrsmittel sollen mehr Wahlmöglichkeiten als bisher geboten werden. Für die Umwelt, so wird unterstellt, hat dies deswegen Vorteile, weil bei verbesserten Übergängen der Schritt zur Benutzung der jeweils ökologisch vorteilhafteren Alternative leichter fällt.

Dies ist allerdings eine unbewiesene Annahme. Wenn der Straßengüterverkehr nach wie vor schnell und preisgünstig eine Ladung transportieren kann, wird die verbesserte Leistungsfähigkeit der Bahn nicht unbedingt auch in Anspruch genommen. Mit dem Ausbau paralleler Verkehrsträger haben die Versender allerdings die Möglichkeit, die Frachtraten zu drücken, indem sie die Konkurrenten gegeneinander ausspielen. Mit dem Ausbau des Elbe-Seiten-Kanals, so wird beispielsweise berichtet, konnten die Stahlwerke in Salzgitter gegenüber der Bundesbahn gestärkt verhandeln und die Frachtraten drücken. Im Endergebnis hatte der Staat viel Geld in einen Kanal investiert und damit dazu beigetragen, daß der Ertrag der ebenfalls staatseigenen Bahn geschmälert wurde.

Ein paralleler Ausbau einerseits der Straßenkapazität, etwa die Erweiterung von Autobahnen in Ballungsgebieten von vier auf sechs Fahrspuren, und die Verbesserung des Schienennah- und -regionalverkehrs, beispielsweise durch Einrichtung des S-Bahntaktes, hat ökologisch ausschließlich negative Effekte. Es mag in sozialer Hinsicht positiv sein, wenn autofreie Haushalte dadurch mehr Mobilitätschancen erhalten oder wenn die Arbeitswege der – meist männlichen – Erwerbstätigen mit der S-Bahn erfolgen und damit der Einkauf von den Versorgenden mit dem Auto durchgeführt werden kann; einen ökologischen Fortschritt stellt dies sicherlich nicht dar.

Güterverkehr umweltverträglicher durch Kooperation?

Die Verknüpfung verschiedener Verkehrsmittel, beispielsweise im Güterverkehr zu Transportketten LKW–Schiene–LKW, ist nun wirklich nicht neu. Wenn es sich für die auftraggebende Wirtschaft oder für die Spediteure lohnt, wird die Bahn in der Transportkette zwischengeschaltet, ob durch Umladen der Stückgüter, durch Umschlag von Containern oder Transport der Auflieger im »Kombinierten Ladungsverkehr« (KLV), der ja aus dem Bundeshaushalt sowohl direkt (durch Zuschüsse) als auch indirekt subventioniert wird (durch Steuervorteile für die im Vor- und Nachlauf, also für den Transport zum und vom Bahnhof, eingesetzten LKW).

Dem KLV werden seit Jahren große Wachstumsraten prognostiziert, er soll sich bis 2010 verdoppeln oder verdreifachen. Dies ist allerdings in bezug auf den gesamten Güterverkehr weniger eindrucksvoll, als es aussieht, denn der Anteil des KLV liegt bei unter fünf Prozent des heutigen Transportaufwandes (in Tonnenkilometern). Unter Einschluß auch der nicht formell als KLV deklarierten Ladungen wird der Anteil der Transporte, bei denen auf dem Weg vom Absender zum Empfänger das Gut mit mehr als einem Verkehrsmittel transportiert wird, zwar etwas höher sein, verändert das Gesamtbild jedoch nicht. Dies besagt nun einmal, daß der LKW-Verkehr vehement zugenommen hat und weiter zunehmen wird.

Während der vergangenen drei bis fünf Jahre, zur gleichen Zeit, als das Thema »Kooperation der Verkehrsträger« richtig populär wurde, nahmen die Transportmengen im KLV trotz Fördermaßnahmen deutlich ab. Da gibt es also für den Güterverkehr die Möglichkeit, ein allseits als zukunftsträchtig gerühmtes Konzept zu nutzen, aber die Nachfrage bricht regelrecht zusammen – trotz Wohlwollens aller Beteiligten.

Zwar ist die informationstechnische Vernetzung von Schiene und Straße noch nicht so weit fortgeschritten wie in den Idealvorstellungen, wo der Verlader zu jedem Zeitpunkt abfragen kann, wo seine Güter sind und zu welcher Minute sie ankommen, aber im Ansatz bedeutet KLV nichts anderes als die geforderte Nutzung verschiedener Verkehrsmittel »entsprechend ihren jeweiligen Eigenschaften«: Der LKW transportiert im Nahbereich dort, wo die Schienenerschließung endet, die Bahn über große Entfernungen, wo sie umweltverträglicher und preiswerter ist. Warum dennoch dieser Mißerfolg, und was kann man daraus für die Zukunft des Konzepts »Kooperation der Verkehrsträger« insgesamt lernen?

Es gibt zwei mögliche Erklärungen: Erstens, die Beteiligten haben das Gute nicht erkannt und sich dumm verhalten, oder zweitens, die Verlader haben gute Gründe – und das heißt in erster Linie: ökonomische Gründe – dafür gehabt, den LKW auch im Fernverkehr zu bevorzugen und nicht die Schiene zu nutzen. Zu nennen sind – ohne hier den Anspruch auf eine umfassende wissenschaftliche Analyse erheben zu wollen – mehrere Effekte: Zum einen hat der Marktzutritt von Fuhrunternehmen aus den anderen EU-Mitgliedsländern auf die Frachttarife gedrückt und den Straßentransport verbilligt.

Der Europäische Gerichtshof hatte 1985 auf eine Klage des Europäischen Parlamentes hin unter Verweis auf die römischen Verträge die Liberalisierung auch dieses Marktsegments von 1993 an erzwungen. Für Deutschland bedeutete das eine radikale Kehrtwende in einem jahrzehntelangen Trend, der im Grunde mit der Brüningschen Notverordnung vom 6. Oktober 1931 begonnen hatte und mit dem Güterkraftverkehrsgesetz von 1935 und seinem fast identischen Nachfolger von 1952 fortgeführt worden war. Sie alle hatten den Straßenfernverkehr mit Lizenzen und Restriktionen gegen preisdrückende Konkurrenz abgeschottet – zunächst zum Wohl der Bahn, dann jedoch zunehmend im Interesse der etablierten Transportunternehmen.

Die Öffnung des Verkehrsmarktes hat die praktische Folge, daß in Deutschland beispielsweise spanische LKW um Aufträge konkurrieren können (wenngleich noch nicht in vollem Umfang). Schon von Beginn der neunziger Jahre an bröckelten die hohen deutschen Frachttarife. Ebenfalls mindernd auf die Transportpreise wirkt die durch bilaterale Verträge Deutschlands mit osteuropäischen Staaten erlaubte Betätigung dortiger Unternehmen mit extrem geringen Personalkosten. Beides führte zu einem Abbröckeln der Transportpreise auf breiter Front, und es wurde zunehmend unattraktiv, zwischen Start und Ziel nochmals auf die Bahn umzuladen, ja sogar für Unternehmen mit eigenem Gleisanschluß wird der Straßentransport dann lohnender.

Schienenangebote als Kapazitätsreserve des Straßengüterverkehrs?

Ein weiterer Grund für den KLV-Einbruch liegt in dem Konjunkturrückgang in Deutschland nach dem Wiedervereinigungsboom. Damit ist nicht nur gemeint, daß bei allgemeinem Rückgang der Transportmengen auch das KLV-Volumen zurückgeht. Nein, die Dinge liegen komplizierter. Man muß davon ausgehen, daß die Betreiber von LKW-Flotten in konjunkturschwachen Zeiten erhebliche Überkapazitäten haben. Um die Fahrer und die Fahrzeuge zu beschäftigen, werden Aufträge auch zu Preisen angenommen, die nicht nach Gesamtkosten kalkuliert sind, sondern nur die zusätzlichen Kosten der betreffenden Fahrt decken – also Kraftstoff und andere anfallende Ausgaben. Auch ein minimaler Ertrag ist immer noch besser, als die Fahrer herumsitzen und die LKW herumstehen zu lassen.

Diese Situation drückt nicht nur die Transporttarife noch weiter herunter; Speditionen, die wegen der hohen Auslastung der Transportunternehmen froh waren, auf die Bahn gehen zu können, kehren zum Straßentransport zurück – zumal bei den günstigen Preisangeboten. Die Bahn versucht zwar durch Tarifsenkungen selbst auf Kosten höherer Verluste in dem KLV-Sektor ihre Attraktivität zu halten, jedoch nach den Statistiken mit wenig Erfolg.

Die Lehre aus diesen Vorgängen läßt sich wie folgt zusammenfassen: Auch in einem integrierten Verkehrssystem wird das Verkehrsmittel am meisten genutzt, das für die beteiligten Unternehmen die höchsten betriebswirtschaftlichen Vorteile bringt. Die Verknüpfung mit der Schiene geschieht nur dann, wenn die Kosten dies nahelegen oder wenn Kapazitätsengpässe auf der Straße herrschen. Dann dient der Bahntransport als »Überlauf«. Wenn diese Situation vorbei ist, kehren die Güter auf die Straße zurück, solange sich das mehr lohnt.

Vernetzung erst durch ökonomischen Rahmen wirksam

Durch informationstechnische Innovationen im »Integrierten Verkehrsystemmanagement« zur Verbesserung der Verknüpfung Straße–Schiene–Binnenschiff wird sich dieser Marktmechanismus nicht ändern; der bessere Informationsstand über die Warenbewegungen, über Zeiten und Preise verbessert allerdings für die Verlader die Möglichkeit, flexibel zwischen den Verkehrsträgern zu disponieren und ihre jeweiligen – ökonomischen – Vorteile zu nutzen.

Ein ökologisches Potential wäre damit nur verbunden, wenn sich die negativen Auswirkungen der einzelnen Transportarten in ihren jeweiligen Transportpreisen ausdrücken würden, auf die dann die Auftraggeber mit einer Verlagerung zu den umweltverträglicheren Verkehrsträgern reagieren würden. Dies ist jedoch nach den gegenwärtigen Strukturen nicht der Fall, und eine Internalisierung der in den Kalkulationen ausgeblendeten (externalisierten) ökologischen Kosten wird von den Promotoren der Verkehrssystemintegration auch nicht erwähnt.

Insgesamt bietet die Entwicklung hin zu mehr Information, zu besseren Verknüpfungen und zu absoluter Transparenz über die Situation auf den Verkehrsmärkten und auf den Verkehrswegen der verladenden Wirtschaft erhebliche Vorteile – weshalb *sie* ja letztlich auch diesen gesamten Prozeß fordert und politisch fördert.

Die Hoffnung, mit einer stärkeren Vernetzung der Verkehrsträger und mit mehr Informatik gleichsam im Selbstlauf Vorteile für die Umwelt durch eine Verlagerung von Verkehrsströmen auf die weniger umweltbelastende Schiene und Binnenschiffahrt zu erreichen, ist leider unbegründet. Werden verbesserte Schnittstellen und bessere Schienentransportangebote nicht durch geeignete ökonomische Anreize ergänzt – und das kann entsprechend der Ertragssituation der Bahn selbst sowie aufgrund der Ebbe in den öffentlichen Kassen nicht durch weitere Tarifsenkungen auf der Schiene, sondern nur durch Verteuerung des Straßengüterverkehrs geschehen, wozu es ja auch hinsichtlich der ungedeckten Wegekosten dieses Verkehrsträgers gute Gründe gibt –, dann dürfte sich das Wachstum auf der Straße ungebremst fortsetzen.

3. Mehr Marktwirtschaft im Verkehr – Chancen und Risiken

In Anbetracht der Dringlichkeit und des Umfanges des Investitionsbedarfes bei der Straßen- und Schieneninfrastruktur kann auf die Erschließung privater Finanzierungsquellen für Infrastrukturinvestitionen als Ergänzung der öffentlichen Haushaltsfinanzierung nicht länger verzichtet werden.

Jahresbericht 92/93 Verband der Automobilindustrie e.V. (VDA)

A truth that's told with bad intent / Beats all the lies you can invent. (Zu deutsch etwa: Die Wahrheit, gestreut mit Hinterlist, / übertrifft jede Lüge, die denkbar ist.)

Blake, America, zitiert nach: Wolfgang Zuckermann, End of the Road

Das Ziel hinter den Schlagworten: Privatisierung

Die gegenwärtige Popularität der Konzepte »Integration«, »Informatik«, »Verkehrsmanagement« in Politik und Wirtschaft gründet nicht allein in der Erwartung, damit die Transportkosten im Wirtschaftsprozeß weiter reduzieren zu können. Auch sind die neuen Wachstumsmärkte für informationstechnische Zusatzausstattungen vor allem im PKW-Bereich zwar reizvoll für die potentiellen Hersteller, dies erklärt die allgemeine Begeisterung für diese Lösungen in der Wirtschaft insgesamt aber noch nicht. Die Ausstattung der Straßen mit stationären Kommunikationseinrichtungen ist zwar ein hoch willkommenes neues Geschäftsgebiet, ihr Volumen ist jedoch im Verhältnis zu den mehr als 490 Milliarden

DM im gegenwärtig geltenden Bundesverkehrswegeplan insgesamt bescheiden; dort geht es nach wie vor weit überwiegend um traditionelle Bautätigkeiten.

Der eigentliche »Kick« des Trends liegt in der Verbindung der Verkehrstechnik mit neuen Organisationsformen und neuen Trägerschaften. Es geht um die Herauslösung der Infrastrukturen aus dem öffentlichen Sektor und ihre Verlagerung in den privaten. Im Klartext: Es geht um die Privatisierung der Verkehrsnetze. In aller Deutlichkeit hat dies der Vorsitzende des Verkehrsausschusses des 11. Deutschen Bundestages, Dionys Jobst, im Juli 1994 vor dem Wirtschaftsbeirat der Union in München ausgeführt:

»Will man der Verkehrspolitik der letzten vier Jahre eine gemeinsame Überschrift geben, so kann man durchaus von »Privatisierung und mehr Wettbewerb« sprechen. Wir haben die Deutsche Bundesbahn und die Deutsche Reichsbahn privatisiert und in der Deutschen Bahn AG zusammengeführt. Mit der Bahnreform haben wir den Grundstein gelegt zu einem marktgerechten, am Kunden orientierten Schienenverkehr. (...) Mit dem Fernstraßenbauprivatfinanzierungsgesetz haben wir die Voraussetzungen dafür geschaffen, daß Straßen in Zukunft auch privat gebaut werden können und der Betreiber für ihre Nutzung – wie bei jeder anderen Dienstleistung auch – Gebühren verlangen kann.«

Die Übernahme der Verkehrsnetze durch den privatwirtschaftlichen Sektor würde in der Tat eine so tiefe Zäsur bedeuten, wie sie die deutsche Verkehrspolitik vorher noch nicht erlebt hat. Zusammen mit den erwähnten informationstechnischen Konzepten entsteht so ein Wachstumsbereich, in dem mehr Verkehr für die neuen Eigentümer mehr Umsatz und mehr Ertrag verspricht. Mehr Verkehr, das bedeutet aber auch mehr Umweltbelastungen; angesichts der absehbaren Entwicklung steht zu befürchten, daß die gerade erkannte Notwendigkeit, Verkehr zu vermeiden, überrollt wird von den neuen Verdienstmöglichkeiten.

Kurzfristig ist es ökologisch unerheblich, ob sich die Straßennetze im Besitz von Banken, Versicherungen oder von privaten Aktionären befinden. Entscheidend sind die Verkehrsvolumina und die resultierenden Emissionen und anderen Belastungen für Mensch und Umwelt.

Ist einmal privates Kapital in Straßen investiert, dann soll es sich auch optimal verzinsen. Dazu müssen die Marktpotentiale optimal ausgeschöpft werden. Es besteht also ein Anreiz für die Betreiber der Netze, möglichst viel Verkehr darüber zu schleusen. Nachfrageschwache Zeiten werden durch besonders günstige Tarife denjenigen schmackhaft gemacht werden, die zeitlich flexibel sind. Damit würden einerseits die staugefährdeten Situationen entzerrt, andererseits den Anliegern jedoch die bisher noch relativ ruhigen Nachtzeiten »verlärmt«.

In den USA wird das nach Verkehrsaufkommen flexibilisierte »Congestion-Pricing« (mehr zahlen bei Stauungen) als »Win-Win-Strategie« angepriesen. Damit wird ausgedrückt, daß alle Beteiligten profitieren würden. Den zahlungsbereiten Fahrern verspricht es freie Straßen, da die anderen entweder die betreffenden Zeiten oder aber die betreffenden Strecken meiden würden. Diese anderen wiederum hätten den Vorteil, weniger oder nichts zahlen zu müssen. Würde man das Aufkommen für Straßenneubauten verwenden, hätten sie gegenüber dem heutigen Zustand eben auch Vorteile.

Bei dieser Betrachtung werden allerdings diejenigen Menschen übersehen, die von mehr Verkehr ausschließlich negativ betroffen sind; sie erleiden dadurch nur Nachteile. Auf der Strecke könnte der Umweltschutz bleiben. Positiv könnte sich zwar auswirken, daß das gleiche Verkehrsaufkommen theoretisch auf weniger Infrastruktur abgewickelt wird; in der Praxis dürfte durch die zeitliche Verteilung der Nachfrage und die höhere Wahrscheinlichkeit staufreien Fahrens eine Rückverlagerung von den zumindest in Deutschland doch nennenswert genutzten öffentlichen Verkehrsmitteln auf die Straße angereizt werden. Ehrlicherweise sollte man dieses Steuerungskonzept dann nicht mit Umweltschutz begründen.

Autobahnmaut und Informatik für mehr Straßen?

In Deutschland befinden sich verschiedene »Road-Pricing«-Konzepte für Autobahnen in der Erprobungsphase. Die Versuche dienen der Entscheidungsfindung für die Behörden, welche Erfassungs- und Kommunikationstechnik künftig eingesetzt werden soll; schließlich wird erwartet, daß die öffentliche Hand die Infrastrukturen finanziert, also die Erfassungsstellen bauen, die Kabel verlegen, die Übermittlungsstationen errichten läßt.

Dies ist jedoch nur eine Voraussetzung dafür, daß zum Beispiel Autofahrer die Zusatzeinrichtungen für Verkehrsinformationssysteme wie Parkleitsysteme, genaue Stauhinweise und anderes kaufen. Eine weitere

Voraussetzung besteht darin, daß das Autofahren auch tatsächlich weiter Priorität genießt. Niemand wird dann Parkinformationssysteme kaufen, wenn es mehr autofreie Innenstädte gibt. Niemand wird Stauinformationen und Umleitungsempfehlungen abrufen und eine Gebühr entrichten, wenn es keine Möglichkeit gibt, dem Stau zu entgehen. Als Konsequenz aus der Erhöhung der Attraktivität des Autos durch die Elektronik wird sich also vermutlich ein Druck in Richtung auf einen verstärkten Straßenbau ergeben. Letztlich treffen sich die Initiativen für die Verkehrsinformatik und die Vorschläge für eine Privatisierung der Straßen an einem Punkt: Es geht darum, mehr Kraftfahrzeuge fahren zu lassen. Der Umweltschutz dient dabei als Feigenblatt.

Straßenbenutzungsgebühren werden außerdem zur Regulierung des Zuganges zu überlasteten Teilen der Städte diskutiert. Bereits hohe Parkgebühren bedeuten nichts anderes, als das Problem der Übernachfrage nach Straßenfläche und Parkraum dadurch zu lösen, daß dieser Raum nach Zahlungsbereitschaft verteilt wird und darüber hinaus diejenigen, die nicht zahlungsbereit sind, die anderen nicht länger am zügigen Fahren behindern. Mit Road-Pricing werden allerdings auch diejenigen erfaßt, die ihre Fahrzeuge auf Betriebsparkplätzen abstellen. Road-Pricing könnte die Parkplatzbewirtschaftung flexibel ergänzen; allerdings stellt sich die Frage, ob dies den Investitions- und Betriebsaufwand rechtfertigt. Ausgesprochen negativ für die Umwelt wäre es überdies, wenn als Folge der Verteuerung des Verkehrs im städtischen Raum Betriebe in den ländlichen Raum abwandern und den Verkehrsaufwand ihrer Beschäftigten und Kunden dadurch erhöhen.

Eine Entlastung der Innenstadtstraßen könnte auch durch nichtökonomische Instrumente erreicht werden; dies geschieht ohne große Diskussionen ohnehin jeden Tag. Die eine Möglichkeit besteht darin, den Zustrom von Fahrzeugen an den entscheidenden Ampelkreuzungen außerhalb des betroffenen Bereiches dadurch zu reduzieren, daß die Grünzeit der Ampeln in Richtung Innenstadt verkürzt wird. Die Folgen sind Wartezeiten, welche die Entscheidung beeinflussen, ob man überhaupt fahren will oder aber lieber die Straßenbahn nimmt. Für diejenigen Fahrer, die doch lieber im Auto bleiben, lautet das Ziel von kreativen Verkehrslenkungskonzepten, diese Stauungen möglichst weit außerhalb der Stadt zu plazieren, möglichst nicht weit vom Startpunkt der Fahrt entfernt. Dieses nichtökonomische Signal betrifft dann allerdings alle Fahrzeug gleichermaßen, ob Wirtschaftsverkehr oder Einkaufsfahrt. Über die Straßenbenutzungsgebühren läßt sich dies in bestimmten Grenzen beheben; ob allerdings die individuelle Zahlungsbereitschaft gleichzeitig das gesamtgesellschaftliche Optimum darstellt, kann bezweifelt werden.

Die typische Argumentation in verkehrswirtschaftlichen Veröffentlichungen der letzten Jahre zur Anwendung von Road-Pricing lautet, daß ökonomische Instrumente Staus beseitigen und damit Umweltprobleme lösen helfen. Die Gleichsetzung von »Stauungen« und »Umweltbelastung« zeigt dabei, daß der Kern der ökologischen Probleme nicht erkannt wird; diese Probleme sind Folge des Verkehrsaufkommens, nicht von Stauungen. Umwelt hat für die Nutzer ja auch kein ökonomisches Gewicht; marktwirtschaftliche Steuerungskonzepte funktionieren aber nur dann, wenn Eigeninteressen der Akteure angesprochen sind.

Damit sich unter dem Einfluß der Marktgesetze selbsttätig die optimalen Strukturen einstellen, muß ökologisch falsches Handeln teurer sein als richtiges; es muß also die Benutzung eines Kraftfahrzeuges an sich verteuert werden — unabhängig von den jeweiligen Verkehrsstärken. Nach der ökonomischen Theorie ist, will man optimale Strukturen erzielen, notwendig, daß jedem Verkehrsträger die »wahren Kosten« zugeordnet werden, die dann von den Verkehrsteilnehmern für die Benutzung zu zahlen sind. Da durch die vom Verkehr verursachten Umweltschäden der Allgemeinheit Lasten aufgebürdet werden, die – allerdings mit erheblichen Unsicherheiten – auch in Geld ausgedrückt werden können, gehören diese Summen zu den Kosten des Verkehrs und müßten entsprechend von den Nutzern der Verkehrsarten getragen werden.

Der wirtschaftswissenschaftliche Ausdruck für das Prinzip, die bisher der Allgemeinheit und den nächsten Generationen aufgebürdeten Lasten durch Ökosteuern von den Nutzern einzutreiben und damit Verhaltensänderungen zu erreichen, heißt Internalisierung der externen Kosten. Davon ist allerdings von den Apologeten der Verkehrsinformatik und des Road-Pricings wenig zu hören.

Unterdeckung der LKW-Wegekosten

Im Hinblick auf den Straßenverschleiß, also die Kosten für Unterhalt und Erneuerung von Straßen, ist der LKW schon vor Jahrzehnten von Verkehrsökonomen als Subventionsempfänger identifiziert worden. Seit über 25 Jahren haben sich in der EG Arbeitsgruppen mit der richtigen

Bemessung der Wegekosten befaßt. Diese Wegekosten sollten gemäß der Theorie die Grundlage für Steuern und Abgaben bilden.

Umfangreiche Versuche bei deutschen und ausländischen Forschungsanstalten haben ergeben, daß der Straßenverschleiß mit der 4. Potenz der Radlast zunimmt. Drückt doppelt soviel Masse auf einen Reifen, so bedeutet dies einen sechzehnfachen Straßenverschleiß. Werden bei einem schweren LKW beispielsweise 21 Tonnen Gesamtgewicht auf 3 Achsen verteilt, wären dies 7000 Kilogramm und damit eine im Vergleich zu Mittelklasse-PKW zehnfach höhere Achslast. Dies führt zu einem zehntausendfachen Straßenverschleiß pro Achse.

Aufgrund dieser Tatsache stimmen nahezu alle Verkehrsökonomen in der Bewertung überein, daß der Straßengüterverkehr in Deutschland noch nicht einmal seine Wegekosten im engeren Sinne deckt. Schließt man alle von LKW verursachten Kosten ein, also die volkswirtschaftlichen Kosten der Umweltzerstörung, aber auch der Unfälle, die Ausgaben für Verkehrspolizei, Verkehrsflächenbereitstellung etc., so ergibt sich eine riesige Unterdeckung. Die Mineralölsteuern und die Kraftfahrzeugsteuern bringen dem Gemeinwesen nicht so viel ein, wie es – über kurz oder lang – an Kosten aufwenden muß.

Gegen die Forderung nach verursachergerechter Anlastung der externen Kosten argumentieren andere Wissenschaftler mit dem Begriff des »externen Nutzens«. Es wird behauptet, daß die durch den Verkehr für die gesamte Gesellschaft erzeugten Vorteile die ökologischen Nachteile finanziell aufwiegen oder überkompensieren würden. Der LKW- und der PKW-Verkehr ermöglichten eine bessere Ausschöpfung des Arbeitspotentials und der Kooperationsvorteile der Unternehmen, dies müsse gegen die Umweltschäden aufgerechnet werden. Schließlich wird das motorisierte Rettungswesen als Beispiel eines externen Nutzens angeführt.

Der Wissenschaftsstreit ist nicht entschieden. Bedeutende Ökonomen argumentieren gegen den Begriff des Externnutzens, daß die angeführten wirtschaftlichen Vorteile des Kraftfahrzeugverkehrs sich bereits in den jeweiligen Marktpreisen widerspiegeln würden. Im Gegensatz dazu sei die Ausbeutung unersetzlicher Rohstoffe oder die Zerstörung von Wäldern eine tatsächliche Externalisierung, das heißt eine Verschiebung der Lasten von den Verkehrsverursachern auf andere Gruppen.

Vereinfacht kann man die Situation im Verkehr mit dem Verhalten von Gästen vergleichen, die ständig zum Essen kommen, ohne eine

Gegeneinladung auszusprechen, und die dann noch nicht einmal beim Abwasch helfen. Die Einführung von ökologischen Steuern für diesen Tatbestand würde dann jedenfalls dafür sorgen, daß die Gastgeber die Kosten für die Lebensmittel ersetzt bekommen.

Auch die vom 1. Januar 1995 an in Deutschland und einigen Nachbarländern eingeführte Straßenbenutzungsgebühr hat an der Kostenunterdeckung wenig verändert. Sie dient hauptsächlich dazu, die ausländischen LKW stärker an den Kosten für den Straßenunterhalt zu beteiligen. Den deutschen Unternehmen wurde dieser Schritt dadurch schmackhaft gemacht, daß gleichzeitig die Kraftfahrzeugsteuern in ungefähr gleichem Umfang gesenkt wurden. Die Gebührenpflicht ist überdies auf die Benutzung der Autobahnen beschränkt. Dies liegt in der Tatsache begründet, daß andere EU-Mitgliedsländer zum Teil gebührenpflichtige Autobahnen haben und es Deutschland daher im Prinzip nicht verwehrt werden konnte, gleiches zu tun.

Der nach langem Tauziehen mit den EU-Partnerländern ausgehandelte Kompromiß sieht eine Jahresgebühr von 1250 ECU (etwa 2500 DM) für die schwerste LKW-Kategorie vor. Die vorher durchgeführte Senkung der Kraftfahrzeugsteuer übersteigt diesen Betrag jedoch um etwa das Doppelte, so daß die deutschen LKW noch weniger ihre Wegekosten decken als vorher; auch die Kostendeckung der ausländischen entspricht nicht dem Prinzip der »gerechten« Anlastung. Die ganze Aktion ist vor allem als eine Stützung der deutschen Unternehmen gegen die ausländische Konkurrenz zu verstehen.

Gerechte Kosten für den Verkehr – im Prinzip ja…

An dem Beispiel der LKW-Gebühren wird sichtbar, warum die allgemeine Bejahung des ökonomischen Prinzips der richtigen Kostenzurechnung so wenig in der politischen Praxis gilt. Letztlich entscheiden die Interessen der Verkehrsunternehmen, denen gegenüber die Theorie der wahren Kosten und der ökonomischen Steuerung den kürzeren zieht. Auch aus anderen Wirtschaftssektoren ist ja bekannt, daß die theoretische Befürwortung des Wettbewerbs und der freien Marktwirtschaft die praktische Befürwortung von Subventionen für die eigene Klientel nicht ausschließt.

Ein hochaktuelles Beispiel dafür gibt es aus dem Bereich der erst kürzlich privatisierten Bahn. Die jetzt als Aktiengesellschaft bestehenden Deutschen Bahnen sind in drei Unternehmensteile gegliedert worden, die später einmal völlig unabhängig voneinander operieren sollen, als Gesellschaften für den Personenverkehr, für den Güterverkehr und für den Fahrweg. Letztere vermarktet die Schienentrassen und die Grundstücke. Diese Aufteilung erscheint kritischen Beobachtern sehr übertrieben, denn vieles, das früher selbstverständlich war, wird jetzt sehr kompliziert: Soll eine Personenlokomotive mit einem der Personenbahn angehörenden Lokführer einige Güterwagen bewegen, wird daraus ein Marktvorgang mit Rechnungsausweisung und Bezahlung, was Verwaltungskosten verursacht und den Umsatz erhöht, wodurch jedoch im Vergleich zu heute die Leistungen der Bahn nicht steigen. Ob die von den Befürwortern der Privatisierung und Zerteilung in Aussicht gestellten Produktivitätsverbesserungen und Gewinnsteigerungen eintreten werden, steht dahin. Viel wird von dem Umstand erwartet, daß die Schienennetze der Fahrweg-AG nun für alle Unternehmen offen sein sollen, die einen Bahnverkehr aufnehmen wollen und bestimmte formelle Voraussetzungen erfüllen.

Die Begeisterung der Verkehrswirtschaft für das unternehmerische Verhalten der Bahn wurde jedoch stark beeinträchtigt, als diese ihre Trassenpreise verkündete. Unter dem Druck, als AG nun Kostendeckung und möglichst auch Gewinne erzielen zu müssen, legte sie diese für außenstehende Interessenten so hoch fest, daß einige schon sicher geglaubte Personennahverkehrslinien in Frage gestellt wurden; einer der maßgeblichen Verfechter der Privatisierung, der Gießener Verkehrswirtschaftler Prof. Aberle soll dem Fachblatt »Deutsche Verkehrswirtschaft« zufolge sogar angeregt haben, »über einen Staatsanteil bei den Trassenkosten nachzudenken«. Das wären dann wieder Subventionen – allerdings nicht für ein Staatsunternehmen Bahn, wie früher, sondern zugunsten privater Unternehmen.

Nochmals: Im Grundsatz bejahen fast alle Verkehrsexperten und Politiker das Prinzip der kostendeckenden, der »gerechten« Preise. Dazu gehören jedoch nicht nur betriebswirtschaftlich richtige Kalkulationen, sondern auch die volkswirtschaftlichen Kosten. Da beispielsweise die Verschmutzung der Luft jedoch von niemandem in die Kostenkalkulationen einbezogen wird, der dafür nicht selbst zahlen muß, hat der Staat als Sachwalter der Umwelt und der nächsten Generationen durch Abgaben und Steuern für eine Berücksichtigung zu sorgen.

Bei der Ableitung der praktischen politischen Schlußfolgerungen gibt es dann jedoch große Differenzen; manche Verkehrspolitiker folgen der Argumentation von Umweltökonomen, daß die Belastungen für die Umwelt, die Gesellschaft insgesamt und die nächsten Generationen beispielsweise durch den Autoverkehr so gravierend seien, daß dies Steuererhöhungen bis auf einen Benzinpreis von fünf Mark je Liter rechtfertige. Für den Güterverkehr werden analog Abgaben in der Größenordnung von einer Mark je gefahrenen Kilometer für schwere LKW – ob voll, ob leer – für notwendig gehalten, um die ökologischen Schäden zu decken.

Von den Automobilverbänden, der Autoindustrie und von einem Teil der Presse ist das Bild verbreitet worden, die Autofahrer würden bereits jetzt an die Finanzämter sehr viel mehr Geld abgeben, als gerechtfertig sei. »Autofahrer als Melkkuh der Nation« ist in den immer wieder lancierten Kampagnen eine gängige Überschrift, vor allem dann, wenn es um die Erhöhung der Mineralölsteuern geht. Die Interessenlage der Automobilverbände ist dabei klar, sie wollen sich ihren Mitgliedern als kämpferische Vertreter von deren Interessen präsentieren. Die Autohersteller sehen durch die Verteuerung des Fahrens ihren Absatz in Gefahr. Finanzminister und Finanzämter schließlich sind verständlicherweise derart beliebte Feindbilder, daß kaum eine Zeitung der Versuchung widerstehen kann, die Empörung über die vermeintliche Maßlosigkeit bei der Ausbeutung von wehrlosen Autofahrern zu schüren.

Autofahrer tatsächlich »Melkkühe der Nation«?

Diese Vorstellung ist jedoch falsch. Rechnet man einmal die von Autofahrern an die öffentlichen Haushalte gezahlten Steuern und Abgaben zusammen und stellt dieser Summe die insgesamt für das Autofahren aufgewandten Finanzmittel sowie andere Aufwendungen entgegen, kann von einer Überdeckung nicht die Rede sein. Berücksichtigt man darüber hinaus die Schäden für die Allgemeinheit in Form von Gesundheitsbeeinträchtigungen, den Wertminderungen durch Schäden an privatem und öffentlichem Eigentum und den aus Umweltzerstörungen für die heutigen und zukünftigen Generationen resultierenden Belastungen, so ergibt sich eindeutig eine Bevorzugung von Autofahrern. Die Nutzung des Autos wird praktisch subventioniert.

Der Irrtum von den Autofahrern als einer finanziell ungerechtfertigt belasteten Gruppe speist sich aus dem Vergleich von Mineralöl- und Kraftfahrzeugsteuern auf der einen Seite mit den direkten Ausgaben der verschiedenen staatlichen Stellen für Straßenbau und -unterhalt auf der anderen Seite. Dieser Vergleich greift jedoch bei weitem zu kurz, denn er vernachlässigt zum einen die vielen weiteren Ausgaben und Kostenbelastungen der öffentlichen Haushalte, zum anderen gibt es ein großes Spektrum von Kostenbelastungen, die Autofahrer anderen Gruppen der Gesellschaft zufügen und die kaum wahrgenommen werden. Die Ökonomin Jola Welfens hat gemeinsam mit anderen Mitarbeitern des Wuppertal Instituts die Zahlen für den PKW-Bereich zusammengetragen und dem Aufkommen aus Mineralöl- und Kraftfahrzeugsteuern gegenübergestellt.

Im Stichjahr 1991 sind rund 30 Milliarden DM Steuern von den PKW-Fahrern in Deutschland entrichtet worden, wobei rund ein Viertel als Kraftfahrzeugsteuern in die Haushalte der Bundesländer fließen; die Mineralölsteuer fließt dagegen zunächst dem Bund zu. Beide Steuern sind im übrigen formal nicht irgendwelchen Ausgaben gegenüber aufzurechnen, weil Steuern – im Unterschied zu Gebühren – nicht Bezahlungen für Leistungen sind, sondern dem Staat die Finanzierung von gemeinschaftlichen Aufgaben ermöglichen. Die Vielzahl der Steuern in anderen Bereichen von der Tabaksteuer über die Branntweinsteuer bis hin zu den Einkommenssteuern wird ja auch nicht daraufhin überprüft, ob den Steuerpflichtigen in entsprechender Höhe Aufwendungen des Staates zugute kommen.

Auch die Mehrwertsteuer auf Benzin darf nicht als besondere Belastung der Autofahrer interpretiert werden. Wer in einem Lebensmittelladen Brot und Käse kauft und dafür anteilig Mehrwertsteuer bezahlt, wird wohl kaum auf die Idee kommen, nach den Gegenleistungen des Staates für die Gruppe der Brot- und Käseverbraucher zu fragen. Die Mehrwertsteuer bleibt daher als allgemeine Verbrauchssteuer bei den Betrachtungen ausgeklammert. Sie dient zur Erzielung von Einnahmen für die allgemeinen Staatsaufgaben, angefangen von den Verteidigungslasten bis hin zur Bezahlung von Polizisten und Lehrern. Prinzipiell gilt diese Funktion von Steuern auch für die Kfz- und die Mineralölsteuer.

Nur ein kleiner Teil der Mineralölsteuer ist gesetzlich für Verkehrszwecke gebunden. Für die generelle Bewertung der Frage, ob Autofahrer mehr als Belastete oder Begünstigte anzusehen sind, sind diese haushaltsrechtlichen Festlegungen jedoch zweitrangig. Hier soll einmal alles aufsummiert werden, was eingenommen und was ausgegeben oder an sonstigen Kostenbelastungen zuzurechnen ist – unabhängig von formellen Festlegungen.

Neben der Kraftfahrzeug- und der Mineralölsteuer gibt es noch in nennenswertem Umfang Einnahmen der Kommunen aus den Parkuhren. Sie erreichen jedoch in vielen Kommunen nicht die Höhe der Ausgaben für Geräte und Personal. In manchen Studien werden Einnahmen von 20 Millionen DM genannt; dies ist jedoch angesichts der sonstigen Größenordnungen, von denen hier die Rede ist, vernachlässigbar; schließlich beläuft sich die Summe der Kraftfahrzeug- und Mineralölsteuern wie dargestellt auf 30 Milliarden, also auf mehr als das Tausendfache.

Öffentliche Kosten des Autofahrens höher als Einnahmen

Auf der Seite der Ausgaben sind zunächst die direkten Wegekosten zu nennen, welche das Deutsche Institut für Wirtschaftsforschung (DIW) ermittelt hat. Diese Kostenpositionen umfassen die Ausgaben der öffentlichen Haushalte für Bundesautobahnen, Bundes- und Landstraßen, Kreisstraßen, Gemeindestraßen sowie für die Verwaltung der Straßen und für die Verkehrspolizei. Bau und Unterhalt der Autobahnen sowie Bundes- und Landstraßen schlagen dabei mit etwa 10 Milliarden DM zu Buche, für Kreisstraßen und Gemeindestraßen ergibt sich größenordnungsmäßig noch einmal die gleiche Summe. Addiert man dazu die Kosten für Verwaltung und Polizei, so ergibt sich ein Gesamtbetrag von mehr als 26 Milliarden.

Die Straßen stehen nun sowohl dem Personenverkehr als auch dem Straßengüterverkehr zur Verfügung. Sie können also fairerweise nicht allein dem PKW-Verkehr zugeordnet werden. Es müssen die auf PKW einerseits und auf LKW andererseits entfallenden Ausgaben differenziert werden. Dies ist ein methodisches Problem, an dem sich auf EU-Ebene die Experten und Beamten seit Jahrzehnten die Zähne ausbeißen.

Ohne den gleichen Anspruch auf Perfektion wie die europäische Bürokratie kann man jedoch sehr wohl zu Näherungsansätzen kommen. Im Ergebnis ergibt sich, daß der PKW-Verkehr 1991 insgesamt 19 Milliarden Mark an Aufwendungen des Staates für Straßenbau, -unterhalt, -reinigung, Verkehrspolizei usw. erforderte. Die Experten haben unter Berücksichtigung der von den einzelnen Fahrzeugkategorien zurückgelegten Fahrstrecken festgestellt, daß mehr als 90 Prozent der verschleißbedingten Aufwendungen auf inländische Fahrzeuge entfallen; die immer wieder problematisierte freie Nutzung durch ausländische LKW stellt also zumindest in der Gesamtbetrachtung kein großes Problem dar.

Auch indirekte Vergünstigungen für das Auto beträchtlich

Neben den direkten Wegekosten gibt es eine große Zahl von finanziellen Vergünstigungen für Autofahrer, die man entweder als direkte Finanzausgaben oder als Steuerausfälle einfach berechnen kann oder die in Form von Sachleistungen den Autofahrern zugute kommen. Als Beispiel für die erste Kategorie sind zu nennen die Steuervergünstigungen in Form der sogenannten Kilometerpauschale, für Fahrtkosten für Geschäfts- und Dienstreisen, die vom Arbeitgeber steuerfrei ersetzten Aufwendungen für Dienst- und Geschäftsreisen, die steuerliche Abzugsfähigkeit von Leasingraten für Firmenfahrzeuge und die Möglichkeiten zur Absetzung für die Abnutzung von Firmenfahrzeugen. Der Bereich der Steuervergünstigungen ist in der angeführten Studie des Wuppertal Instituts untersucht worden.

Dabei ergab sich, daß die Positionen sich auf mehr als sechs Milliarden DM (Stand 1991) addieren. Allein die Kilometerpauschale wird für den Bereich der alten Bundesländer auf 3,7 Milliarden Steuerausfall geschätzt. Doch nicht allein Arbeitnehmer profitieren von der großzügigen Hand des Staates gegenüber dem Auto. Es ist allgemein bekannt, daß von Unternehmen angemeldete PKW in großem Umfang auch für private Zwecke genutzt werden.

Berücksichtigt bei der Kostenbilanz wurden noch weitere wesentliche Positionen; es sind diejenigen Kosten für Unfallfolgen, die nicht von der Kraftfahrzeugversicherung abgedeckt werden – zum Beispiel die Rentenzahlungen der Berufsgenossenschaften für Arbeitswegunfälle, aber auch die den Krankenversicherungen angelasteten Behandlungskosten für die von Autofahrern selbst verschuldeten Unfälle. Ebenfalls abgeschätzt wurden diejenigen Summen, die die Kommunen den Autofahrern durch das kostenlose Parken auf Parkplätzen und am Straßenrand zukommen lassen; bei den hohen Bodenpreisen innerorts und den Bau- sowie Unterhaltskosten der Straßen entfallen auf Parksubventionen etwa 9 bis 15 Milliarden DM jährlich.

Insgesamt beziffern die Forscherinnen und Forscher im Wuppertal Institut die »Schattensubventionen« für den PKW-Verkehr auf zwischen 50 und 73 Milliarden DM, wobei die Bandbreite der Berechnung unterschiedliche methodische Ansätze bei der Berücksichtigung der Unfallkosten widerspiegelt.

Die gesellschaftlichen Schäden der Umweltbelastungen und Gesundheitsschäden durch Lärm und Abgase, die Verwitterung von Gebäuden und die Korrosion von Brücken durch den sauren Regen sind in der Aufstellung noch nicht berücksichtigt. Sie sind den zahlreichen Vergünstigungen noch hinzuzurechnen, wenn es um die Bezifferung angemessener Kostenbelastungen für PKW und LKW geht. Sie werden – noch ohne die möglichen Folgeschäden der Klimaveränderungen – auf jährlich zwischen 50 und 100 Milliarden DM geschätzt.

Nur eine konsequente Anlastung der bisher ermittelten Externkosten in Form von Ökosteuern kann bewirken, daß ökologisch richtiges Verhalten sich auch in ökonomischen Vorteilen ausdrückt, und dadurch die Verursacher zu Veränderungen veranlassen. Diese Steuerreform muß stufenweise erfolgen, zum Beispiel durch eine langfristig festgelegte jährliche Erhöhung der Mineralölsteuern um fünf Prozent, wie sie der Präsident des Wuppertal Instituts, Ernst-Ulrich von Weizsäcker, seit Jahren mit zunehmender politischer Resonanz fordert. Für den Straßengüterverkehr müssen ebenfalls stufenweise angemessene Abgaben eingeführt werden, die wirksamer als die heutige »Vignette« die Verursacher der ökologischen Belastungen zu einer Umorientierung zwingen. Wir werden im Kapitel V dazu konkrete Vorschläge nennen.

Literatur

Aberle, G. (1993): Der volkswirtschaftliche Nutzen des Straßengüterverkehrs. Internationales Forschungsprojekt im Auftrag der International Road Transport Union (IRU)/Genf, Gießen

Beck, P. (1991): Wasserstoff – Zusammenfassende Bewertung, Vortrag auf dem 245. FGU-Seminar »Alternative Kraftstoffe für Fahrzeuge aus Umweltsicht«; 7./8. Oktober 1991, Berlin

Blümel, H. (1992): Nur noch mit Batterie- oder Hybrid-Antrieb in die Städte? – Eine vergleichende Betrachtung aus Sicht der Luftreinhaltung. In: VDI-Berichte Nr. 1020

Daimler-Benz (1992): Verkehr in Ballungsräumen, Berlin

Frank, Münch, Seifert (1990): Verkehr 2000 – Europa vor dem Verkehrsinfarkt? Hrsg. Deutsche Bank, Stuttgart

Glaser, J. (1993): Güterverkehrszentren. Konzepte zwischen Euphorie und Skepsis; in: Läpple, D. (Hrsg.): Güterverkehr, Logistik und Umwelt. Analysen und Konzepte zum interregionalen und städtischen Verkehr, Berlin

Hesse, M. (1993): Güterverkehrszentren in räumlicher Perspektive. Integration oder Diffusion? In: Informationen zur Raumentwicklung 5/6.1993, Bonn

Lovins, A. B. et al. (1993): Supercars. The Coming Light-Vehicle Revolution, Paper presented to the 1993 Summer Study of the European Council for an Energy Efficient Economy, Snowmass, Colorado

MacKenzie, J.J. (1994): The Keys to the Car, Electric and Hydrogen Vehicles for the 21st Century, World Resources Institute, Washington

OECD (1995): Motor Vehicle Pollution, Reduction Strategies beyond 2010, Paris

Simoneit, F. (1993): Mein Freund ist ein lackierter Kampfhund, Bergisch Gladbach

Topp, H. (1993): Verkehrsmanagement in den USA, Studien Konrad Adenauer-Stiftung 55/93

Umweltbundesamt (1993): Ökologische Bilanz von Rapsöl bzw. Rapsmethylester als Ersatz von Dieselkraftstoff, Berlin

UN (1993): Energy Efficiency in Transportation, Alternatives for the Future, New York

VDA (versch. Jahrgänge): Jahresberichte Verband der Automobilindustrie e.V., Frankfurt

VDI (1993): Verein Deutscher Ingenieure / VDI-Gesellschaft Fahrzeug- und Verkehrstechnik: Memorandum Verkehr, Düsseldorf

VEBA (1992): Das Elektroauto – Fakten und Argumente, Düsseldorf

Welfens, M. J. et al. (1995): »Schattensubventionen« im Bereich des PKW-Verkehrs, Wuppertal Papers Nr. 33

Winning, H.v.; Krüger, M. (1988): City-Paket und Geschwindigkeitsschalter – Verkehrsberuhigung am Auto, Dortmund; ILS-Schriften Nr. 35

Zängl, W. (1995): Der Telematik-Trick. Elektronische Autogebühren, Verkehrsleitsysteme und andere Milliardengeschäfte, München

Kapitel IV
Politikebenen und Akteure

1. Blick von der Haustür bis nach Brüssel

*Eine zivile Gesellschaft wird dann aufgebaut, wenn die Menschen
an einem Ort in der Lage sind, sich gegenseitig helfend, gemeinsame Aufgaben anzupacken, Fähigkeiten zu entwickeln und sich an-
zueignen sowie ein Gefühl von Gemeinschaft wiederzuentwickeln.*

Willi Bierter, Wege zum ökologischen Wohlstand

Die Suche nach einer anderen Verkehrswelt

Aus der Haustür treten zu können, ohne dem Lärm und Gestank
von Autos ausgesetzt zu sein, Kinder unbesorgt und ohne Angst vor dem
Unfalltod alleine zum Kindergarten gehen lassen zu können, nachts nur das
Rauschen der Bäume zu hören – dies klingt nach guter alter Zeit und ist als
mögliche Lebensqualität aus unserem Bewußtsein verschwunden, seitdem
Städte, Dörfer und Landschaften mit einem dichten Straßennetz überzogen
worden sind, auf dem Tag und Nacht die Reifen rollen. Für die dichter
besiedelten Flächen der Bundesrepublik, wo immerhin 80 Prozent der
Menschen wohnen, sind der Straßenlärm und die Unfallgefahr ständige
Begleiter. Was ist falsch gelaufen in der Entwicklung? Welche Versäumnisse und verkehrte Weichenstellungen sind Politikern in den Gemeinderäten,
den Kreistagen, den Landtagen, dem Bundestag sowie in den europäischen
Gremien anzulasten? Und wer war innerhalb des politischen Regulations-
systems an denjenigen Fehlentwicklungen beteiligt, die zu dem heutigen
Zustand geführt haben und die – scheinbar unaufhaltsam – weiteres Verkehrswachstum erzwingen?

Wir werden in diesem Kapitel, aus der Perspektive des Bürgers
und der Bürgerin die Bedürfnisse nach Mobilität, nach Ruhe, Einkauf,

Unterhaltung und Arbeit gedanklich aufnehmen und sie – hypothetisch – begleiten. Dabei soll uns die Frage beschäftigen, welche Menschen und welche Entscheidungsstrukturen jeweils dafür zuständig sind, die Verkehrsumwelt zu gestalten.

Wir wollen in der alltäglichen Umgebung, vor der eigenen Wohnungstür, beginnen. Das alltägliche Mobilitätsproblem ist nur bei einem extrem geringen Teil der Bevölkerung der Anschluß eines Intercity-Expreßzuges an einen Flughafen und die nachfolgende Sorge um das Erreichen eines Anschlußfluges in Heathrow, sondern es sind in der Regel die kleinen, alltäglichen Situationen.

Auch die Betroffenheit durch die negativen Folgen des Verkehrs geht in der Regel von den alltäglichen Wegen aus. Verursacher und Opfer der Behinderungen und Schäden sind jedoch nicht identisch; hier ist es erforderlich, genau hinzuschauen.

Die Verkehrssituation am Wohnort ist am wichtigsten

Der Blick auf die Umwelt und die Verkehrswelt beginnt also an der Wohnung; die Beobachtung setzt sich fort bei den täglichen Wegen zur Arbeit, zum Einkauf, zum Arzt, zur Schule, zum Besuch der Nachbarin im Krankenhaus, eben allem, was unspektakulär im Wohnort oder – falls man auf dem Lande wohnt – bis in der nächsten Kreisstadt erledigt wird. Hier geht es um 90 Prozent aller Aktivitäten, die wir unternehmen, um 90 Prozent aller Wege. Sie bilden das Gros der Handlungen, die unter dem Begriff »Mobilität« zusammengefaßt werden.

Bei diesen Wegen innerhalb des eigenen Wohnortes werden viele Unzulänglichkeiten des Verkehrssystems unmittelbar sichtbar. Es sind zum einen die funktionalen Mängel, die die Mobilität der Menschen behindern, und zum anderen die von den Verkehrsmitteln ausgehenden Belastungen für Mensch und Natur. Beide Problembereiche berühren einander, wo es um Stauung geht, also um Überlastungen der Verkehrswege durch eine zu hohe Nachfrage. Dies behindert auf der einen Seite die eigene Mobilität und die Mobilität anderer; zum anderen gehen örtlich hohe Schadstoffbelastungen von solchen Situationen aus. Wenn dann der Ausbau der Verkehrsinfrastruktur debattiert wird, stehen die Anliegen einander diametral gegenüber: Funktionale Verbesserungen stehen auf der einen, gesteigerte Verkehrsnachfrage und letztlich mehr Umweltbelastungen auf der anderen Seite.

Wer ist zuständig?

Innerhalb des alltäglichen Mobilitätsbereiches sind im wesentlichen die Kommunen für die Gestaltung des Verkehrssystems und für die Umweltsituation verantwortlich. Dies wird häufig von Vertretern der Kommunen übersehen, wenn sie anklagend mit dem Zeigefinger nach Bonn und nach Brüssel weisen, höhere Mineralölsteuern und andere Mittel gegen die Autoflut einfordern sowie ihre Ohnmacht gegenüber den hereindrängenden schweren LKW beklagen. Ein sorgfältiger Blick auf die Handlungsmöglichkeiten der Kommune und notabene auch auf die Versäumnisse der Vergangenheit wird uns zeigen, daß auf dieser Ebene viele wichtige Entscheidungen fallen, die oftmals leider in die falsche Richtung gegangen sind. Unter den kommunalen Akteuren sind der Einzelhandel und die lokale Industrie hervorzuheben, die eine verbesserte Zugänglichkeit für PKW und LKW als Standortfaktoren verlangen. Die Kommunen sehen sich im Wettbewerb untereinander um Käufer aus dem Umland sowie um ansiedlungswillige Unternehmen und stellen dabei allzu leicht Umweltbelange hintenan. Was sind nun die Gestaltungsmöglichkeiten, und wo liegen die Hemmnisse für die Realisierung eines umwelt- und sozialverträglicheren Verkehrs?

Im nächsten Schritt wird es um die Gestaltungsmöglichkeiten der Länder gehen, die für die Kommunen wichtige Rahmenbedingungen setzen, die den Kommunen Geld für vielerlei Projekte zur Verfügung stellen. Die Länder sind aus der Perspektive der Verkehrsteilnehmer die verantwortliche Ebene, wenn es um regionalen Verkehr geht. Wie absolvieren wir den Weg zum 15 Kilometer entfernten Arbeitsplatz? Wohin müssen unsere Kinder fahren, um eine weiterführende Schule besuchen zu können? Arbeiten die Verkehrsunternehmen der einzelnen Kommunen oder der Kreise in einem Verbund zusammen, oder muß man sich mühsam Informationen und Fahrkarten bei verschiedenen Stellen beschaffen? Schließlich führen die Länder in der Auftragsverwaltung des Bundes den Autobahnbau und den Bau von Bundesstraßen aus.

Die charakteristischen Akteure auf der Länderebene sind die Fachbeamten der Ministerien und der nachgeordneten Dienststellen, der Bezirksregierungen beziehungsweise der Regierungspräsidien. Von der Raumplanung angefangen, mit der die Rahmenbedingungen für die kommunale Entwicklung gesetzt werden, bis zur Kontrolle über zulässige Straßenbreiten, Entscheidungen über Geschwindigkeitskontrollen und Auflagen für Schwersttransporte bis hin zur Qualitätsüberwachung der Abgassonderuntersuchung in Werkstätten und beim TÜV reichen die Zuständigkeiten, die nur selten eine öffentliche Diskussion auf sich ziehen.

Bundesländer reden auch in Bonn und Brüssel mit

Über den Bundesrat haben die Länder in sehr vielen Fällen Mitspracherecht bis zur europäischen Ebene. Die Verkehrsminister der Länder und der Bundesverkehrsminister arbeiten in aller Regel im Bundesrat einträchtig zusammen; dabei ist es meist unerheblich, ob sie zu einer in Bonn in der Koalition oder in der Opposition befindlichen Partei gehören. Positiv daran ist sicherlich, daß entsprechend den Wünschen des Verfassungsgebers die Vertretung der Länderinteressen die Solidarität mit den Parteikollegen im Bundestag überwiegt; negativ daran ist, daß bei der gleichförmig-trägen, aber unaufhaltsamen Umsetzung von Sachzwangpolitik im Verkehrsbereich neue Ideen und Konzepte kaum eine Chance haben. Straßenbaupolitik, die lange Zeit als die Domäne der Landesverkehrspolitik galt, ist langfristig angelegt und wird in langen Zeiträumen exekutiert.

Die Bundespolitik ist als Entscheidungsebene noch etwas weiter weg von dem Alltag der Menschen, die wir in diesem Kapitel begleiten, sie wird jedoch im Verkehrsbereich sichtbarer als die Landesebene. Der Wochenendausflug zu Verwandten über 400 Kilometer Autobahn bringt die von uns beobachteten Verkehrsteilnehmer in den unmittelbaren Einflußbereich der Bonner Politik. Sind die Autobahnen überfüllt? Stauen sich die LKW wieder auf der rechten Spur? Kommen rasende Überholer so schnell heran, daß einem angst und bange wird? Für die rechtliche Zulässigkeit dieser Vorgänge ist die Bundesverkehrspolitik unmittelbar verantwortlich, für die Überwachung der Limits sind es die Länder.

Bonn könnte Verkehrsalternativen fördern

Auch die Beantwortung der Frage, ob nicht vielleicht der genannte Wochenendausflug mit dem Zug besser und billiger, zumindest aber preislich gleichwertig und in akzeptablen Zeiten zu bewältigen gewesen wäre, fällt in die Bundeszuständigkeit. Bonn hat unmittelbar Einfluß darauf genommen, ob ICE-Hochgeschwindigkeitsstrecken mit Bahnhofsabständen von 150 Kilometern Priorität hatten oder aber ein dicht verknüpfter Interregio-Verkehr im Halbstundentakt. Auch an der LKW-Flut ist die Bundespolitik nicht unbeteiligt, selbst wenn die störenden »Brummis« niederländische oder dänische Kennzeichen tragen. Die bereits von der kommunalen Ebene und von den Ländern her bekannte Geste des anklagenden Zeigefingers in Richtung auf die nächsthöhere Ebene ist zwar auch in Bonn üblich, maßgebliche Entscheidungen der EG-Politik gegen den erklärten Willen der Deutschen Bundesregierung sind zumindest im Verkehrsbereich jedoch nicht bekannt geworden – im Gegensatz zum Streit um das deutsche Reinheitsgebot für Bier.

Die Bundespolitik ist auch eine wichtige Adresse für all diejenigen Probleme, welche der Verkehr den zuhausebleibenden oder friedlich spazierengehenden Menschen bereitet sowie für die Schäden an der Natur. Sicherlich, die technischen Vorschriften für die Lärmentwicklung und den Schadstoffausstoß der Kraftfahrzeuge werden EU-einheitlich in Brüssel gemacht. Sicherlich, die deutsche Bundespolitik hätte – wenn sie denn nur dürfte – viel wirksamere Vorschriften durchgesetzt und damit Mensch und Umwelt viel wirksamer geschützt. Daß auf Bundesebene deswegen nichts weiter getan werden kann, um den Umweltschutz im Verkehr voranzubringen, stimmt aber nicht.

Die entscheidenden Faktoren für die Umweltbelastungen sind nicht die Grenzwerte für den Schadstoffausstoß oder den Lärm von Kraftfahrzeugen. Entscheidend sind die Zahl der Kraftfahrzeuge und der Umfang ihrer Nutzung. Wenn auf den nachfolgenden Seiten die Frage nach den Hemmnissen für eine ökologische Verkehrspolitik auf Bundesebene gestellt wird, kann die Antwort nicht in der auf Brüssel verweisenden Geste bestehen, sondern muß auf die massiven und fortgesetzten Fehlentscheidungen deutscher Politik verweisen, die seit mehr als 60 Jahren auf das Auto und die Autobahnen fixiert ist.

Die für die Bundespolitik typischen und wichtigen Akteure sind die Verbände, der Verband der Automobilindustrie, der Bundesverband der Deutschen Industrie, der ADAC, die Deutsche Straßenliga, die Vereinigungen des Kraftfahrzeughandwerks, des Straßengüterverkehrsgewerbes, der Bauindustrie und andere. Auch die Gewerkschaften haben stets die von ihnen so verstandenen Interessen der Mitglieder zu vertreten gewußt; selbst als es um den Abbau der Steuerprivilegien für Luxusfahrzeuge ging, was unter Umständen den Absatz der Mercedes-Limousinen beeinträchtigt hätte, gab es gewerkschaftliche Unterstützung für das Auto.

177

Für die Festlegung von für die Umwelt wichtigen Grenzwerten stehen die Arbeitskreise des Vereins Deutscher Ingenieure (VDI) zur Verfügung, in denen die Abgesandten der betroffenen und interessierten Unternehmen den Ausgleich zwischen ihren Belangen und denen der Umwelt aus ihrer Sicht suchen. Die Empfehlungen wirken bei der Nachprüfung von Planungsentscheidungen durch Gerichte oft als sogenannte »antizipierte Sachverständigengutachten«, das heißt, es wird rechtlich darauf Bezug genommen.

Eine flexible Variante des direkten Lobbyings besteht darin, in Bonn Einverständnis für Grenzwertverschärfungen oder andere Regelungen zu signalisieren, die allerdings auf EG-Ebene erlassen werden müßten, und dann in Brüssel im Rahmen der europäischen Vereinigung der Automobilhersteller gegen eben solche Regelungen anzugehen. Dabei erscheint es im Grunde irrational, auf welchen Feldern gefochten wird. Es geht zum Teil um wirklich sinnvolle Vorschriften, deren Ablehnung oder Verzögerung überhaupt nicht mit irgendwelchen Befürchtungen nachteiliger Wirkungen für die Industrie erklärbar ist.

Brüssel nicht nur für Autotechnik zuständig

Den Abschluß dieses Kapitels mit Hemmnis-Analysen bildet die EU-Ebene. Sie liegt außerhalb der normalen Wahrnehmung der Menschen, seien sie gerade Verkehrsteilnehmer oder von Umweltbelastungen betroffene Anwohner von Straßen, zumal auch aufgrund der Sprachprobleme und der begrenzten Gestaltungsmöglichkeiten des europäischen Parlaments die Medienresonanz auf Brüsseler Aktivitäten gering ist. Zumeist dringen sie erst dann in das Bewußtsein vor, wenn Regelungen bereits lange beschlossen und in der Umsetzung sind.

Auf EU-Ebene werden unter anderem die technischen Anforderungen an die Umwelteigenschaften von Kraftfahrzeugen beschlossen. In den harmonisierten Rechtsbereichen darf kein Mitgliedsland eigene abweichende Anforderungen formulieren. Allerdings gibt es Ausnahmen nach Artikel 36 EG-Vertrag und nach Artikel 100a; diese gestehen für den Fall akuter Notfälle bestimmte verschärfte Regelungen zu.

Die technischen Anforderungen an die Abgasemissionen und an den noch tolerierten Fahrzeuglärm werden vor allem unter dem Aspekt der Produktvereinheitlichung behandelt. Hier offenbart sich der ursprüngliche Kern der Europäischen Union, die Europäische Wirtschafts-Gemeinschaft. Um Handelshemmnisse zu vermeiden, so die grundlegende Argumentation, ist es notwendig, die Produktspezifikationen unter den Mitgliedsländern so zu vereinheitlichen, daß ein in Frankreich hergestelltes Auto in Deutschland ohne weitere Modifikationen zugelassen werden kann. Ähnlich soll ein in Italien hergestelltes Motorrad bei der Zulassung in England nicht deswegen Schwierigkeiten haben, weil es unter Umständen zu viel Auspufflärm entwickelt. Zu diesem Zweck werden EU-einheitliche Prüf- und Bewertungsverfahren per Richtlinie eingeführt, an denen sich die Mitgliedsländer orientieren. Produkte, die diesen EU-Richtlinien entsprechen, dürfen nicht an der Weiterverbreitung in einem der Mitgliedsländer gehindert werden.

Gemäß dieser Regelungsintention bearbeiten die für das Produkt Automobil zuständigen Beamten der Generaldirektion Wirtschaft das Problem der Abgasschadstoffe mit der gleichen Leidenschaft und der gleichen Ernsthaftigkeit wie etwa die Frage der Größe von Außenspiegeln, der Farbe von Rückleuchten oder die Frage der Kippsicherheit von Rasentraktoren. Zwar sind die Generaldirektion Umwelt und seit einigen Jahren auch das Europäische Parlament in die Entscheidungsfindung – wenngleich nicht entscheidend – involviert, die Generaldirektion Wirtschaft hat jedoch eine Schlüsselstellung, da sie sich in ihren Regelungsaktivitäten auf den ursprünglichen Kern der europäischen Einigung, nämlich die gemeinsame Förderung ihrer Wirtschaft, berufen kann.

EU für mehr Verkehr – unserem Wohlstand zuliebe

Für unsere Verkehrsteilnehmer hält die EU im Verkehrsbereich eine große Anzahl Planungen bereit. Sie fördert seit einigen Jahren weit ausgreifende Planungen zu europäischen Verkehrsnetzen, vorzugsweise Autobahnen und Hochgeschwindigkeits-Schienenstrecken. Sie gibt Finanzierungshilfen für große Straßenbauprojekte in strukturell schwach entwickelten Gebieten. Sie prognostiziert Wachstumsraten für alle Verkehrsarten und hält diese dann für unbeeinflußbar.

Entsprechend der die EG-Integration treibenden Idee eines einheitlichen Wirtschaftsraumes, der durch den Fortfall von Zollschranken und anderen den Waren- und Personenverkehr behindernden Einrichtungen eine wirtschaftliche Blüte erlebt und sich sowohl gegenüber den Vereinigten

Staaten als auch gegenüber Japan dynamisch behauptet, ist das Verkehrswachstum erwünscht. Keine Frage für die Wirtschaftspolitiker, daß größere Märkte die Wettbewerbsfähigkeit der Produkte und ihrer Hersteller erhöhen, daß darum ein höheres Volumen des Güteraustausches essentiell bedeutsam für die Steigerung dieser Wettbewerbsfähigkeit ist und daß daher mehr Güterverkehr sein muß, um den Wohlstand in den Ländern der Gemeinschaft zu entwickeln. Da bleibt der Generaldirektion Umwelt nur mehr die Möglichkeit, Grenzwerte für die Luftqualität zu erlassen und die Mitgliedsländer aufzufordern, für die Einhaltung zu sorgen. Die Kompatibilität dieser Regelungen mit der ausgreifenden und belastungssteigernden Wirtschafts- und Verkehrspolitik wird dabei nicht untersucht.

Zwischen Gemeinderat und EU – wo bleibt der Umweltschutz auf der Strecke?

Auf dem Weg von der Heimatgemeinde bis in die Welt der europäischen Hochgeschwindigkeitsnetze stößt man auf jeder Politikebene auf Einstellungen und Strukturen, die im Ergebnis die notwendigen politischen Veränderungen blockieren. Auf die Fragen, was im einzelnen verkehrt läuft und wer anders entscheiden müßte, wer initiativ werden könnte und müßte, um ein lebenswerteres Verkehrsumfeld realisieren zu helfen, wird eine bemerkenswerte Entsprechung sichtbar zwischen den Strukturen der Entscheidungsfindung und den Inhalten der Entscheidungen.

Die Schlagzeilen in der Verkehrspolitik widmen sich den Prestige-Projekten, in welche viele Steuergelder fließen, ohne daß diese den Bürgern und Bürgerinnen helfen, ihren Alltag leichter zu bewältigen. Trotz der vielen Image-Kampagnen der Bahn, die den IC-reisenden Manager ansprechen sollen und ihm bis hin zur Leihwagenvermittlung am Zielbahnhof alles versprechen, bilden diejenigen das Gros der Reisenden, die sich morgens in jahrzehntealte laute, schmutzige, überfüllte Nahverkehrszüge drängen, um ihre Arbeitsplätze zu erreichen, sowie auch über kurze Strecken hinweg und trotz Stau eher das Auto benützen als auf verspätete und überfüllte Busse umzusteigen. In den Werbebildern der High-Tech-Konzepte und den Visionen der Politik kommen auch nicht die Frauen vor, die, eingekeilt zwischen der Öffnungszeit der Kindergärten und dem eigenen Arbeitsbeginn, vergeblich versuchen, die divergierenden Mobilitätsanforderungen per ÖPNV und Fahrrad unter einen Hut zu bringen, und wegen der damit verbundenen

Überlastung ein Auto kaufen (müssen). Sie umsorgt keine satellitengestützte Navigation und kein Verkehrsinformationskonzept; derartige Vorstellungen gehen so offensichtlich an den Alltagsnotwendigkeiten vorbei, daß die Orientierung der »großen« Verkehrspolitik daran als weiterer Beweis für Distanz zu den Bürgerinnen und Bürgern dienen kann.

Wir werden später, nach der Besichtigung der Akteursebenen und charakteristischer Entscheidungen, auf die Frage der Veränderbarkeit dieser Situation zurückkommen. In den Kommunen werden die Probleme des Verkehrs am unmittelbarsten erfahren; daher ist auf dieser Ebene die Kritik an der gegenwärtigen Verkehrsentwicklung am weitesten fortgeschritten. Eine konsequent ökologische Verkehrspolitik hat freilich noch keine deutsche Kommune gewagt. Dennoch: Dort muß man anfangen, um ökologisch verträglichen Verkehr zu gestalten.

2. Kommunen:
Ungenutzte Handlungsspielräume

*Eine autogerechte Stadt kann es nicht geben. Der Begriff ist der ei-
nes hölzernen Eisens. Baut man eine Stadt so, daß sie dem Auto
voll gerecht wird, dann ist sie keine Stadt mehr.*

Hans-Paul Bahrdt, Die Zähmung des Autos

In der Kommune tut der Verkehr am meisten weh

Wenn Sie auf dem Weg zum Bus, der Sie zur Arbeit bringt, auf
dem Bürgersteig nur mit Mühe eine entgegenkommende Frau mit einem
Kinderwagen passieren lassen können, so danken Sie diese Planungslei-
stung Ihrer Gemeinde. Wenn gar kein Bus fährt oder dieser Bus erst in 600
Meter Entfernung eine Haltestelle hat, die zudem nur jede Stunde bedient
wird, und wenn dann dieser Bus noch endlose Schleifen durch abgelegene
Siedlungen fährt, ehe Sie das gewünschte Ziel erreichen, dann ist auch dies
eine Folge der kommunalen Verkehrspolitik. Und wenn der ehemals ruhige
Bereich zwischen den letzten Siedlungen am Feldrand und dem nahegelegenen Wäldchen, in dem man früher so ruhige Spaziergänge machen konnte, vom Lärm der auf einer Umgehungsstraße dahinrasenden Autos und
Schwerlaster widerhallt, so verdankt sich auch dies den Entscheidungen auf
kommunaler Ebene.

Bei diesem letzten Beispiel wäre es theoretisch auch möglich,
daß Land oder Bund diese bewußte Straße gegen den erbitterten Widerstand
der Kommune durchgedrückt haben; dies ist jedoch ein eher seltener Vorgang. Die Städte und Gemeinden haben die neuen Straßen zumeist gewollt.

In der Regel vergeht kein Besuch eines Verkehrsminister, ohne daß Bürgermeister und Abgeordnete auf die dringende Notwendigkeit gerade dieser Umgehungsstraße oder eines Autobahnzubringers hingewiesen hätten.

In den letzten Jahren hat sich allerdings das Blatt in vielen Gemeinden gewendet. Gelegentlich werden heute Straßenplanungen von Gemeinden offiziell bekämpft, die sie früher – oft in anderen Koalitionen – begrüßt oder nachdrücklich gefordert haben.

Die Sensibilisierung der kommunalen Politikebene eilt der Landes- und vor allem der Bundespolitik voraus. Die vielen lokalen Bündnisse mit den Grünen wirken sich entsprechend aus, aber andererseits rührt deren Zunahme oft von der Ablehnung überdimensionierter Planungen durch Bürgerinitiativen her. Auch in Kommunen mit traditionellen Mehrheiten sind seit einiger Zeit praktisch kaum mehr Straßenneubaumaßnahmen durchsetzbar. Entweder protestieren die Anwohner gegen eine siedlungsnahe Straße wegen der Lärm- und Abgasbelastung, oder es bilden sich Initiativen zur Bewahrung der letzten verbliebenen naturnahen Landschaften.

Die Sünden der Vergangenheit wirken jedoch in Form von zuviel Verkehrsfläche für das Auto nach; dies zieht den Verkehr in die Städte und behindert die verträglicheren Verkehrsarten oder macht ihnen die notwendigen Flächen – Fußwege, Radwege, Busspuren – streitig.

Vernachlässigung der Interessen von Radfahrern und Fußgängern

Daß in den meisten Städten keine Fußweg- und Radwege-Netze vorhanden sind, die so eng geknüpft und breit ausgebaut sind, daß sie vernünftig genutzt werden können, geht auf das Konto von Fehlentscheidungen der Kommunen. Diese werden ständig weiter fortgesetzt.

Für andere Planungen ist dagegen erheblich mehr Aufwand betrieben worden. In den deutschen Großstädten liegen milliardenteure Beton- und Marmordenkmäler im Untergrund; es entwickelte sich geradezu ein Status-Wettbewerb zwischen den Großstädten um Untergrundbahnen. Ein Auslöser für diesen Wettlauf war das Gemeindeverkehrs-Finanzierungsgesetz (GVFG), das vom Grundsatz her eine progressiv gedachte Einrichtung ist. Das GVFG finanzierte den Kommunen ihre Straßenprojekte sowie die Investitionen für Anlagen des öffentlichen Verkehrs zu 60 Prozent. Als Finanzierungsquelle dient die Mineralölsteuer.

Die Bundesregierung hat im Jahr 1983 einen bestimmten Prozentbetrag der Mineralölsteuer für die Verbesserung der Verkehrsverhältnisse in den Gemeinden (so der Untertitel des Gesetzes) zweckgebunden. In den ersten Jahren bestand die Auflage, daß 50 Prozent des GVFG-Volumens für den kommunalen Straßenbau und 50 Prozent für ÖPNV-Investitionen verwendet werden mußten; mittlerweile ist diese Aufteilung aufgehoben, und die Kommunen können in vollem Umfang ÖPNV-Investitionen damit finanzieren.

Geld aus Bonn für den kommunalen Verkehr – Danaergeschenke?

Die 60-Prozent-Bundesförderung von Investitionen für den öffentlichen Verkehr wurde zumindest in Nordrhein-Westfalen noch mit 20 Prozent Landesmitteln aufgestockt. Das bedeutet, daß die Kommune nur 20 Prozent Eigenmittel aufbringen mußte, um Verkehrsbauwerke in ihre Stadt zu bekommen. Die aufwendigsten Verkehrsbauwerke sind U-Bahn-Bauten. Für die Städte war es nun eine Prestige-Angelegenheit, eine eigene U-Bahn zu betreiben, selbst wenn dies bei ruhiger Betrachtung ein wirklich unsinniger Weg war. Eine 80-Prozent-Förderung ist jedoch so gut wie ein Geschenk, vor allem, wenn es um gigantische Bausummen geht, von denen auch die örtliche Bauindustrie profitieren kann. Kein Kommunalpolitiker wird den Vorwurf ertragen wollen, daß Hunderte von Millionen Mittel aus Bonn und aus der Landeshauptstadt nicht in Anspruch genommen worden seien, sondern verfallen wären oder – schlimmer noch – anderen Städten zugute gekommen wären. Da spielte es kaum noch eine Rolle, ob die fragliche Untergrundbahn verkehrlich und städtebaulich überhaupt sinnvoll war.

Vor der Bewilligung durch den Bundesgesetzgeber an die Kommune war noch die Hürde der Kosten-Nutzen-Analyse errichtet worden. Um zumindest im Rechenmodell die zur Finanzierung notwendige hohe Nachfrage auf die U-Bahn-Linie zu bekommen, wurden die noch bestehenden Straßenbahnlinien stillgelegt, die Busnetze im Parallelbetrieb ausgedünnt und auf die Zulieferfunktion zu Haltestellen beschränkt – unabhängig davon, ob dies überhaupt von den Verkehrsverflechtungen her sinnvoll war. Im Ergebnis wurden die U-Bahn-Linien »schöngerechnet« und die notwendige Nachfrage für die fragliche Linie nachgewiesen. Dies geschah häufig, wie gesagt, auf Kosten der vorher dichteren Bedienung der Stadtflächen.

Problematischer U-Bahn-Bau

Der Erfolg einer solchen auf wenige, dafür aber gut bediente Linien konzentrierten Angebotsstrategie besteht nun darin, daß zwar im Einzugsbereich der Haltestellen die Attraktivität des ÖPNV gesteigert worden ist, daß jedoch faktisch ein Rückzug aus der Stadtfläche stattgefunden hat. Im Grunde sind ÖPNV-Angebote, die nur über größere Entfernungen erreichbar sind, die große Haltestellen-Entfernungen haben und zudem einen beschwerlichen Anmarsch durch dunkle Gänge, über oftmals streikende Rolltreppen, in – zumindest am späten Abend – unbehagliche Katakomben erfordern, ein grundsätzlich falsches Konzept für den ÖPNV.

U-Bahn-Befürworter hatten (es gibt sie heute kaum noch) offensichtlich die Vorstellung, daß die Fahrgäste auf hohe Transportgeschwindigkeiten fixiert sind und beschwerliche Zugänge nicht scheuen, ferner in der Nähe der Haltestellen wohnen und in die Innenstadt fahren wollen. Dies mag der Wunschkunde mancher Planer sein, nach dem sie ihre Netzvorstellungen realisieren, er repräsentiert jedoch nicht das Spektrum der tatsächlichen Mobilitätsnotwendigkeiten. In der Realität legen Fahrgäste weniger Wert auf eine hohe Fahrgeschwindigkeit auf einer Linie als auf gute Erreichbarkeit und zuverlässige sowie bequeme Umsteigebeziehungen. Entgegen dem Automatik-U-Bahn-Image lebt die Straßenbahn auch von einer persönlichen Note. Das erfolgreichste ÖPNV-Modell in Europa, die Züri-Linie, repräsentiert die Stadt Zürich auf nahezu allen Postkarten; sie verkörpert einen Teil der Identität.

Straßenbahn – langsamer, aber dafür in Reichweite

Busse und Straßenbahnen können nur dann zur dominierenden Kraft im kommunalen Verkehrssystem werden, wenn sie ständig und überall präsent sind. Die erfolgreichste ÖPNV-Stadt und gleichzeitig die Stadt der Banken, Zürich, zeigt es: Die Straßenbahnen fahren im Innenstadt-Bereich teilweise im Drei-Minuten-Takt, die Linien liegen nur wenige hundert Meter parallel voneinander entfernt und erschließen die Stadt mit einem extrem dichten Netz. Dies bedeutet eine ständige optische und faktische Präsenz. Wenn ein Fahrgast aus der Haustür tritt und auf den ersten Blick sehen kann, daß in der Ferne die Straßenbahn naht, entsteht Vertrauen in das Verkehrsmittel. Wenn ein Fahrgast erst 300 Meter gehen muß, sich über

Treppen in den Untergrund wagen muß und nach längeren Gängen dann einen neonbeleuchteten, schwach belebten Bahnsteig erreicht, wirkt dies eher abschreckend.

Da hilft es dann auch nichts, wenn die U-Bahn auf den Strecken doppelt so schnell fährt wie die Straßenbahn. Sei's drum – wenn die Straßenbahn tatsächlich nur 50 km/h in der Spitze erreichen kann, und vielleicht in Fußgängerzonen nur 20 bis 30 km/h in der Spitze, so sind doch die schnellere Zugänglichkeit und bessere Identifizierbarkeit entscheidende Faktoren.

Nur dann Geld vergraben, wenn's sinnvoll ist!

In Städten mit weniger als etwa 500000 Einwohnern sind die Fahrdistanzen zwischen Zentrum und Wohngebiet noch so gering, daß der Unterschied zwischen einer Reisegeschwindigkeit von 18 km/h (wie bei Straßenbahnen) oder 30 km/h (wie bei U-Bahnen) keinen entscheidenden Faktor darstellt. Mit der Straßenbahn dauern 5 km zwischen Zentrum und Stadtrand etwa 20 Minuten, mit der U-Bahn 12 Minuten. Aber: Der Vorteil der U-Bahn wird dann bereits egalisiert, wenn 3 bis 4 Minuten längere Anmarschzeiten zu den Haltestellen dazukommen; dies ist zum Beispiel dann der Fall, wenn der durchschnittliche Anmarschweg nicht mehr 250 m, sondern 400 m ausmacht. Dazu kommen noch die psychologischen Faktoren, die Beschwernis und die Angstzustände, die gegen eine Untergrundbahn sprechen.

Natürlich sind in Großstädten von mehr als 800000 bis 1 Million Einwohner Untergrundbahnen sinnvoll. Die Inflation dieser Bauten bis hinunter zu Städten wie Bielefeld, Bochum sowie – zeitweise in ernsthafter Planung – Neuss ist jedoch nicht mehr das Ergebnis sorgfältiger kommunaler Verkehrsplanungen, sondern Ausfluß der Förderphilosophie des Bundes. Hätte die Bundesregierung die Förderung per GVFG nicht nur für teure Infrastruktur-Maßnahmen gewährt, sondern auch für flexible, unaufwendige Angebotsverbesserungen im Bus- und Straßenbahnverkehr, so wären die Kommunen möglicherweise nicht auf die Prestige-Projekte im Untergrund derartig fixiert.

Im Zeichen der Förderung des öffentlichen Nahverkehrs sind Milliardenbeträge verbaut worden, die im Ergebnis diesem Ziel nicht geholfen haben. Die Lehre aus dieser Art von »geschenktem« Fördergeld: Die Kommunen sollen ihre Ausgaben in Investitionen und Betrieb der öffentlichen Verkehrsunternehmen selbst verantworten. Wenn die Bundesebene Fördermittel gibt, sollte deren Verwendung den Kommunen überlassen bleiben. Letzten Endes wird eine Kommune nur dort wirklich Investitionen vornehmen, wo sie selbst einen Ertrag erwarten kann. Geldgeschenke aus Bonn oder – anteilig – aus der Landeshauptstadt tragen nur dazu bei, die Finanzverantwortung zu untergraben.

Wer hat den besten Platz im Stadtverkehr bekommen?

Ein für das Auto positiver Nebeneffekt der Untergrundbahn-Strategie besteht darin, daß auf der Oberfläche nunmehr die störenden Schienenfahrzeuge verschwunden sind. Möglicherweise muß man dies als Haupteffekt der ÖPNV-Förderung bezeichnen. Insofern ist es eigentlich ungerecht, die in die öffentlichen Verkehrssysteme geflossenen Milliarden aufzusummieren und als Beweis der strukturellen Ineffizienz des ÖPNV zu verwenden; vielmehr sind die U-Bahn-Milliarden im Grunde genommen Subventionen für den Straßenverkehr gewesen; schließlich haben sie dazu beigetragen, daß die Automobile auf den für sie und ihre Nutzer bequemsten Ebenen freie Fahrt erhalten haben.

Man stelle sich einmal vor, daß die Straßenbahnen an der Oberfläche geblieben und die Automobile in den Untergrund verbannt worden wären. Dies hätte die ungünstigen Kosten-Nutzen-Relationen des Autoverkehrs in der Stadt recht deutlich zum Bewußtsein gebracht. Der Zugang von unterirdischen Parkanlagen zu den städtischen Bereichen wäre beschwerlich gewesen und hätte Benutzer zu der Aussage veranlaßt, daß im (Oberflächen-) ÖPNV doch alles einfacher sei. Die hohen Betriebskosten der unterirdischen Verkehrsanlagen hätte man dem Auto angelastet, die gute Erreichbarkeit und einfache Organisation des Straßenbahnverkehrs an der Oberfläche hätte dagegen mehr und mehr Fahrgäste angezogen.

Dieses verführerische Szenario ist nun leider dadurch irreal geworden, daß die Stadtverkehrsplaner die Straßenbahn unter die Erde geschickt haben und nicht das Auto.

ÖPNV-Erfolg : Von Zürich lernen

Von Zürich lernen kann heißen: den ÖPNV aus eigener Kraft gestalten und Bürger anstatt Fachleute entscheiden lassen. Es gehört zur oft erzählten Geschichte des Züricher ÖPNV-Wunders, daß der Ausgangspunkt des Erfolges ein Fehlschlag war. Die städtischen Verkehrsplaner hatten ein U-Bahn-Konzept für Zürich entwickelt, das nach ihrer Einschätzung unbedingt notwendig war, um den Zukunftsanforderungen zu genügen. Das Wahlvolk lehnte jedoch diese Konzeption ab, welche die Aufnahme großer Kreditsummen bedeutet hätte, und beauftragte die Verwaltung, alternative, preiswertere Lösungen zu finden.

Nur durch diese kalte Dusche von seiten der kostenbewußten Bürger war die Verwaltung gezwungen, kreativ zu werden. Sie entwarf ein Konzept, das wesentlich auf einem erheblich verbesserten Oberflächen-

ÖPNV basierte. Straßenbahnen und Busse wurden an den Ampelkreuzungen bevorzugt, dichte und flächendeckende Takte wurden eingeführt, attraktive Werbemaßnahmen wurden von professionellen Verantwortlichen innerhalb der Verkehrsbetriebe konzipiert und durchgezogen. Im Endergebnis ist der ÖPNV Zürich eine Erfolgsstory, die auf vielen Kongressen in Deutschland diskutiert, gelobt, kritisiert, angezweifelt und schließlich als Schweizer Spezifikum akzeptiert wurde.

Das Vorbild Zürich ist verständlicherweise nicht beliebt in deutschen Rathäusern und Verkehrsunternehmen, weil es die eigenen Schwächen offenlegt. Wenn ökologisch Engagierte die Forderung erheben, auch in der eigenen Stadt müsse nun das ÖPNV-Wunder von Zürich installiert werden, ernten sie Abneigung. Generell gibt es für die Zumutung, von anderen Städten lernen zu müssen, folgende Reaktionsmöglichkeiten:

- bei Lichte besehen ist der Erfolg gar nicht so groß,
- das ist alles nicht übertragbar,
- das ist alles viel zu teuer.

Da ist es doch interessant anzumerken, daß Zürich bei vergleichbaren Grundstrukturdaten wie Bochum (Bevölkerung, Bevölkerungsdichte etc.) nicht nur einen ÖPNV-Anteil am Verkehrsmarkt von 36 Prozent hat anstelle von 12 Prozent, sondern daß auch die Angebotsqualität, gemessen an Abfahrten je Quadratkilometer Stadtgebiet, um das Vierfache besser ist. Im Einzelfall mag man darüber streiten, was wichtiger ist – die hohe Taktfrequenz oder die dichte Linienführung über die Stadt –, tatsächlich muß zur Kenntnis genommen werden, daß es sehr attraktiv ist, in Zürich in fünf Minuten Fußweg eine mindestens im Zehn-Minuten-Takt bediente Linie zu finden, anstatt doppelt so weit zu laufen, um dann einen Zwanzig-Minuten- oder sogar Dreißig-Minuten-Takt vorzufinden.

Möglicherweise war der entscheidende Punkt für die Züricher ÖPNV-Erfolgsstory, daß das Geld für die Investitionen alleine aufgebracht werden mußte. Da gab es keine Bundesfinanzierung, die mit 60 oder 80 Prozent Förderzusage die Kommune dazu veranlaßt hätte, unwirtschaftliche und im Grunde unsinnige Investitionen vorzunehmen. Das ist auch die Schlußfolgerung aus diesem Beispiel: Abschaffung der übergeordneten Finanzierungsebene, statt dessen Schaffung eigener Finanzquellen in kommunaler Verantwortung.

Ein Sonderproblem stellt die Professionalität des ÖPNV-Managements dar. In Zürich sind Manager der Züri-Linie aus erfolgreichen Privatunternehmen geholt worden; professionelle Management- und Public-Relations-Methoden wurden auf diesen normalerweise etwas verstaubten Sektor übertragen. Es ist wohl nicht übertrieben festzustellen, daß Positionen in öffentlichen Verkehrsunternehmen in manchen Regionen der Bundesrepublik eine Domäne verdienter Bezirkspolitiker darstellen. Dies zu ändern, ist eine vordringliche Aufgabe für all diejenigen, welche an einer Belebung und Modernisierung des ÖPNV Interesse haben.

Der Autofahrer – von den Kommunen immer noch umworben

Wenn trotz des Wissens um die mangelnde Eignung des PKW als Stadtverkehrsmittel in den Kommunen ängstlich vermieden wird, Autofahrer zu verärgern, so liegt dies weniger an der Furcht vor deren Protesten, sondern an der örtlichen Wirtschaft. Insbesondere die Einzelhandelsverbände und die Industrie- und Handelskammern beschwören immer wieder den Niedergang der Stadt, wenn das Auto weiter beziehungsweise noch stärker behindert würde. Aus dem Umland würden keine Kunden mehr in die Stadtzentren kommen, die Stadt werde ihre Attraktivität einbüßen und veröden, die lokale produzierende Industrie werde – wenn nicht mehr Straßen gebaut würden – mit ihrem Geschäftsreise- und Güterverkehr nicht mehr gut erreichbar sein und daher über kurz oder lang eingehen.

Standortkonkurrenz zwischen den Städten scheint also ein bedeutender Faktor zu sein. Aus Angst davor, daß die Nachbarstädte die Autofahrer »besser behandeln«, das heißt ihnen mehr und billigere Parkplätze zur Verfügung stellen, fordert die Kaufmannschaft dieses auch für die eigene Stadt; diese Haltung setzt sich fort, sobald es um die Ausweisung von Gewerbegebieten geht, um die preis- und steuergünstige Vergabe von Grundstücken und anderes.

In verkehrspolitisch aktiven Städten spielen die Planungsbehörden für die Einzelhandelsverbände den beliebig verfügbaren Sündenbock. Wenn etwas nicht läuft, liegt es daran, daß die Stadtplanung und Verkehrsplanung nicht genug Parkplätze vor der Ladentür herbeizaubert. Die Einsicht, daß angesichts der Bestandszahlen einfach der Platz fehlt, um allen Autofahrern einen Parkplatz in der Innenstadt oder auch nur genug Straßenraum zum Fahren zu geben, muß wohl erst noch wachsen.

Stadtplanung für das Auto wird weiter fortgesetzt – ungewollt?

An die Adresse der Städte und Gemeinden geht auch heute noch der Vorwurf, ihre Entwicklungsplanung dem Auto untergeordnet zu haben. Dem Leitbild der autogerechten Stadt sind jedoch bewußt gestaltend nur wenige Städte erlegen. Zumeist sind die Straßenplanungen eher verzweifelte Abwehrschlachten gegen die Autolawine; typisch ist die Floskel von der »Engpaßbeseitigung«, die nun unbedingt sein müsse und die dann die Stauprobleme beseitigen würde. Es ist eine defensive Argumentation; kein Stadtplaner von Rang hat hier amerikanische Verhältnisse schaffen wollen. In der Summe haben sich allerdings die Engpaßbeseitigungen und Lückenschlüsse in massiv ausgeweiteten Netzen ausgedrückt, die den angestrebten Effekt der Staubeseitigung deswegen ad absurdum führten, weil sie weitere Distanzen schnell zu überwinden ermöglichten, so die Siedlungsräume zerstreuten und letztlich neue Verkehrsnachfrage und neuen Stau erzeugten.

Spätestens seit den sechziger Jahren war klar geworden, daß das System Stadt und das Auto nicht zusammenpassen. Dem stand jedoch die technische und soziale Fortschrittseuphorie entgegen, die den Siegeszug des Autos unkritisch als Gewinn an Freiheit und Wohlstand auffaßte. Auf allen politischen Ebenen wurde der Platzanspruch des Autos hingenommen und durch groß angelegte Straßenbauprogramme noch verstärkt. Die Ortsdurchfahrten bei kleineren Gemeinden wurden rücksichtslos verbreitert, Ringstraßen und Stadtautobahnen wurden für Großstädte konzipiert, das deutsche Autobahnnetz wurde entlang den Planungsvorstellungen realisiert, die bereits in den dreißiger Jahren auf den Karten von Hitlers Planern angelegt waren.

In den Ballungsräumen wurden zusätzliche »Lückenschlüsse« vorgenommen, bis hin zu dem z.B. im Ruhrgebiet ausgeprägten Netz von Autobahnen in teilweise nicht mehr als zehn Kilometer Abstand voneinander. Wenn wir heute über diese Autobahndichte den Kopf schütteln und den Verlust an Ruhe für die Wohngebiete beklagen sowie die ökologische Funktionsfähigkeit der Naturräume zerstört sehen, ist zu bedenken, daß in der Hoch-Zeit der Autobahn-Baueuphorie Ende der sechziger und Anfang der siebziger Jahre noch erheblich mehr Planungen auf den Reißbrettern auf ihre Realisierung warteten. Der sozialdemokratische Verkehrsminister Leber formulierte das Ziel, daß niemand in Deutschland mehr als 25 Kilometer von der nächsten Autobahn-Auffahrt entfernt im Abseits stehen müsse.

Die Straßenbaueuphorie ist vorbei, die Leitbilder sehen nicht das Auto als zentrales Stadtverkehrsmittel. Zu-Fuß-Gehen, Radfahren, Busse und Straßenbahn benutzen, so heißt die Wunschvorstellung von Planern und Politikern für die Mobilität der Bürger. Dennoch gelingt es offensichtlich nicht, den Bürgern dies überzeugend zu vermitteln. Sie benutzen lieber das Auto, und sie haben zumeist gute individuelle Gründe dafür, denn die Struktur der Siedlungen, die überdimensionierten Straßen, die bequem erreichbaren Parkplätze – oft auf privatem Gelände, also dem steuernden Zugriff der Stadtpolitik entzogen – sprechen für die Autonutzung.

Welche Chancen bestehen für die kommunale Ebene heute, wieder zu günstigeren Strukturen zu kommen, in denen ein Leben mit geringerem Verkehrsaufwand möglich wird? Es ist unmittelbar einsichtig, daß nicht das in den letzten Jahrzehnten in Bauten und Infrastrukturen investierte Kapital dadurch schlagartig auf Null abgeschrieben werden kann, daß diese Häuser abgerissen werden und die Menschen wieder in dicht besiedelte Städte ziehen. Der Option »verkehrssparende Stadtplanung« wird oftmals resignierend der lange Gestaltungshorizont vorgehalten; allenfalls langfristig seien Veränderungen möglich. Wir behaupten dagegen, daß die Instrumente zur Beeinflussung auch mittelfristig wirksam werden. Schließlich bedeuten zwei Prozent jährliche Erneuerung und Erweiterung des Bestandes die Möglichkeit, in zehn Jahren den Verkehr zumindest nicht weiter ansteigen zu lassen.

Dies würde erfordern, keine neue Siedlung mehr ohne vorher verlegte Straßenbahn (in Großstädten über 100000) oder Anschluß an Stadtbusnetze zuzulassen, keine reinen Wohngebiete mehr auszuweisen, sondern nur noch gemischte Nutzungen, eine Mindestdichte für die Bebauung vorzuschreiben, kostendeckende Gebühren für das Parken und Abstellen von Autos auf öffentlichem Grund zu erheben. Bei Baulandpreisen von 350 DM je Quadratmeter und Baukosten von 20000 DM erfordern Kapital- und Unterhaltskosten von den Benutzern aller Parkplätze, auch der »Laternengarage«, also den Straßenrandparkern, eine monatliche Gebühr von mindestens 100 DM – zumindest in Ballungsgebieten; alles andere wäre eine Subventionierung des Autos. Alternativ käme der Nachweis eines privaten Stellplatzes in Frage.

Die hohen Flächenpreise würden sich dabei automatisch dort als kostentreibend auswirken, wo die Bevölkerungsdichte hoch ist und wo damit ÖPNV-Alternativen gut ausgebaut sind (oder sein könnten), während im ländlichen Raum entweder genügend Abstellplätze auf privaten Grundstücken bestehen oder aber die Gebühren wegen der niedrigeren Bodenpreise geringer ausfallen.

Die Großstädte haben ihre Urbanität dem Auto geopfert. Nur dort, wo es frühzeitig ausgesperrt worden ist, in einigen Einkaufsstraßen oder aber in den wenigen traditionellen engen Gassen, funktioniert die Stadt noch heute. In Einkaufsvierteln mit den breiten Straßen stirbt täglich nach 18.30 (außer donnerstags) das Leben aus, weil nach Arbeitsschluß niemand mehr dort anzutreffen ist; es wohnt nämlich kaum noch jemand in der Innenstadt. Die hohen Grundstückspreise und die daraus resultierenden Mieten, die nur noch Handel und Dienstleistungsunternehmen aufbringen können, verkörpern Planungs- und Politikversäumnis der Kommune. Planungsauflagen für die Investoren, einen bestimmten Anteil der Flächen für Wohnungen vorzusehen, werden nicht gerne gesehen, weil sie nur über Mischkalkulationen und unter Verzicht auf Mieterträge gestaltbar sind. Allerdings: Wenn eine erfolgreiche Kommune dies nicht versucht, wird sie eben weiter im Verkehr der Pendler ersticken. Man kann eben nicht divergierende Prioritäten verfolgen.

Es ist unbestreitbar, daß den Kommunen viele Möglichkeiten offenstehen, um der Autoverkehrszunahme entgegenzuwirken. Die kommunalen Entscheider trauen sich deswegen nicht, weil sie den Zorn der Wahlbürger, den organisierten Protest der Autofahrervertreter und vor allem Kritik der lokalen Wirtschaft fürchten. Standortflucht, Gewerbesteuerausfälle, Arbeitsplatzverluste werden befürchtet, wenn der Ruf der Autofeindlichkeit sich verbreitet.

Regionaler Ausgleich statt Städtewettlauf

Die Chancen einer Kommune, von derartigen düsteren Prophezeiungen verschont zu bleiben und trotz autokritischer Politik ihre Attraktivität für die Wirtschaft zu behaupten, sind ungewiß. Es müßte gelingen, das unselige Ausspielen der Städte gegeneinander zu beenden, das oftmals bis zum Verschenken der Flächen führt, zu Straßenerschließungen aus dem Stadtsäckel, zu verlorenen Zuschüssen und zu Steuergeschenken. Verbindliche regionale Planungsleitlinien, wie sie von vielen Landesplanungen (allerdings nicht strikt und verbindlich) bereits formuliert sind, werden erst dann von den Kommunen akzeptiert, wenn kein ökonomischer Druck entgegensteht. Steuerausgleich zwischen Großstadt und Umland – Düsseldorf, Frankfurt oder München hätten es nicht nötig, trotz einpendelnder Heere von Arbeitsnehmern noch jeder Unternehmensansiedlung hinterherzulaufen, sondern würden dezentrale Ansiedlungen in den Mittelstädten der Umlandkreise fördern.

Man könnte ohne große Aufgeregtheit nach neuen verkehrssparenden Siedlungsformen suchen, Wohnsiedlungen gezielt flächensparend anlegen und sie auf die öffentlichen Verkehrsnetze hin ausrichten. Damit dies geht, müssen sicherlich eine Menge überholter Landes- und Bundesvorschriften geändert werden, doch der eigentliche Problempunkt heute sind eben nicht die rechtlichen Restriktionen, sondern die Angst vor der Kritik. Es ist richtig: Die gesetzlichen Regelungen sind am Auto ausgerichtet, sie fordern von den Investoren von Wohn- und Gewerbegebäuden, daß genügend Autoabstellplätze geschaffen werden. Das steht im krassen Gegensatz zu den Forderungen der kommunalen Spitzenverbände an die Landes- und Bundespolitik, den Zwang zur Erstellung von Abstellplätzen aufzuheben und dadurch eine verdichtete Bebauung möglich zu machen. Doch immerhin nutzen die Planungsbehörden zunehmend den Spielraum, den sie trotz der Bundes- und Landesvorschriften haben, und versuchen eine weniger autoorientierte Stadtumgebung zu gestalten.

Verkehrsnachfrage senken statt Verkehrsangebote erweitern

Die Lösung der Verkehrskonflikte konnte durch Ausweitung des Verkehrsraumes nicht erreicht werden. Von der Stadtplanung erwarten nun die resignierten Verkehrsplaner, daß sie die Autoflut von der Nachfrageseite her reduziert. Wenn weniger Notwendigkeit dazu bestehen würde, die tägliche Erledigung, den Weg zur Arbeit oder andere Einzelaktivitäten über große Entfernungen mit dem Auto zu machen, sondern wenn all diese Aktivitätsziele schön durchmischt zwischen den Wohnungen lägen, so wird gehofft, dann würden die Menschen auch weniger mit dem Auto fahren.

Die Schlagworte dieser Debatte lauten Nutzungsmischung, Siedlungsverdichtung, dezentrale Konzentration. Mit letzterem ist gemeint, daß außerhalb der traditionellen Großstädte die Bevölkerungszahl sicherlich weiter zunehmen wird, daß diesem Trend jedoch Kristallisationskerne für die Siedlungen gegeben werden sollten. Nicht isoliert in die Landschaft gestreute Einfamilienhaussiedlungen sind im Umland der Ballungsgebiete zu errichten, sondern es sollten die Kleinstädte behutsam erweitert werden durch Wohn- und Gewerbesiedlungen, die dann zwar außerhalb der traditionellen Großstadt liegen (also dezentral), aber in sich so stark verdichtet sind, das heißt eine so hohe Bevölkerungsdichte pro Quadratkilometer haben, daß richtiges städtisches Leben stattfindet (also Konzentration).

Damit kommen die Kommunen in zweierlei Hinsicht an eine Schlüsselstelle für die Beeinflussung der zukünftigen Verkehrsentwicklung. Es liegt in ihrer Hand, ob die Menschen zukünftig in Siedlungen leben, in denen es auch ohne Auto gehen würde. Das bedeutet eine bestimmte Mindestanzahl von Menschen je Quadratkilometer, denn nur dann können sich Läden halten, und nur dann lohnt sich eine gute Buslinie, vielleicht sogar ein Schienenverkehr. Wenn eine solche verdichtete Bebauung dann noch relativ günstig zu einer Bahnstation mit guter Verbindungsqualität in den nächsten Ballungsraum angeordnet ist, dann gibt es gute Voraussetzungen, die nächsten Schritte vorzunehmen.

Diese bestehen darin, das Auto im Stadtverkehr zum unerwünschten Verkehrsmittel zu erklären und danach zu handeln. Es ist nun einmal so: Das Auto ist für die Stadt kein geeignetes Verkehrsmittel. Es braucht zuviel Platz, es tötet zu viele Menschen, es verpestet die Luft und lärmt. Am wenigsten lösbar ist das Flächenproblem. Wenn ein Auto für das Abstellen mindestens 10 bis 12 Quadratmeter braucht und für das Fahren etwa 100 Quadratmeter, dann läßt sich leicht ausrechnen, daß man die Stadt abreißen müßte, um so viele Straßen zu schaffen, damit der Verkehr in eben diese Stadt ohne Stauung fließen kann. Dieses Ende der traditionellen mitteleuropäischen Stadt will bewußt niemand, auch nicht die lokale IHK und der Einzelhandelsverband. Das Problem der Politik der nächsten Jahre besteht nicht darin, nach neuen Lösungen in Form von Planungskonzepten zu suchen, sondern Wege zur Konsensbildung zu finden, damit die schon lange als richtig erkannten Vorstellungen von einer menschlichen, gesunden, ökologisch verträglichen Stadt umgesetzt werden können.

Die Anliegen der Wirtschaft sind ernst zu nehmen, weil sie das Richtige torpedieren können. In Aachen haben Einzelhändler bis zur Selbstschädigung lauthals die schlechte Erreichbarkeit ihrer Läden in der Innenstadt als Folge einer im Grunde lächerlichen Sperrung einiger Stadtstraßen beklagt – ohne sachlichen Hintergrund, mittlerweile ist die Attraktivitätserhöhung nicht mehr wegzudiskutieren. Bei den ersten Fußgängerzonen vor mehreren Jahrzehnten beschworen die Einzelhandelsverbände auch den

Niedergang der Innenstadtgeschäfte; mittlerweile leiden diejenigen Städte an Attraktivitätsverlust, die kein entspanntes, autofreies Bummeln erlauben. Ohnehin ist der Strukturwandel im Einzelhandel doch schon so weit fortgeschritten, daß die Läden in der Innenstadt nur noch als hochwertige Lebensstilangebote bestehen können; den täglichen Bedarf und die Konservendosen holt man doch längst beim Supermarkt entweder in der Wohnsiedlung selbst oder am Stadtrand. Die Innenstadt ist längst das Ziel von Erlebniseinkäufern. Die heutigen Aufregungen um »autofeindliche« Politik der Stadtspitzen sind der Nachhall längst geschlagener Schlachten, auch sie werden sich legen.

Jeder weiß im Grunde: ÖPNV-Förderung allein genügt nicht für ökologische Mobilität; wo man Vorrang für den Umweltverbund will, muß man auch Nachrang für das Auto sagen.

3. Länder: Fixierung auf Straßenbau

Mit der Entschlossenheit eines Menschen, der sich zum ersten Mal einen Luxus gönnt, ordnet er sich auf der Autobahn ein. (…) Sein Leben aufs Spiel zu setzen, indem man aufs Gaspedal tritt und sich zwischen Autos aller Marken und Modelle hindurchschlängelt, gehört für Jesús unmittelbar zu dem Vergnügen, sich der Hauptstadt zu nähern. Dieses Vergnügen besteht – wie alles, was mit der urbanen Kultur zu tun hat – aus den verschiedensten Gefühlen: der Risikofreude, dem Aufstiegswillen und dem Abenteuer eines Konkurrenzkampfes auf Leben und Tod.

Andreu Martín, Don Jesús in der Hölle

Politikmöglichkeiten der Länder auch gegen Bonn?

Die Bundesländer spielen im System der Gestaltung und der Verwaltung des Verkehrs eine bedeutende, häufig unterschätzte Rolle. Zugegeben: Die großen Entscheidungen, welche die Gemüter bewegen, wie der Bau von Autobahnen, die Verantwortung für die Bundesbahn, Steuererhöhungen für das Benzin, technische Vorschriften für Autos, Vorschriften für verkehrsberuhigte Zonen – dies alles wird der Bundesregierung zugerechnet. Sie erntet Lob und Tadel für entsprechende Entscheidungen. Übersehen wird dabei allerdings, daß – im Positiven wie im Negativen – die Bundesländer bei fast allen der aufgeführten Themen über den Bundesrat mitwirken. Ohne seine Zustimmung, und damit das Einverständnis der Länder, kann sich Bundesverkehrspolitik nicht so entfalten, wie sie sich nun einmal darbietet. Darüber hinaus hat jedes Bundesland einen gewissen Ermessensspielraum bei der konkreten Ausgestaltung der in Bonn getroffenen Entscheidungen.

Dieser Spielraum wird jedoch in der Regel nicht ausgeschöpft. Auch wenn in einem Bundesland eine andere parteipolitische Färbung als in Bonn dominiert, gibt es kaum grundlegende Konflikte. Überwiegend aus den Meldungen der Länder zusammengestellt wird das wichtigste Projekt der deutschen Infrastrukturpolitik, der Bundes-Verkehrswegeplan (BVWP), in dem periodisch wiederkehrend die Neu- und Ausbauvorhaben für Autobahnen und Bundesstraßen festgelegt sind. In der aktuellen Fassung handelt es sich sogar um einen sogenannten »integrierten« BVWP, da auch Schienenstrecken und Baumaßnahmen für die Binnenschiffahrt mit aufgeführt sind. »Integriert« im Sinne einer wirklichen Arbeitsteilung zwischen den Verkehrsträgern unter Berücksichtigung der jeweiligen Systemvorteile von Straße, Schiene und Binnenschiff wurde bei den Planungen allerdings nicht vorgegangen, es handelt sich vielmehr um ein Nebeneinander ohne systemübergreifende Optimierung.

Die Länder haben dem Bund kaum eigene konzeptionelle Vorstellungen entgegengesetzt. Man zieht sich auf die Haltung zurück: Wer zahlt, bestimmt – irgend etwas wird schon für uns abfallen. Jede Landesregierung freut sich über zusätzliche Straßen und über die Baumillionen aus Bonn. Bis heute ist erst ein Fall bekanntgeworden, in dem die Bundesregierung von ihrem Recht Gebrauch machen mußte, ein widerstrebendes Land zum Bau einer Autobahn kraft ihres verfassungsmäßigen Rechts anzuweisen.

Normalerweise herrscht jedoch Einigkeit über Projekte und Strecken. Es herrschte stets eine Große Koalition der Straßenbauförderer, unabhängig von sonstigen politischen Differenzen. Positiv verklärt wird dies von Verkehrsplanern als Fachkonsens abseits der garstigen Politik; es zeigt zumindest, daß auf Bundes- wie auf Landesebene die gleichen Denkschulen herrsch(t)en: Straßenbau ist gut, und Verkehrsprobleme löst man durch mehr Straßenbau. Diese allgemeine Expertenmeinung stellte bis in die jüngste Zeit hinein das typische Kennzeichen der Verkehrspolitik der Länder dar. Die personellen Verflechtungen zwischen (von unten) Straßenbauämtern, Regierungsbezirksebene, Landschaftsverbänden und Ministerium stellen einen gewissen Korpsgeist sicher, der Zweifel am Sinn des Straßenbaus nicht aufkommen läßt. Diskussionen über Prioritäten zwischen Ökonomie und Ökologie gelten als »Politik«, damit befassen sich Straßenbauingenieure nicht. Man entscheidet eben strikt nach sachlichen Gesichtspunkten.

Nicht nur Straßenbau selbst, auch Verkehrsplanung wird zumeist von Bauingenieuren gemacht. Maßgebliche Teile des Studiums von

Verkehrsplanern behandeln technische Details des Straßen- und Brücken-
baues. Nach ihrem Studium haben die Ingenieure zumeist eine Referendar-
zeit in den Straßenbauverwaltungen der Länder durchlaufen, wo es –
verständlicherweise – um das Bauen von neuen Straßen geht. Weder im
Studium noch in den prägenden Jahren der beginnenden beruflichen Orientierung ging es um die Möglichkeit, anders als durch Erweiterung der
Verkehrsinfrastruktur Probleme zu lösen. Verkehrsplanung als behutsame
übergreifende Aufgabe, als Lösung widerstreitender gesellschaftlicher und
wirtschaftlicher Interessen, wie sie schon lange in den Städten geübt wird,
gibt es auf Bundes- und Landesebene praktisch nicht.

Länder bauen Straßen im Auftrag der Bundesregierung

In den vergangenen Jahren zeigten sich zum Teil Risse in der
Straßenbaufront Bund–Land. Als Landtagsabgeordneter ist man noch etwas
näher an den Konflikten in den Regionen, und dort regt sich seit 10 bis
20 Jahren der Widerstand gegen neue Autobahnen. Es kommt dann vor, daß
ein Land eine vom Bund favorisierte Autobahnplanung nicht (mehr) teilt.
Was tun, um nicht noch mehr Widerstand in der Region hervorzurufen?

Der Bund ist nach dem Grundgesetz zuständig für den weit-
räumigen Verkehr. Um ihn abzuwickeln, dürfen Autobahnen und Bundesstraßen von der Bundesregierung beschlossen und finanziert werden. Die
konkrete Umsetzung geschieht durch die Länder, denn das Bundesverkehrsministerium hat keine Abteilungen für die Detailplanung, die Aus-
schreibungen und die Überwachung der Bauprojekte. Dies alles geschieht
in der »Auftragsverwaltung« durch die Länder beziehungsweise durch
Ämter und Behörden, die sich in der Verantwortung der Länderverkehrs-
minister befinden. Bei Meinungsverschiedenheiten zwischen Land und
Bund kann sich die Bonner Ebene per Weisung gegen die Bundesländer
durchsetzen – wie im Atomrecht unlängst geschehen –, dem Landesver-
kehrsministerium bleibt dann nur noch, im Planungsverfahren derart zu
bummeln und prozedurale Hürden aufzutürmen, bis den Bundespolitikern
und -beamten die Lust an dem Projekt vergeht und sie es in der Priorität
herunterstufen. Über die dabei frei werdenden Mittel freut sich dann mit
Sicherheit allerdings ein anderes, autobahnfreundlicheres Bundesland.
Weil in dem widerstrebenden Land dann in der Regel die Opposition und
die Presse anzuprangern pflegen, daß Bundesmittel »verschenkt« worden

seien, was kein Landespolitiker sich nachsagen lassen will, kommt dies praktisch nicht vor.

Staubeseitigung durch Straßenbau – die fortwährende Illusion

Der fließende Verkehr war die Zielvorstellung von Generationen von Verkehrsplanern. Der Stau war der Feind, den es zu bekämpfen galt. An der Realisierung dieser Leitidee sind jedoch bisher alle Verkehrsplaner und -politiker gescheitert, und es stimmt doch nachdenklich, daß die in der Politik maßgeblichen Vertreter dieser Disziplin aus diesem Scheitern bisher keine Lehren gezogen haben. In den Ballungsräumen, wo bereits viele Autobahnen und Schnellstraßen gebaut worden sind und wo sich dennoch – oder deswegen? – der Verkehr staut, scheitern Neubauten am fehlenden Platz. Entweder sperren sich Naturschutzbehörden gegen die Zerstörung der letzten verbliebenen Grünzüge oder Städte gegen die Zerschneidung von Ortsteilen. Vollkommen neue Strecken können eigentlich nur noch dort gebaut werden, wo sie zumindest aus Kapazitätsgründen nicht notwendig sind, nämlich abseits der Ballungsräume. Dort werden dann oft Autobahnen für geringe Verkehrsmengen gebaut, die anderenorts von normalen Bundes- oder Landesstraßen bewältigt werden. Als Gründe für den Straßenbau in dünn besiedelten Räumen werden zumeist »regionalwirtschaftliche« Gründe angeführt, im Klartext: die Erwartung auf einen wirtschaftlichen Aufschwung durch neue Autobahnverbindungen zu den Zentren.

Mehr Wohlstand durch mehr Straßen?

Es klingt überzeugend: Durch eine gute Verkehrsanbindung, die höhere LKW-Geschwindigkeiten erlaubt, bekommen die Unternehmen eines abgelegenen Landesteiles einen kostengünstigeren Zugang zu den Märkten; dies stärkt ihren Erfolg. Obwohl in der Regionalforschung an dem Nachweis dieser plausiblen These seit langem gearbeitet wird, stehen überzeugende Beweise dafür, daß Autobahnverbindungen in dünnbesiedelte Gebiete hinein für diese gut angelegtes Geld sind, noch aus. Straßen wirken nämlich in beiden Richtungen, und zwar für Personen und für Güter. Diese an sich banale Feststellung bedeutet, daß für die Arbeitskräfte der betreffenden Region weiter entfernte Arbeitsplätze erreichbar werden, die einen besseren Verdienst versprechen. Das Lohnniveau in der vorher abgelegenen

Region steigt, und damit die Produktionskosten. Die Konkurrenzprodukte aus dem Ballungsraum können nun billiger hergeschafft werden, so daß die Unternehmen auch in ihrer eigenen Region einem verschärften Preisdruck ausgesetzt sind.

Die positiven ökonomischen Effekte einer Öffnung sollen hier zwar nicht vergessen werden, aber alles in allem müssen die oft mit derartigen Planungen verbundenen wirtschaftlichen Erwartungen sehr kritisch gesehen werden. Der fehlende Beweis ihrer Thesen hindert die Befürworter weiterer Autobahnen nun allerdings nicht, die Argumente weiterhin zu verwenden. Ohnehin ist die Straßenbaupolitik ein Bereich, in dem es über fünf Jahrzehnte hinweg auffällig wenige Innovationen gab, weder hinsichtlich der Planungsgrundsätze noch der Begründungen. Wohl in keinem anderen Politikfeld – außer der Raumordnung – wirken die Konzepte aus den dreißiger Jahren so deutlich fort.

Dennoch: Die Freude am Straßenbau ist zumindest in den politischen Programmen auf allen Ebenen und bei allen Parteien mittlerweile gedämpft. Nur noch »wenn es unbedingt erforderlich« sei, so heißt es, werde man neue Strecken bauen. Die Nagelprobe für die politischen Prioritäten jedoch, die tatsächlichen Finanzansätze in den Budgets von Bund und Ländern, zeigen vertraute Muster: Nach wie vor fließen enorme Summen in den Straßenbau. Verschämt wird heute allerdings in manchen Bundesländern dieser Begriff nicht mehr benutzt. Vielmehr scheint es eine Sprachregelung zu geben, derzufolge es nur noch Ausbauten bereits bestehender Verkehrswege gibt, deren – doch wohl gewollte – kapazitätsausweitende Wirkungen eher peinlich zu sein scheint, sowie Umgehungsstraßen. Diese dienen dann »zur Entlastung hochbelasteter Ortsdurchfahrten« und werden in vielen verkehrspolitischen Reden oftmals sogar als Beitrag zum Umweltschutz bezeichnet.

Weiter Umgehungsstraßen bauen?

Zu den schwierigsten Situationen in Debatten für und wider Umgehungsstraßen gehört es, betroffene Einwohner ihre Leiden durch den pausenlos durch ihre Ortschaft rollenden, gefährlichen, stinkenden und lärmenden Schwerlastverkehr schildern zu hören und den Aufschrei, nun müsse es doch endlich genug sein, jetzt müsse endlich die Umgehungsstraße her.

Dagegen ist nur schwer zu argumentieren, und schon gar nicht mit Naturschutz oder abstrakten Erwägungen über die Prioritäten von Verkehrsvermeidung oder einer Verlagerung auf die Schiene. Ersteres führt zu der Empörung, die Umweltschützer würden die Frösche wichtiger als die Menschen nehmen, das zweite Ziel ist aus der Perspektive dieser einen Umgehungsstraße zumeist ein hoffnungsloses Unterfangen. Nur wenige Fälle sind denkbar, wo Ideen zur Verkehrsvermeidung oder zur Verlagerung so punktuell realisiert werden können, daß die betreffende Ortsdurchfahrt wirksam entlastet werden kann. Verkehrsberuhigung kommt dagegen vorwiegend denjenigen Wohnstraßen zugute, auf denen ohnehin nicht viel Verkehr lastet; sie ist zwar für die dortigen Anwohner vorteilhaft, den Anliegern der stark befahrenen Straßen hilft der Verweis darauf aber nicht. Sie wollen Entlastung und erwarten diese von Umgehungsstraßen.

Über die Notwendigkeit einer grundsätzlichen verkehrspolitischen Wende zur Reduzierung des Kraftfahrzeugverkehrs, so richtig dies Ziel auch ist, läßt sich nicht angesichts schwer vom Durchgangsverkehr Betroffener argumentieren. Keine Alternative zum Bau von Ortsumgehungen also? Gibt es hier nach wie vor den »guten«, den notwendigen Straßenbau? Leider muß man feststellen, daß die Leiden der tatsächlich von hohen Verkehrsmengen betroffenen Einwohner instrumentalisiert werden, um den mittlerweile zum Teil politisch inopportun gewordenen Straßenneubau doch noch weiterhin fortsetzen zu können.

Es wäre an der Zeit, eine Geschichte der falschen Versprechungen und enttäuschten Erwartungen, die mit Umgehungsstraßen verbunden worden sind, zu schreiben. Vereinfachend könnte man sagen: »Straßenbau ist selbst das Problem, dessen Lösung es zu sein vorgibt.« Trotzdem wird auch heute noch viel Geld für die Illusion geopfert, durch neue Straßenstükke, durch »Beseitigung dieses Flaschenhalses«, durch »noch diesen wichtigen Lückenschluß«, durch »Entlastung einer Staustrecke« (und wie die Begründungen sonst noch lauten mögen) den Verkehr am Fließen zu halten.

Schaut man sich die Planungen für Ortsumgehungen einmal genauer an, so erweisen sich diese »Entlastungen« zumeist als weiträumige, oft sogar vierspurige Abschnitte fast auf Autobahnstandard. Mehrere Ortsumgehungen fügen sich wie zufällig zu neuen, schnellen Strecken zusammen – eine sehr großzügige Interpretation des politischen Versprechens »kein Straßenneubau mehr«. Ginge es allein um eine Entlastung der Ortskerne vom überörtlichen Verkehr, würden engere, zweispurige Straßen genügen, die zudem noch erheblich langsamer trassiert, also auf niedrigere Geschwindigkeiten ausgelegt werden könnten. Diese hätten den Vorteil, weniger Flächen zu verbrauchen, enger durch Gewerbegebiete geführt werden zu können und keinen zusätzlichen Zeitvorteil zu bringen. Denn auch für sogenannte »Umgehungsstraßen« gilt: Zeitgewinne infolge gestiegener Durchschnittsgeschwindigkeiten werden tendenziell in mehr Verkehr umgesetzt.

Mehr Straßenbau bedeutet generell mehr Verkehr. Ohne einen Baustopp wird es kein Anhalten der Wachstumsspirale geben. Auch wenn kein lokales Feuchtbiotop durch eine geplante Trasse zerstört würde, auch wenn kein Stadtteil zerschnitten und durch Lärmschutzwände entstellt würde, wäre Straßenneubau aus ökologischen Gründen abzulehnen. Dies gilt unabhängig davon, ob es sich um Autobahnen oder um Kreisstraßen handelt. Straßenbau verschärft die Probleme, die es zu lösen gilt.

Verfahren zur ökonomischen Bewertung von Straßen fragwürdig

Die offiziell vorgeschriebenen Kosten-Nutzen-Analysen blenden den verkehrserzeugenden Effekt von Straßenerweiterungen aus. Die sogenannten »Standardisierten Bewertungen« gehen von einer konstanten Verkehrsnachfrage aus, unabhängig davon, ob die fragliche Straße vorhanden ist oder nicht. Im Ausgangszustand, dem »Nullfall«, läuft der Verkehr über bestehende Straßen, im Planfall wird unterstellt, daß sich die gleiche Verkehrsmenge dann neu verteilt, aber nicht zunimmt. Dies ist die zentrale Illusion.

Im Bewertungsverfahren wird sodann ermittelt, wieviel Zeitersparnis für die Kraftfahrzeuge durch den fraglichen Neubau erreicht werden könnte. Auch wenige Minuten summieren sich zu immensen Stundenzahlen, wenn es um mehrere zehntausend Fahrzeuge pro Tag geht, und es ist klar, daß jede zusätzliche Verbindung in einem Netz bestimmte Verbindungen streckenmäßig verkürzt. Die Zeit- und Streckenersparnisse werden geldmäßig bewertet, wobei LKW- und PKW-Stunden – durchaus zutreffend – unterschiedlich teuer angesetzt sind. Die derart bewerteten Zeitersparnisse werden nun als volkswirtschaftliche Gewinne angesehen, auch wenn es sich theoretisch überwiegend um Freizeit- und Urlaubsfahrten handelte, die dann kürzer werden würden. Und wenn ein Autobahnneubau nun hauptsächlich den Effekt hätte, daß für Bewohner aus dem Ruhrgebiet Tagesausflüge nach Rügen erstmals realisierbar würden und sich dadurch die Verkehrsnachfrage auf der entsprechenden Relation vervielfachen würde, so kümmerte dies die offizielle Bewertung nicht.

Im Grundsatz ist es natürlich vernünftig, vor bedeutenden Investitionsentscheidungen den wirtschaftlichen Aufwand und den Ertrag gegeneinander abzuwägen. Nur: Wenn dies, wie im Straßenbau üblich, unter systematischer Ausklammerung der nachteiligen Folgen geschieht, bekommen diese Rechnungen einen Alibicharakter.

Bauentscheidungen fallen letztlich politisch und nicht fachlich

Dennoch gibt es Fälle, bei denen die prognostizierten Verkehrsmengen so gering sind, daß sich kein für eine Bauentscheidung ausreichend hohes Nutzen-Kosten-Verhältnis ergibt.

Wenn man sich jedoch Mühe gibt, kann durch geschickte Ausschöpfung der Annahmen und entsprechende Bewertung fast jede Planung »schön«-gerechnet werden – an dem Bewertungsverfahren wird keine politisch gewollte Planung scheitern. Notfalls wird, wie im Zusammenhang mit der neuen Ostseeautobahn zu hören war, so lange mit neuen Berechnungen nachgebessert, bis das erwünschte Ergebnis herauskommt. Wenn man berücksichtigt, wie fehlerhaft in den vergangenen Jahrzehnten die Verkehrsentwicklung vorausgesagt worden ist, kann es unter Umständen sogar geschehen, daß auf lange Sicht die geplante Straße tatsächlich gut ausgelastet sein wird. Daraus eine heimliche Rechtfertigung zu ziehen, auch die in der Prognose niedrig abgeschätzten Straßen zu bauen, wäre ein fataler Kurzschluß, denn ohne den Bau gäbe es ja so viel Nachfrage nicht...

Die volkswirtschaftliche Rechtfertigung des Straßenbaues ist eher eine Hilfsstrategie als eine ernstzunehmende Wissenschaft. Entscheidend ist der politische Wille, dem dann die Gutachten einen Sachzwang attestieren.

Im allgemeinen bleiben die Interessenverbände den Beweis schuldig, daß geforderte Straßenbaumaßnahmen tatsächlich für den wirtschaftlichen Erfolg der Region bedeutsam sind. Der bloße Augenschein, die Plausibilität, die offensichtliche Notwendigkeit von »Lückenschlüssen« und »Engpaßbeseitigung« überzeugen von der Richtigkeit, hier öffentliches Geld für weitere Baumaßnahmen auszugeben.

Wer auf einer Deutschlandkarte die Straßendichte in den unterschiedlichen Regionen unseres Landes vergleicht, stößt auf eine Massierung im Rhein-Ruhr- und im Rhein-Main-Gebiet. Dies ist deswegen erklärlich, weil hier auch die meisten Menschen pro Flächeneinheit wohnen. Die Straßen in den Ballungsräumen sind überfüllt, weil die Menschen zweimal am Tag auf dem Weg zur beziehungsweise von der Arbeit in großem Ausmaß das Auto – und dann zumeist allein – benutzen. Des weiteren sind die Straßen voll mit Menschen, die einkaufen fahren oder unterschiedliche Freizeitaktivitäten so weit von ihren Wohnungen entfernt unternehmen wollen, daß die Benutzung des Autos wiederum für sie vorteilhaft ist. Nach Meinung der wirtschaftlichen Interessenverbände müssen die Straßennetze dringend für den Geschäftsreise- und den Güterverkehr ausgebaut werden; sie laufen dann allerdings voll vom Einkaufs-, Freizeit- und Pendlerverkehr, der nach überwiegender Ansicht besser mit anderen Verkehrsmitteln realisiert wird.

Da liegt doch die Frage nahe, ob es nicht gesamtwirtschaftlich und -gesellschaftlich effektivere Optionen gibt als eine Ausweitung der Verkehrskapazitäten, also Straßenbau. Wichtig ist doch der Nutzen, der hinter dem Verkehr steht, und nicht der Verkehr selbst.

Wirtschaftlicher Erfolg zu geringsten Negativeffekten

Grundsätzlich wird innerhalb der Produktionskette der Transport deswegen eingesetzt, weil mit seiner Hilfe ein Produkt billiger herzustellen ist. Sind die Transportkosten niedrig, so wird der Transport in größerem Umfang genutzt, um andere Kostenfaktoren zu ersetzen. Akzeptiert man einmal, daß die politisch Verantwortlichen zu Recht die örtliche Wirtschaft unterstützen wollen, so muß dennoch die Frage erlaubt sein, ob es nicht intelligentere Formen der Wirtschaftsförderung durch die öffentlichen Haushalte gibt als der Bau von mehr Straßen, die überwiegend von anderen Fahrzeugen genutzt und verstopft werden als denjenigen, die in der Argumentation immer genannt werden, nämlich von den Pendlern, dem Einkaufs- und Freizeitverkehr, und nicht dem Wirtschaftsverkehr. Es stimmt doch nachdenklich, daß die »Streuverluste« einer solchen Förderstrategie mitsamt den massiven sozialen und ökologischen Nachteilen so unkritisch akzeptiert werden.

Die ökologische Bedeutung eines ökonomisch effektiven Umganges mit öffentlichem Geld liegt darin, daß jede Mark nur einmal ausgegeben werden kann. Es ist trivial: Finanzmittel, die in den Straßenbau fließen, können nicht für andere, möglicherweise viel effektivere Förderungsmaßnahmen für die lokale Wirtschaft verwendet werden. Nehmen wir wieder das Beispiel Ruhrgebiet. Niemand wird sagen können, daß es hier zu wenig Straßen gibt. Die Region gehört zu den Gebieten mit der höchsten Straßendichte in Deutschland. Die Wirtschaft hat sich nach den Stahl- und Bergbaukrisen gut erholt; die Umstrukturierung hat – auch durch erhebliche Finanzleistungen der öffentlichen Haushalte, insbesondere des Landes Nordrhein-Westfalen – gute Fortschritte gemacht. Aus der Zechenlandschaft ist eine Hochschul- und Dienstleistungslandschaft geworden, mit zahllosen Technologiezentren und modernen Produktionsarbeitsplätzen.

Das Land Nordrhein-Westfalen hat sich auch durch diese Kraftanstrengungen erheblich verschuldet. Mehr als 100 Milliarden DM wurden am Kreditmarkt aufgenommen, jedes Jahr kommen 6 bis 7 Milliarden hinzu. Die Zins-Steuer-Quote beträgt einer Landtagsdrucksache von 1995 zufolge mittlerweile 12,9 Prozent; dies bedeutet, daß jede achte Steuermark für den Schuldendienst aufgebracht werden muß, dies sind etwa 10 Milliarden jährlich allein auf Landesebene. Dennoch fließen nach wie vor erhebliche Beträge in den Straßenbau. Gibt es keine sinnvolleren Zukunftsinvestitionen für ein sowieso schon mit Straßen reich ausgestattetes Land als noch mehr Straßen?

Die integrative Lösung: Least Cost Planning

Welche Alternativstrategie gibt es nun, um die öffentlichen Finanzmittel im Sinne der lokalen und regionalen Wirtschaftskraft effizient und dennoch ökologisch verträglich einzusetzen? Der Fachterminus für ein solches Konzept lautet »Least Cost Planning« (LCP). Der Begriff stammt aus der Energiewirtschaft. Dort steht man vor einem ähnlichen Problem wie im Verkehr, nämlich einer Nachfrage nach Energie als Mittel zum Zwecke, zum Beispiel um Wohnräume zu wärmen und zu beleuchten oder um in den Fabriken Maschinen zu betreiben. Sind die Kraftwerke an Kapazitätsgrenzen angelangt, so gibt es entweder die Möglichkeit, ein weiteres zu bauen, oder den Weg, die Nachfrage nach Energie durch intelligente und sparsame Umgestaltung der Verbrauchsbereiche zu vermindern. Die Möglichkeiten dazu sind zahlreich, entscheidend ist, daß eben an der Nachfrageseite angesetzt wird und nicht in einer Aufweitung der Kapazitäten das Heil gesucht wird.

Auf den Verkehrsbereich übertragen bedeutet dies das Erreichen der mit dem Verkehr beabsichtigten Effekte durch nichtverkehrliche Maßnahmen. Dies funktioniert auf der Ebene von Wirtschaftsunternehmen dann, wenn wirtschaftliche Vorteile damit erzielbar sind. Wenn ein näher gelegener Zulieferer seine Bauteile dem einkaufenden Betrieb preisgünstiger in die Fabrik liefert als ein entfernterer, dann ist Verkehr vermieden worden, und es sind betriebswirtschaftlich Kosten eingespart worden. Diese beiden Effekte ergänzen sich um so stärker, je teurer der Transport ist. Die Kreativität bei der Suche nach neuen Lösungen ist dabei um so größer, je mehr Geld ein Betrieb auf diese Art sparen kann.

Bei den öffentlichen Haushalten liegen die Dinge im Grundsatz ähnlich, allerdings gibt es zwei wesentliche Unterschiede. Zum einen wird auf politischer Ebene nicht nach dem Prinzip der geringsten Kosten entschieden. »Least Cost Planning« verlangt nach ressortübergreifendem Denken. Es geht ja gerade darum, Verkehr durch nichtverkehrliche Maßnahmen zu ersetzen. In einer Organisationsstruktur, in welcher das politische Gewicht eines Ministeriums an dem von ihm verwalteten Finanzvolumen gemessen wird, verlangt der Verzicht auf die Ausweitung des Haushaltes ein so großes Maß an Altruismus, wie es im politischen Konkurrenzkampf selten vorkommen dürfte.

Zum anderen besteht bei den öffentlichen Haushalten auch kein so starker Zwang zur Kostensenkung wie in der Privatwirtschaft, so daß eine unreflektierte Fortsetzung der Ausgabenpolitik für die Verantwortlichen unschädlich ist. Darüber hinaus rührt natürlich jede veränderte Prioritätensetzung an Besitzständen, sei es bei der Bauindustrie oder den Herstellern von Verkehrsmitteln. Anders ausgedrückt: An einer verkehrssparenden Gestaltung eines Siedlungsgebietes verdient gegenwärtig niemand, wohl aber am Straßenbau und am Bau und Betrieb der Fahrzeuge.

LCP verlangt eine umfassende Aufwand-Nutzen-Rechnung. Wir haben dargestellt, daß Verkehrswegeinvestitionen bisher nur innerhalb des Verkehrssystems bewertet werden – und auch da noch unzureichend. Wenn nun in Zeiten knapper öffentlicher Gelder die lokalen Wirtschaftsunternehmen nach Hilfestellung des Landes und des Bundes rufen und als kleinster gemeinsamer Nenner ihrer Interessen neben einer Senkung der Abgabenlast ein weiterer Ausbau des Straßennetzes und der Flughäfen gefordert wird, so wird dies von den politisch Verantwortlichen mangels umfassender Aufwand-Nutzen-Analysen in der Regel akzeptiert.

Gestützt wird diese Haltung dadurch, daß die politisch Verantwortlichen im allgemeinen in ihrem Alltag einen hohen Verkehrsaufwand haben, der Funktionsstörungen des Verkehrssystems als besonders ärgerlich und folgenreich erscheinen läßt. Die Termine von Politikern sind eng gestaffelt; sie sind auf schnelle und zuverlässige Verbindungen angewiesen, um überall persönlich präsent sein zu können. Ihr Tagesablauf unterscheidet sich wesentlich von demjenigen der Mehrheit der Bevölkerung, und man würde wohl auf wenig Verständnis stoßen, forderte man sie auf, die angestrebten Ziele ihrer Aktivitäten mit weniger Verkehrsaufwand zu erreichen.

Die engen Terminkalender der Entscheidungsträger in der Politik bringen es auch mit sich, daß alle schnellen Verkehrsmöglichkeiten genutzt werden. Auch Regionalflugverbindungen werden dabei offensichtlich wichtig – anders läßt sich das Engagement für die Erweiterung einer »zweiten Ebene« von Flugplätzen (neben den anerkannten Verkehrsflughäfen) kaum erklären. Der Slogan »Kein Dirigismus – freie Wahl des Verkehrsmittels« mutet allerdings insbesondere in diesem Zusammenhang etwas merkwürdig an, denn was ist staatliche Einflußnahme durch Investitionen aus den öffentlichen Haushalten denn anderes als Dirigismus?

Es ist offensichtlich: Die Entscheidung der Politik für Investitionen in schnelle, teure (und umweltbelastende) Verkehrsarten schränkt diejenigen Menschen in der Gestaltung ihres Alltages und der Wahl entsprechender Fortbewegungsarten ein, für die der Nahbereich wichtiger ist. Fußgänger werden zu Umwegen gezwungen, Radfahrer sind durch schnell fahrende Autos gefährdet. Und schließlich: Das in Flugplätze investierte Geld kann nicht mehr für eine wohnortgerechte Regionalbahnerschließung ausgegeben werden.

Hat der Staat die »freie Verkehrsmittelwahl« zu gewährleisten?

Politische Gestaltung ist »Dirigismus«, und sie ist selbstverständlich legitim. Die Entscheidung gegen einen weiteren Ausbau von Verkehrskapazitäten und für eine Gestaltung von Nachfragepolitik anstelle der bisherigen Angebotspolitik ist ein Gebot der ökologischen und ökonomischen Vernunft, da die Angebotspolitik ja offensichtlich in die Sackgasse geführt hat. Die Scheu vor dem Vorwurf des Dirigismus wird merkwürdigerweise nur dann offenbar, wenn es um neue Wege geht; eine Fortsetzung der bisherigen Fehlentwicklungen bleibt unberührt. Dabei ist doch selbst jedem Autofan deutlich, daß die Benutzung des Autos nicht immer und überall möglich ist. Eine so starke Erweiterung der Straßen und Parkplätze, daß am Samstagvormittag alle Einkaufsinteressenten aus dem Umland und aus den Vororten in die Innenstadt fahren können, brächte die Stadt in ihrer traditionellen europäischen Gestalt zum Verschwinden.

Um die Absurdität einer weiteren Fortsetzung der autoorientierten Verkehrspolitik deutlich zu machen, rief unlängst eine Umwelt-Bürgerinitiative dazu auf, an einem bestimmten Samstag zum Einkaufen mit dem Auto in die Innenstadt zu kommen; die Einzelhändler haben daraufhin entsetzt zur Benutzung der öffentlichen Verkehrsmittel aufgerufen, um ein Verkehrschaos, Erreichbarkeitseinschränkungen und Umsatzeinbußen zu vermeiden. Diese paradoxe Intervention entlarvt die Nicht-Verallgemeinerungsfähigkeit der ansonsten favorisierten Lösungen. Das Beispiel zeigt auch, daß die Vorstellungen schrankenloser Nutzung eines Verkehrsmittels höchstens noch von Verbandslobbyisten vertreten wird; die Politik der Nachfragebeeinflussung existiert bereits und wird auch von den Bürgerinnen und Bürgern akzeptiert.

Es geht im Grundsatz auch nicht mehr darum, ob Grenzen gesetzt werden – dies hat die Politik in zahllosen Fällen machen müssen –, sondern darum, wo diese Grenzen liegen. Selbstverständlich gäbe es auch ein Publikum für beispielsweise ein Regionalflugangebot, das die Möglichkeit schaffen würde, um in Osnabrück zu wohnen und täglich zur Arbeit nach Düsseldorf zu pendeln. Daraus die Folgerung abzuleiten, daß ein unterbliebener Ausbau des Flugplatzes Osnabrück verwerflicher Dirigismus sei, erscheint uns mit Recht absurd. Dennoch wird in anderen Zusammenhängen genau der Ausbau dieser kleinen Flughäfen politisch gefördert – nicht zuletzt durch die Steuerfreiheit für Flugkraftstoffe. Die meisten Bundesländer agieren im Moment im Luftverkehrsbereich mit der gleichen Kritiklosigkeit gegenüber Wachstum und Ausbau wie früher im Straßenbau.

4. Bundesebene: Umweltschutz durch Technik

*Daß man in Amerika dem Praktischen einen so außergewöhnli-
chen Vorrang einräumt, leitet sich zum Teil aus der Tatsache ab,
daß wir hier zum erstenmal in der Geschichte eine Zivilisation haben, die ihre wirtschaftlichen und verwaltungstechnischen Aufgaben ohne die Mitwirkung des typischen Intellektuellen bewältigt
und auch ohne ihn den größten Teil ihrer kulturellen Bedürfnisse
befriedigt.*

Eric Hoffer, Die Angst vor dem Neuen

»Wir wollen mehr Verkehr!« Gilt das Motto noch immer?

Ein früherer kurzzeitiger Bundesverkehrsminister brachte
1989 die Verkehrspolitik des Bundes auf den Punkt. Er schrieb in der
BMV-Hauszeitschrift: »Wir wollen mehr Verkehr zu Land, zu Wasser und
in der Luft.« Dies war immerhin zu einem Zeitpunkt, als die Klima-Enquête-Kommission des Deutschen Bundestages – mit Zustimmung aller Fraktionen des Hohen Hauses – unter den Handlungsnotwendigkeiten im Verkehrsbereich das Ziel »Verkehrsvermeidung« an erster Stelle nannte.

Ähnlich unkritisch den alten Wachstumskonzepten verhaftet
wie damals Minister Warncke ist auch die heutige Spitze des Verkehrsres-
sorts. Bundesverkehrsminister Wissmann formulierte im Frühjahr 1995 in
einem Gastkommentar – ironischerweise in der Zeitschrift »Der Nahverkehr« – folgendermaßen:

»Verkehrswachstum ist Ausdruck von Wirtschaftswachstum,
Wohlstand und von zunehmendem Handel zwischen den Völkern. Wir
können und wollen daher die steigende Nachfrage nach Verkehrsleistungen
nicht durch dirigistische Zwangsmaßnahmen zurückdrängen.«

Dies offenbart, daß von einer Abkehr vom Gedanken des Verkehrswachstums in der Bundespolitik noch keine Rede sein kann. Auch die Haushaltszahlen, die der verläßlichste Indikator politischen Wollens sind, machen deutlich, daß nicht die Steigerung des volkswirtschaftlichen Wohlstandes nach den Kriterien des »sustainable development« gemeint ist, sondern die Fortsetzung der alten Rezepte.

Selbst dort, wo die Bundesverkehrspolitik sich ökologische Verdienste anheftet, nämlich bei der Einführung der Schwerverkehrsabgabe in Form einer Jahres- bzw. Monatsvignette, standen nicht ökologische Gründe oder gar das Ziel einer Dämpfung des Verkehrswachstums durch eine gerechtere Anlastung der Wegekosten im Vordergund, vielmehr ging es um den Schutz des deutschen Verkehrsgewerbes vor der – steuerlich in ihren Heimatländern zumeist günstiger gestellten – Konkurrenz.

Hier soll die Richtigkeit eines Schutzes gegen die von den Nachbarstaaten der EU noch stärker geförderte Konkurrenz nicht bestritten werden. Natürlich ist es Sache der Regierung, gegen ungerechte Konditionen und gegen die Vernichtung der wirtschaftlichen Grundlage von Unternehmen vorzugehen. In diesem Fall haben jedoch – wie stets, wenn es um den Verkehr geht – Wettbewerbsgesichtspunkte über Umweltaspekte so offensichtlich gesiegt, daß nicht nur keine ökologisch gerechtere Kostenanlastung für den Straßengüterverkehr erreicht wurde, sondern sich sogar die Abgabenlast in wesentlichen Teilen insgesamt vermindert hat.

Zusammen mit der Einführung der LKW-Vignette, die von in- und ausländischen Verkehrsunternehmen gleichermaßen zu bezahlen ist, wurden die Kraftfahrzeugsteuern für LKW real gesenkt. Statt der in allen Reden beschworenen verursachergerechten Bemessung staatlicher Abgaben ergibt sich jetzt eine noch stärkere Subventionierung des Straßengüterverkehrs. Da ist es aus ökologischer Sicht auch kein Trost, daß zusammen mit der Neugestaltung der Steuern und Abgaben ein Anreiz für die Beschaffung von LKW mit verschärften Abgaswerten eingeführt wurde, die ansonsten erst etwa ein Jahr später für neue Nutzfahrzeuge obligatorisch geworden wären. Die mit der Kostensenkung für den Straßentransport induzierte Verkehrssteigerung dürfte indes gegenüber diesem Moment überwiegen.

Prämisse der Bundespolitik:
Umweltprobleme werden durch Technik gelöst

Kennzeichnend für das Umweltverständnis in der Bundesverkehrspolitik ist die Fixierung auf technische Lösungen für Umweltprobleme. Dadurch reduziert sich natürlich die Wahrnehmung der ökologischen Belastungen auf diejenigen Aspekte, für die es auch technische Lösungsansätze gibt. Überdies fällt dem Beobachter auf, daß das Vorgehen bei der Verschärfung der Abgas- und Lärmvorschriften exakt auf die Bereitschaft und die Fähigkeiten der deutschen Hersteller abgestimmt ist. Es werden diejenigen stufenweisen Verschärfungen vorgenommen, die von den Herstellern ohne tiefgreifende Störungen erfüllbar sind.

Dies wirkt auf den ersten Blick vernünftig. Es erscheint unsinnig, Grenzwerte zu erlassen, die technisch unmöglich sind und die kein Hersteller erfüllen kann. Könnten zum Beispiel Emissionsvorschriften nur mit extrem hohen Mehrkosten realisiert werden, würden die Betreiber veranlaßt, ihre alten Fahrzeuge weiter zu fahren und keine Neufahrzeuge zu erwerben. Andererseits könnte gerade dies sich allerdings in einer umfassenden Ökobilanz »von der Wiege bis zum Grab« als günstig herausstellen.

Auf den zweiten Blick ist jedoch das vorsichtige deutsche sowie europäische Vorgehen, bei dem eine Verschärfung von Anforderungen nur in dem Umfang vorgenommen wird, den die Unternehmen ohnehin bereits beherrschen, fatal. Dadurch entfällt nämlich der Druck, wesentliche Innovationen im Umweltbereich entwickeln zu müssen. Dementsprechend sind zum Beispiel von unseren Abgasvorschriften keine Innovationsimpulse ausgegangen, wohl aber von denen der USA. Dort hat die Strategie des »technology forcing« Tradition. Dabei werden Vorschriften bewußt so formuliert, daß sie herausfordernde Ziele setzen. Unter dem Druck der Gesetze und des Marktes wurde die technische Entwicklung sprunghaft vorangebracht. Gerade dies wäre auch für Deutschland notwendig gewesen – neben der verkehrsstrukturellen Wende, die allerdings auch in den USA nicht in Sicht ist.

Warum keine strengeren Anforderungen in Deutschland?

Umweltschutz wird also von der Bundesebene grundsätzlich in enger Rücksichtnahme auf die Kfz-Industrie interpretiert. Dies hat seinen

Grund in der besonders engen Verbindung von Industrielobbyismus und untergesetzlicher Normensetzung. Anforderungen an Emissions- und Immissionsgrenzwerte werden nicht, wie beispielsweise in den USA, als politische Akte verstanden und aus dem Parlament heraus formuliert, sondern entstehen aus dem Zusammenspiel von Ministerialbürokratie und demokratisch nicht legitimierten Fachgremien, die im wesentlichen von der Industrie, aber auch von beamteten Experten beschickt werden.

Deutschland hat wegen seines höheren Wohlstandes einen größeren PKW-Bestand als die meisten Partnerländer in der EU und daher auch einen höheren Verkehrsaufwand in Wirtschaft und Gesellschaft. Überdies resultiert aus der geographischen Lage in der Mitte Europas ein steigendes Volumen an Transitverkehr, besonders im Gütertransport auf der Straße. Die Vereinheitlichung der Grenzwerte und sonstigen Vorschriften innerhalb der EU hat zum Beispiel zur Folge, daß die Abgasvorschriften für einen im Großraum Frankfurt und einen in Irland zugelassenen PKW die gleichen sind. Für den Umweltschutz ist das so lange eine gute Sache, wie strenge Vorschriften durchgesetzt werden können und die Industrie zu Anstrengungen zwingen, die negativen Belastungen zu reduzieren. Diese Einheitlichkeit ist dann jedoch überwiegend negativ für den Umweltschutz, wenn, wie in der Regel zu erwarten, ein Kompromiß zwischen den verschiedenen beteiligten Staaten irgendwo in der Mitte gefunden werden muß.

Das Prinzip der Einheitlichkeit behindert die situationsgerechte Verschärfung der Anforderungen dort, wo die Belastungen am höchsten sind. Die deutsche Industrie ist verständlicherweise an einheitlichen Regelungen interessiert, um möglichst große Stückzahlen gleicher technischer Konfiguration produzieren zu können und dadurch Kostenvorteile zu haben. Die Chance, durch besonders strenge Umweltvorschriften zur Entwicklung besonders innovativer Lösungen veranlaßt zu werden, wird allerdings nicht ergriffen. Dabei wäre die Geschichte der Kat-Einführung ein guter Präzedenzfall für derartige Möglichkeiten.

Katalysatortechnik mehr als zehn Jahre verschlafen

Der große umweltpolitische Erfolg im Verkehr, von dem die Bundesregierung politisch immer noch zehrt und der ursächlich dafür ist, daß die Emissionen zumindest bei bestimmten Schadstoffen abnehmen, ist die Einführung des Katalysators für PKW mit Ottomotoren. Genauer gesagt: Es war die Einführung so scharfer Emissionsgrenzwerte Mitte der achtziger Jahre, daß dies die Einführung der nach heutigem Kenntnisstand emissionsgünstigsten Minderungstechnik, des Dreiwegekatalysators mit Gemischregelung, notwendig machte. Daß dieser Schritt allerdings mehr als zehn Jahre nach der Einführung dieser Technik in den USA (und auch erheblich später als in Japan) erfolgte, ist mehr als ein Schönheitsfehler oder ein historischer Zufall, zumal die ökologischen Probleme lange vorher absehbar waren. Der Grund liegt in den unterschiedlichen »Regelungsphilosophien« des Bundes beziehungsweise der EU einerseits und der USA sowie Japans andererseits begründet.

In den USA haben die Gesetze zur Luftreinhaltung (Clean Air Act, zuerst 1966, dann mehrfach novelliert) von den Herstellern stets erhebliche Entwicklungsanstrengungen erfordert. Wie oben bereits erwähnt, setzte man jeweils für mehrere Jahre im voraus technische Anforderungen fest, für die noch keine technischen Lösungen verfügbar waren. Dieses Verfahren des »technology forcing« zwingt die Forschungsabteilungen zu Innovationen, während in der EG, in Übereinstimmung mit den deutschen Usancen, stets nur diejenigen Absenkungsschritte durch die Vorschriften festgeschrieben wurden, die bereits mit Sicherheit ohne großen Aufwand umgesetzt werden konnten.

Aus diesem Grunde griffen die Autohersteller in den USA auch sehr schnell das Prinzip der Gemischregelung per Lambdasonde und die Abgasreinigung mit dem Dreiwegekatalysator auf, das um 1970 von Bosch in Stuttgart entwickelt worden war. Die EG-Bürokratie und die Vertreter der Mitgliedsländer haben dagegen in eher gemächlichem Zugriff zusammen mit Abgesandten der Autoindustrie immer nur kleine Schritte vereinbart; zumeist konnten die Hersteller die notwendigen Modifikationen mit den normalen Modellwechseln abstimmen. Als in den USA von 1977 an praktisch nur noch PKW mit elektronischer Gemischregelung und Katalysator verkauft wurden, beschränkte sich der europäische Fortschritt noch auf leichte Optimierungen am Vergaser – und auf die Anwendung modernster Erkenntnisse bei den Exportfahrzeugen für den US-amerikanischen Markt.

Deutsches Vorpreschen beim Katalysator ein politischer Betriebsunfall?

Als dann der politische Schritt der Bundesregierung 1983 tatsächlich eingeleitet wurde, bestätigte sich nicht nur die These, daß in unserem System Innovationen nicht geplant werden können, sondern der Schritt vollzog sich darüber hinaus in diesem Fall sogar gegen die zuständigen Behörden. Über die genauen Vorgänge, die den damals für Umwelt zuständigen Innenminister Zimmermann – es gab noch kein Umweltministerium, dies wurde erst in der Folge des Tschernobyl-Störfalles und der dadurch verursachten politischen und radioaktiven Kontamination der Landschaft gebildet – veranlaßt haben, am 21. Juli 1983 dem Bundeskabinett »die Einführung des Katalysators vom 1. 1. 1986 an« vorzuschlagen, gibt es lediglich Gerüchte. Tatsächlich stimmte das Bundeskabinett diesem Vorschlag zu – wie Eingeweihte behaupten, zur Verblüffung nicht nur der Beamten in der Umweltabteilung des Ministeriums und des Umweltbundesamtes, das den Beschluß aus der Zeitung erfuhr, sondern auch der EG-Kommission und der anderen Mitgliedsländer.

Die Überraschung der EG wog dabei mehr als das Übergehen der Fachbeamten; schließlich waren Emissionsvorschriften auch zu diesem Zeitpunkt ein »harmonisierter« Bereich, der Bundesregierung fehlte also für einen solchen Schritt die rechtliche Zuständigkeit. Überdies war es bis dato üblich gewesen, nicht eine Technik vorzuschreiben (»Katalysator«), sondern die niedrigeren Emissionswerte, und den Technikern den besten Weg dorthin freizugeben. Auch dies zeigt, daß die Entscheidung im Kohl-Kabinett ein Überraschungscoup einiger Politiker war.

Natürlich ranken sich um einen solchen Vorgang dann Spekulationen. Eine von mehreren Insidern kolportierte Version geht dahin, daß Innenminister Zimmermann eines Wochenendes in seinem Wahlkreis von Waldbesitzern bedrängt wurde, dringlich Schritte gegen das Waldsterben infolge der Autoabgase zu unternehmen. Er soll dann einen ihm privat bekannten Parteifreund, den Umweltdezernenten der bayrischen Hauptstadt, Dr. Schweikl, kurz darauf gesprochen haben, der im Fuhrpark der Stadt einen der US-Abgasnorm entsprechenden PKW mit Dreiwegekatalysator und bleifreiem Benzin versuchsweise betrieb. Daß ein solches US-Modell in München erprobt wurde, war dem Umweltengagement des hohen Beamten und der Überzeugungskraft eines Wissenschaftlers aus dem Umweltbundesamt zu verdanken.

Als dann nur gutes über das Katalysatorauto zu berichten war – auch das Fahrverhalten und der Kraftstoffverbrauch waren nicht nachteilig –, ließ sich der Innenminister schnell überzeugen. Die Lösung war gefunden, am Wochenbeginn ins Kabinett gebracht und alsdann beschlossen. Die deutsche Autoindustrie war darob natürlich sehr verblüfft und reklamierte, daß dieser »Unsinn« schnellstmöglich rückgängig zu machen sei. Selbst später für ihre ökologische Überzeugungen gerühmte Automanager wie der damalige Ford-Vorsitzende und spätere VW-Umweltvorstand Goeudevert bezeichneten den Katalysator als fatalen Irrweg und beschworen die Bundesregierung zur Kurskorrektur. In den Autozeitschriften und der BILD-Zeitung bis zu seriösen Wochenblättern wie der ZEIT tönten die Experten aus der Autoindustrie unisono, daß die Katalysatortechnik für deutsche Verhältnisse das falsche Rezept sei.

Dies hat sich dann innerhalb eines Jahres grundlegend geändert. Zum einen kam durch den Zwang zur Befassung in den EG-Gremien ein derartig gestreckter Zeitplan mit mehreren Übergangsstufen heraus, daß die Umstellung langfristiger geplant werden konnte. Zum anderen erkannten die Automanager die Chance, dem Auto ein positives Image zu geben, das sich bis in Euphemismen wie »Umweltauto«, »Ökoauto« auch heute noch fortsetzt.

Nicht zuletzt gab die Umstellung auf das »schadstoffarme« Auto der Bundesregierung und der Autoindustrie auch ein gutes Argument an die Hand, die immer heftiger werdende Diskussion um ein Tempolimit als Sofortmaßnahme gegen das Waldsterben abzuschließen. Von nun an wurden den erwarteten 15 bis 25 Prozent Minderung durch ein Tempolimit stets die Reduktionsrate von 90 Prozent durch den Dreiwegekatalysator entgegengehalten.

Unterschlagen wurde dann allerdings der Tatbestand, daß die geringere Minderung durch ein Tempolimit von einem Tag auf den nächsten hätte erreicht werden können, während diese Reduzierung durch einen entsprechenden Neuwagenanteil an der Flotte immerhin dann noch mehr als 5 Jahre dauern sollte. Die EG und die Nachbarländer schwächten die verlangten Abgasvorschriften und die deutschen Terminvorstellungen dann übrigens mit dem Argument ab, daß es den Deutschen offensichtlich doch nicht so ernst mit dem Umweltschutz sei, denn sonst würden sie – wie alle Nachbarländer – zu allererst ein Tempolimit einführen.

Diesem Argument konnte auch die Bundesregierung nichts entgegensetzen. Es gilt auch heute noch.

Umweltbelastungen auch in den USA weiterhin hoch

Trotz der schnelleren technischen Innovationen und der ergänzenden Vorschriften blieb auch in den USA der erhoffte Erfolg der Maßnahmen zur Emissionsverminderung weitgehend aus. Dies hat vor allem den Grund, daß niemand vorhergesehen hatte, in welchem Umfang der Verkehr tatsächlich zunehmen würde. Nach Erhebungen der amerikanischen Umweltbehörde EPA hat seit 1960 die PKW-Verkehrsleistung (in den USA bezeichnet als VMT/vehicle miles travelled) vier- bis fünfmal so schnell zugenommen wie die Bevölkerungszahl. In vielen Ballungsgebieten seien jährliche Steigerungsraten von fünf bis acht Prozent beobachtet worden. Ein derartig hohes Wachstum sei in den kommenden Jahren nicht mehr zu befürchten, dennoch werden Maßnahmen zur Reduzierung des Verkehrs für erforderlich gehalten.

Manche der gut gemeinten gesetzlichen Absichten sind allerdings auch in den Ansätzen steckengeblieben, zum Beispiel die Planungen zur Reduzierung der Verkehrsmengen (Transportation Control Measures, TCM). Die planerischen Instrumente sind nach wie vor zu schwach, um dem von der Siedlungsentwicklung und dem billigen Benzin angeheizten Wachstum entgegenwirken zu können. Ursächlich für die gegenüber den Erwartungen ungünstigere Immissionssituation ist jedoch auch, daß die der EPA gesetzlich verliehenen Kompetenzen und Sanktionsmöglichkeiten im realen Kräftespiel nur in Teilbereichen durchgesetzt werden konnten. In Los Angeles richtet man sich darauf ein, daß die Ozongrenzwerte noch mindestens 15 Jahre überschritten werden.

Ein Vorteil der USA ist, daß das lokale Problembewußtsein für die Luftbelastung und die damit verbundenen Gesundheitsgefahren sehr hoch ist. Überall gibt es kommunale Unterstützung für die Bildung von Fahrgemeinschaften (»Ridesharing Program«), und die großen Arbeitgeber sind zu Aktivitäten verpflichtet, damit Mitfahrgemeinschaften bei den Beschäftigten gebildet werden. Ein entsprechender Handlungsdruck auf kommunaler und regionaler Ebene stellt sich in Deutschland erst jetzt allmählich ein, wo neue Vorschriften im Bundes-Immissionsschutzgesetz die Städte überhaupt erst einmal zu systematischen Messungen und auch zu verkehrsbeschränkenden Maßnahmen veranlassen.

In Jakarta verdrängten die knatternden »Bajaj« die Fahrradrikschas – auf Anweisung der Verwaltung.

In Surabaja sieht man noch die herkömmlichen Stadtfahrzeuge.

Minibusse in Mexico-City (ausgestattet mit geregeltem Kat) ergänzen Metro und Stadtbusse.

Auch in Deutschland werden Mini- und Midibusse zunehmend eingesetzt (allerdings mit Dieselantrieb).

Optisch und technisch ein Genuß: ULF – Niederstflur-Straßenbahn von SPG in Wien.

Effizient und fahrgastfreundlich: Neue DUEWAG-Straßenbahn in Sheffield.

Alte Stadtbahnen müssen nicht schlecht sein: Tram in Lissabon.

Wuppertal – Wahrzeichen mit hohem Verkehrswert.

Moderne Wechselbehälter-Systeme im Güterverkehr ermöglichen den Umschlag von Straße auf Schiene und umgekehrt im Ein-Mann-Betrieb durch den LKW-Fahrer. Das macht den kombinierten Verkehr auch auf kürzere Entfernungen interessant.

Gute Verbindungen auf der Schiene und Restriktionen auf der Straße führten dazu, daß über 80 Prozent der Güter im Schweizer Alpentransitverkehr auf der Schiene laufen.

In den USA nimmt die Güterbahn der Straße besonders auf Langstrecken Marktanteile ab.

US-Güterbahnen erfolgreich durch hohe Produktivität: Doppelstock-Containerzug in den Rocky Mountains.

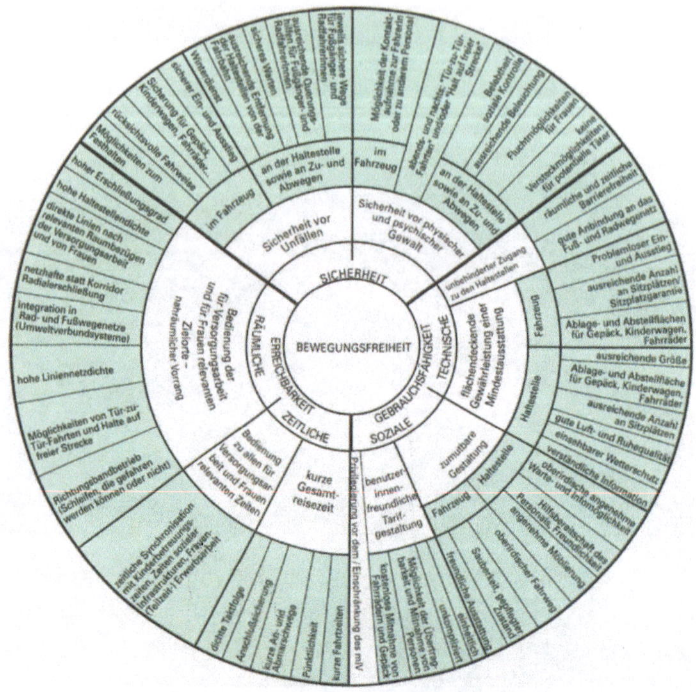

Anforderungen an das Verkehrssystem der Zukunft – von Frauen erarbeitet.

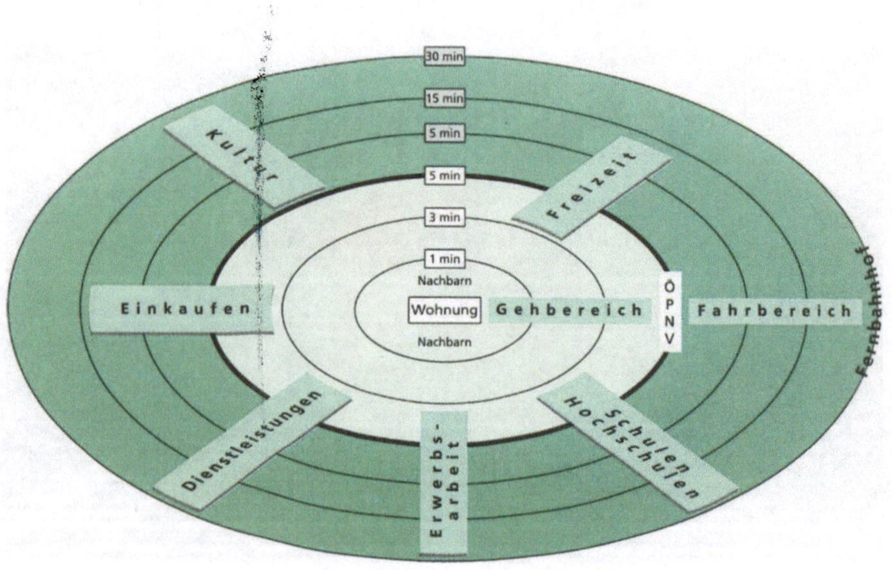

Anforderungen an die Stadtplanung für Mobilität auch ohne Auto.

Beispiel für den Bonner Politikstil: Abgasuntersuchung (AU)

Die Entscheidungen über die Einführung von besonderen Abgasuntersuchungen an Fahrzeugen werfen ebenfalls ein interessantes Licht auf den politischen Entscheidungsgang in Bonn. Hintergrund der Einführung der sogenannten ASU (Abgassonderuntersuchung, heute verkürzt zu AU – möglicherweise auch weil der Spott »Allgemeine Schwachsinns-Untersuchung« zuviel Wahrheit enthielt) für nicht schadstoffarme Fahrzeuge war 1983/84 die Diskussion um Waldsterben und die Beteiligung des Kfz-Verkehrs. Die Verschärfung der Grenzwerte stockte aufgrund von Brüsseler Querelen; in der Öffentlichkeit wurde die Studie des Umweltbundesamtes zu den Umweltvorteilen von Tempolimits diskutiert. Dies alarmierte die Autoindustrie und das Bundesverkehrsministerium, die traditionell an der freien Fahrt festhielten.

In der Bedrängnis, sofort etwas zur Emissionsminderung präsentieren zu müssen, verfielen das Verkehrsministerium und die Autohersteller auf die kurzfristige Einführung einer jährlichen Abgasprüfung für Kraftfahrzeuge mit Benzinmotoren. Damit ließ sich Handlungsfähigkeit demonstrieren, und das Tempolimit war zunächst vom Tisch. Da spielte es auch keine Rolle, daß nicht nur keine Reduktion der für das Waldsterben verantwortlich gemachten Stickoxide nachgewiesen werden konnten, sondern sogar mit einer Erhöhung gerechnet werden mußte. Dies stellte sich jedoch erst nach Monaten heraus; die wenigen vorliegenden Daten über die Auswirkungen stammten von den TÜVs in Köln und Essen, die sich natürlich ein großes Geschäft versprachen und dem Bundesverkehrsminister die erwünschten positiven Auswirkungen prognostizierten – zwar nicht direkt falsch, aber doch nicht in der wissenschaftlich gebotenen Vollständigkeit.

Die ASU sollte jedoch für den TÜV kein Riesengeschäft werden, weil auf Druck der bayerischen Regierung und des ADAC, die beide dem Spitzenvertreter des Kraftfahrzeughandwerks eng verbunden waren, sowie der FDP in Bonn nicht nur die TÜV das Recht zur Abgasprüfung erhielten, sondern alle Autowerkstätten. Das war und ist noch ein lukratives Geschäft in Milliardenhöhe – die Kunden müssen kommen und zahlen, das Ganze geschieht weitgehend ohne staatliche Kontrolle.

Deutschland nicht mehr führend in der Abgasüberwachung

International hat Deutschland wegen der Strenge seiner Prüfvorschriften für das Auto und insbesondere seines TÜV-Systems immer noch einen guten Ruf. Doch der ist mittlerweile nur noch Fiktion. In den USA sind die Überwachungsprozeduren sowohl hinsichtlich der technischen Ausrüstung als auch der Überwachung der Zuverlässigkeit der Prüfstätten viel strenger. Eine AU-Regelung, die derart großes Vertrauen in die Handhabung durch Werkstätten setzt, daß jegliche staatliche Überwachung und Kontrolle unterlassen wird, wäre in den USA undenkbar.

In Kalifornien, aber auch in den Nordoststaaten der USA, wo die Verkehrsdichte besonders hoch ist, werden manipulationssichere automatisierte Prüfeinrichtungen eingesetzt, deren Daten gespeichert und zentral ausgewertet werden. Bei den geringsten Unregelmäßigkeiten schickt die Überwachungsbehörde »undercover cars« mit anonymen Inspektoren, um die schwarzen Schafe unter den Prüfwerkstätten aufzuspüren. Der Trend geht dort übrigens zu großen zentralen Prüfbahnen und weg von der Vermischung von Prüfung und Werkstattbetrieb, wo besondere kommerzielle Interessen und entsprechende Abweichungen nicht ausgeschlossen werden können.

Die politisch gewollte »Zerschlagung des TÜV-Monopols« zur Überwachung (das es ja tatsächlich so nicht gab; es waren auch andere – allerdings von Werkstattinteressen unabhängige – Einrichtungen wie DEKRA damit befaßt) hat eine kritische Entwicklung ausgelöst. Ob die AU tatsächlich sinnvoll ist oder lediglich ein Geschäft für die Beteiligten, ist nicht zuverlässig zu beurteilen. Auch im Unterschied zu den USA ist es in Deutschland nicht üblich, vor derart weitreichenden Entscheidungen Kosten-Nutzen-Analysen durchzuführen.

Außer dem Kraftfahrzeughandwerk haben sich auch die deutschen Automobilhersteller für die Schwächung der zentralisierten Überwachung durch die TÜV-Organisationen sehr eingesetzt; dazu gab es aus ihrer Sicht mehrere einleuchtende Gründe. Ohne zentrale Überwachung und Interpretation der Meßwerte ist es nicht möglich, die besonders ungünstigen Automodelle zu identifizieren und die Erkenntnisse zu veröffentlichen. Dies könnte gegebenenfalls sehr unangenehm für die betroffenen Hersteller sein. Zum anderen gibt der regelmäßige Werkstattbesuch einen hervorragenden Anknüpfungspunkt für ein Verkaufsgespräch über einen Neuwagen, vor allem, wenn durch den gleichzeitig Prüfenden auf Verschleiß und technische Probleme hingewiesen werden kann. Derartige Interessenverquickungen werden in den USA erheblich kritischer gesehen.

Vom gegenwärtigen US-Standard aus betrachtet ist die deutsche Abgasuntersuchung (AU) sowohl vom Meßkonzept her als auch wegen der mangelhaften Qualitätssicherung bei der Durchführung, der mangelnden Erfolgskontrolle, der nicht vorhandenen Dokumentation und Auswertung der Ergebnisse und nicht zuletzt der völlig fehlenden Kosten-Effizienz-Analysen ein Negativbeispiel. Fachleute aus den USA schütteln ungläubig den Kopf, daß dies gerade in dem als administrativ vorbildlich geltenden Deutschland der Fall ist.

Akteure und Entscheidungen auf Bundesebene

Verkehrspolitische Entscheidungen in Bonn können nicht losgelöst von der deutschen Automobilindustrie betrachtet werden. Arbeitsplätze in der Automobilindustrie bilden traditionell den Schlußschritt einer dreistufigen Argumentation, wenn es um Einschränkungen für das individuelle Auto oder für den Straßengüterverkehr geht. Dabei müssen es nicht einmal tatsächliche Nutzungseinschränkungen sein. Allein die Gefahr möglicherweise erzwungener konstruktiver Veränderungen oder auch von Kostenerhöhungen reicht aus, um die dreigestufte Argumentation auszulösen. Die Schritte lauten sinngemäß:

a) Das Problem existiert nicht (Beispiele: Der Wald wird nicht geschädigt. / Es gibt kein Klimaproblem. / Rußpartikel sind nicht gesundheitsschädlich. / Hohe Fahrgeschwindigkeiten und Unfälle haben nichts miteinander zu tun, etc.).

b) Man kann nichts dagegen tun (Beispiele: Es gibt keine Technik zur weiteren Schadstoffminderung. / Rußfilter funktionieren nicht. / Ein Tempolimit ließe sich im übrigen gar nicht überwachen und würde daher nicht befolgt).

c) Das bedroht den deutschen Autoexport.

Die charakteristische Akteursfigur der Bundesebene ist daher der Verbandsvertreter, der Lobbyist. Die geschilderten Fälle illustrieren den verbreiteten korporativen Politikstil. Dabei ist es erstaunlich, daß die personelle Fluktuation zwischen Industrie und Verbänden und der Seite der Bürokratie relativ gering ist, zumindest im Vergleich mit den USA. Prominente Ausnahmen wie der Wechsel aus dem Bundesverkehrsministerium zu Mercedes Benz oder von der Spitze des für die Überwachung der Kraftfahrzeugindustrie und die Prototypenzulassung zuständigen Kraftfahrtbundesamtes auf die Präsidentenfunktion des Verbandes der Automobilindustrie (VDA) illustrieren zwar das gute Verhältnis, sind aber noch kein Negativum – wenn die politischen Entscheidungen denn transparent und von Dritten prüfbar fallen würden. Dies ist jedoch nicht der Fall, wie das Fehlen objektivierbarer Kosten-Effizienz-Analysen bei bestimmten Entscheidungen zeigt.

Zusammen mit dem Übergewicht der Exekutive gegenüber dem Parlament – abzulesen etwa am Verhältnis der von der Regierung vorgelegten gegenüber den aus dem Parlament stammenden Gesetzentwürfen – bedeutet dieser Politikstil den Ausschluß der Öffentlichkeit von wichtigen Entscheidungen; die Frage, wieviel Krebserkrankungen durch Autoabgase denn akzeptabel sind, ist durch Beamte aus dem Umweltministerium und dem Verkehrsministerium in Bonn entschieden und von Vertretern der Landesregierungen abgesegnet worden; kein gewählter Abgeordneter hat dazu eine Bundestagsinitiative ergriffen oder eine Debatte geführt.

In diesem Punkt ähneln sich Bonn und Brüssel.

5. Europäische Union:
Wohlstand durch Verkehr

*Die Tätigkeit der Gemeinschaft im Bereich der Umwelt unterliegt
dem Grundsatz, Umweltbeeinträchtigungen vorzubeugen und sie
nach Möglichkeit an ihrem Ursprung zu bekämpfen, sowie dem
Verursacherprinzip. Die Erfordernisse des Umweltschutzes sind
Bestandteil der anderen Politiken der Gemeinschaft.*

EWG-Vertrag Art. 130r, Abs. (2), Ausgabe 1988

Kann EU-Politik mehr als das Abbild der Mitgliedsländer sein?

Die Entscheidungen der EU spiegeln die Interessen der Regierungen der Mitgliedsländer wider. Sicherlich haben das Parlament einerseits und die Bürokratie andererseits ihr jeweiliges Eigengewicht; dies rechtfertigt jedoch nicht eine Anonymisierung der Verantwortlichkeiten nach dem Tenor: »Da konnten wir nichts machen, das hat Brüssel entschieden.« Gerade dies wird aber häufig in Deutschland vorgebracht, um von den eigenen Versäumnissen abzulenken.

Sicherlich: Der Vorrang der wirtschaftlichen Integration der Gemeinschaft vor anderen Politikfeldern ist noch immer wirksam; er bedeutet in der Praxis, daß die wirtschaftlichen Argumente zumeist über die anderen Aspekte gestellt werden. Dies betrifft vor allem die Bewegungsmöglichkeiten einzelner Mitgliedsstaaten, etwa bei der Einführung schärferer Produktnormen als in den anderen Staaten der Gemeinschaft. Strengere Lärmvorschriften für LKW in Deutschland würden als störend für das Projekt der Bildung eines einzigen großen Binnenmarktes angesehen, derartige Besonderheiten sind genausowenig zulässig wie steuerliche

221

Alleingänge beim Dieselkraftstoff; die Gemeinschaftspolitik zielt auf eine Harmonisierung, das heißt Vereinheitlichung der wettbewerbsrelevanten Regelungen.

Es gibt jedoch sehr wohl große Gestaltungsmöglichkeiten für die Mitgliedsstaaten in denjenigen Feldern, die nicht direkt Produktnormen betreffen und denen keine wettbewerbsbehindernde Wirkung unterstellt werden kann. Die EU-Politik dient den nationalen Regierungen – zumindest kann man dies an der deutsche Position erkennen – ebenfalls als Alibi, die Verantwortung für Untätigkeit in bestimmten Bereichen von sich zu weisen. Auf der anderen Seite halten EG-Regelungen oft als Begründung für übertriebene Aktionen her, die von der politischen Verantwortung in Bonn ablenken sollen.

Die Grundsätze der EU-Politik werden durch folgende Faktoren geprägt:

- Das große Projekt ist der europäische Binnenmarkt, in dem Firmen aus allen Mitgliedsländern auf allen nationalen Teilmärkten gleichberechtigt sind. Nationale Regelungen, die den ungehinderten Strom und die ungehinderte wirtschaftliche Betätigung von Unternehmen behindern, müssen beseitigt werden.

- Der zweite Grundsatz betrifft das Prinzip des Wettbewerbs. Bereits die Bildung des großen europäischen Marktes wird durch die Notwendigkeit gerechtfertigt, daß Europa gegenüber den USA und Japan konkurrenzfähig sein muß; die dazu notwendigen großen Unternehmen und großen Stückzahlen können auf den separaten nationalen Märkten nicht bestehen. Der Wettbewerb wird die fortlaufende Verbesserung der Produkte und die fortlaufende Auslese der leistungsfähigsten Unternehmen besorgen. Sowohl die Bildung des großen europäischen Marktes als auch der Wettbewerb verlangen, daß Waren und Dienstleistungen in allen Ländern der Gemeinschaft zu gleichen Konditionen angeboten und gekauft werden können. Dem Verkehr kommt dabei die Funktion des Integrators zu.

- Das Motto der EU ist: »Think big!« Die Wirtschaftspolitik, die Richtlinienpolitik und die Vorstellung über Entwicklungspotentiale von Regionen spiegeln eine sehr traditionelle Vorstellung von Werten und von Machbarkeit wider. Die Verkehrssysteme, die die Phantasie der europäischen Planer bewegen, sind schnelle Hochleistungseinrichtungen, die großräumige Achsen London–Paris–Rom–Berlin–Moskau bedienen sollen, ungeachtet der Tatsache, daß nur wenige Bereiche des Alltagslebens Mobilität in diesen Distanzen betrifft. Die gemeinschaftliche Verkehrspolitik findet in Hochgeschwindigkeitszügen zwischen den Metropolen der Mitgliedsstaaten ihren Ausdruck, die praktische Integration der Völker Europas in einander benachbarten Grenzregionen, die Verdichtung der Verkehrsinfrastruktur dort gilt dagegen als weniger attraktiv.

■ Die EU-Politik kann nur so gut sein, wie die Mitgliedstaaten es verlangen. Alle genannten kritischen Aspekte ihrer Politik sind Reflexe entsprechender nationaler Bestrebungen. Sowohl die Bildung großer Märkte, die Konzentration von Unternehmen zu weltmarktfähigen Einheiten, die Ideologie des freien Wettbewerbs als auch die Faszination technische Großprojekte bei Vernachlässigung praktischer Verbesserungspotentiale sind in gleicher Weise Elemente der Politik in Bonn, Paris und London.

Diese Verschränkung von nationaler und europäischer Politik macht es problematisch, die EU für Fehlentwicklungen in einzelnen Bereichen verantwortlich zu machen, da sie doch überwiegend lediglich die Interessen der Mitgliedsregierungen bündelt. Das Europäische Parlament hat in den vergangenen Jahren verschiedentlich versucht, anderen Anliegen als der Marktintegration und anderen Präferenzen als dem ökonomischen Wachstum zur Geltung zu verhelfen. Es konnte dabei wegen der Machtverteilung nicht sehr erfolgreich sein.

Harmonisierung aus Wettbewerbsgründen

Die europäischen Institutionen versuchen jetzt mehr und mehr, auch den klassischen Bereich der Verkehrspolitik, die Infrastrukturentwicklung, direkt zu beeinflussen. Traditionell lagen die seit den siebziger Jahren erlassenen Abgas- und Lärmrichtlinien für Kraftfahrzeuge auf der Schnittstelle von Handelspolitik und Verkehrspolitik. Wenn die Mitgliedsländer

der EU jeweils unterschiedliche Anforderungen stellen würden, zum Beispiel Frankreich andersfarbige Scheinwerfer haben wollte, Belgien die Funktion der Bremsen in einem eigenen Verfahren testete, Deutschland besondere Normen für den Schalldämpferlärm anwendete oder Italien besonders strenge Testverfahren für die Unfallsicherheit hätte (theoretisch einmal angenommen), so würden die Zulassungsprozeduren in den einzelnen Staaten einen vielfach höheren Aufwand mit sich bringen, als wenn sie vereinheitlicht für alle europäischen Mitgliedsländer angewandt werden. Mit der sogenannten »Harmonisierung« werden Kostensenkungen für die Automobilunternehmen eintreten, von denen sowohl die Konsumenten profitieren als auch die Wettbewerbsfähigkeit der europäischen Automobilindustrie auf dem Weltmarkt insgesamt.

Das Interesse der Institutionen der Gemeinschaft an Umweltschutz ist dagegen immer weniger ausgeprägt gewesen als dasjenige an einer ungestörten Wirtschaftsentwicklung. Zwar ist immer auch schon versucht worden, Daten zu sammeln und behutsam Aktivitäten zu koordinieren, aber erst mit der Reform im Februar 1986, durch die sogenannte Einheitliche Europäische Akte, wurde der Stellenwert von Umweltfragen etwas erhöht. Dabei ist jedoch ein gespaltenes Bewußtsein innerhalb der Kommission zu konstatieren. Während die Generaldirektion Umwelt mit der Erarbeitung von Richtlinien zur Umweltverträglichkeitsprüfung sowie beispielsweise Luftqualitätsrichtlinien eine Ausdehnung ihrer Tätigkeit auch in produkt- und verkehrsrelevante Bereiche vornahm, blieb dies sowohl bei der Generaldirektion Wirtschaft als auch bei den für Verkehrspolitik zuständigen Stellen ohne Resonanz. Die Abgas- und Lärmgrenzwerte wurden praktisch unabhängig von den umweltpolitischen Zielsetzungen und von den Brennpunkten der Umweltbelastungen unter Wettbewerbsgesichtspunkten festgelegt. Die Generaldirektion Verkehr plante unbekümmert von der katastrophalen Entwicklung im Kraftfahrzeugverkehr den weiteren Anstieg der LKW-Nutzung und die Ausdehnung transnationaler europäischer Straßennetze bis hin in den fernsten Winkel der Gemeinschaft. Auf die damit verbundenen Konsequenzen für das Verkehrsaufkommen wird von der Generaldirektion Verkehr nach dem traditionellen Rezept auch aller deutschen Verkehrspolitik reagiert, nämlich durch Planung für einen weiteren Ausbau der Straßen.

Die Kritiklosigkeit der Gemeinschaft gegenüber dem Verkehrswachstum erklärt sich vor allem durch den ureigensten Zweck dieser

Vereinigung. Es ist von Anfang an eine Wirtschaftsgemeinschaft gewesen, Wirtschaftsaspekte haben trotz aller zwischenzeitlich erfolgten Bekenntnisse auch zum Umweltschutz stets Vorrang. Umweltschutz findet dort statt, wo er die wirtschaftliche Integration nicht stört und nicht die Wettbewerbssituation der europäischen Wirtschaft gegenüber Drittländern, insbesondere natürlich Japan und den USA, nachteilig beeinflußt.

EU – Wachstumsphilosophie ungebrochen

Auf lange Sicht ist das in der EU-Philosophie angelegte Beharren auf Wirtschaftsintegration per Güteraustausch für die Güterverkehrsentwicklung und damit die Umweltbelastungen insgesamt viel bedeutender als jede technische Emissionsvorschrift. Die treibende Kraft für die Verwirklichung des einheitlichen europäischen Marktes ist die Argumentation der Kommission mit gigantischen Integrationsgewinnen. Die Konkurrenz von Produkten in allen Ländern führt zu einer Leistungssteigerung der Wirtschaft, die Innovationskraft wird herausgefordert, größere wirtschaftliche Einheiten entstehen, der technologische Austausch wird intensiviert – all dies mögen ehrenwerte Motive sein. Die Schattenseite dieser auf materiellen Wohlstand ausgerichteten Wirtschaftsintegration liegt jedoch in dem zwangsläufig damit verbundenen intensiveren Austausch von Gütern.

Größere Produktionseinheiten bedeuten eben, daß zum Konsumenten hin längere Wege zurückzulegen sind. Für den Konsumenten wiederum mag im ersten Schritt eine größere Auswahl an Produkten die angenehme Folge der Konkurrenz aller gegen alle sein; so kann man zum Beispiel theoretisch dann auch in Irland unter verschiedenen Joghurts aus allen europäischen Regionen wählen. Daß diese Lebensmittel dann allerdings extrem umweltbelastend, nämlich vor allem mit dem Lastkraftwagen, herbeitransportiert worden sind, erfährt der Verbraucher vielleicht als Anlieger einer viel befahrenen Straße. Das Problem, die Verbindung beider Tatbestände, beeinflußt jedoch kaum die Politik.

Doch auch die größer gewordene Auswahl ist im Grunde eine Illusion. Konkurrierende Produzenten werden zunehmend geschluckt, es bilden sich große Nahrungsmittelkonzerne, die die Produkte immer gleichförmiger werden lassen. Die Vielfalt ist doch gerade ein Ergebnis der Existenz von regionalen Produzenten! Deren Einfallsreichtum und deren

Kreativität geht verloren; stattdessen wird dem Konsumenten ein standardisierter Einheitsbrei von industriell gefertigten Lebensmitteln zugemutet. Die größeren Marktradien und die damit zwangsläufig verbundene Verlängerung der Zeit zwischen Produktion und Verbrauch zwingt zum Einsatz von chemischen Zusätzen, deren Unbedenklichkeit sich niemals abschließend beweisen läßt. Standardisierung hat also nicht nur den Vorteil einer billigen Herstellung, sondern auch den Nachteil des Verlustes an Ursprünglichkeit, Frische und regionaler Identität.

Mehr Wohlstand mit mehr Verkehr?

In dem Wohlstandsverständnis der EG spielen diese Faktoren allerdings keine Rolle. Das 1988 erschienene Weißbuch der Kommission »Der Vorteil des Binnenmarktes«, der sogenannte Cecchini-Report, listet geradezu euphorisch die ganzen Einsparungs- und Entwicklungspotentiale und die Wohlstandsgewinne auf und übersieht dabei die Nachteile. Wenn Verkehr billig gehalten wird, hilft dies nach dieser Argumentation dem Ziel einer wirtschaftlichen Integration Europas und bringt allen Bürgern Wohlstandsgewinne. Also muß Verkehr billig bleiben.

Die eher hilflosen Versuche der Umweltkommission in dem sogenannten Grünbuch von 1990 zur Problematisierung dieser Entwicklungen sind kein ernsthafter Faktor für den Kurs der Gemeinschaft geworden. Auch das Weißbuch über die gemeinsame Verkehrspolitik der EU von 1992 tut nicht viel mehr, als die nach oben weisenden Prognosen aufzulisten und sorgenvoll zu kommentieren, die Sorge gilt dann allerdings weniger den damit verbundenen Umweltbelastungen als den sich abzeichnenden Stauungen auf den europäischen Verkehrsnetzen.

Konsequenterweise folgt aus dem vorausgesagten LKW-Wachstum dann auch nicht ein Vorschlag, wie diesem Wachstum begegnet werden könnte, sondern – nach dem Motto »Augen zu und durch« – die Konzeption weiterer Autobahnachsen. Diese werden dann wieder die Attraktivität des LKW als Verkehrsträger gegenüber der Bahn und dem Binnenschiff erhöhen und zu noch mehr Verkehrswachstum führen.

Die in den EU-Papieren ebenfalls enthaltenen Bekenntnisse zum Schienenverkehr und zu anderen Verkehrsträgern sind zwar nett zu lesen, sie erscheinen jedoch eher als schmückendes Beiwerk. Jedenfalls hat sich dies noch nicht in wirksamen politischen Aktionen manifestiert.

Wenn im übrigen von Schienenverkehr die Rede ist, dann konzentriert sich auch das Denken der EU-Planer auf die großen Distanzen. Es ist ja ohnehin eine Besonderheit nahezu aller verkehrspolitisch Tätigen, daß die schnellen Verkehrsmittel, zum Beispiel ICE/TGV und vor allem der Transrapid, eine viel größere Faszination ausüben als zum Beispiel der Nahverkehr. Hätten Verkehrspolitiker auf allen Ebenen und Wissenschaftler aus Industrie und Forschung nur einen Bruchteil dessen für die Lösung der alltäglichen Probleme aufgewandt, das zum Beispiel in den Transrapid geflossen ist, dann wären die alltäglichen Wege erheblich angenehmer und einfacher zu bewältigen.

Das Programm der EU-Kommission zu den transeuropäischen Netzen hat für sich genommen keine überragend hohe finanzielle Ausstattung, wenn man es mit den insgesamt in den Mitgliedsländern ausgegebenen Summen für den Verkehrssektor vergleicht. Aber: Damit bahnt sich ein Tätigkeitsfeld an, in dem sich die dargestellte »Think Big!«-Philosophie in besonders unökologischen Entscheidungen ausdrücken kann. Bisher kaum mehr als ein Sammelsurium der Anmeldungen der Mitgliedstaaten, könnte sich eine europäische Infrastrukturpolitik entwickeln, die wegen ihrer Entfernung zu den betroffenen Bürgern und wegen der Behäbigkeit der Entscheidungsvorgänge möglicherweise noch erheblich schwerer zu stoppen ist als Bundesautobahnplanungen.

Literatur

Brög, W.; Hüsler, W. (1988): Trendwende zum ÖPNV im Ruhrkorridor, MSWV, Düsseldorf

Cecchini, P. et al. (1988): Europa 1992, Die Vorteile des Binnenmarktes, Baden-Baden

ECMT (1995): Urban Travel and Sustainable Development, Hrsg. OECD, Paris

EG (1992a): Grünbuch zu den Umweltauswirkungen des Verkehrs auf die Umwelt; Eine Gemeinschaftsstrategie für eine »dauerhaft umweltgerechte Mobilität«, KOM (92) 46 endg., Brüssel

EG (1992b): Für eine dauerhafte und umweltgerechte Entwicklung, KOM (92) 23 endg., Brüssel

EG (1992c): Die künftige Entwicklung der gemeinsamen Verkehrspolitik; Globalkonzept für eine auf Dauer tragbare Mobilität, KOM (92) 494 endg., Brüssel

Gertz, C.; Holz-Rau, Ch.; Rau, P. (1993): Verkehrsvermeidung durch Raumstruktur – Personenverkehr, Berlin; Gutachten für die Enquête-Kommission »Schutz der Erdatmosphäre« des Deutschen Bundestages

Gleich von, A.; Hesse, M.; Lucas, R. (1993): Industriebeziehungen im Strukturwandel. Anknüpfungspunkte für eine CO_2-Minderung durch Verkehrsvermeidung im Güterverkehr. Teilstudie im Auftrag des Wuppertal Instituts im Rahmen des Studienprogramms der Enquête-Kommission des Deutschen Bundestages »Schutz der Erdatmosphäre«, Wuppertal (unveröff. Bericht)

Lutter, H. (1990): Raumwirksamkeit von Fernstraßen, BFLR, Bonn

Ministerium für Stadtentwicklung, Wohnen und Verkehr des Landes NW (1988): Grundsätze für die kommunale Entwicklungsplanung, Düsseldorf

Petersen, R. (1993): Autoabgase als Gegenstand staatlicher Regulierung in der EG und in den USA – Ein Vergleich; ZfU 4/93

Reh, W. (1988): Politikverflechtung im Fernstraßenbau der Bundesrepublik Deutschland und im Nationalstraßenbau der Schweiz, Frankfurt-Bern-New York-Paris

Spitzner, M.; Beik, U.; Friehlinghaus, B.; Petersen, R. (1993): Verbesserung der Mobilitätschancen und der Beteiligung von Frauen – ökologische, am ländlichen Raum orientierte Vorschläge für landespolitische Initiativen. Untersuchung der juristischen und planerischen Interventionsmöglichkeiten des Landes Rheinland-Pfalz zur Interessenvertretung und Beteiligung von Frauen unter dem Aspekt der Verbesserung der infrastrukturellen Bedingungen von Frauen im ländlichen Raum. Projektbericht Wuppertal

Uricher, A. (1990): Inwieweit induzieren Straßenbauprojekte zusätzlichen Verkehr? Arbeitsbericht Institut für Städtebau und Landesplanung, Universität Fridericiana zu Karlsruhe

Whitelegg, J.(1988): Transport Policy in the EEC, London

Wolf, R. (1989): Freizeit und Umweltschutz. Umweltpolitik in der »postindustriellen« Gesellschaft, in: Donner, H. et al., Hrsg.: Umweltschutz zwischen Staat und Markt, Baden-Baden

Kapitel V
Ziele und Strategien für eine Verkehrswende

1. Ökologischer Strukturwandel erforderlich

*Es wird oft behauptet, daß das Fernsehen die Welt kleiner ge-
macht habe. Damit verbunden ist die unausgesprochene Behaup-
tung, die von den elektronischen Medien überzeugungskräftig unter
strichen wird, daß die lokalen und regionalen Ereignisse weniger
und weniger zählten und es allein auf die nationalen und globalen
ankomme. (…) Während wir jeden Tag erfahren, daß die Erde
rund ist, vergessen wir, daß sie auch flach, klein, lokal und besonders ist.*

Bill MacKibben, zitiert nach: Wolf-Dieter Narr/Alexander
Schubert: Weltökonomie. Die Misere der Politik

Vom Erkennen der Probleme zum Handeln

Die Befunde über die ökologische Krise sind umfangreich. Die
Risiken, die mit einer Fortsetzung der laufenden Entwicklung verbunden
sind, bestreitet niemand mehr. Die Notwendigkeit für einen Kurswechsel
hin zu einer ökologisch verträglicheren Wirtschaftsweise ist hinreichend
begründet. Die Ansatzpunkte für einen solchen Kurswechsel sind benannt,
bei entschlossener Gestaltung des Wandels sind keine bedrohlichen gesellschaftlichen Risiken zu erwarten, vielmehr gibt es Hinweise, daß die Umstrukturierung zum Beispiel der Steuerpolitik nach ökologischen Aspekten
sogar neue Wohlstandsimpulse geben könnte.

Auch in der Verkehrspolitik ist allen Beteiligten offensichtlich,
daß eine Fortsetzung der Rezepte der vergangenen Jahrzehnte die Probleme
eher verschärft als löst. Die Notwendigkeit einer Reduzierung des Verkehrswachstums wird allgemein gesehen, Verkehrsvermeidung als Ziel ist kaum
noch umstritten, höchstens die Methoden, mit denen das Ziel erreicht

werden soll. Die Bevorzugung des ÖPNV zumindest im Verkehr in Ballungsräumen, die Propagierung einer Verlagerung größerer Teile des Güterfernverkehrs auf die Schiene sind politischer Konsens. Die nicht kostengerechten Preise für Verkehrsdienstleistungen sind von allen politischen Parteien als Übel bezeichnet worden; »gerechte« Preise für den Verkehr gelten als notwendig, um weitere Fehlentwicklungen im Verkehrsmarkt zu verhindern. Des weiteren ist klar, daß die Reduzierung der Schadstoffemissionen und des Energieverbrauches im Verkehr in den programmatischen Zielsetzungen höchste Priorität genießen.

Wenn dies alles auf einen so breiten Konsens der Meinungen trifft, woran liegt es denn, daß sich dennoch die Entwicklung in die falsche Richtung fortsetzt? Woran liegt es, daß die für einen Kurswechsel notwendigen politischen Entscheidungen nicht getroffen werden, sondern sich vielmehr die alten Denkmuster in Entscheidungen fortlaufend perpetuieren?

Es ist richtig: Die recht breite Übereinstimmung bei der Diagnose der Probleme, bei der Kritik an den bisherigen Entwicklungen und bei der Definition des notwendigen zukünftigen Kurses mag vordergründig sein. In jedem Fall brechen die Konflikte dann auf, wenn es um konkrete Entscheidungen geht, die den Status quo verändern. Wer die geltenden Rahmenbedingungen verändern will, um die Richtung der Entwicklung zu ändern, erzeugt Konflikte. Der geltende Zustand verkörpert eine Art von Kräftegleichgewicht, in dem die Interessen der relevanten Kreise austariert sind. Dies sind zum Beispiel die Bauunternehmen, die Planer in den Behörden sowie in den freien Ingenieurbüros, die Makler und Rechtsanwälte, die mit dem Landerwerb für neue Planungen beschäftigt sind, die Hersteller von Baumaschinen, Lieferanten von Baustoffen sowie die Interessenvertretungen der Bauarbeiter und viele andere – all diese Gruppen haben sich mit den Gewichtungen der gegenwärtigen Politik so arrangiert, daß sie Veränderungen zunächst einmal als Bedrohung wahrnehmen. Auch wenn eine Einzelgruppe von einer bestimmten Veränderung nichts zu befürchten hat, möglicherweise sogar Vorteile erwarten kann, wird der Eingriff als Störung des bestehenden Zustands teils heftig abgewehrt. Daher erscheinen alle Schritte hin zu einem neuen Zustand, und damit auch alle politischen Kursänderungen, krisenhaft und bedrohlich und werden bekämpft.

Diese Haltung ist menschlich verständlich und im politischen Geschäft üblich. Sie erhielt unlängst darüber hinaus ihre wissenschaftlichen Weihen in einer verkehrspolitischen Studie einer angesehenen deutschen

Universität. Dort wurde – im Auftrag der International Road Union (IRU), einer Interessenvereinigung der an Straßenbau und Straßenverkehr verdienenden Wirtschaft – »nachgewiesen«, daß die gegenwärtige Nutzung des Straßengüterverkehrs volkswirtschaftlich ein Optimum darstelle, denn für eine stärkere Verlagerung auf die Schiene bedürfe es erstens hoher Investitionen in diesen Verkehrsträger, und zweitens seien für die Kunden die längeren Transportzeiten mit finanziellen Verlusten verbunden, die wiederum den Wohlstand unseres Landes schmälerten. Das kaum überraschende Ergebnis dieser Auftragsarbeit lautete, daß die heute bestehenden Verkehrsmittelnutzungen das wirtschaftliche Optimum darstellten.

Diese sehr verkürzt wiedergegebene und überzeichnete Argumentation hat nicht nur eine lange Tradition in Deutschland (die rechte Hälfte Hegel'scher Philosophie läßt grüßen), sondern auch einen wahren Kern. Der Kurs wird aufrechterhalten, weil ihn die als vorteilhaft empfinden, die ihn aufrechterhalten; in der heutigen Logik der Ökonomie muß man tatsächlich davon ausgehen, daß der entstandene Zustand, der oben als »Kräftegleichgewicht« bezeichnet wurde, als Summe des Gewinnstrebens der Beteiligten auch die Summe der Gewinne einigermaßen optimiert. In der Praxis stimmt dies bekanntlich nicht immer; deswegen hat sich ja beispielsweise das »Least-Cost-Planning« als eigene Disziplin entwickelt, um Möglichkeiten der Kostenreduktion und der Ertragssteigerung in solchen Fällen bereitzustellen, wo das Gewinnstreben der Beteiligten je für sich zu Verlusten für alle führt.

Fraglich ist aber vor allem, ob die schlichte Gleichsetzung von privatwirtschaftlichen und volkswirtschaftlichen Erträgen zulässig ist, und fraglich ist ebenfalls, ob nicht die Beschränkung dieser Art von ökonomischen Studien auf das leicht Zählbare und die systematische Ausgrenzung des Nicht-Zählbaren das Ergebnis schon enthalten, das sie zu produzieren vorgeben, also eine Art von Selbstreferenzialität konstituieren, und somit ein eher dogmatisch-religiöses System darstellen. In diesem System zählen nur ökonomische Aspekte für die Entwicklung des geltenden Systems, und die Wissenschaft beweist mit den Instrumenten der gleichen ökonomischen Logik, daß das entstandene System optimal ist.

Wir können uns noch gut an die frühen Kostenkalkulationen zur Atomenergie erinnern: Die Entsorgungs- und Folgekosten der Atomenergie wurden gerne, da unbekannt, gar nicht berücksichtigt; mit solchen unlogischen Rechenverfahren (x + unbekannt = x, anstatt richtigerweise: x

+ unbekannt = unbekannt) kann man einem staunenden und uninformierten Publikum selbstredend die Kostengünstigkeit von allem Möglichen »nachweisen«. Den vielleicht lustigsten Einfall hatte zu Anfang der siebziger Jahre der inzwischen verstorbene Prof. Mandel, Vorstandssprecher der RWE AG, damals halb spöttisch, halb anerkennend als »Atompapst« in Deutschland eingestuft. Er vertrat – natürlich ganz wissenschaftlich – die Ansicht, daß der Wertzuwachs der im Atommüll enthaltenen Stoffe größer sei als die Kosten für die Lagerung des Atommülls; daraus ergab sich ganz zwingend, daß der ökonomische Gewinn um so größer ist, je länger und je mehr Atommüll man lagert.

Dieses Beispiel mag illustrieren, warum von den etablierten Wirtschaftswissenschaften kaum Anstöße zu erwarten sind, die das System verändern. Vielmehr stabilisiert natürlich die herrschende Lehre die herrschenden Zustände. Dies ist offenbar etwas unbefriedigend, denn wie schon die Vorsokratiker wußten (Heraklit vor 2500 Jahren): Beständig ist nur der Wandel. Immer mehr Verkehr kann dabei keinen ausreichenden Ersatz für geistige Beweglichkeit bieten.

Ist der Strukturwandel prognostizierbar?

Die Phantasie der Gutachter und ihrer Auftraggeber im Verkehrssektor erschöpft sich bisher weitgehend darin, sogenannte »Öko-Szenarien« zu definieren und darin die einschlägigen Politikelemente wie Benzinpreiserhöhung, Tempolimits, ÖPNV-Förderung, Förderung des Schienengüterverkehrs etc. zu versammeln; die Auswirkungen all dieser Maßnahmen im Verkehr werden abgeschätzt, in umfangreichen Computermodellen quantifiziert und den Auftraggebern präsentiert. Üblicherweise gibt es dann für das betrachtete Zieljahr 2005 oder 2010 zwei verschiedene Zahlensets, wovon der eine die als wahrscheinlich erwartete Entwicklung (»Trend«) und der andere die neue Anwendung aller ökologischen »Marter«-Instrumente (»Öko«) abbildet. Zu den politischen Usancen gehört weiterhin, daß die Ergebnisse dieser Modellrechnungen in Form von kurzen Pressemitteilungen lanciert werden, nicht ohne den Zusatz, daß es sich hier um hypothetische Überlegungen handele, woraufhin dann regelmäßig die autoorientierten Interessenverbände auf die Gefahr für die Arbeitsplätze hinweisen.

Dieses Ritual ist in den vergangenen fünf Jahren in Zusammenhang mit dem Thema »Klimaschutz« mehrfach abgelaufen; auch wir selbst haben uns daran mehr oder weniger brav beteiligt. Es hat nicht zu einem Kurswechsel in der Verkehrs-, Umwelt- und Klimapolitik geführt. Möglicherweise lag dies daran, daß die Auftraggeber nicht ernstlich von den Forschern die Erstellung eines realen Politik-Fahrplans verlangt haben, sondern es sich eher um Spiele mit einzelnen Versatzstücken der politischen Diskussion handelte.

Ein typisches Element solcher Szenarien ist beispielsweise der Benzinpreis. In mehreren Gutachten beispielsweise für die Klima-Enquête-Kommission des Deutschen Bundestages wurde die von den Grünen artikulierte Forderung nach einer langfristigen Erhöhung des Benzinpreises auf fünf Mark je Liter aufgenommen und in »Öko-Szenarien« integriert. Zumeist wurde dann allerdings die allgemeine Entwicklung der Lebenshaltungskosten berücksichtigt, so daß der Preis in zehn oder fünfzehn Jahren real allenfalls 2,45 DM sein würde. Im einzelnen ist die zahlenmäßige Bestimmung der Maßnahme ein bisweilen ziemlich kompliziertes Geschäft.

Mit dieser Maßnahme und möglicherweise mehreren Dutzend weiteren Maßnahmen und unter Berücksichtigung teils fein ziselierter Rahmenbedingungen und Annahmen (zu Bevölkerungs- und Siedlungsentwicklung, zur allgemeinen und sektoralen Wirtschaftsentwicklung, zu flankierenden Maßnahmen etc.) werden dann in umfangreichen Rechenwerken zukünftige Verkehrs- und Emissionsmengen abgeschätzt. In der breiteren Öffentlichkeit kommt das Ergebnis dann typischerweise stark vereinfacht an, weil eine Darstellung der Rahmenbedingungen und Annahmen doch zu kompliziert wäre und weil auch in der politischen Debatte gerne vergessen wird, daß das Ergebnis nicht interpretierbar ist ohne die Angabe der darin enthaltenen Annahmen; so ein Ergebnis kann dann beispielsweise lauten, daß »mit dem Öko-Szenario eine Minderung des CO_2-Ausstoßes um 6,7 Prozent erzielt werden kann«.

Der politische Effekt solcher Ergebnisse ist manchmal fatal, denn damit wird den Entscheidungsträgern und der Öffentlichkeit suggeriert, daß selbst mit Instrumenten aus der »ökologischen Folterkammer« keine durchgreifende Verbesserung – hier: keine Erfüllung der Zielsetzungen der Klima-Enquête-Kommission – erreicht werden kann. Die Gutachten wirken dann letztlich ebenfalls systemstabilisierend. Sie gehen zwar scheinbar sehr progressiv auf die Vorschläge der ökologischen Opposition ein, in ihrer Durchführung bleiben jedoch sowohl das Prozeßhafte der Kursänderung als auch die unterschiedlichen Synergieeffekte unberücksichtigt.

Möglicherweise sind die enttäuschenden Ergebnisse von den Auftraggebern intendiert. Jedenfalls ist bei der Interpretation Vorsicht geboten: Man erinnere sich stets an die schlichte Wahrheit, daß bei einer Rechnung, und sei sie noch so aufwendig per Computer durchgeführt und in Grafiken präsentiert, im Endeffekt nur das herauskommen kann, was den hereingesteckten Annahmen entspricht. Wenn in dem Gedankengebäude Strukturwandel nicht vorkommt, können die Prognoserechnungen auch nicht die Auswirkungen eines tiefgreifenden Umorientierungsprozesses abbilden. Wenn nur auf den herrschenden Status quo einige traditionelle Maßnahmen »draufgesattelt« werden, können die Ergebnisse nicht Systemveränderungen widerspiegeln.

Rechtfertigen die Ergebnisse bisheriger Gutachten Resignation?

Die methodischen und sachlichen Probleme bei der wissenschaftlichen Vorarbeit für eine veränderte Politik sind vielfältig. Dabei wollen wir uns gar nicht so sehr auf mutwillig schiefe Darstellungen beziehen, wie sie in gefälligen Gutachten durch vorauseilenden Gehorsam erzeugt werden; doch schon dies ist kein ganz triviales Problem: Selbst bei seriösem Ansatz bleibt es normalerweise nicht ohne Folgen, wenn die Gutachter von interessengebundenen Stellen ausgewählt werden und häufig selbst wirtschaftlich darauf angewiesen sind, sich die Möglichkeiten weiterer Gutachten in der Zukunft nicht zu verbauen.

Als ein grundlegendes Problem stellt sich die überaus große Komplexität der sozialen Systeme heraus. Wirtschaft und Gesellschaft sind als System zu komplex, als daß sich ihre Entwicklung voraussehen ließe – selbst unter der Annahme weitgehend unveränderter Rahmenbedingungen, also in Trendfortschreibung. Sowohl die Personen- als auch die Güterverkehrsprognosen der vergangenen Jahrzehnte waren, im nachhinein betrachtet, stets falsch.

Es kann wohl kaum als ein Zufall durchgehen, daß über Jahrzehnte hinweg die Energieprognosen regelmäßig zu hoch und die (Straßen)Verkehrsprognosen regelmäßig zu niedrig ausfielen und mit diesen unterschiedlichen Fehlern jeweils das Geschäft starker Interessengruppen besorgt wurde: Im Energiebereich wurde damit der Ausbau von Versorgungsanlagen, vor allem der Atomenergie, begründet – wie war doch der Ministerpräsident Filbinger (CDU, Baden-Württemberg) um uns besorgt, als er in den frühen siebziger Jahren ankündigte, in wenigen Jahren würden die Lichter ausgehen, wenn das Atomkraftwerk Wyhl am Kaiserstuhl nicht gebaut würde; vielleicht noch besorgter war die Firma Interatom (mit beschränkter Haftung), als sie zum kleinen Parteitag der FDP 1977 ihre Denkschrift zur Energie-, Strom- und Beschäftigungslücke bei Abkehr von der Kernenergie vorlegte und die jeweiligen Löcher zeichnerisch mit anschaulicher Dramatik darstellte.

Im Verkehrsbereich waren die Prognosen – etwa der Deutschen Shell AG – regelmäßig so gestaltet, daß sich nach einem noch nennenswerten Zuwachs in den nächsten Jahren alsbald Sättigungstendenzen anschließen würden. Diese alle zwei Jahre auf höherem Niveau wiederholte Übung führte dazu, daß immer noch die anstehenden Straßenbaumaßnahmen begründet werden konnten; andererseits entstand aber kein Bedarf für eine Dämpfung der Verkehrsentwicklung, weil sich die Entwicklung angeblich bald von selbst stabilisieren würde.

Nicht umsonst werden seit langem solche Prognosen als ein Politikum gehandelt, und bekanntlich war die offizöse, etablierte Prognostik seit langem von warnenden Stimmen begleitet, die die tatsächlichen Möglichkeiten und die reale Entwicklung kritischer einschätzten. Trotzdem: Schon die Trendentwicklung ist kaum vorauszusehen, weil sich genaugenommen immer erst hinterher bestimmen läßt, worin der Trend in der Vergangenheit bestanden hat.

Um so verwegener erscheint die Hoffnung, eine ökologischere Zukunft, die notwendigerweise andere Verhaltensweisen, andere Rahmenbedingungen und andere Entwicklungsmuster aufweisen müßte, mit dem heutigen Handwerkszeug der Prognostiker und mit den heute vorherrschenden Denkschemata konstruieren zu können. Natürlich bestehen dazu theoretische Vorstellungen, zum Beispiel über die Auswirkungen von verbesserten ÖPNV-Angeboten, Geschwindigkeitsbegrenzungen oder höheren Parkgebühren in den Cities. Allein: Das trifft nicht den Kern eines ökologischen Strukturwandels, und mit derartiger punktueller Politik ist auch keine Systemveränderung erreichbar.

Ein zweites Element – mit dem ersten verknüpft – macht uns das Prognostizieren schwer: Die künftige Entwicklung läuft nicht einfach nach festen, überschaubaren Gesetzmäßigkeiten ab, vielmehr sind es unsere (künftigen) Handlungen, die die zukünftigen Zustände bestimmen. Dies ist zwar zweifellos banal, aber deswegen nicht weniger zutreffend, und es hat erhebliche Konsequenzen für die Prognosenstellung. Mit Recht würden wir es als befremdlich ansehen, wenn wir durch externe Prognostiker gesagt bekämen, was wir demnächst tun werden, also etwa, ob wir am nächsten Sonntag zum Frühstück ein oder zwei Brötchen, mit Honig oder mit Marmelade, zu uns nehmen werden: Das sei denn doch unsere eigene Sache. Der Prognostiker kann, gestützt auf Statistik, Durchschnittswerte bilden, die die Sonderfälle ausbügeln, er kann auch mittels Zeitreihen Änderungen im durchschnittlichen Verhalten zugrunde legen, die analytische Basis aber bleibt dürftig. Sie geht nicht wesentlich über die – wissenschaftlich ausformulierte – einfache Hypothese hinaus: Das meiste bleibt ungefähr so, wie es ist, und was sich ändert, wird sich auch weiterhin ändern.

Die Treffsicherheit solcher Prognosen ist auf kurze Sicht erstaunlich hoch; gerade Veränderungen aber lassen sich damit nicht vorausschätzen. Spätestens seit den Arbeiten des berühmten amerikanischen Futurologen Hermann Kahn (»Prognosen sind besonders dann schwierig, wenn sie sich auf die Zukunft beziehen«) in den sechziger Jahren geht man deshalb bei gesellschaftlichen Prozessen von herkömmlichen Prognosen weitgehend ab und verwendet Modellrechnungen, Szenarien, also bedingte Prognosen, mit der folgenden Argumentationsfigur: Wenn man annimmt, daß … (hier folgen dann die Annahmen und Bedingungen), dann ist zu erwarten, daß … (hier folgen dann die Ergebnisse).

Die Freiheitsgrade für solche bedingten prognostischen Darstellungen sind natürlich erheblich größer als bei herkömmlichen Prognosen; der Wirklichkeitsanspruch dagegen entsprechend geringer. Die Abhängigkeit von den Akteuren läßt sich nicht mehr verheimlichen, und auch deren Verantwortlichkeit nicht; so erscheint es auch mehr als Sprachregelung, wenn sich die Bundesregierung die Ergebnisse ihrer künftigen Verkehrspolitik von externen Gutachtern in Prognosen beschreiben läßt und damit möglicherweise bei einigen den Eindruck erweckt, es handle sich um unvermeidliche Entwicklungen.

Einen Wert haben verschiedene, alternativ zur Diskussion gestellte Varianten der Entwicklung jedoch nur, wenn ihre Voraussetzungen transparent gemacht und die Politikmöglichkeiten ernst genommen werden; an beidem mangelt es häufig.

Die Umsetzung in der Praxis nämlich, die tatsächliche Auswahl der Handlungsalternativen und ihre Anwendung, ist dann naturgemäß von den Entscheidungsträgern abhängig. Wie Kästner sagt: Es gibt nichts Gutes, außer man tut es. Bezüglich der grundsätzlichen Möglichkeit unterscheiden sich die einzelnen Pfade in die Zukunft nicht, für ihre Tatsächlichkeit ist es aber Voraussetzung, daß sie in der Politik, in der Bevölkerung und nicht zuletzt in der Wirtschaft aufgegriffen werden. Daran mangelt es jedoch, es bleibt bei der Überreichung der Projektberichte. Eine offene Diskussion um die langfristigen Vorteile einer veränderten Politik wird vermieden; im übrigen ist auch klar, daß die Umsetzung ökologisch orientierter Szenarien immer Konflikte mit den auf den profitablen Status quo ausgerichteten Interessengruppen heraufbeschwören würde. Selbst wenn diese Interessen als ausschließlich kurzfristig enttarnt würden, wäre in der Wirtschaft keine Bereitschaft für Veränderungen vorhanden.

Wirtschaftliche Gegebenheiten und Interessen berücksichtigen

Die Autoorientierung durchzieht die gesamte Wirtschaft, und es wäre naiv anzunehmen, daß dies durch Entscheidungen »von oben« beseitigt werden könnte. Keine wichtige politische Entscheidung wird fallen können, ohne daß die wirtschaftlichen Interessen der davon betroffenen organisierten Akteure berücksichtigt worden sind. Dies gilt nicht nur für die Automobilhersteller, sondern für die gesamte Zulieferindustrie bis hinunter zu den Kleinunternehmen, die Stoffe für Sitze weben oder Spezialwerkzeuge herstellen, dies gilt für das Kraftfahrzeughandwerk genauso wie für die großen Straßenbauunternehmen sowie für die Produzenten von Autobahnschildern. Nicht zuletzt sind auch die wirtschaftlichen Interessen derjenigen ins Kalkül einzubeziehen, die mit der Vertretung von Autofahrer-Interessen riesige Wirtschaftsunternehmen errichtet haben.

Es ist offensichtlich, daß eine derart verflochtene Wirtschaft nicht durch zentrale Planung und durch bürokratisch erdachte Vorschriften hin zu einem auf ökologische Mobilität ausgerichteten System umstrukturiert werden kann. Theoretisch ließe sich zwar vorstellen, daß alle Transportaufgaben innerhalb unserer Gesellschaft ökologischer und sogar erheblich preisgünstiger mit mehr Fahrradverkehr und Bus- sowie Eisenbahnbetrieb absolviert werden könnten, wobei dann beispielsweise der Autoverkehr nur noch einen halb so großen Umfang hat wie bisher. Es ließe sich auch darstellen, daß in einem derart umstrukturierten Verkehrssystem mehr Menschen Beschäftigung finden als bisher; als Anregung und als

Nachweis der Möglichkeit sind solche Untersuchungen und Spekulationen unverzichtbar. Trotzdem bleiben es jedoch Phantasien im luftleeren Raum, soweit sie die Beteiligten und Verantwortlichen nicht zu geänderten Handlungsweisen führen. Zentral ist nicht die Frage nach der Ersetzbarkeit des Autos im Verkehr, sondern nach seinem realen Stellenwert in Wirtschaft und Gesellschaft, der natürlich sehr viel höher liegt.

In der Wirtschaft Offenheit für Veränderungen entwickeln

Bei Diskussionen mit Autolobbyisten schält sich zumeist ein dreischrittiges Argumentationsschema heraus, welches zwar in seiner Schlichtheit leicht lächerlich gemacht werden kann, welches aber dennoch die aus deren Sicht wesentlichen Probleme verdeutlicht. Dieses Schema lautet:

- Das angesprochene ökologische Problem existiert nicht oder wird durch ohnehin eingeleitete technische Verbesserungen an den Verkehrsmitteln bereits gelöst.
- Das Auto garantiert diejenige Mobilität, die für unser Wirtschaftssystem und den Wohlstand nun einmal notwendig ist; weniger Auto-Mobilität führt zu weniger Wohlstand.
- Das Automobil schafft jeden siebten Arbeitsplatz in Deutschland; wer durch welche Maßnahmen auch immer den Stellenwert des Autos in der Gesellschaft antastet, vernichtet Arbeitsplätze und gefährdet unseren Wohlstand.

Solange man sich mit diesen Argumenten nicht hinreichend auseinandergesetzt hat, muß jedes am Schreibtisch ausgedachte Konzept für eine ökologische Mobilität scheitern. Beim ersten Punkt ist die Autolobby zwar etwas in der Defensive: Trotz verschiedener einschlägiger Werbekampagnen ist ihr Glaubwürdigkeitskredit in Umweltangelegenheiten bei der Öffentlichkeit nicht allzu hoch; andererseits möchte man natürlich auch gerne positiven Meldungen glauben und nimmt solche Aussagen gerne als Beruhigung hin. In der Sache, das haben wir oben dargestellt, gibt es keinen Grund zur Entwarnung. Trotz unübersehbarer Verbesserungen in einigen Bereichen ist das gesamte Belastungsniveau unverträglich hoch, und in einigen Bereichen verschlechtert sich sogar der Zustand.

Um dies noch besser verständlich zu machen, und vor allem, um keinen Fehleinschätzungen bezüglich der Richtung nötiger und sinnvoller Konsequenzen zu verfallen, ist aber neben der Betrachtung der Einzelprobleme eine integrierte, ganzheitliche Problemsicht nötig, wie dies auch die Klima-Enquête-Kommissionen herausgestellt haben: Gemeinsam mit den mehr abstrakten Umwelt- und Klimaproblemen und -schutzzielen müssen die konkreten Lärm-, Abgasbelastungen und Unfallrisiken aufgenommen werden, die verkehrsplanerischen Argumente und die Aspekte von Flächenknappheit und Stadtentwicklung, bis hin zur Wirtschaftsförderung und der Belastung der angespannten öffentlichen Haushalte. Die Bevorzugung und die Benachteiligung der verschiedenen gesellschaftlichen Gruppen müssen verdeutlicht und abgewogen werden. Aus der Gesamtschau der Probleme können dann Lösungswege abgeleitet werden, die auch wieder ganzheitlich die geringsten Nachteile mit den größten Vorteilen verbinden. Das ist in jedem Fall ein zähes Geschäft, aber wie viele Beispiele zeigen, ein gangbarer Weg.

Auch für den zweiten Punkt gilt: Solange die recht wechselhaften Beziehungen zwischen Wohlstandsentwicklung und unseren Verkehrsformen nicht kritisch durchleuchtet worden sind, wird sich auch ein in Prozentergebnissen eindrucksvolles Klimaschutzszenario nicht auf die tatsächlichen politischen Entscheidungen auswirken. Man muß schon ziemlich genau hinschauen, wer wieviel Wohlstand durch zum Beispiel intensive Automobil- und Flugzeugbenutzung gewinnt und mit wieviel Wohlstandsverlusten dies bei anderen verbunden ist.

Keineswegs kann es in Ordnung sein, lediglich die Gewinne einer bestimmten Bevölkerungsgruppe zu betrachten und die dabei erzeugten Verluste bei anderen zu vernachlässigen – die öffentliche Debatte weist hier nicht selten Schieflagen auf, da sich Kinder, Nichterwerbstätige, ältere Mitbürger und Frauen typischerweise nicht so lautstark bemerkbar machen. Schließlich haben auch die relativen Gewinner des gegenwärtigen Verkehrssystems nicht bloß Gewinne, sondern auch Verluste: Die hohen Kosten des Verkehrssystems werden in der Regel doch eher zähneknirschend akzeptiert als freudig angenommen; auch, daß Kinder immer weniger ihre Wege allein machen, sondern man sie zunehmend mit dem Auto hin- und herfährt, ist trotz schöner Autos ein auf Dauer eher lästiger Aufwand.

Die plakative Frontstellung »weniger Autoverkehr – weniger Wohlstand« ist genausowenig richtig wie das Gegenteil. Selbstverständlich

241

kann eine Verringerung der Autozahlen zu Wohlstandsverlusten führen, aber auch eine Erhöhung der Autozahlen kann den Wohlstand mindern, und auf längere Sicht werden wir unseren Wohlstand mit so vielen Autos kaum aufrechterhalten können. Als Beförderungstechnik ist das Auto viel zu unrationell, um auf solcher Basis im Konkurrenzkampf auf Dauer bestehen zu können.

Dies führt geradewegs zum dritten Punkt der typischen Autolobby-Argumentation, zur wirtschaftlichen Abhängigkeit Deutschlands von der Autoindustrie. Auch diesbezüglich sollte man zunächst die Angaben genauer prüfen; außer von seiten der Automobilindustrie gibt es dazu Analysen beispielsweise vom Deutschen Institut für Wirtschaftsforschung (DIW), vom Institut für Ökologische Wirtschaftsforschung (IÖW) und von gewerkschaftlicher Seite. Sie alle zeichnen ein viel differenzierteres Bild als die Automobilindustrie bei der Verteidigung ihrer kurzfristigen Interessen.

Unabhängig davon aber sollte klar sein: Wenn das Automobil in seiner gegenwärtigen Konzeption kein zukunftsfähiges Produkt ist, dann ist eine höhere Abhängigkeit der Wirtschaft und des Wohlstands davon um so schlimmer. So wie der Heizer auf der Elektrolok die Konkurrenzfähigkeit der Eisenbahn nicht erhöht, gefährdet es den Standort Deutschland, wenn er wirtschaftlich von auf Dauer unverträglichen Produkten abhängt. Zwar kann man eine gesellschaftliche, staatliche Stützung einer Branche aus übergeordneten Interessen für richtig halten, dies sollte jedoch allenfalls den Strukturwandel zu verträglicheren Produkten ermöglichen; eine Versorgungsmentalität einer solchen Branche – etwa durch wunschgemäße Bereitstellung möglichst geeigneter verkehrlicher Rahmenbedingungen – gefährdet unseren Wohlstand um so mehr, je gewichtiger diese Branche ist.

Solange allerdings noch keine profitablen Perspektiven für eine ökologischere Wirtschaftsorganisation mit weniger Verkehr und weniger Autos aufgezeigt werden, wird sich auch keine ökonomische Phantasie in den angesprochenen Branchen entfalten, welche für das eingesetzte Kapital unter den dann veränderten Rahmenbedingungen optimale Betätigungsfelder schafft. Zur Schonung der Autoindustrie jedoch auf die Entwicklung ökologisch und damit auch ökonomisch richtiger Perspektiven und Rahmenbedingungen zu verzichten, beweist Politikunfähigkeit. Politik und Industrie bestätigen sich dann zwar gegenseitig ihren Pragmatismus, verlieren jedoch die Erkenntnis aus den Augen, daß Pragmatismus wohl bei der Verfolgung von Zielen angeraten sein kann, jedoch nicht Ziele selbst ersetzt.

»Umsteigen« muß die bessere Lösung werden

Auch bei den privaten Akteuren ist die Bereitschaft für einen ökologischen Strukturwandel des Verhaltens nur beschränkt vorhanden und von den Rahmenbedingungen abhängig. Eine Alternative zum privaten Auto wird nur dann akzeptiert, wenn sie besser ist. Autofahrerinnen und Autofahrer lassen nur dann ihren PKW stehen, wenn sie ihre Einkaufswege in die Stadt mit dem öffentlichen Verkehrsmittel bequemer und/oder schneller erledigen können, wenn die Arbeitswege streßfreier und/oder bequemer sind, wenn der abendliche Kinobesuch ohne langes Warten auf den Bus nach Hause beendet werden kann. Im Fernverkehr wird nur dann die Schiene eine akzeptable Alternative zum Auto, wenn Kosten, Komfort und Reisegeschwindigkeit stimmen.

Zum Reisekomfort gehören Dienstleistungen für das Gepäck, gehört eine Umgebung zum Wohlfühlen. Angefangen von der Wohnung als Startpunkt bis hin zu beliebigen Zielen muß jeder Abschnitt der Wegekette (Fußweg Wohnung–Straßenbahnhaltestelle, Fahrt zum Hauptbahnhof, Besorgen der Fahrkarten und Weg zum Bahnsteig, Wartezeit auf dem Bahnsteig, Suche nach den vorbestellten oder noch freien Sitzplätzen) ohne faktische Hindernisse und ohne unangenehme Begleitumstände absolviert werden können, damit die Fahrtalternative ein positives Gesamtbild »öffentlicher Verkehr« gegenüber dem Auto abgeben kann.

Dies ist gestaltbar, wenngleich eine solche Vorstellung bei dem gegenwärtigen Zustand des öffentlichen Verkehrssystems – jedenfalls aus der Sicht der heutigen Autobenutzer – utopisch erscheinen mag. Dazu sind eine Menge einzelner Verbesserungsschritte im sogenannten Umweltverbund notwendig. Sie zu realisieren, erfordert keine hohen Geldmittel, keine futuristischen Technologien. Mit heutigen Techniken und alltäglichen Organisationsstrukturen wäre ein öffentliches Verkehrssystem darstellbar, das die Nutzerinnen und Nutzer angenehm empfängt und sicher geleitet.

Bessere Nahverkehrssysteme werden akzeptiert – wenn der
Rahmen stimmt

Die Einzelelemente eines verträglicheren Verkehrssystems gibt es teilweise schon (hervorragende ÖPNV-Angebote in Schweizer Städten, hervorragende Radfahrbedingungen in holländischen Städten, attraktive

Bedingungen für Fußgänger zum Teil in Deutschland). Aus den Erfolgen verschiedener Städte ließe sich also viel lernen.

Auch im Personenfernverkehr gibt es Erfolgsstories. Der französische Hochgeschwindigkeitszug TGV hat viele Reisende neu auf die Schiene gezogen, die Nachfrage nach dem ICE ist riesengroß. Die Hochgeschwindigkeitszüge Japans sind ebenfalls gut ausgebucht und profitabel. Dennoch sind diese Erfolge aus ökologischer Sicht sehr zweifelhaft. Die Verbesserung des innerstädtischen ÖPNV in der Schweiz, die guten Bedingungen für das Radfahren und das Zu-Fuß-Gehen sind für sich genommen aus ökologischer Sicht neutral bis leicht positiv. Neutral sind sie dann, wenn der Autoverkehr im Umfang etwa konstant geblieben ist, günstigstenfalls ist der Gesamteffekt leicht positiv, wenn tatsächlich diese Verbesserungen im Umweltverbund zu Abnahmen des PKW-Verkehrs geführt haben. Dies ist jedoch selten der Fall.

Die öffentlichen Mittel für die Verbesserung des ÖPNV oder für den Schienenfernverkehr bleiben dann allerdings ökologisch nutzlos, wenn kein integriertes, zielorientiertes Handlungskonzept vorliegt. Der politische Nutzen von Verbesserungen für den ÖPNV, von neuen Radwegenetzen oder aber von ICE-Strecken kann nur darin liegen, die Voraussetzungen für eine Umverteilung der Verkehrsleistungen vom Auto und LKW hin zu den besseren Alternativen zu schaffen. Damit diese auch tatsächlich die umweltbelastenden Verkehrsarten substituieren, bedarf es überzeugenderer Argumente als allein die Existenz von Verkehrsalternativen.

Schwerpunkte und langfristige Ziele deutlich machen

Es ist in der Politik eine verbreitete Übung, allen Seiten wohl und niemandem weh zu tun, indem alle Verkehrsarten mehr oder weniger gleichmäßig ausgebaut werden. Im Ruhrgebiet werden beispielsweise S-Bahn-Linien neu eingeführt und praktisch gleichzeitig die wichtigsten Autobahnen auf sechs Spuren erweitert. Dies führt dann dazu, daß der Autoverkehr streckenweise wieder etwas zügiger fließt, und auch, daß für die Menschen in den Vororten per ÖPNV das Stadtzentrum schnell, bequem und preiswert erreichbar wird.

Das Ergebnis dieser staatlichen Parallelförderung: Die S-Bahnen sind voll, die Autobahn bleibt voll. Offensichtlich hat keine Verlagerung von Autoverkehr auf die Schiene stattgefunden, jedenfalls ist dies in keiner

Untersuchung nachgewiesen worden. Mit Hilfe des gut funktionierenden S-Bahn-Taktes sowie von günstigen sogenannten Umweltabos kann man jetzt häufiger in die Stadtzentren fahren, zum Einkaufen, zum Kino oder auch zu Freunden. Ganz sicher sind diese verbesserten Verkehrsmöglichkeiten ein Stück Lebensqualität mehr. Ob sie auch ein ökologischer Erfolg sind, muß so lange bezweifelt werden, bis eine Abnahme des Straßenverkehrs nachgewiesen worden ist.

Bedenklich stimmt, wenn politisch verantwortliche Stellen in ihrem Bemühen um die Darstellung von Erfolgen ihrer Verkehrspolitik nicht die Ergebnisse dokumentieren, sondern hauptsächlich den Aufwand. Wenn beispielsweise parlamentarische Anfragen nach den Erfolgen der ÖPNV-Förderung mit Auskünften darüber beantwortet werden, wieviel hundert Millionen Mark in diesen Sektor investiert wurden, ist dies mehr als ein sprachliches Mißverständnis. Es dokumentiert Hilflosigkeit, denn um Erfolge in ökologisch richtigen Meßgrößen dokumentieren zu können, bedürfte es nicht nur der Ausweitung der umweltverträglicheren Verkehrsalternativen, sondern vielmehr geeigneter Anreize zum häufigen Stehenlassen des Autos. Solche Anreize sind jedoch in der Vergangenheit kaum realisiert worden.

Es ist sprachlogisch einsichtig, daß zu einem Vorrang für ein oder mehrere Verkehrsmittel ein Nachrang für die weniger erwünschten Verkehrsarten gehört. Dennoch hört man kaum einen Politiker deutlich aussprechen, daß das Autofahren weniger erwünscht ist als andere Verkehrsarten und daß daher das PKW-Verkehrsvolumen um einen politisch festzulegenden Prozentsatz gesenkt werden soll.

Ohne derartige Zielsetzungen bleibt jedoch die Verkehrspolitik im appellativen Gestus stecken. Diese Phase zu überwinden gelingt nur, wenn konkrete Teilschritte hin zu einem verträglichen Gesamtverkehrskonzept gegangen werden. Dies setzt – banal genug – voraus, daß sich die politischen Akteure über die Ziele ihres Tuns verständigen. Bereits daran jedoch hapert es. Die Scheu vor der Zieldiskussion mag in der tiefen Skepsis gegenüber staatlicher Planung generell begründet liegen; Individualisierung auf der einen Seite und der Verlust an staatlicher Sinngebung auf der anderen Seite wird häufig durchaus positiv gewendet. Staat und Verwaltung verstehen sich zunehmend als Dienstleistungsunternehmen für konsumierende Bürger, sie haben keine übergreifenden Werte und Ziele zu vertreten, keine Utopien, keine Abweichungen vom kleinsten gemeinsamen Nenner.

2. Strategien zur Überwindung der Blockaden

Die Welt, in der jeder lebt, hängt zunächst ab von seiner Auffassung derselben, richtet sich daher nach der Verschiedenheit der Köpfe: dieser gemäß wird sie arm, schal und flach oder reich, interessant und bedeutungsvoll ausfallen. Während z.B. mancher den anderen beneidet um die interessanten Begebenheiten, die ihm in seinem Leben aufgestoßen sind, sollte er ihn vielmehr um die Auffassungsgabe beneiden, welche jenen Begebenheiten die Bedeutsamkeit verlieh, die sie in seiner Beschreibung haben.

Arthur Schopenhauer, Aphorismen zur Lebensweisheit

Aufbruch wohin?

Vereinfachend lassen sich zwei Hauptschulen des Richtungsstreites über die notwendigen Problemlösungen identifizieren: Die eine vertritt die Ansicht, daß das Verkehrssystem im wesentlichen richtig konzipiert sei; es müsse lediglich konsequent technisch modernisiert werden, damit nicht nur die Störungen und Unzulänglichkeiten im Verkehrsablauf verschwänden, sondern auch die ökologischen Schwierigkeiten bewältigt werden könnten. Dazu gehörten insbesondere die Ausweitung der Kapazitäten aller Verkehrsträger, unter anderem der Autobahnen und der schnellen Schienenverbindungen. Selbstverständlich gelte es zudem, modernste Umweltschutztechniken in den Fahrzeugen anzuwenden; im Straßenverkehr sei auf lange Sicht das »Nullemissionsfahrzeug« einzuführen.

Die andere Schule kommt in der Ursachenanalyse und konsequenterweise auch in den Maßnahmenvorschlägen zu entgegengesetzten Schlußfolgerungen. Die Strukturen dieses Systems seien falsch, es werde zuviel Wert auf die hohen Geschwindigkeiten gelegt, die Anteile des motorisierten Straßenverkehrs seien zu hoch und müßten reduziert werden. Kapazitätsausweitungen und Geschwindigkeitserhöhungen würden die Spirale nur weiterdrehen in Richtung auf noch mehr Verkehr. Dies ist im wesentlichen auch die Auffassung der Autoren dieses Buches.

Beide hier vereinfacht skizzierten Positionen setzen auf den technischen Fortschritt; im ersten Fall wird jedoch ausschließlich von der Technik die Wende zur Umweltverträglichkeit erwartet, während die Verfechter einer verkehrspolitischen Wende von einer fahrzeugtechnischen Weiterentwicklung und der Anwendung der Kommunikationselektronik allenfalls begrenzte Beiträge zur Problemlösung erwarten, für die notwendigen durchgreifenden Verbesserungen jedoch Strukturveränderungen für erforderlich halten.

Hemmnisse gegenüber dem Strukturwandel

Folgende Probleme stehen der Bereitschaft zum Wandel im Verkehr entgegen:

■ Es besteht kein Konsens über die tatsächlichen Probleme; je nach momentaner politischer Aktualität werden die Themen Waldschäden, Unfälle, Klimaschutz, Ozon, Benzol den Gutachtern vorgeworfen und abgearbeitet. Die all diesen Fragen gemeinsam zugrundeliegende Problematik der Verkehrsentwicklung kommt nie in den Vordergrund der Betrachtungen, sondern wird durch technische-sektorale Betrachtungen des jeweiligen Teilproblems verdeckt.

■ Zielvorstellungen über ein besseres Verkehrssystem sind nur konsistent in einem »besseren« ökonomischen und gesellschaftlichen Umfeld. Das Denken in Ressortzuständigkeiten bei den Ministerien verbietet, daß diese über den Verkehr hinausgehenden Fragestellungen in Arbeiten für das Verkehrsministerium thematisiert werden. Damit bleiben Lösungsansätze für den Verkehrsbereich strikt den Möglichkeiten der Verkehrspolitik verhaftet, welche sehr begrenzt sind.

■ Strukturwandel ist nicht planbar in dem Sinne, daß alle an dem Wandel zu einem ökologischen Verkehrssystem im Jahre 2010 hin beteiligten Schritte und Nebenwirkungen von heute aus ins

Kalkül gezogen werden könnten. Wenn es aber unmöglich ist, ein derartig komplexes System zu modellieren, müssen Politikformen gefunden werden, welche dieser begrenzten Planbarkeit Rechnung tragen und die innovationsfördernd sowie dabei wählerfreundlich sind. Die herrschenden Strukturen jedoch sind innovationsfeindlich, überreguliert und – trotz aller Bekenntnisse zum Subsidiaritätsprinzip – zentralisiert.

Von der Angebots- zur Nachfragepolitik im Verkehr

Diese Probleme werden nicht durch zentrale Planung und durch Anweisungen »von oben herab« zu lösen sein. Wir können nicht Wandel erzwingen, sondern müssen auf die Selbstregulierungseigenschaften komplexer System vertrauen.

Veränderte Politikinhalte müssen mit einem veränderten Politikstil einhergehen. Wenn erkannt worden ist, daß eine angebotsorientierte Verkehrspolitik die Verkehrsnachfrage immer mehr anheizt und daher in eine Sackgasse führt, verlangt eine Akzentverschiebung hin zu der Nachfragebeeinflußung auch, daß diese Politik mit den Nachfragern entwickelt wird.

Das bedeutet: So wie bisher staatlicherseits Geld ausgegeben wurde, um die Verkehrsmöglichkeiten auszureizen, zum Beispiel durch Ausbau der Verkehrswegenetze sowie durch Subventionen für den PKW- oder LKW-Verkehr, so muß sich staatliches Handeln in Zukunft auf die Beeinflussung der Nachfrage nach Verkehr konzentrieren, um die gesteckten Ziele zu erreichen. Das führt auch zu einer Verlagerung der politischen und wirtschaftlichen Gewichte. Die Automobil- und Straßenbauindustrie ist ja auch deswegen so stark gewachsen, weil die staatlichen Finanzmittel und die staatlich gesetzten Rahmenbedingungen dieses unterstützen.

Stehen langfristig die verkehrserzeugenden Faktoren mehr im Mittelpunkt, so gewinnen die damit befaßten Akteure automatisch mehr Bedeutung. Die Gewinnchancen werden dann nicht mehr in dem Verkauf von Verkehrsmitteln liegen, sondern darin, die mit dem Verkehr beabsichtigten sozialen und wirtschaftlichen Ziele auf anderen Wegen zu erreichen, das heißt ohne Verkehr oder doch mit sehr viel weniger Verkehr. Die Konkurrenzfähigkeit der Wirtschaft einer Region kann ohne Verkehrserschließung sicherlich nicht gewährleistet werden; dort, wo bereits ein dichtes Straßennetz sowie Zugang zu allen Verkehrsträgern existiert, sind weitere Investitionen in den Verkehrssektor nicht nur unnötig, sie schaffen darüber hinaus allenfalls Anreize zu mehr Verkehr.

Ähnliche Produktivitätsvorteile, wie sie zum Beispiel durch Kooperation mit weit entfernten Spezialfirmen erreicht werden, könnte es auch gegebenenfalls in der Nähe geben – wenn zum Beispiel durch überbetriebliches Forschungsmanagement und Kommunikationseinrichtungen die Ressourcen einer Region den dort ansässigen Unternehmen erst richtig transparent gemacht würden. Lieferbeziehungen über große Entfernungen sind ja nicht immer Ergebnis sorgfältiger Überlegungen und vollständiger Information, sondern häufig auch bestimmt von Traditionen, persönlichen Erfahrungen oder auch nur mangelhafter Information über die Märkte. Hier sind öffentliche Mittel erheblich besser angelegt als bei einem weiteren Ausbau der Verkehrsinfrastrukturen, der in unseren dichtbesiedelten Regionen überproportional hohe Kosten und unterproportionale Vorteile erbringt.

Wer kann die richtigen Entscheidungen treffen?

Das oberste Ziel einer zukunftsgerechten Verkehrspolitik heißt somit, durch außerverkehrliche Maßnahmen Verkehr überflüssig zu machen. Dies verbirgt sich hinter der von der Bundestags-Enquête-Kommission an erster Stelle genannten Empfehlung »Verkehrsvermeidung«.

Nur in begrenztem Umfang werden beamtete Experten aus den Ministerien und Institutionen die richtigen Entscheidungen im Detail treffen können. Nicht zufällig ist als optimales Regulativ der Markt, das Abbild der aufsummierten Einzelentscheidungen, dann erfolgreicher gewesen als jegliche Planwirtschaft, wenn es um die Aufnahme der Prioritäten der Bevölkerung ging. Andererseits kann der Markt auch nur dann das gesamtgesellschaftliche Optimum bewirken helfen, wenn der Staat den fairen Rahmen für den Wettbewerb der Ideen und der Produkte geschaffen hat.

Aus anderen Bereichen weiß man: Ohne eine starke Rolle des deutschen Kartellamtes in Berlin oder des entsprechenden Pendants auf EU-Ebene werden sich wirtschaftlich starke Konzerne so drastisch am Markt durchsetzen, daß die für die Innovationsfähigkeit wichtigen mittleren und kleinen Unternehmen in den Ruin gedrängt würden; dies wäre das Ende eines offenen Wettbewerbes und wird daher mit Recht verhindert. Ähnliches sehen wir für den Verkehrssektor, wobei für die kleinen und mittleren Unternehmen in dem Beispiel sowohl innovative, »neue« Verkehrsarten als auch der heute bestehende Umweltverbund stehen.

Die neue Rolle staatlicher Verkehrspolitik: faire Bedingungen schaffen

Auf den Verkehrssektor übertragen bedeutet der Ruf nach der den fairen Wettbewerb sichernden Kartellbehörde also, daß durch staatliche Regelsetzung die brutale Durchsetzungsmacht der Stärkeren gezähmt werden muß, damit innovative, wenngleich schwächere Spielarten ihre Chance haben. Das Automobil hat allein durch seinen Flächenanspruch und seine im Vergleich zu den »weichen« Verkehrsteilnehmern aggressiven Eigenschaften eine innewohnende Dominanz, welche Fußgänger und Radfahrer unterdrückt. Es ist einfach nicht mehr attraktiv, zu Fuß zu gehen oder mit dem Fahrrad unterwegs zu sein, wenn Verletzungsgefahren und Tod drohen, wenn man unmittelbar Lärm und Abgasen ausgesetzt ist.

Die zehn Quadratmeter Flächenanspruch allein des stehenden und die vierzig Quadratmeter des in der Stadt fahrenden Autos sowie seine stählerne Hülle bedeuten einen Dominanzanspruch, dessen es sich zu erwehren gilt, wenn nicht die Alternativen vom Markt gedrängt werden sollen. Dieser Dominanzanspruch setzt sich fort bei der Gestaltung der Städte nach den Erfordernissen des Autos, was faktisch weitere Marktbenachteiligungen der schwächeren Wettbewerber nach sich zieht. Auf das Kartellproblem übertragen, bedeutete diese Dominanz autogerechter Staatsstrukturen beispielsweise, daß ein auf dem Markt dominierender Hersteller begänne, eigene Normen für die Schrauben und Muttern seiner Produkte vorzuschreiben, um so die Verbreitung der Wettbewerber zu behindern. Mit Recht würden da die Kartellbehörden eingreifen und den Mißbrauch der Marktmacht unterbinden.

Sind dagegen die Entwicklungschancen der verschiedenen Konzepte durch die Herstellung fairer Rahmenbedingungen gewährleistet, kann in der Praxis der Wettbewerb um die geeignetsten Konzepte entschieden werden. Diese Chancengleichheit besteht bis heute nicht. Indem sie hergestellt wird, also ein Strukturwandel stattfindet, verändert sich das Verkehrssystem so stark, daß Voraussagen über die dann ablaufenden Prozesse nicht möglich sind.

Es wäre also schiere Hybris, wenn wir aus heutiger Sicht im Detail ausmalen würden, welche Verkehrsarten unter den Bedingungen eines tiefgreifenden Strukturwandels in der Zukunft der Jahre 2005, 2010 oder noch später Mobilität ermöglichen werden und welche Anteile am Mobilitätsgeschehen sie dann haben werden.

Nicht Prognosen glauben, sondern Entwicklung gestalten

Die Geschichte der Verkehrsprognosen ist eine Geschichte der Irrtümer. Dies gilt für Technikprognosen allgemein. Zu Beginn der siebziger Jahre sagte zum Beispiel ein auch heute noch namhaftes Großforschungsinstitut in Süddeutschland voraus, daß von etwa 1980 an in PKW praktisch nur noch Schichtlademotoren verwendet werden würden; dies erschien aus damaliger Sicht zwar nicht vollständig unplausibel, die Sicherheit der Aussage eines so renommierten Institutes im Auftrag des Bundes verwundert jedoch. Die Prognose war, wie sich wenige Jahre nach der Abgabe des Forschungsberichtes herausstellte, ebenso grundfalsch wie wir es von Verkehrsmengenprognosen kennen. Nach wenigen Jahren ist dann im allgemeinen ein Anschlußauftrag zur Aktualisierung der jeweiligen Prognose erforderlich, und so erreichen die Arbeiten zumindest einen Beschäftigungseffekt.

Wir verzichten also darauf, einen Fahrplan in die von uns für notwendig und realistisch angesehene ökologische Mobilität von morgen vorzulegen; wie bei komplexen Systemen in der Natur und in der Gesellschaft nachgewiesen, bestehen auch keine linearen Transformationsbedingungen zwischen dem Ausgangszustand und einem neuen Gleichgewichtszustand. Um es noch deutlicher zu formulieren: Szenarien der Art, daß vom Startpunkt »heute« aus ein Set von fiskalischen, ordnungsrechtlichen, investiven und sonstigen Maßnahmen formuliert wird, aufgrund deren Anwendung einige Jahrzehnte später das erwünschte Ergebnis sich sozusagen automatisch einstellt, lehnen wir als pure Spekulation ab. Solche Spekulationen sind zwar ein spannendes, keineswegs aber ein maßgebliches Hilfsmittel bei der gesellschaftlichen Zukunftserfindung und -gestaltung.

Welche Chancen bestehen denn überhaupt, Aussagen über eine ökologisch verträgliche Mobilität von morgen zu treffen und Hinweise zu gewinnen, wie man dorthin kommt?

Bilder einer ökologischen Zukunft entwerfen

Akzeptiert man einmal die Unmöglichkeit, Transformationen komplexer Systeme im Sinne linearer Ursachen-Wirkungs-Beziehungen vorauszusagen, verbleibt ein wesentlich bescheidener Anspruch. Wir versuchen, die aus unserer Sicht notwendigen ökologischen und sozialen Eigenschaften des zukünftigen Mobilitätssystems zu bestimmen und einen entsprechenden Kranz von Anforderungen skizzieren. Dies können sowohl quantitative Momente sein, zum Beispiel die Menge der unter Klimaaspekten sowie unter Berücksichtigung internationaler Beziehungen zulässigen Kohlendioxid-Emissionen, oder aber qualitative Momente, die wir mit dem Anspruch an »Sustainability« verbinden, also die an anderer Stelle dieses Buches genannten Anforderungen wie »Gerechtigkeit«, »Humanität« und anderes.

Aus diesen Anforderungen an das zukünftige Bild von Mobilität ergeben sich bestimmte Konkretisierungen. Man könnte dies »Bilder der möglichen Zukünfte« nennen.

Wir können nun untersuchen, wie aus heutiger Sicht und unter Berücksichtigung der von heute aus absehbaren wissenschaftlichen Entwicklungen die Existenzbedingungen dieser Bilder sind; das heißt eine Untersuchung vorzunehmen, welche für eine Stabilität dieser erwünschten, aus heutiger Sicht zugegebenermaßen wenig wahrscheinlichen Bilder notwendige Rahmenbedingungen gewährleistet sein müssen.

Läßt man beispielsweise aus Klimaschutzgründen nur bestimmte Emissionsmengen an Kohlendioxid zu, so bedeutet dies eine sehr forcierte technische Entwicklung, die jedoch allein nicht ausreichend ist, um die Ziele ohne Veränderungen bei der Nutzung der Verkehrsmittel zu erreichen. Ein verändertes Nutzungsverhalten wiederum bedingt ein verändertes Wertesystem der Bürgerinnen und Bürger und veränderte Rahmenbedingungen, damit sich dieses veränderte Verhalten entfalten kann.

Wenn ein »anderes« Verhalten einzelner Individuen Breitenwirkung entfalten können soll, muß ein umfassendes Paket rechtlicher, ökonomischer und sozialer Voraussetzungen vorliegen. Diese gilt es zunächst zu beschreiben. Auf diese Art kann ein Bild einer zukünftigen Mobilität mit den dafür erforderlichen Rahmenbedingungen entworfen werden, das allerdings keinen Anspruch auf die Aussage erhebt: »So wird es kommen, wenn man dies und jenes tut.« Sollte irgend jemand einen solchen Anspruch erheben, also behaupten, den Wandel komplexer sozialer Systeme über Jahrzehnte hinweg voraussagen zu können, so muß dies als Scharlatanerie bezeichnet werden.

Die Suche nach neuen Wegen und nach adäquaten Politikformen

Hat man nun das Bild der aus unserer Perspektive erstrebenswerten Zukunft entwickelt, stellt sich natürlich die Frage: »Wie komme ich dorthin?« Auch hier wollen wir jedoch nicht zu früh der Versuchung erliegen, Politikern zu empfehlen, welche Knöpfe sie drücken und an welchen Schräubchen sie drehen sollten. Ein solcher ingenieurtechnischer Ansatz würde ebenfalls der beschriebenen Komplexität nicht gerecht. Vielmehr wollen wir einige grundsätzliche Eigenschaften der Verkehrspolitik sowie der benachbarten Disziplinen nennen, die gewährleistet sein müssen, um dem angestrebten Strukturwandel eine Chance zu geben. Daß sich dann daraus im weiteren auch Überlegungen zu den »Knöpfchen« und »Schräubchen« ergeben müssen, versteht sich von selbst, aber eben nicht vor und schon gar nicht anstatt der grundsätzlichen Betrachtungen.

Ausgangspunkt der Überlegungen ist die Forderung, daß die Inhalte der Politik und die Formen der Entscheidungsfindung einander entsprechen müssen. Dies bedeutet, daß eine mehr auf Kleinteiligkeit, Langsamkeit, Belange der Schwächeren, Respekt vor der natürlichen Umwelt abzielende Politik nicht in den bisherigen Strukturen einer zentralisierten, spezialisierten und auf technische Machbarkeit hin orientierten hierarchischen, männlich-dominierten Entscheidungsstruktur zu verwirklichen ist, sondern daß dafür dezentrale, phantasievolle, für die Alltagsprobleme offene und dem Subsidaritätsprinzip verpflichtete Politikformen gefunden werden müssen. Es ist schlechterdings unvorstellbar, daß die verkehrlichen Randbedingungen des autofreien Wohnens in Verordnungen des Bundesverkehrsministers als Ergebnis von interministeriellen Abstimmungen und Beteiligung der Interessenverbände der Wirtschaft von oben herab verkündet werden.

Es ist ebenfalls schwer vorstellbar, daß von einer EU-Bürokratie Richtlinien erlassen werden, die aufzeigen, unter welchen Bedingungen die Straßenbaumittel in den öffentlichen Haushalten in Verkehrsvermeidungsansätze nach dem Prinzip des Least-Cost-Planning gesteckt werden dürften, um die wirtschaftlichen und sozialen Ziele der Gemeinschaft mit weniger schädlichen Nebenwirkungen zu realisieren. Derartige neue Lösungen können nur durch Phantasie und Praxisorientiertheit der Betroffenen entwickelt werden, und an beidem gebricht es den Ministerial- und EU-Bürokratien.

Subsidiaritätsprinzip: Die Gestaltungsmöglichkeiten »vor Ort« ausweiten

Wenn Politikinhalte und Politikformen einander entsprechen müssen, dann bedeutet dies für eine an ökologischer Mobilität orientierter Zukunft, daß der zentrale Gestaltungsanspruch der übergeordneten Ebenen zugunsten der niedrigeren Ebenen reduziert wird. Warum können beispielsweise Kommunen nicht selbsttätig entscheiden, wie hoch die Parkgebühren in ihren Mauern sind oder welche Verkehrserzeugungsabgaben den großen Supermärkten abverlangt werden?

Warum können die Länder nicht selbsttätig entscheiden, ob sie die Verkehrsprobleme in den Ballungsgebieten lieber durch den Bau von mehr Autobahnen oder ein dichtes S-Bahn-Angebot lösen wollen, und warum können sie keine eigenen Steuern zur Finanzierung dieser Investitionen erheben? Warum überläßt es die EU nicht den Mitgliedsländern der Gemeinschaft, welche Mineralölsteuern oder Straßenbenutzungsgebühren für angemessen erachtet werden?

Angesichts der oft verspotteten Regelungswut der EU auf dem Gebiet der landwirtschaftlichen Produkte mag zwar der Verkehrsbereich noch vergleichsweise schonend mit Gemeinschaftsrichtlinien überzogen worden sein, aber dennoch sei die Frage gestattet, warum denn nicht einzelne Mitgliedsländer schärfere Umweltstandards für die bei ihnen zugelassenen Fahrzeuge einführen dürfen als die von den Autofluten nur peripher betroffenen Staaten?

Die Realisierung einer zukunftsfähigen Mobilität bedarf der dezentralen, phantasievollen Gestaltung vor Ort. Wenn die frühere eindimensionale, technikorientierte Machbarkeitsideologie abgelöst werden soll durch eine behutsame, fehlerfreundliche, alle Belange integrierende Mobilitätspolitik, so verlangt dies entsprechende offene, partnerschaftliche und konsensorientierte Entscheidungsstrukturen.

Vielfalt der Entwicklungsmöglichkeiten offenhalten

Die Rolle der staatlichen Instanzen sehen wir nicht in der Festlegung von Details entsprechend dem bisherigen Wirken der Maschinerie von politischen Institutionen und administrativen Strukturen, von Gesetzen, Verordnungen, Ausführungsverordnungen, Verwaltungsvorschriften und Erlassen, sondern in der Garantie von Rahmenbedingungen für eine von örtlichem Gestaltungswillen geprägte Vielfalt von Lösungsansätzen.

Es ist ein wichtiges Ergebnis der Ökosystemforschung, daß die am vielfältigsten ausdifferenzierten Systeme die größte Stabilität und damit die besten Zukunftsaussichten ausweisen. Die Vereinheitlichung, Normierung und Entwicklung von Monokulturen trägt den Keim des baldigen Scheiterns in sich. Dauerhaft werden dagegen die Systeme sein, welche ein sehr breites Spektrum von unterschiedlichen Lösungen und an die unterschiedlichen Problemstellungen angepaßten Strukturen aufweisen.

Die Aufgabe des Staates besteht im Gegenentwurf zu dem herrschenden Trend der Zentralisierung und Vereinheitlichung also darin, daß die für Innovationen und für lokal ausdifferenzierte Lösungen notwendigen Spielräume gewährleistet werden. Die Experimentierlust auf allen Ebenen muß gefördert werden, damit neue Lösungsmodelle geboren werden und sich in der Praxis bewähren können. Welche dieser neuen Modelle – zum Beispiel die autofreie Siedlung, das Niedriggeschwindigkeitsszenario, die Hochpreisgüterverkehrsregion – das Potential für eine weitere Ausbreitung hat und damit eventuell das Gesamtsystem entscheidend prägen kann, läßt sich vorab nicht entscheiden.

Tiefgreifende Veränderungen im Verkehrssystem bedeuten einen Systembruch, das heißt mathematisch gesehen eine Unstetigkeitsstelle in einem Kurvenverlauf. Nach einem solchen Bruch werden die Systemelemente einander völlig verändert zugeordnet sein, es werden andere Verknüpfungen herrschen, neue Systemelemente werden hinzugetreten sein. Der Umschlag in eine neue Struktur ist nicht berechenbar und nicht planbar.

Wenn ein Modell sich als so attraktiv erweist, daß es für die Gesamtheit prägend wird, müßte von seiten des Staates dieser Prozeß wohlwollend begleitet werden können, ohne daß die sattsam bekannten Politikschritte zur Verteidigung des Status quo abgespult werden. Wenn das Entscheidungssystem offen und konsensual angelegt und fehlerfreundlich ist, sind alle Voraussetzungen geschaffen, daß trotz fehlender Prognostizierbarkeit der Verläufe und der Ergebnisse mit hoher Wahrscheinlichkeit die erwünschten Strukturen herauskommen.

In der Praxis sollte man einen evolutionären Verlauf erwarten, also einer Abfolge von Mikro-Systembrüchen, wie wir sie auch aus der Vergangenheit kennen, so daß eine auf längere Sicht »völlig andere« Verkehrswelt im Vergleich zur gewohnten von heute sich ebenso schrittweise herausbildet, wie unsere heute »völlig anderen« Verkehrserfahrungen sich auch schrittweise über kleine Brüche aus dem Zustand vor 50 oder 100 Jahren ergeben haben.

Falschen Trend zur Vereinheitlichung und Zentralisierung brechen

Das Plädoyer gegen Zentralität und für Subsidiarität läuft dem aktuellen Politiktrend zuwider. Dieser setzt auf Konformität, Verallgemeinerungsfähigkeit, Harmonisierung. Wir erhoffen uns dagegen von einer Verlagerung auf die unteren Entscheidungsebenen eine stärkere Praxisnähe, von der Finanzverantwortung vor Ort einen bewußteren Umgang mit den Steuermilliarden, von der Berücksichtigung der Anliegen von Bürgerinnen und Bürgern einen Perspektivwechsel weg von der Orientierung an den Interessen weniger Schnell- und Weitreisender hin zu den Bedürfnissen der Alltagsmobilität, und wir erhoffen uns von einer stärkeren Beteiligung von Frauen an den Entscheidungsprozessen eine Loslösung von der monothematischen und technikzentrierten Sicht der Dinge.

Entsprechend der Prämisse, daß Entscheidungsinhalte und Entscheidungsverfahren miteinander korrespondieren, sind dann tendenziell eher kleinteilige Lösungen und pragmatische Provisorien zu erwarten, und weniger die großen, teuren Zukunftsentwürfe. Man erinnere sich, daß die vielzitierte ÖPNV-Erfolgsgeschichte von Zürich damit begann, daß die Bürgerschaft den von der Verwaltung beantragten Kredit für eine Untergrundbahn ablehnte, was die Administration zwang, für einen Bruchteil der veranschlagten Summen einen um das Vielfache besseren und bürgernahen Straßenbahnbetrieb mit Bevorrechtigung an allen Ampeln zu konzipieren, was den Autos Platz und Geschwindigkeit wegnimmt, was wiederum den Erfolg des ÖPNV-Systems unterstützt hat.

Damit wollen wir sagen: Am grünen Tisch geplante perfektionistische und teure Lösungen zementieren eine bestimmte Entwicklung, die sich möglicherweise als falsch erweisen wird, aber dennoch wegen der

Anfangsschritte nicht mehr mit vernünftigem Aufwand zu korrigieren ist. Wenn einmal für zehn Milliarden DM eine Transrapid-Strecke zwischen Hamburg und Berlin installiert sein wird, dann wird es – Kostenanalysen hin oder her – bald weitere geben, allein um den Entscheidungsträgern die Blamage zu ersparen. Öffentliche Haushalte sind für derartige Entscheidungen immer gut. Traditionell wirft man zur Aufrechterhaltung untauglicher Strukturen dem schlechten Geld noch lange weiteres gutes Geld hinterher.

Entscheidungen revidierbar gestalten

Die Fehlerfreundlichkeit von Lösungsansätzen besteht darin, daß möglichst vieles in Form von Software, das heißt mit personellem und betrieblichem Aufwand, gestaltet wird und relativ wenig in Form von Hardware, das heißt Investitionen. Dies stellt die herkömmlichen Bewertungen von öffentlichen Haushalten auf den Kopf. Dort gilt es doch als Qualitätsmerkmal, wenn ein Haushalt einen hohen Anteil an investiven Ausgaben aufweist und einen geringen Anteil an Personalausgaben.

Nach diesem Kriterium wäre beispielsweise das Züricher ÖPNV-System bereits in der Anfangsphase negativ bewertet worden, weil die angestrebte Transportleistung durch den Einsatz von mehr Bussen und mehr Straßenbahnen, das heißt auch von mehr Fahrpersonal erbracht werden mußte, dagegen nur wenige Millionen verbaut wurden. In mittelgroßen deutschen Städten bereits ab 300 000 Einwohnern dagegen sind über Jahre hinweg Hunderte von Millionen Mark in unterirdische Gleisanlagen und Bahnhöfe investiert worden, ohne daß auch nur im entferntesten die von der langweiligen alten Straßenbahn in Zürich erbrachte Verkehrsleistung geschafft wurde.

Die aufwendigen unterirdischen Stadtbahnen in Städten wie Bielefeld, Bochum, Gelsenkirchen oder Duisburg dagegen sind betonierte und marmorverzierte Irrtümer. Hätte es das Kriterium der Fehlerfreundlichkeit von Entscheidungen bereits vor zehn oder zwanzig Jahren gegeben, wären manche der Großvorhaben sicherlich nicht realisiert worden. Dies wäre der für die Kunden bessere und für die Steuerzahler günstigere Weg gewesen.

Arbeitsplätze wichtig, aber nicht Hauptzweck der Verkehrspolitik

Die Bevorzugung personalaufwendiger anstelle investitionsaufwendiger Konzepte hat den aus heutiger Sicht erfreulichen Nebeneffekt, daß Arbeitsplätze geschaffen beziehungsweise erhalten werden. Bei allem Verständnis für die sozialen Belange der Beschäftigten von Verkehrsunternehmen darf allerdings deren Anliegen selbstverständlich nicht die verkehrspolitischen Entscheidungen bestimmen; soziale Härten sind erheblich kostengünstiger durch gezielte Hilfe zu lindern als durch Aufrechterhaltung von funktional und ökonomisch überholten Betriebszweigen.

Diese Aussage gilt auch für die Automobilindustrie; der Verweis auf Arbeitsplätze in dieser Branche muß als ehrenrühriger Erpressungsversuch angesehen werden, wenn bessere verkehrliche und ökologische Lösungen dem entgegenstehen. Dies bedeutet nicht, daß die Interessen der Beschäftigten vernachlässigt werden sollten, allein, sie sind in den Kategorien der Beschäftigungspolitik und der Sozialpolitik zu lösen und nicht durch Verkehrspolitik. Analog kann es ja auch für die Außenpolitik nicht angehen, militärische Konflikte mit dem Argument zu schüren, daß anderenfalls Arbeitslosigkeit in der Waffenindustrie drohe.

Leider ist man zum Beispiel bei den Diskussionen um ein Autobahn-Tempolimit seit zwanzig Jahren dem Argument der Automobilindustrie gefolgt, daß das Rasen auf unseren Straßen fortgesetzt werden müsse, um die Attraktivität deutscher Autos für die Kunden in den (übrigens mit strengen Geschwindigkeitsbegrenzungen versehenen) Exportmärkten zu erhalten. Offensichtlich traut man den Gebrauchsqualitäten der eigenen Produkte im Alltag wenig zu und setzt statt dessen auf spät-pubertäre Phantasien.

Unter diesen Umständen spricht es natürlich für die Kunden auf dem wichtigen USA-Markt, daß sie in den vergangenen Jahrzehnten trotz weiterhin bestehender freier Fahrt auf deutschen Autobahnen vermehrt zu japanischen sowie auch eigenen Produkten gegriffen haben und den hochgeschwindigkeitsgetesteten Automobilen aus Germany nur geringere Aufmerksamkeit schenkten. Wenn die Zuverlässigkeit der Alltagsfahrzeuge nicht stimmt, wenn der Kraftstoffverbrauch zu hoch ist und wenn es an alltäglichem Gebrauchsnutzen fehlt, werden die deutschen Modelle zu Ladenhütern. Dies ist – in Kurzform – die Entwicklung in den USA gewesen, wo auf fast allen Straßen ein Tempolimit von 55 Meilen pro

Stunde gilt (das heißt 88 km/h), sowie auf breiter ausgebauten Highways ein Limit von 65 Meilen pro Stunde (das heißt 104 km/h).

Das zentrale Leitbild: Langsam und nah statt schnell und fern

Die Geschwindigkeit des Verkehrs ist ein zentrales Element des zukunftsverträglichen Mobilitätssystems. Die Einschätzung ist sicherlich zutreffend, daß seit mehreren hundert Jahren sich die Reisegeschwindigkeit und die zurückgelegten mittleren Tagesdistanzen der »fortschrittlicheren« und damit heute leider auch energieverschwendenden Länder ständig erhöht haben. Über Frankreich sind die folgenden Zahlen zusammengestellt worden: Bewegte sich im vorigen Jahrhundert noch kaum jemand regelmäßig aus der eigenen Ortschaft heraus, begrenzte er also seinen Aktionsradius auf mehrere hundert Meter bis zu wenigen Kilometern, so nahm dieser Radius mit der Verbreitung des Fahrrades, der Eisenbahnen und schließlich der innerstädtischen elektrischen Bahnen rapide zu. In den zwanziger Jahren betrug die mittlere statistische Tagesentfernung eines/einer Erwachsenen zwei Kilometer, heute sind es rund fünfundzwanzig Kilometer. Ähnlich wird es sich in Deutschland verhalten.

Es soll nicht verkannt werden, daß die mittleren Mobilitätsziffern den Umstand verdecken, daß die Streubreite unter den Verkehrsteilnehmern und ihren Verkehrsaktivitäten extrem hoch ist. Es ist keine Seltenheit, daß Geschäftsleute im Jahr 100000 Kilometer im Auto zurücklegen oder ein Mehrfaches davon in Flugzeugen, während die Kennziffern für den Mittelwert bei rund 10000 Kilometern (Verkehrsaufwand in PKW) und 2000 Kilometern (Verkehrsaufwand in Flugzeugen) liegen.

Unser Bild der zukünftigen Mobilität wird Informationen über die mögliche und zulässige Streubreite zwischen sehr unterschiedlichen Teilen der Bevölkerung enthalten müssen. Ein Extrem der Diskussion, die im vergleichbaren Kontext zwischen den verschiedenen Ländern der Erde und der zulässigen Pro-Kopf-Emission an klimaschädigendem Kohlendioxid geführt wird, besteht in der Anwendung eines strikten Gleichheitsprinzips. Danach bedeutet zum Beispiel ein mittlerer statistischer Verkehrsaufwand von 2000 Flugkilometern, daß niemand berechtigt sei, guten Gewissens 6000 Kilometer zu fliegen. Eine andere Position besteht darin, daß die ökologischen Belastungen insgesamt zählen und daß die Unterschiede innerhalb der Gesellschaft auch ein stark unterschiedliches Emissionskonto einzelner Gruppen rechtfertigen.

Die erste Position wird zum Beispiel in der feministischen Verkehrspolitik vertreten, die wegen der im Durchschnitt erheblich niedrigeren Verkehrs- und Umweltbelastung durch Frauen diese als »ökologische Avantgarde« im Hinblick auf dauerhaft verträgliche Mobilität bezeichnen. Das verstärkt auf Fußwege und ÖPNV-Nutzung im Nahbereich konzentrierte Verkehrsverhalten der Frauen wird als Modell für die männlich geprägten, heute weiträumig orientierten, an IC- und Autobahnfahrten ausgerichteten Strukturen begriffen. Dieser Position zufolge ist es nicht einzusehen, daß Manager in größerem Umfang als der statistische Durchschnitt in schweren PKW über die Autobahn fahren oder internationale Flüge absolvieren.

Eine Gegenposition dazu wiederum lautet, daß es soziale Unterschiede im Besitz und im Konsum immer gegeben habe und daß diese Differenzen im Verkehrsverhalten auf die unterschiedlichen Funktionen der einzelnen Akteure innerhalb des Gesellschaftssystems zurückzuführen seien. Wenn man bejahe, daß ein Staat Außenhandel treibe und kulturelle Beziehungen mit entfernten Ländern pflege, dann müsse man auch akzeptieren, daß die Träger dieser Austauschbeziehungen weit und häufig reisen.

Wir sehen die Pluralität des Verhaltens auch im Verkehrssektor als wünschenswert und sogar als notwendig an; wir halten es für mit dem Herausarbeiten von ökologischen Zielsetzungen insgesamt durchaus vereinbar, daß einzelne »unökologische« Verhaltensweisen weiterhin Bestandteil des Lebens sein können – solange sie hinreichend als Sonderfall, als Ausnahme beschränkt sind.

Individuelles Verhalten und das Prinzip der Verallgemeinerbarkeit

Im Sinne des wohlverstandenen Kantschen Imperativs wäre es sicherlich auch vertretbar, wenn sich Brautpaare einen Rolls Royce für die Trauung mieten; auch heute heiratet man noch nicht so häufig, daß daraus ein großer ökologischer Schaden erwachsen würde. Weiterhin: Aus der geringen Zahl der Ferrari im deutschen Autobestand könnte man die Schlußfolgerung ableiten, daß diese Modelle getrost von Kraftstoff-Verbrauchsvorschriften ausgenommen werden könnten, weil kein meßbarer statistischer Effekt für den Gesamt-Kraftstoffverbrauch Deutschland erwachsen würde, wenn entsprechende Vorschriften Geltung erreichten.

Nach unserer Einschätzung hat auch ein zukünftiges ökologisches Verkehrssystem Platz für das Fahren eines Cabriolet in schönen Landschaften, für die Zulassung hochgezüchteter Sportwagen »just for fun«, für Luxus-Limousinen und für Weltreisen per Flugzeug. All dies ist in der Welt, es wäre naiv zu fordern, dies alles dürfe es nicht mehr geben.

Zwei Schranken allerdings sind der Beliebigkeit der Verhaltensattitüden gesetzt, die weder rabulistisch noch ingenieurstechnisch wegdisputiert werden können: Von der beschränkten ökologischen Belastbarkeit unseres Globus (im Sinne von für uns erbaulichen Umweltbedingungen) sollten wir ausgehen, auch wenn wir diese Belastbarkeitsgrenzen im einzelnen nicht so genau bestimmen können; ökologisch störende Verhaltensfreiheiten, die wir uns aus gutem Grunde an einer Stelle herausnehmen, müssen wir folglich an anderer Stelle wieder kompensieren. Der unvermeidliche Umgang mit der Endlichkeit des Zulässigen wird nicht dadurch augehebelt, daß wir uns im Einzelfall außerhalb des allgemein und ständig Zulässigen verhalten: Nicht das einzelne Verhalten muß verallgemeinerbar sein, sondern die Gesamtheit des Verhaltens muß einem Prinzip folgen, das verallgemeinerbar ist.

Die zweite Schranke wird durch die soziale Einbindung des individuellen Verhaltens gebildet: Die Freiheit des Einzelnen findet ihre Schranken dort, wo sie in die Freiheit anderer eingreift; ausgehend von diesem Grundsatz sind die praktischen Regeln in sehr unterschiedlicher Form gestaltbar, da in der Praxis das totale Verbot des Eingriffs in Freiheitsräume anderer dadurch ersetzt werden muß, daß ausgewogene und limitierte wechselseitige Eingriffe gestattet werden. Wie auch immer damit verfahren wird: Es lassen sich daraus durchaus generelle Hinweise auf zulässiges Verhalten und unvermeidliche Einschränkungen ableiten – diese Grundsatzfrage des Gesellschaftsvertrags ist allerdings überhaupt nicht neu und hat auch nicht speziell mit unserem Thema zu tun. Anders als bisher sollten aber derartige Aspekte auch im Verkehrsbereich behandelt werden.

Nicht schwarzweiß, sondern viele Farben in der Mobilitätspalette

Es kommt nicht auf das Ja oder Nein an, sondern auf die zuträgliche Menge. Nicht nur bei Gift kommt es auf die Dosis an, auch bei einem grundsätzlich umweltunverträglichen Verhalten. Genausowenig wie jeder Bundesbürger mehrmals im Jahr per Flugzeug Urlaub in Kalifornien wird machen können – allein aus finanziellen Gründen –, genausowenig wird es gegen Gleichheits- und Gerechtigkeitsgrundsätze verstoßen, wenn anstelle der mittlerweile üblichen 10000 PKW-Kilometer pro Kopf nur noch statistisch halb soviel zurückgelegt werden. Wenn ein sehr viel höherer Prozentsatz der Bevölkerung als heute überhaupt von der Nutzung des eigenen PKW abrückt und autofrei lebt, sollte es möglich sein, daß Geschäftsführer oder Vertreter von Industrieunternehmen ihre 100000 Kilometer im Jahr in einem großen PKW zurücklegen, ohne daß die Gesamtziele verfehlt würden. Die daraus erwachsenden ökologischen Belastungen allerdings sollten auch in Form höherer Kosten den Verursachenden angelastet werden.

Warum soll es außerdem in einem ökologisch orientierten Verkehrssystem nicht möglich sein, Autorennen zu veranstalten? Sicherlich: Es mutet seltsam an, das Kriterium des Möglichst-schnell-im-Kreis-Herumfahrens zur Grundlage öffentlicher Anerkennung zu machen; dies müßte jedoch ebenso legitim sein, als wenn die Berliner Philharmoniker einen Sonderflug nach Tokio unternehmen, um dort zu konzertieren. Beides bedeutet einen etwa gleich hohen Energieverbrauch sowie vergleichbare Umweltbelastungen.

Das Kriterium der Gleichheit ist nach unserem Bild von einer ökologischen Mobilitätszukunft also sehr großzügig auszulegen. Dagegen sehen wir in der Geschwindigkeit im Verkehr eine zentrale ökologische und soziale Komponente, welche eine Fortsetzung der heutigen nonchalanten Art nicht erlaubt. Konkreter: Die Fahrgeschwindigkeiten im Verkehr und auch die Reisegeschwindigkeiten insgesamt müßten deutlich reduziert werden, um der Raumüberwindung die Bedeutung zu geben, welche ihr aufgrund der damit verbundenen ökologischen Belastungen zusteht.

Gestaltungsansatz Verkehrszeit

Der Steuerungsansatz über die Geschwindigkeit, das heißt auch über die Zeit im Verkehr hat nach unserer Ansicht im Personenverkehr eine weit höhere Berechtigung als die Steuerung über das Geld.

Für die Verkehrsteilnehmer ist der Wunsch nach hohen Geschwindigkeiten verständlich: Vieles spricht aus ihrer Sicht dafür, Wege möglichst schnell zurückzulegen. Für die betroffenen Anwohner der Verkehrswege ist die gegenteilige Priorität klar: Sie sprechen sich für niedrige Geschwindigkeiten aus. Unsere Position in dem Konflikt zwischen den

Nutzern und den Anliegern von Verkehrswegen ist eindeutig: Die dort wohnenden Menschen sind in ihren Interessen stärker zu schützen als diejenigen, welche die Straßen aufgrund ihrer persönlichen Opportunitätskriterien lediglich benutzen. Im Konflikt zwischen den Stadtnutzern und den Stadtbewohnern, der heute fälschlicherweise oft mit dem Hinweis darauf zugedeckt wird, daß wir ja alle Auto fahren würden, sehen wir ein größeres Gewicht bei den Anliegen der Stadtbewohner. Sie sind in größerem Umfang nichtmotorisiert unterwegs und leiden somit unter dem von außen in die Städte hineindrängenden motorisierten Verkehr.

Es ist im übrigen sehr nützlich, sich eine Bilanz der Begünstigten und der Benachteiligten von Verkehrsplanungen zu machen. Jede Straßenerweiterung, jede auf den fließenden Verkehr abgestimmte Ampelschaltung wie auch die Lokalisierung und die Gestaltung von Überwegen, die mit dem Augenmerk auf die Interessen des Kraftfahrzeugverkehrs vorgenommen wird, reduziert die Wegegeschwindigkeiten der Fußgänger erheblich.

Eine analoge Erfahrung mit Bahnverkehrsplanungen lautet, daß die Interessen von schnell und weit Reisenden erheblich mehr Gewicht bei Investitionsentscheidungen haben als die derjenigen, die langsam im Nahbereich unterwegs sind. Als Beispiel sei das Tauziehen um einen IC-Anschluß des Kölner Flughafens genannt; ein derart großes Engagement für eine S-Bahn-Strecke ist nicht bekannt geworden. In diesem Zusammenhang sei angemerkt, daß alle Fracht zu diesem Flughafen auf der Straße hingeschafft werden muß, weil die Schienentrassen einige Kilometer vorher enden.

3. Prinzipien einer ökologischen Verkehrspolitik

La forza dal moto spirituale ha origine ...
... Adunque il moto materiale nasce dallo spirituale.
(Die Kraft hat ihren Ursprung in der geistigen Bewegung ...
... Also entsteht die materielle Bewegung aus der geistigen.)

Leonardo da Vinci, Codex Arundel

Von der abstrakten Perspektive zu konkreten Grundsätzen

Wir haben gesehen, daß es mit der Planbarkeit wie mit der Prognostizierbarkeit so komplexer Systeme wie des Verkehrssystems nicht weit her ist. Angesichts der großen Zahl selbst entscheidender Beteiligter ist dies auch nicht sonderlich erstaunlich. Bei all den Freiheitsspielräumen, die der Planbarkeit und Prognostizierbarkeit entgegenstehen, ist gleichzeitig ein Grundkonsens in der Gesellschaft nötig, der durch die Bestimmung der Bedingungen für die Freiheit diese sozusagen erst konstituiert und möglich macht. Unter einem unverstandenen, oberflächlich wohlfeilen Freiheitsbegriff, wo sich nach dem Motto »ich bin so frei« niemand um nichts schert, kann eine Gesellschaft keinen Bestand haben. Je konkreter es wird, desto kniffliger ist es allerdings, die Freiheiten zu definieren, wobei «definieren« ja schon dem Wortsinn nach bedeutet, durch Angabe der Grenzen den Inhalt zu bestimmen.

Allgemeine Verträglichkeitsziele

Allgemeine Grundsätze und Leitbilder sind zunächst in der Charta der Menschenrechte und im Grundgesetz enthalten. Im Rahmen der jüngeren Diskussion hat die Enquête-Kommission »Zukünftige Kernenergie-Politik« des Deutschen Bundestages im Jahr 1980 als hochrangige Politikziele vier Grundverträglichkeiten des Handelns und der Strukturen herausgestellt.

Ökologische Verträglichkeit
Wirtschaftliche Verträglichkeit
Soziale Verträglichkeit
Internationale Verträglichkeit

Diese Verträglichkeitsziele stellen einerseits Kriterien dar, also Bedingungen für die Möglichkeit einer wünschbaren Entwicklung oder eines wünschbaren Zustands; insofern sind diese Ziele schon ziemlich harte und wenig verrückbare Vorgaben. Andererseits bilden sie Qualitätsparameter, die eine Beschreibung der Wirklichkeit ermöglichen, in welcher Form, wie gut und wie sehr sie in der einen oder anderen Richtung verträglich gestaltet ist. Daraus lassen sich Defizite, Abwägungen und Handlungsvorgaben ableiten.

Kriterien für die Verträglichkeit von Energiesystemen
Die Enquête-Kommission »Kernenergie« hat für den Energiebereich im Jahre 1980 Verträglichkeitskriterien beschlossen, die auch für den Verkehrsbereich sinngemäß anwendbar sind. Sie lauten (hier etwas gekürzt):
Wirtschaftlichkeit: »Energiesysteme sollen Energiedienstleistungen für den Verbraucher an jedem Ort zu jeder Zeit zuverlässig und ausreichend zu wirtschaftlich günstigen Bedingungen bereitstellen«, u.a. dabei den verteilungs-, struktur- und beschäftigungspolitischen Zielen nicht entgegenstehen sowie die öffentliche Hand möglichst wenig belasten.
Internationale Verträglichkeit: »Energiesysteme sollen helfen, die internationalen Spannungen abzubauen und nicht zu erhöhen«, u.a. dabei keine Einschränkungen von Entscheidungsmöglichkeiten implizieren, welche eine Sicherheitsgefährdung Deutschlands bewirken kann, sowie einen angemessenen Inlandsanteil an der Versorgung gewährleisten und den internationalen Verteilungskampf nicht verschärfen.

Umweltverträglichkeit: »Energiesysteme sollen die Umweltbedingungen möglichst wenig verschlechtern oder gefährden«, u.a. dabei Leben und Gesundheit der Menschen so wenig wie möglich beeinträchtigen, sowie die Lebenssphäre der übrigen Biosphäre nicht irreversibel beeinträchtigen und die ökologischen Ressourcen nicht über Gebühr beanspruchen.
Sozialverträglichkeit: »Energiesysteme sollen – für den Einzelnen wie für die Gesellschaft – mit der sozialen Ordnung und Entwicklung verträglich sein«, u.a. dabei die verfassungsrechtlich gewährleisteten Grundrechte und Prinzipien nicht einschränken oder gefährden sowie Freiräume für persönliche Entscheidungen in der Lebensführung offenhalten.
(Zukünftige Kernenergie-Politik. Kriterien – Möglichkeiten – Empfehlungen. Bericht der Enquête-Kommission des Deutschen Bundestages, Teil I, Bonn 1980)

Nun kann man solche Ziele in unterschiedlicher Form interpretieren und mit Leben füllen. Es ist auch offensichtlich, daß verschiedene Gruppen in der Gesellschaft diese Ziele in unterschiedlicher Ausprägung und Intensität verfolgen. Eine vollständige Verwirklichung der Ziele wird man zwar kaum realistischerweise anstreben; so wird man die Bereitstellung von Verkehrsangeboten zu jeder Zeit an jedem Ort preiswert, zuverlässig und ausreichend vermutlich auch nicht überall ausdehnen wollen. Unter verständigen Zeitgenossen wird man sich aber wohl schnell einig werden, daß keine der Verträglichkeiten – im Energiebereich wie auch bei Übertragung auf den Verkehrsbereich – im Grundsatz zur Disposition gestellt werden kann und daß es entsprechend nur beschränkt sinnvoll ist, die eine Verträglichkeit gegen eine andere ausspielen zu wollen.

Verkehrsstrategie der Klima-Enquête-Kommission

Mit den Verträglichkeitszielen kommt der Verkehr, wie wir ihn beschrieben haben, zunehmend in Konflikt; eigentlich jede der notwendigen Verträglichkeiten wird durch den Verkehr, wenn er sich weiterhin entwickelt wie bisher, ernsthaft in Frage gestellt. Grundsätze bezüglich der Verkehrsentwicklung müssen deshalb Grundsätze zur Änderung der bisherigen Verkehrsentwicklung sein. Die Enquête-Kommission »Vorsorge zum Schutz der Erdatmosphäre« des Deutschen Bundestages (Erste Klima-Enquête-Kommission) hat solche Grundsätze einstimmig und in deutlicher Form 1990 niedergelegt.

Verkehrsvermeidung
Verkehrsverlagerung
Verkehrsverbesserung
Verhaltensänderungen

Die nachfolgende zweite Klima-Enquête-Kommission hat sich davon nicht distanziert, ist allerdings auch nicht zu einer einstimmig getragenen Weiterentwicklung dieser Grundsätze gekommen. Deswegen zitieren wir hier die Vorgängerkommission, sie stellte fest:

»Um die im Verkehrssektor im Trendfall zu erwartenden Emissionszuwächse abzufangen und darüber hinaus in Zukunft die Emissionen zu reduzieren, bedarf es einer umfassenden konzeptionellen Fortentwicklung des Verkehrsbereichs sowie einer Modernisierung der Verkehrstechnik mit abgestimmten fahrzeugtechnischen und verkehrsbeeinflussenden Maßnahmen.

Auf der Grundlage der Studien der Enquête-Kommission können Emissionsminderungspotentiale gemäß der zu erwartenden Entwicklung im Personen- wie im Güterverkehr insbesondere auf folgende Weise erreicht werden:

- Verkehrsvermeidung,
- Verminderung der zu erwartenden Verkehrsleistungen im Straßen- und Flugverkehr,
- Verlagerung von Verkehrsleistungen auf energieeffektivere und emissionsärmere Verkehrsmittel,
- umweltverträgliche Verkehrsabwicklung und Verbesserung der Verkehrsauslastung,
- technische Energieeinsparung an Verkehrsmitteln (bei Herstellung und Gebrauch) sowie technische Maßnahmen zur Emissionsminderung und Schadstoffrückhaltung,
- Verhaltensänderungen.

Die Kommission weist ausdrücklich darauf hin, daß Maßnahmen zur Begrenzung des Verkehrs, insbesondere des Straßenverkehrswachstums, zugleich positive Auswirkungen auf die Emissionen von Stickoxiden, Kohlenmonoxid, flüchtigen organischen Verbindungen (ohne Methan) und Lärm haben sowie die sozialen und ökologischen Folgeschäden des Verkehrs (Auswirkungen auf die Gesundheit, auf Böden und Vegetation, Unfälle, Flächenverbrauch etc.) reduzieren.«

(Enquête-Kommission »Vorsorge zum Schutz der Erdatmosphäre«, Dritter Bericht, Bd. 1, S. 108f., Bonn 1990)

In den weiteren Ausführungen der Enquête-Kommission wird die große Sorge und die Dringlichkeit einer geänderten Orientierung deutlich; so empfiehlt die Kommission, »im Verkehrssektor die Emissionsminderungspotentiale weitestgehend auszuschöpfen«, weist darauf hin, »daß bei der Erstellung dieses Verkehrskonzepts eine möglichst weitgehende Internalisierung externer Kosten der Verkehrssysteme nach dem Verursacherprinzip von besonderer Wichtigkeit ist«, oder auch, »daß sowohl im Personen- als auch im Güterverkehr möglichst schnell die größtmögliche Ausschöpfung der technischen Einspar- und Rückhaltepotentiale in allen Verkehrssystemen in die Wege geleitet werden« sollen.

Umsetzungsorientierte Ziele

Das Problem liegt wohl weniger darin, daß auf der Maßnahmen- und Instrumentenebene unklar wäre, welche Politikansätze Aussicht auf Erfolg bieten. Wir selbst haben beispielsweise in einer Untersuchung für das Umweltbundesamt (1992) in der Folge eines Beschlusses der 37. Umweltministerkonferenz von Bund und Ländern (November 1991 in Leipzig) einschlägige Maßnahmen und deren Wirkungen analysiert. Die Schwierigkeit scheint eher darin zu bestehen, daß die Art der notwendigen Umorientierung entweder nicht richtig begriffen wird oder daß die entscheidenden Personen und Gremien die Umorientierung nicht vornehmen wollen.

Wir haben daher vier Ziele einer Verkehrszukunft formuliert, die die notwendige Verkehrswende in den Köpfen – der Planer, wie auch des Publikums – charakterisieren. Offensichtlich sind diese Ziele derzeit nicht in allen Kreisen der Bevölkerung oder der Politiker mehrheitsfähig. Wir gehen aber davon aus, daß die dahinterstehende Logik doch einleuchtend ist und daher in mittlerer Zukunft durchaus breite Zustimmung finden könnte.

> **Vorrang der Langsamen vor den Schnellen**
> **Vorrang der Schwachen vor den Starken**
> **Vorrang der Nichtmotorisierten vor den Motorisierten**
> **Vorrang der Nähe vor der Ferne**

Diese vier Prinzipien erscheinen gut geeignet, die generellen gesellschaftlichen Ziele der allgemeinen Zugänglichkeit und Sozialverträglichkeit, der Wirtschaftlichkeit, der Umweltverträglichkeit und der internationalen Verträglichkeit zu unterstützen und den Zielen der Verkehrsstrategie der ersten Klima-Enquête-Kommission materielle Geltung zu verschaffen; im einzelnen:

- Der Vorrang der Langsamen vor den Schnellen kehrt die derzeitigen Bedingungen um, wo die Schnellen auf Kosten der Langsamen immer weiter begünstigt werden, was in der Folge zur Attraktivität immer größerer Entfernungen und höherer Verkehrsaufwände führt. Dies kann als entscheidend angesehen werden dafür, daß der Verkehr aus dem Ruder läuft. Der demgegenüber formulierte Grundsatz stützt in ausgewogenerer Weise die Geschwindigkeitschancen in der Bevölkerung bei einem zu erwartenden Überwiegen des positiven Effekts, und gleichzeitig wird systemisch der selbstverstärkende Regelkreis zu immer mehr Verkehrsaufwand abgefangen. Die dadurch auf längere Sicht unterstützten weniger aufwendigen Strukturen erhöhen dabei die Wirtschaftlichkeit.

- Der Vorrang der Schwachen vor den Starken entspricht ebenfalls gerade nicht den gegenwärtigen Rahmenbedingungen, jedoch direkt der unaufgebbaren Schutzfunktion des Staates. Bilden im öffentlichen Raum nicht die Schwachen das maßstabsbildende Element, sondern die Starken, so ist die Eskalation von Gewalt und Drohung mit Gewalt vorgezeichnet, weil sich dann jeder so stark wie möglich präsentieren wird. Umgekehrt ist weniger eine allgemeine Schwächung zu befürchten als eine allgemeine Rücksichtnahme die plausible Konsequenz. Neben dem Beitrag zum sozialen Frieden ist auch die Unterstützung des friedlichen Umgangs mit der Umwelt abzuleiten.

- Der Vorrang der Nichtmotorisierten vor den Motorisierten ist zum einen ein Stück Rückgewinnung von Authentizität und Urbanität, zum anderen wird dadurch ein Interessenausgleich zwischen beiden Gruppen hergestellt: Die Motorisierten genießen weiterhin erhebliche Vorteile und Freiheiten durch den

besseren Witterungsschutz und den vergleichsweise unbe-
schränkten Aktionsraum; die Nichtmotorisierten können die
Vorteile der freien Beweglichkeit wieder entfalten. Die ausge-
wogenere Interessenvertretung führt insgesamt zu mehr Wohl-
fahrt bei weniger materiellem Aufwand und ökologischer Belastung.

- Der Vorrang der Nähe vor der Ferne beschreibt keinen Rückfall
in Provinzialismus, sondern die Anerkennung der tatsächlichen
und angemessenen Gewichtsverteilung. Wenn auch nach Jahrzehnten des Entfernungswachstums und der dadurch bedingten
Störung und Zerstörung des Nahraums weiterhin das nähere
Umfeld die dominante Bedeutung aufweist, so kann ein entscheidender Wohlfahrtgewinn davon erwartet werden, die dort
anzutreffenden Störungen abzubauen. Die sozialen und ökonomischen Vorteile einer solchen Zielsetzung liegen ebenso auf
der Hand wie der Beitrag zur Verkehrs- und Umweltentlastung.

Nun geht es sicher nicht darum, diese Prinzipien unverständig
und stur in die Praxis zu überführen, vielmehr – durch das Wort »Vorrang«
signalisiert – um Orientierungen, die die Gewichte richtig setzen. Beispielsweise kommt es auch im Gegensatzpaar Nähe–Ferne wohl darauf an, die
Entwicklungsrichtung zu korrigieren, um wieder auf den Boden der Tatsa-
chen zu gelangen. Man muß nun keineswegs den Kontakt zur großen weiten
Welt einstellen, wenn man die große Bedeutung der Nähe einsieht und
empfiehlt, die Nutzungsmöglichkeiten der Nähe und in der Nähe auf Kosten
der Ferne zu fördern: Etwas Salz in der Suppe ist ganz gut, und man wird
nicht ohne Not darauf verzichten wollen. Aber offenbar wird die Suppe
nicht immer besser, wenn wir die eigentliche Substanz Schritt für Schritt
reduzieren und im Gegenzug immer mehr Salz zugeben.

Insgesamt dürfte sich auch beim wiederholten Überdenken dieser Prinzipien bestätigen: Es gibt viel zu gewinnen und wenig zu verlieren.

Erst wenn über die grundsätzlichen Orientierungen einigermaßen eine Verständigung hergestellt ist, kann man erwarten, bezüglich der
gestaltenden Instrumente inhaltlichen Konsens zu finden. Die dabei erforderliche Breite der Handlungsansätze soll nachfolgend am Beispiel der
ökonomischen Instrumente verdeutlicht werden.

4. Ökonomische Instrumente

Paradoxerweise sind Wirtschaftswissenschaftler trotz ihres Beharrens auf Wachstum im allgemeinen nicht in der Lage, sich ein dynamisches Weltbild zu eigen zu machen. Sie neigen dazu, die Volkswirtschaft willkürlich in ihrer gegenwärtigen institutionellen Struktur einzufrieren, statt sie als ein sich ständig änderndes und fortentwikkelndes System zu sehen, das von den sich wandelnden ökologischen und sozialen Systemen abhängig ist, in die es eingebettet ist.

Fritjof Capra, Wendezeit – Bausteine für ein neues Weltbild

Ökonomische Ursachen für die Zunahme des Autoverkehrs

Der Erfolg des Autos, an dem die Städte ersticken und die verschiedenen Umweltbereiche leiden, ist eine direkte Folge des wirtschaftlichen Wohlstandes. Jenseits aller Diskussionen um Mobilitäts-»bedürfnisse« kann man sowohl in den reichen Ländern als auch in den wirtschaftlich aufholenden Staaten, den sogenannten Schwellenländern, verfolgen, wie mit zunehmender Massenkaufkraft die PKW-Zahlen wachsen. Abweichungen von der direkten Korrelation zwischen Pro-Kopf-Einkommen und Autodichte sind selten und können auf besondere örtliche Umstände zurückgeführt werden. So wurde politisch in Regionen mit extrem hoher Bevölkerungsdichte (Tokio, Hongkong, Singapur) eine bewußte Politik zur Verhinderung des Autobesitzes durchgeführt, andere Abweichungen in der Beziehung zwischen Wohlstand und Auto gelten zum Beispiel in Saudi-Arabien (extrem hohe Autodichte trotz eines moderaten spezifischen Bruttosozialproduktes); Dänemark hat trotz relativ hoher Wirtschaftskraft eine unterdurchschnittliche Motorisierung. Insge-

271

samt läßt es sich jedoch nicht leugnen, daß Autobesitz ein Ausdruck des materiellen Erfolges ist.

In den bisher noch nicht hochmotorisierten Staaten der Erde wird das Auto nicht nur als Folge, sondern auch als Symbol des Wohlstandes überhöht; sobald ein Dach über dem Kopf der Familie gesichert ist und kein Hunger mehr besteht, werden alle finanziellen Möglichkeiten mobilisiert für die Anschaffung und Nutzung eines Autos. Beispiele für diese Phase der Entwicklung sind unter anderem die Türkei, Mexiko und Indonesien. Zusätzlich zu dem steigenden individuellen Wohlstand trägt das Bevölkerungswachstum – oftmals eine Verdoppelung innerhalb von zwanzig Jahren – dazu bei, daß die Metropolen der Dritten Welt im Verkehrs-, Abgas- und Lärmchaos versinken.

Wo ein Auto vorhanden ist, wird es auch benutzt – unabhängig davon, ob bestimmte Wege nicht auch mit anderen Verkehrsmitteln zurückgelegt werden könnten oder bestimmte Reisen denn nötig sind. Das Auto prägt durch sein Vorhandensein die Bedürfnisse und schafft die Nachfrage selbst, dieser Vorgang ist demjenigen bei anderen Konsumgütern, wie zum Beispiel dem Fernsehen, nicht unähnlich.

Die Zurückführung von Autohaltung und -nutzung auf die finanziellen Möglichkeiten der Käufer beziehungsweise Autofahrer legt die Frage nahe, ob durch politische Beeinflussung der Kosten für den Kauf und für das Fahren die unverträglich hohe Autonutzung reduziert werden kann. Dabei sind eine große Anzahl von Möglichkeiten denkbar, Einführung hoher Kaufsteuern wie in Dänemark, teure Zulassungslizenzen und hohe Kraftfahrzeugsteuern wie in Singapur, der Nachweis eines zu mietenden Abstellplatzes in privaten Parkhäusern oder Garagen wie in Tokio, hohe Benzinsteuern wie zum Beispiel in Italien, schließlich noch Straßenbenutzungsgebühren.

In Gebieten mit extrem hoher Bevölkerungsdichte – wie zum Beispiel in Manhattan – regelt sich manches über die Marktpreise für das knappe Gut »Fläche«. Dies grenzt die Zahl derjenigen ein, die mit dem Auto zu den Arbeitsplätzen oder zum Einkauf fahren. Die Kernfrage der ökonomischen Steuerung lautet, ob und in welchem Umfang die PKW-Nutzung als Folge der auferlegten Kosten zurückgeht. Für den Straßengüterverkehr und den ebenfalls aus ökologischen Gründen zu vermindernden Luftverkehr stellt sich dieses Problem analog.

Ökonomische Steuerungsinstrumente – chancenreich, aber nicht grenzenlos

Gelingt es, umweltschädliches Tun durch Ökosteuern zu verteuern, dann lassen sich im wesentlichen zwei mögliche Reaktionen der Besteuerten unterscheiden. Entweder führen die höheren Kosten zu der erwünschten Verhaltensänderung, das heißt zum Beispiel zu einem Rückgang der Autofahrten und einem Umstieg auf den öffentlichen Verkehr sowie den Verzicht auf bestimmte Fahrten. Dafür wird es keine allgemein gültigen Antworten geben können, da die Reaktionsmöglichkeiten je nach Wohnumgebung verschieden sind, es wird unterschiedliche Elastizitäten je nachdem geben, ob es sich um Arbeits- oder Freizeitwege handelt, schließlich sind Einkommen, Alter, Geschlecht, sozialer Status und anderes entscheidend für Art und Umfang der Reaktionen.

Die zweite Möglichkeit, daß trotz der höheren Kosten das bisherige Verhalten unverändert fortgesetzt wird, führt die Politik in ein Dilemma. Einerseits freuen sich alle Regierenden, wenn die Steuereinnahmen reichlicher fließen. Andererseits sind die Umweltschäden, die Lärmschwerhörigkeit bei den Straßenanliegern und die hohen Unfallziffern nicht plötzlich deswegen akzeptabel, weil die Täter dafür mehr Steuern entrichten als vorher. Es stellt sich dann die Frage, ob noch weiter an der Steuerschraube gedreht werden sollte, um den Effekt zu erzielen, und ob die für die Steuerbemessung herangezogenen Schätzungen der ökologischen Schäden denn wirklich umfassend genug waren.

Hier stößt man auf Erkenntnisgrenzen, denn weder die Folgen des menschlichen Handelns auf die natürliche Umwelt können jeweils in ihren Verästelungen und Konsequenzen vollständig erkannt werden, noch wird es jemals gelingen, diese Effekte in Geldeinheiten richtig wiederzugeben. Das Öko-Steuer-Konzept von den »gerechten« Kosten, die Forderung, daß »die Preise die ökologische Wahrheit sagen« (Ernst Ulrich von Weizsäcker) – das sind Idealvorstellungen, die in letzter Konsequenz nicht auf den Pfennig genau umgesetzt werden können. Alle genannten Summen für Externkosten und für daraus abgeleitete Mineralölsteuern beziehungsweise für Verkehrsabgaben können nur eine untere Grenzen markieren. Diese Rechnungen können der Politik als Hilfestellung dienen, sie können jedoch nicht die freie politische Entscheidung darüber ersetzen, in welcher Höhe Steuern und Abgaben festgesetzt werden.

Bei all der Diskussion um die Höhe der externen Lasten wird häufig übersehen, daß es um den dadurch erzielten Effekt geht. Voraussetzung für eine Verständigung über die anzuwendenden Instrumente, dies haben wir eingangs dieses Kapitels herausgestellt, ist jedoch eine Verständigung über die anzustrebenden Ziele. Fiskalische Maßnahmen sollten also daraufhin geprüft und so angewandt werden, daß sie den angestrebten Entlastungseffekt erreichen. Daneben ist natürlich der Aufkommenseffekt für die leeren öffentlichen Kassen legitim und hochwillkommen.

Wirksamkeit ökonomischer Instrumente positiv

Würde man den Bürgerinnen und Bürgern der USA schlagartig Kraftfahrzeug- und Mineralölsteuern wie in Europa abfordern, käme es in dem Staat, der ja schließlich als Reaktion auf eine Steuererhöhung des Mutterlandes England unabhängig geworden ist, zu einer zweiten Revolution. Die extrem niedrigen Benzinpreise und das Fehlen anderer staatlicher Abgaben für die Autonutzung haben dazu geführt, daß die US-Autodichte die höchste auf der Welt ist und der Pro-Kopf-Benzinverbrauch mehr als doppelt so hoch wie in Deutschland liegt.

Doch auch Deutschland ist ja ein Land der vielen und großen Autos und des relativ hohen Pro-Kopf-Energieverbrauches, verglichen mit Staaten wie Dänemark, Italien oder Japan, die sich hinsichtlich der generellen wirtschaftlichen Situation und des Lebensstils ebenfalls dem westlichen Beispiel verpflichtet sehen. Welche Effekte würden erzielt, wenn in Deutschland die Benzinpreise so hoch wie in Japan wären, oder wenn in den USA der Benzinpreis das europäische Niveau aufweisen würde?

In den Szenarien der vergangenen Jahre, die sich mit der Frage der Beeinflußbarkeit auseinandergesetzt haben, wird zumeist ein Elastizitätsfaktor von minus 0,3 herangezogen, das heißt bei zehn Prozent Erhöhung der Benzinpreise geht man von einem Rückgang der PKW-Kilometer um drei Prozent aus. Rechnerisch würde für einen hundertprozentigen Preisaufschlag ein Rückgang um dreißig Prozent anzusetzen sein. Der Faktor 0,3 ist aus einer Analyse der Preisbewegungen der vergangenen Jahrzehnte und der Reaktionen der Autofahrer darauf gewonnen worden, dies zeigt bereits die Problematik der Anwendung derartiger Werte für Prognose- und Szenariozwecke.

Zum einen waren in den vergangenen Jahrzehnten die Preisbewegungen relativ gering, innerhalb eines Jahres veränderten sie sich selten um mehr als zehn Prozent; zum anderen handelte es sich nicht um gezielt und langfristig festgelegte Preiserhöhungen, sondern um Marktschwankungen, bei denen auf eine deutliche Preiserhöhung innerhalb von wenigen Jahren wieder erhebliche Preissenkungen folgten. Aus beiden Faktoren ist abzuleiten, daß die Reaktionsmöglichkeiten der Autofahrer sich auf relativ spontane Fahrtdispositionen beschränkten und zum Beispiel eine längerfristige Umorientierung des Verhaltens, zum Beispiel durch den Kauf eines sparsameren Fahrzeuges oder aber einen Umzug näher zum Arbeitsplatz, gar nicht in Betracht gezogen werden konnte.

Dies wäre sicherlich grundlegend anders, wenn die Öko-Steuer-Reform langfristige Planungssicherheit schaffen würde und wenn zudem absehbar wäre, daß weit höhere Preisbewegungen in eine einzige Richtung, und zwar nach oben, auftreten. Es ist unmittelbar einsichtig, daß solche Angaben nicht durch die Anwendung von durch retrospektive Analyse gewonnenen Elastizitätsfaktoren berechnet werden können. Deutlicher gesagt: Die quantitativen Auswirkungen von strategisch beschlossenen Benzinsteuererhöhungen werden in jedem Fall die Verkehrsnachfrage in die richtige Richtung, nämlich nach unten beeinflussen.

Trotz der methodischen Schwierigkeiten, für ein zukünftiges politisches und ökonomisches Umfeld genaue Voraussagen zu treffen, stoßen ökonomische Steuerungsinstrumente auf eine recht breite Zustimmung. Die gesamtwirtschaftlichen Folgen einer umfassenden Ökosteuerstrategie, wie sie das Wuppertal Institut seit längerem fordert, bei welcher also das zusätzliche Steueraufkommen nicht in den Staatskassen verbleibt, sondern zur Senkung anderer Steuerlasten eingesetzt wird, sind nach einem umfassenden Gutachten, das das Deutsche Institut für Wirtschaftsforschung für Greenpeace erstellt und 1994 veröffentlicht hat, eindeutig positiv.

Variable Kosten oder Fixkosten erhöhen?

Bis vor wenigen Jahren waren Autokauf und -besitz als ökologisches Problem noch tabu. Die allgemeine Vorstellung lautete, daß die Menschen ruhig neue Autos kaufen sollten – schließlich sichert dies ja Arbeitsplätze –, sie sollten diese Autos jedoch dann nicht oder nur wenig nutzen. Die Anhänger dieser Idee lokalisierten die Ursache der massenhaften Autonutzung in den zu niedrigen variablen Kosten. Die ökonomische Logik erscheint bestechend: Wenn ein Autobesitzer die Anschaffung getätigt hat und die Kosten für Steuern, Versicherung, Reparaturen etc. in größeren Abständen aufwendet, dann entstehen ihm für eine bestimmte Fahrt, zum Beispiel am Samstagvormittag zum Einkaufen, nur mehr die direkten Benzinkosten. Auch diese wird er nicht in dem Maße als Ausgaben für diese eine Fahrt wahrnehmen, wie er, beziehungsweise die Familie, Bargeld für ein Bus-/Bahnticket aufwenden muß. Scheinbar wird das Benutzen des Autos billiger.

Die ökonomische Logik besagt nun, daß eine Reduzierung der festen Kostenanteile und eine Erhöhung der nutzungsabhängigen (variablen) Kosten die Menschen vor der Fahrtentscheidung mit dem PKW innehalten läßt und sie die höheren Kosten für diese eine Fahrt bedenken läßt. Dies wurde in den vergangenen Jahren von vielen Politikern vertreten. Eine überzeugende Möglichkeit zur Senkung der fixen Kosten und gleichzeitige Erhöhung der variablen Kosten sah man in der Abschaffung der Kraftfahrzeugsteuer und der sogenannten Umlegung auf die Mineralölsteuer, das heißt in einer so großen Erhöhung der Mineralölsteuer, daß damit für die Finanzämter der Ausfall der Kraftfahrzeugsteuer kompensiert würde.

Diese Idee hat bei allen Parteien seit den siebziger Jahren immer mal wieder Konjunktur, letztlich ist sie jedoch nicht umgesetzt worden. Der Grund liegt darin, daß die Kraftfahrzeugsteuer den Ländern zusteht, die Mineralölsteuer dagegen dem Bund. Bei einer Abschaffung der Kraftfahrzeugsteuer müßten die Länder um eine ihrer originären Finanzquellen fürchten und wären auf das Wohlwollen des Bundes angewiesen beziehungsweise auf entsprechend ausgehandelte neue Regelungen. Die Steuer auf die Haltung von Kraftfahrzeugen hat gegenüber der Mineralölsteuer den großen Vorteil, daß ihr Aufkommen stabiler und langfristig kalkulierbar ist.

Ein anderer Grund, daß die Idee der Abschaffung der Kfz-Steuer und Umlegung auf den Benzinpreis trotz vieler Fürsprecher immer wieder scheiterte, liegt in der höheren Belastung der Vielfahrer, zum Beispiel der Berufspendler aus den ländlichen Räumen. Auch wenn für den durchschnittlichen Fahrer die Steuerbelastung nach der neuen Struktur insgesamt nicht höher sein würde als früher, so würden doch die Vielfahrer bei einer auf die Mineralölsteuer umgelegten Kraftfahrzeugsteuer mehr zahlen müssen. Unabhängig davon, daß dies natürlich gerade der Sinn einer verursachergerechten Regelung ist, sorgten also die Steueregoismen der Länder und die Fürsprecher der Vielfahrer bisher stets dafür, daß diese Reform nicht Realität wurde.

Autohaltung sollte beeinflußt werden

Wir halten eine Abschaffung der Kraftfahrzeugsteuer beziehungsweise, allgemeiner gesprochen, eine Reduzierung der Fixkosten der Autohaltung, für ein falsches Signal. Nach allen Mobilitätsuntersuchungen ist es die Verfügbarkeit über ein Auto, die maßgeblich Verkehrsverhalten bestimmt. Die vorher mit dem ÖPNV oder zu Fuß zurückgelegten Alltagswege werden nach dem Kauf eines Autos vorwiegend motorisiert zurückgelegt, die Wahrnehmung der Verkehrsmöglichkeiten des Umweltverbundes verändert sich bis hin zu dem Verlust an Kenntnissen und Erfahrungen im ÖPNV-System, und mit dem Auto werden neue, genau auf dieses Verkehrsmittel zugeschnittene Mobilitätswünsche erzeugt, die mit anderen Verkehrsmitteln gar nicht abgedeckt werden können.

Dies gilt natürlich verstärkt in denjenigen Regionen, wo praktische Nutzungseinschränkungen für das Auto nicht bestehen – also im ländlichen Raum sowie in kleineren und mittleren Städten und in den Vororten sowie am Rande von Großstädten – sowie für diejenigen Verkehrszwecke, die in geringem Umfang den Problemen von Stauungen, Straßenüberlastungen und Parkplatzverknappung im Zielgebiet ausgesetzt sind, wie insbesondere der Freizeit- und der Urlaubsverkehr. Die Vorstellung eines Verkehrsteilnehmers, der ein Auto vor der Tür stehen hat und dennoch die höhere Unbequemlichkeit und den höheren Zeitaufwand von Bus- und Straßenbahnfahrten akzeptiert, erscheint uns unrealistisch.

Entsprechend dürfte ein politisches Konzept einer Beeinflussung der variablen Kosten bei gleichzeitiger Förderung des Besitzes von Autos ins Leere laufen. In den vergangenen Jahrzehnten haben sich in den westlichen Bundesländern die PKW-Verkehrsleistungen rasant nach oben entwickelt, obwohl die Nachfrage nach dem öffentlichen Verkehr nicht abgenommen hat. Sicherlich hat es eine Reihe von Substitutionsprozessen gegeben, jedoch muß insgesamt festgestellt werden, daß alle unterschiedlichen Verkehrsarten so spezifische Eigenschaften haben, daß diese Verkehrsmittel auch benutzt werden. Wenn zusätzliche Autos vorhanden sind, werden sie zusätzliche Fahrleistungen verursachen, wenn eine zusätzliche S-Bahn-Strecke eingerichtet worden ist, wird sie vor allem dadurch realisierbare neue Verkehrswünsche erfüllen helfen. Bessere ÖPNV-Angebote sind nicht hinreichend, um den Autoverkehr auch tatsächlich abnehmen zu lassen.

277

Zur bisherigen Gestaltung der Kraftfahrzeugsteuer für PKW

Die Höhe der Kraftfahrzeugsteuer für einen PKW der Mittelklasse liegt in Deutschland bei jährlich DM 200,– bis 250.– (sie berechnet sich für Kat-Fahrzeuge zu DM 13,20 je 100 cm^3, bei einem 1,6-Liter-Fahrzeug also rund DM 211,–). Die Kfz-Steuer gehört übrigens zu den konstantesten staatlichen Abgaben, ihr Bemessungssatz hat sich kaum verändert. Bereits kurz nach dem Krieg wurde ein Steuersatz von DM 14,40 je 100 cm^3 eingeführt, der bis in die achtziger Jahre hinein trotz der allgemeinen Preisentwicklung unverändert blieb. Im Vergleich zum Startjahr war damit eine Steuersenkung in realer Kaufkraft um mehr als 70 Prozent verbunden.

Mit der Einführung schadstoffarmer PKW wurde vorübergehend die Kraftfahrzeugsteuer sogar völlig abgeschafft; zwischen 1984 und 1989 wurde die gegenüber dem EG-Recht vorzeitige Einführung von PKW mit geregeltem Drei-Wege-Katalysator sowie von schadstoffarmen Diesel-PKW durch Steuerfreiheit über – je nach Hubraum – bis zu etwa fünf Jahren realisiert. Dies ist der Grund dafür, daß während einer Reihe von Jahren das Kraftfahrzeugsteueraufkommen drastisch zurückging. Auch die Steuererhöhungen für nicht-schadstoffgeminderte PKW vermochten es nur am Anfang dieser Unterstützungsaktion, die Ausfälle zu kompensieren. Der über Erwarten große Erfolg der Stützungsaktion für den Kauf von Neuwagen mit Kat bedeutete Steuerausfälle in erheblichem Umfang.

Die heutigen Steuersätze für Otto-PKW und Diesel-PKW sind seit drei Jahren unterschiedlich; dies liegt kurioserweise in Vereinbarungen zwischen den EG-Mitgliedsländern über die Mineralölsteuer begründet. Der Hintergrund: Die Bundesregierung wollte die Mineralölsteuern im Verkehrsbereich generell anheben und sah sich durch eine EG-Richtlinie über Minimal- und Maximalwerte für die Mineralölsteuer für Dieselkraftstoff gebunden. Der Maximalwert für die Steuer auf Dieselkraftstoff war bereits ausgeschöpft. Um angesichts der aus Haushaltsgründen dringend notwendigen Erhöhung der Mineralölsteuer auf Otto-Kraftstoff nicht einen Diesel-Boom auszulösen, gegen den unter anderem das Umweltbundesamt aus lufthygienischen Gründen Einwände hatte, wurde das Halten von Diesel-PKW durch die Anhebung der Kraftfahrzeugsteuer verteuert. Unter der Annahme durchschnittlicher jährlicher Fahrleistungen bedeutete nach Ansicht der Bundesregierung die Steuer von DM 37,10 je 100 cm^3 (also bei einem schadstoffarmen 1,6-Liter-Dieselfahrzeug DM 593,60 pro Jahr) eine gerechte Belastung im Vergleich zu der Steuer für einen Benziner.

Seit dieser Zeit gilt die höhere Kraftfahrzeugsteuer für Diesel-PKW unter Dieselbefürwortern, insbesondere auch für den Verband der Deutschen Automobilindustrie, als »Diesel-Strafsteuer«. Mit dem Ansteigen der Diskussion um CO_2-Emissionen und deren schädliche Wirkung für das globale Klima wird seither verständnislos immer wieder in der Presse gefragt, warum denn ausgerechnet die PKW-Antriebe mit einem höheren Wirkungsgrad, also einem niedrigerem Kraftstoffverbrauch, vom Gesetzgeber durch eine höhere Kraftfahrzeugsteuer gestraft würden. Daß allerdings aufgrund der unterbliebenen Erhöhung der Mineralölsteuer der Dieselpreis je Liter deutlich günstiger ist als der Benzinpreis, wird dabei nicht erwähnt.

Mit Kraftfahrzeugsteuer den Bestand steuern?

Der Vorteil der Kraftfahrzeugsteuer liegt in der Möglichkeit, fahrzeugspezifisch und halterspezifisch die Kostenbelastung zu differenzieren. Halterspezifisch geschieht dies beispielsweise durch Freistellung von der Steuerpflicht für gehbehinderte Menschen, bei Nutzfahrzeugen zum Beispiel für den Agrarbereich oder bei LKW im Verlauf der Transportkette im kombinierten Ladungsverkehr mit der Schiene. Die Differenzierung nach dem technischen Merkmal des Fahrzeuges ist im Zusammenhang mit der Katalysatoreinführung bereits angesprochen worden; weder mit einer Kaufsteuer noch mit einer Mineralölsteuer hätte man derartige Einflüsse gestalten können. Weitere Beispiele für die Differenzierung der Kraftfahrzeugsteuer nach den technischen Merkmalen sind der bereits genannte Unterschied zwischen Diesel- und Otto-PKW sowie im Bereich der Nutzfahrzeuge die Differenzierung nach Abgasstandard (zum Beispiel die Grenzwertstufen »Euro I« oder »Euro II«). Ohne die Beibehaltung einer an das Kraftfahrzeug gebundenen Abgabe ließen sich derartige Förderungsmaßnahmen nicht durchführen.

Das Beispiel der Einführung von Drei-Wege-Kat-Fahrzeugen zeigt, daß die Halter auf die Steuervorteile in einem gewaltigen Umfang reagiert haben. Denkbare Anwendungen für eine Differenzierung der Kraftfahrzeugsteuern wären aus der Sicht des Klimaschutzes die typspezifischen Kraftstoffverbräuche. Würde man beispielsweise ein Auto mit drei Liter Kraftstoffverbrauch je 100 Kilometer von der Steuer befreien und für jeweils ein Liter Mehrverbrauch die Kraftfahrzeugsteuer beispielsweise um jährlich 500 Mark höher ansetzen, so hätte man sicherlich innerhalb kürzester Zeit das von vielen angestrebte »Drei-Liter-Auto« auf dem Markt. Eine derartig starke Entwicklungsförderung verbrauchsgünstiger PKW ließe sich über eine – notwendigerweise sukzessive zu erhöhende Mineralölsteuer – erst nach vielen Jahren durchsetzen. Dann allerdings wäre durch die hohen Benzinpreise sichergestellt, daß nicht nur der Kraftstoffverbrauch im Neuzustand und im Testzyklus niedrig läge, sondern daß in der Praxis auch sparsam gefahren würde.

Die Bindung der Fahrzeugsteuer an den Kraftstoffverbrauch hätte also den Vorteil, relativ schnell das Marktgeschehen zu beeinflussen. Auch hier gäbe es natürlich Ausweichreaktionen: Da sehr sparsame Fahrzeuge nach den Regeln der Physik und der Ingenieurwissenschaft bei gegebenem Entwicklungsstand weniger Motorhubraum und Motorleistung aufweisen müssen, würde die Erzwingung extrem sparsamer neuer Modelle gleichzeitig das Interesse vieler Kunden an diesen Modellen erlahmen lassen, wenn nicht flankierend auch die Mineralölsteuer entsprechend gestaltet würde.

Wir wollen an dieser Stelle kein umfassendes Gesamtkonzept für eine nach ökologischen Gesichtspunkten gestaltete »Steuerlandschaft« geben, vielmehr soll mit den aufgeführten Beispielen auf die Notwendigkeit eines abgestimmten Vorgehens in allen Steuerbereichen hingewiesen werden.

Abschaffung der Kraftfahrzeugsteuer nachteilig

In vielen Ländern, so auch in Mexiko oder in der Türkei, verringert sich für die Halter älterer PKW der Steuerbetrag. Dies wird dort mit sozialen Aspekten begründet. Halter älterer Fahrzeuge seien zumeist die sozial schwächeren Schichten, ihnen könne man nicht die gleiche Abgabenlast auferlegen wie den Wohlhabenderen, die sich neue Wagen leisten können. Die Steuerfreiheit für PKW mit einem Lebensalter von mehr als zehn Jahren in Mexiko verstärkt die Überalterung der Flotte, die ohnehin in Entwicklungs- und Schwellenländern das durchschnittliche Emissionsniveau nach oben treibt. Dabei sind es nicht unbedingt nur die ärmeren Schichten, die diese Autos im Verkehr halten und je Kilometer überproportional viel Schadstoffe emitieren. In Mexiko-City hat sich innerhalb der Mittelschicht nach 1990 der Bestand an Zweitwagen rapide vermehrt. Dabei wird von den Haltern deutlich darauf geachtet, daß die Endziffern der Kennzeichen dieser PKW von den Ziffern des Erstwagens abweichen. Die Lösung des Geheimnisses: Je nach den Endziffern hat die Stadtregierung seit diesem Jahr partielle Fahrverbote erlassen, um die katastrophale Luftverschmutzung zu bekämpfen. Jeweils auf zwei Endziffern entfällt ein Fahrverbot für einen bestimmten Werktag, am Samstag und am Sonntag gibt es keine Einschränkungen. Wer es sich nur irgendwie leisten kann, kauft ein altes Fahrzeug als Reserve für den Tag, an dem die üblicherweise genutzte Limousine zu Hause bleiben müßte. Steuern fallen, wie gesagt, für ein mehr als zehn Jahre altes

Fahrzeug nicht an, Versicherungspflicht herrscht ebenfalls nicht, auch macht kein TÜV der Freude an einem alten Fahrzeug ein Ende. So blieben die von der Stadtverwaltung rechnerisch ermittelten Emissionsreduzierungen von etwa 17 Prozent wohl nur auf die ersten Wochen und Monate nach dem Überraschungscoup begrenzt.

In der Türkei wird die Bindung der Kraftfahrzeugsteuer an das Lebensalter der Fahrzeuge etwas anders ausgeführt; hier gibt es eine gestaffelte Reduzierung der Steuersumme von Jahr zu Jahr. Dahinter steht der Gedanke einer Bindung an den Zeitwert der Fahrzeuge, auch hier ist bei mehr als zehn Jahren mit der Steuerpflicht Schluß. Der soziale Aspekt dieser Förderungsmaßnahme für arme PKW-Halter ist angesichts der Tatsache, daß die wirklich Armen sich überhaupt kein Auto leisten können, sehr zweifelhaft. Den 70 bis 90 Prozent der Bevölkerung in Entwicklungs- oder Schwellenländern, die nicht über ein Auto verfügen, widmen üblicherweise die Regierungen doch keine derartigen fürsorglichen Betrachtungen.

Road-Pricing

Die Einführung von Straßenbenutzungsgebühren, die zusammen mit der Realisierung der sogenannten »intelligenten Straße« und dem mit viel kommunikationstechnischem Aufwand geprägten Verkehrsmanagement von vielen Seiten gefordert wird, haben wir bereits in Kapitel III kritisch beleuchtet. Wir sehen keine sinnvolle Anwendung flächendeckender Erfassungs- und Buchungssysteme für alle Kraftfahrzeuge, ebenfalls nicht den Sinn eines auf Autobahnen beschränkten Gebühreneinzuges – es sei denn zur Finanzierung weiterer Autobahnen, was wegen der zusätzlichen Erzeugung von Verkehrsnachfrage fatal wäre.

Road-Pricing sollte nur als Bestandteil einer umfassenden verkehrspolitischen Strategie diskutiert werden. Ohne eine Klärung der gesamten Rahmenbedingungen ist eine Abschätzung der Wirkung von Road-Pricing nicht möglich. Würden die Gebühren so niedrig gehalten, daß die gesellschaftlichen Kosten nicht gedeckt werden und daher eine gesamtwirtschaftlich schädliche Steigerung der Verkehrsnachfrage angereizt würde, sollte man den Aufwand lieber lassen. Entscheidend ist daher nicht nur das Erhebungskonzept, sondern auch die Bemessung der Abgaben. Es macht daher nur Sinn, über elektronisches Road-Pricing zu diskutieren, wenn politischer Konsens über eine generelle Erhöhung der Kostenbelastungen des Straßenverkehrs besteht.

Die aktuell diskutierten Möglichkeiten, einerseits durch eine zeitabhängige Gebührenstaffelung Stauungen zu verringern, andererseits endlich eine Grundlage für die Privatisierung der Straßen zu schaffen, mißachten die vielfältigen Chancen, die dieses Instrument zur Bewältigung der Verkehrsprobleme bietet. Schlimmer noch: Die beabsichtigte einseitige Nutzung führt langfristig nicht einmal zu den gewünschten Erfolgen, sondern verschiebt die aktuellen Probleme bestenfalls auf einen späteren Zeitpunkt. Dies leuchtet unmittelbar ein, wenn man sich die Intention derartiger Straßenbenutzungsgebühren verdeutlicht: die Verlagerung hin zu einem anderen Zeitpunkt macht – in Spitzenlastzeiten – Kapazitäten frei und hat damit den gleichen Effekt wie der Ausbau einer vierspurigen Straße zu einer sechsspurigen. Damit ist abzusehen, daß auch bei derartigen Straßenbenutzungsgebühren mittelfristig neuer Verkehr induziert wird.

Road-Pricing hat konzeptionelle Vorteile, die durch die bisherigen fiskalischen Instrumente nicht erreicht werden können. Ein von keiner Seite bestrittener Vorteil liegt in der Gleichbehandlung des binnenländischen, des grenzüberschreitenden und des Transitverkehrs. Darüber hinaus gibt es jedoch eine ganze Reihe anderer, deren Potential bisher wenig beachtet wird: Zu nennen sind hier die Bindung an die gefahrene Strecke (sowohl nach Entfernung als auch nach geographischer Lage), die Bindung an die Fahrzeugart und an die Dauer der Verkehrsteilnahme. Mit entsprechenden Zusatzsensoren lassen sich der Besetzungsgrad bei PKW und der Beladungsgrad der LKW erfassen und als Berechnungsgrundlage berücksichtigen. Fahrzeuge bestimmter Halter (Krankenwagen, Feuerwehr) lassen sich von der Gebührenpflicht ausnehmen, wobei die Maßstäbe dabei kritischer angelegt werden müssen als bei der derzeitig diskutierten Ozonverordnung, damit nicht das System ad absurdum geführt wird. Transporte mit guter Schienenerschließung können fiskalisch anders behandelt werden als Transporte in abgelegenen ländlichen Räumen, Transporte von gefährlichen Gütern mit hohem ökologischem Risikopotential können mit zusätzlichen Gebühren versehen werden. Die Variationsmöglichkeiten sind so zahlreich, daß sie hier nicht im Detail ausgeführt werden können.

Die beschriebenen Vorteile, die bei ihrer Umsetzung zu wirklichen Problemlösungen führen können, finden jedoch in der gegenwärtigen öffentlichen Diskussion und in den Planungen der Bundesregierung keine Beachtung. Warum wird nicht dankbar auf die Entwicklung einer Technik reagiert, die völlig neue Lösungen ermöglicht? Stattdessen werden möglicherweise Fakten geschaffen, die weitere Einsatzmöglichkeiten dieses Instrumentes zunichte machen: Die Einführung von straßengebundenen Systemen zur Gebührenerhebung an einzelnen Strecken oder Streckenabschnitten verbietet in einem späteren Zeitraum eine Ausweitung auf das gesamte Straßennetz, sofern nicht an jeder Straßenkreuzung die erforderlichen Erfassungssysteme installiert werden sollen – eine Vorstellung, die aufgrund des Kostenaufwandes und der Optik wohl den wenigsten gefallen wird. Sollte darüber hinaus die in Aussicht gestellte Privatisierung tatsächlich realisiert werden, gibt der Staat dauerhaft seine Gestaltungsmöglichkeiten auf; es ist abzusehen, daß dieses nicht nur die privatisierten Straßen betrifft, sondern aufgrund des Gesamtsystems auch für die weiterhin staatlichen Straßen gilt.

Road-Pricing bietet erstmals die Chance für eine verursachergerechte Erhebung von Straßenbenutzungsgebühren für den LKW-Verkehr. Für den PKW-Verkehr jedoch sollten nach unserer Einschätzung weniger aufwendige und insgesamt bessere Steuerungsansätze vorgezogen werden, wie zum einen Mineralöl- und Kraftfahrzeugsteuer und zum anderen planerische Instrumente wie verkehrsreduzierte Zonen und Parkplatzbewirtschaftung.

Gebührenkonzept für den Schwerverkehr

Wir schlagen vor, die 1998 auslaufende EU-Vereinbarung über die Schwerverkehrsvignette durch eine flächendeckende und nutzungsabhängige Gebühr für LKW abzulösen. Alle schweren LKW mit mehr als zwölf Tonnen zulässigem Gesamtgewicht auf allen Straßen sollten nach der Fahrzeugmasse gestaffelte Gebühren entrichten. Für einen Vierzigtonner halten wir als Einstieg eine Gebühr von zwanzig Pfennig je Kilometer für angemessen; die Abgabenhöhe sollte innerhalb von zehn Jahren auf mindestens eine Mark (in realen Kosten, also unter Berücksichtigung der schleichenden Geldentwertung) je zurückgelegten Kilometer erhöht werden.

Die Anbindung an das zulässige Gesamtgewicht hat dabei den Effekt, daß eine möglichst rationelle Ausnutzung der Fahrzeuge gefördert wird; wenn Leerfahrten mit den gleichen Gebühren belegt werden, dürften sich innerhalb kurzer Zeit Frachtbörsen etablieren, die unnötige LKW-Fahrten durch kaum ausgelastete Fahrzeuge vermeiden helfen.

In technischer Hinsicht wird dieses Konzept weitgehend ohne ortsfeste Anlagen zur Erfassung auskommen, es wird auf die Nutzung von Satelliten ausgerichtet sein. Damit kann man auf allen Straßenarten ohne aufwendige ortsfeste Anlagen die LKW-Bewegungen zuverlässig erfassen und darauf die Gebührenerhebung ausrichten. LKW aus Nicht-EU-Ländern könnten an den Grenzen mit Erfassungseinrichtungen (Transpondern) ausgestattet werden; die Bezahlung erfolgt dann zweckmäßigerweise durch Abbuchung oder durch direkte Gebührenentrichtung bei der Ausfahrt aus dem EU-Gebiet. EU-LKW werden ohnehin für die nationalen Kraftfahrzeugsteuern registriert sein. Daran kann die Erhebung der Gebühren und die Zuweisung an die nationale Straßensteuerbehörde geknüpft werden.

Eine auf gefahrene Kilometer auf allen Straßen ausgerichtete Gebühr ist erheblich sinnvoller als die bisher vereinbarte Lösung mit zeitlich festen Abgaben, da sie die tatsächlichen Unterhalts- und Umweltkosten den Verursachern zuordnet. Es sollte das Ziel deutscher Politik sein, eine solche Regelung innerhalb der EU notfalls auch allein für das deutsche Straßennetz einzuführen. Mit dem seit mehreren Jahren in der EU grundsätzlich vereinbarten Territorialprinzip lassen sich derartige Maßnahmen rechtfertigen; schließlich sind sowohl die Bau- und Unterhaltskosten als auch die Umweltauswirkungen auf dem dicht besiedelten und von Transitverkehr stark betroffenen deutschen Gebiet höher als in EU-Regionen mit niedriger Verkehrs- und Siedlungsdichte.

Die Höhe der Gebühren wird ein Indikator dafür sein, wie ernsthaft das Interesse an wirklichen Problemlösungen ist; die bisher von der EU vertretene Beschränkung auf die Kosten für Bau, Unterhalt, Betrieb und Ausbau reicht hierfür mit Sicherheit nicht aus. Stattdessen sollte entweder versucht werden, die gesamten externen Kosten auf die Fahrzeuge umzulegen (wobei uns die Problematik der Kostenermittlung durchaus bewußt ist) und dabei die spezifische Umweltbelastung der Fahrzeuge den Gebühren zugrunde zu legen, oder es wird ein Ziel vorgegeben (zum Beispiel Indikator »maximal zulässiges Verkehrsvolumen für ein bestimmtes Gebiet«), welches mit Hilfe von schrittweise erhöhten Preisen für die Straßennutzung erreicht werden kann.

Literatur

Apel, D. (1989): Die gesamtwirtschaftlichen Kosten des Personenverkehrs in einer großen Stadt – derzeit sowie bei verändertem Modal-Split, in: Verkehr und Technik, Heft 4

Beck, U. (1986): Risikogesellschaft. Auf dem Weg in eine andere Moderne, Frankfurt

»Das geht uns an !« (1992) Stadtplanung und Stadterneuerung aus der Sicht von Frauen. Neue Ansätze und Perspektiven von BürgerInnenbeteiligung in Hagen. Hrsg. Stadt Hagen, Frauengleichstellungsstelle

Haefner, K.; Marte, G. (1994): Der schlanke Verkehr, Berlin

Hölder, E. (1991): Wege zu einer umweltökonomischen Gesamtrechnung, Bd. 16, der Schriftenreihe Forum der Bundesstatistik, Wiesbaden

Hüsler, W. et al. (1994): Langsamer und flüssiger fahren, Niedriggeschwindigkeitsszenarien und ihre Wirkungen, Bericht 61 des NFP »Stadt und Verkehr«, Zürich

Kågeson, P. (1992): External Costs of Air Pollution; The Case of European Transport, T&E 92/7, European Federation for Transport and Environment, London

Lichtenthäler, D. (1993): Partizipation bei der Aufstellung und Verwendung kommunaler Umweltqualitätsziel-Konzepte; Diplomarbeit am Fachbereich Raumplanung der Universität Dortmund

Maibach, M.; Ilten, R.; Mauch, S.P. (1993): Kostenwahrheit im Verkehr, Fallbeispiel Agglomeration Zürich, Zürich

Ming Shen, T. (1993): Singapore's Land Transport Policy and the Environment, UNEP Industry and Environment, Vol. 16, No. 1 – 2 January – June 1993

OECD (1992): Market and Government Failures in Environmental Management, Paris

Rau, P. (1992): Urbanität als neues »Leitbild« oder Planung ohne Leitbild. In: Wien wächst. Hrsg. Beirat für die Stadtentwicklungsbereiche des Magistrats der Stadt Wien, Heft 2-3

Schipper, L. et al. (1993): Fuel Prices and Economy: Factors Affecting Land Travel, Transport Policy 1993 1 (1)

Teufel, D. et al. (1991): Umweltwirkungen von Finanzinstrumenten im Verkehrsbereich, upi-Bericht Nr. 21, Heidelberg

Welfens, M.J.; Schiemann, N. (1994): Umweltökonomie und zukunftsfähige Wirtschaft: Eine annotierte Bibliographie, Heidelberg

Wicke, L. (1985): Die ökologischen Milliarden, München

Weizsäcker, E.U. von et al. (1992): Ökologische Steuerreform, Europäische Ebene und Fallbeispiel Schweiz, Zürich

Kapitel VI
Bilder einer künftigen Mobilität

1. Verkehr der Zukunft nach neuen Regeln gestalten

Das Lieblingswort der Neurologen heißt »Ausfall«. Es bezeichnet die Beeinträchtigung oder Aufhebung einer neurologischen Funktion: den Verlust der Sprechfähigkeit, den Verlust der Sprache, den Verlust des Gedächtnisses, den Verlust des Sehvermögens, den Verlust der Geschicklichkeit, den Verlust der Identität und zahllose andere Mängel und Verluste spezifischer Funktionen (oder Fähigkeiten).

Oliver Sacks, Der Mann, der seine Frau mit einem Hut verwechselte

Wie neu sind die Verkehrsinnovationen?

Die in den Eingangskapiteln zitierten Vorstellungen von der Zukunft des Verkehrs sind Technikutopien. Noch aus der Perspektive des vorigen Jahrhunderts, aber auch den populärwissenschaftlichen Zeitschriften der fünfziger Jahre her rühren Bilder von Stadtlandschaften aus Stahl und Glas, über denen sich individuelle kleine Flugmaschinen bewegen; in anderen Bildern durchziehen glasumschlossene Röhren die Landschaft, in denen die Passagiere in automatisch gesteuerten Kabinen mit hoher Geschwindigkeit lautlos zu ihren Zielen gleiten.

Diesen schönen neuen Welten der Verkehrstechnik mangelt es keineswegs an der technischen Machbarkeit, sondern am Gebrauchsnutzen. Es hat ja seinen guten Grund, daß die Verkehrsmittel von heute im wesentlichen so aussehen wie vor dreißig oder vor sechzig Jahren. Gewiß, das Auto hat einen quantitativ höheren Anteil als früher, im Kern hat sich jedoch nicht viel verändert: PKW und LKW werden von Motoren nach den gleichen

Konzepten getrieben, verbrauchen die gleichen Kraftstoffe und rollen auf Rädern und Reifen ähnlich denen vor mehreren Generationen.

Auch das Eisenbahnsystem hat sich kaum verändert. Zwar ist die Dampflok verschwunden, doch die an ihre Stelle getretene Elektrolok gab es im Prinzip auch schon Anfang dieses Jahrhunderts. Schließlich sind die Grundpfeiler des Personenverkehrs in Städten, die Straßenbahn, U- und S-Bahn sowie der Omnibus nur mit wenigen Designretuschen veränderte Nachfahren der bewährten alten Systeme. Nach wie vor ist die wichtigste Art des Fortbewegens im Wohnumfeld das Zu-Fuß-Gehen, und auch das praktische Fahrrad ist nicht nur im Distanzbereich von ein bis fünf Kilometern immer noch das praktischste Verkehrsmittel, sondern sieht auch aus wie eine direkte Kopie der von den Eltern und Großeltern benutzten Gefährte.

Dennoch: Dieses Bild der Stabilität täuscht. Scheint auch die technische Entwicklung der einzelnen Verkehrsmittel nahezu stillgestanden zu haben – insbesondere, wenn man sie mit der Kommunikationsindustrie vergleicht –, so bedeutet doch die Gesamtheit aller Veränderungen, vor allem die Ausweitung der Geschwindigkeiten und Fahrtdistanzen, eine Revolution. Nicht in einer neuen Qualität der Verkehrsmittel liegt das Neue, vielmehr in der Quantität, in dem dichten Netz von Erreichbarkeiten, mit dem die Erde jetzt überzogen ist, in der Alltäglichkeit ihrer Nutzung. Diese neue Quantität der Verkehrsmöglichkeiten schlägt dann in eine neue Qualität des Gesamtsystems um.

Nicht Prognosen, sondern Prinzipien formulieren

Jede Utopie, jedes ausformulierte Bild eines künftigen Verkehrssystems wird nur eine Momentaufnahme eines möglichen Zustandes abbilden können. Will man ein Idealbild in allen Details darstellen, so wird es notwendigerweise starr und unglaubwürdig werden.

Wir wollen keine idealisierten widerspruchsfreien Utopien beschreiben, sondern mögliche Bilder entwickeln. Worauf es uns ankommt, sind Prinzipien einer dauerhaft ökologisch verträglichen Mobilität. Wir mißtrauen den aufwendigen computermodellgestützten Prognosen, die im Grunde von der Unbeeinflußbarkeit der Trendentwicklung ausgehen und damit den Entscheidungsträgern die wissenschaftliche Begründung für eine Fortsetzung des Üblichen liefern. Als Hilfsmittel zum Nachdenken sind sie durchaus tauglich, und mit moderner Computergrafik wirken sie überzeugend; es besteht jedoch stets die Gefahr, daß sich die Prognoserechnungen verselbständigen und eine Zwangsläufigkeit der Entwicklung suggerieren, die politische Untätigkeit legitimieren hilft. Wir können die Entwicklung beeinflussen, wenn wir es denn nur wollen!

Die Zukunftsbilder, die wir in diesem Buch zeichnen, entstehen auf der Grundlage von ökologischen Herausforderungen und Anforderungen, sie schließen jedoch große Chancen auch für die Wiedergewinnung individueller Lebensqualität ein. Sie stellen der heutigen Verkehrsrealität wünschbare und erreichbare Anforderungen entgegen. Unabhängig von der zukünftigen technischen, sozialen und wirtschaftlichen Entwicklung im einzelnen stellen wir folgende Grundannahmen voran:

- Die Verkehrsmittel werden in den langsamen Geschwindigkeiten und der Nähe überzeugende Antworten bereitstellen, denn hohe Geschwindigkeiten und Verkehr über große Distanzen werden auch in Zukunft besonders umwelt- und sozialschädlich sein und daher nach Möglichkeit vermieden werden.
- Die Verkehrsmittel für viele Menschen werden vielleicht im ingenieurtechnischen Sinne sehr anspruchsvoll sein, sie werden jedoch nur in geringem Umfang aufwendige Materialien erfordern und nur wenig Energie verbrauchen.
- Das Verkehrssystem der Zukunft wird in großem Umfang informationstechnisch vernetzt sein, denn Informationen sind praktisch unendlich vervielfältigbar und mit geringem energetischen, materiellen und finanziellen Aufwand für alle verfügbar.
- In dem Verkehrssystem der Zukunft werden keine Gruppen oder sozialen Schichten auf Kosten anderer begünstigt werden, wenn dies nicht gesamtgesellschaftlich von Nutzen ist. Sicherlich werden auch in Zukunft Geschäftsreisende in besonderen Fällen schnell um die Welt jetten, um wichtige Termine wahrzunehmen. Dies kann jedoch nur Ausnahmecharakter haben.

Die Prinzipien für ökologische Mobilität, die auch durch neue technische Erfindungen und alternative Kraftstoffe nichts an Gültigkeit einbüßen werden, sind:

- Vorrang der Langsamen vor den Schnellen,
- Vorrang der Schwachen vor den Starken,
- Vorrang der Nichtmotorisierten vor den Motorisierten,
- Vorrang der Nähe vor der Ferne,
- lokale Verantwortung vor Zentralisierung,
- Entscheidungen durch die im Alltag Betroffenen.

Noch einmal: Wir behaupten nicht zu wissen, welche politischen Instrumente wie angewendet und dosiert werden müssen, um die notwendigen Strukturveränderungen zur Realisierung der Zukunftsbilder im einzelnen zu erreichen. Dies wäre Scharlatanerie. In einer Analyse der Zukunftsbilder sollten aber die Hindernisse und Fehlentscheidungen heutiger Verkehrspolitik deutlich sichtbar werden. Daraus wären Schlußfolgerungen für eine richtigere Politik zu ziehen.

Ökologische Personenmobilität in der Stadt

Die Stadt funktioniert im wesentlichen ohne motorisierten Individualverkehr. Nach den temporär autofreien Innenstädten von Aachen und Lübeck, dem nur eingeschränkt für Autos zugänglichen Gebiet Nürnberg-Langwasser und verschiedenen autofreien Siedlungen wie Bremen-Hollerland beginnen die Bewohner von traditionell strukturierten Gründerzeitvierteln, das Auto an die Ränder der Quartiere und schließlich in Abstellanlagen an den Stadträndern zu verbannen. Diese Entwicklung breitet sich in andere Wohngebiete aus.

Autonutzung ist natürlich in allen Fällen möglich, in denen es notwendig ist. Dazu besteht für Mitglieder, die ihr Auto abgeschafft haben, Zugang zu Car-Sharing-Stationen. Mit Ausnahme von derartigen Einrichtungen gibt es keine im öffentlichen Raum abgestellten Autos. Die gewonnenen Flächen ermöglichen bequemes und sicheres Zu-Fuß-Gehen, die Einrichtung dichter Radnetze, Sonderspuren für langsame und schnelle Busse. Neu gebaute Siedlungen können ohne Verlust an Gestaltungsqualität und Privatheit erheblich dichter strukturiert werden, was optimale Erschließung für die öffentlichen Verkehrsmittel sowie Einkaufen, Freizeit, Kinderspielen etc. in Fußwegentfernung ermöglicht.

Autofreies Leben wird besonders unterstützt. Die kostengerechten Gebühren für das Abstellen in privatwirtschaftlich betriebenen und (etwa durch Mischkalkulationen mit Wohnungs- oder Gewerbemieten) nicht subventionierten Abstelleinrichtungen am Stadtrand oder im Gewerbegebiet bewirken, daß Autos vorwiegend nach dem Miet- und Sharingprinzip und damit bewußt genutzt werden. Darüber hinaus erfahren nichtmotorisierte Haushalte auch bei der Wohnungssuche, bei Arbeitsplatztausch, bei Kindergartenplätzen und anderem besondere Unterstützung.

Autofreie Städte ermöglichen die Wiedergewinnung urbanen Lebens und gleichzeitig Naturerfahrung; Stille wird wieder hörbar, Nuancen der Blumendüfte sind wieder spürbar. Der Flächenbedarf für den Kraftfahrzeugverkehr, der mittlerweile höher ist als derjenige für Wohnzwecke, wird selbst bei Sicherstellung des Zuganges für Müllwagen und Umzugs-LKW um ein Drittel reduziert werden. Bänke in kleinen Parks laden zum Ausruhen und zum Gespräch ein, ohne daß die Sitzenden gegen Verkehrslärm anschreien müssen. Kinder können unbegleitet zu Fuß oder auf ihren Fahrrädern zum Kindergarten oder zur Schule gehen und nachmittags spielen, ohne daß den Eltern bei jeder Verspätung von fünf Minuten gleich Schreckensbilder von Verkehrsunfällen vor die Augen treten.

Straßen und Plätze verwandeln sich von Blechwüsten in Treffpunkte für Menschen. Die überwältigende Resonanz auf lokale autofreie Sonntage, an denen Volksläufe oder Radveranstaltungen auf den sonst von Autos okkupierten städtischen Hauptverkehrsstraßen stattfinden, läßt die Gestaltungschancen erahnen.

Auch die bauliche Gestaltung der Städte wird sich erheblich wandeln. Hochstraßen und Stadtautobahnen werden im Verlauf revidierter Planungen abgebaut oder so verkleinert werden, daß getrennte Stadtquartiere zusammenwachsen können. Betonrampen, die unbehagliche, schlecht einsehbare und unbelebte Angsträume geschaffen haben, die vor allem von Fußgängerinnen und alten Menschen gemieden werden und zu beschwerlichen Umwegen zwingen, werden ebenso abgebaut wie Fußgängerunterführungen. Jeder möge einmal mit offenen Augen durch die Stadt gehen und die Liste der notwendigen Korrekturen vervollständigen! Den Fußgängern gehört die Stadt. Sie in den Untergrund zu verbannen, war eine Fördermaßnahme für das Auto – genau wie die Abschaffung der Straßenbahn zugunsten der U-Bahn.

Das hier gezeichnete Bild könnte als weltfremde Idylle geschmäht werden. Sicherlich, die idealen Zustände sind weder in den Großstädten früher Realität gewesen, noch sind sie es in den ärmeren Ländern, in denen es keine Massenmotorisierung gibt. Im Gegenteil: Gerade dort, wo das Automobil noch nicht Alltag geworden ist, wird ihm oft übermäßiger Vorrang eingeräumt – eine Politik gegen das Auto ist dort anscheinend nicht mehrheitsfähig, wo es als Symbol von Wohlstand aus der Ferne verehrt wird.

Die Möglichkeiten eines nachautomobilen Lebensstiles könnten dagegen dort gegeben sein, wo sein Zauber verblaßt und einer nüchternen Einschätzung gewichen ist. Im Verlauf des Prozesses hin zu einem Verkehrssystem mit weniger Autoverkehr werden sicherlich unvorhersehbare Brüche auftreten, die bewältigt werden müssen. Ob die zu gewinnenden Vorteile die Menschen so überzeugen, daß ein ernstzunehmender Strukturwandel stattfindet, darüber kann nur spekuliert werden.

Transportsparende Wirtschaftsstrukturen

Städte als Inseln der Autolosigkeit in einem ansonsten auf Verkehrssteigerung angelegten Wirtschaftssystem sind nicht ausreichend, ebensowenig wie die Einführung von verkehrsberuhigenden Maßnahmen in »besseren« Wohnvierteln bei weiterer Steigerung des Verkehrs auf Hauptstraßen.

Das Gütertransportvolumen steht ebenfalls zur Revision an. Dort stellt sich die Situation allerdings im Vergleich zu dem skizzierten Bild der Personenmobilität komplizierter dar. Güterverkehr ist – in Teilen – Voraussetzung unserer Wohlstanderzeugungsmaschine; die Hypothese, daß vergleichbarer Wohlstand mit anderen, weniger raumausgreifenden Güterkreisläufen erzeugt werden kann, wird oft vertreten, sie ist aber bis heute unbewiesen.

Dennoch wollen wir versuchen, ein Bild einer verkehrssparenden Produktions- und Marktstruktur zeichnen. Der Fokus liegt auf der Nähe. An die Stelle europaweiter Lebensmitteltransporte beispielsweise treten regionale Versorgungskreisläufe. Die Wuppertaler Raumplanerin Stefanie Böge hat in einer berühmt gewordenen Studie die Auswirkungen einer industrialisierten, über ganz Deutschland und sogar darüber hinaus ausgreifenden Joghurtproduktion beschrieben und das Bewußtsein für den Wahnwitz der Gütertransporte geschärft.

Derartige Transporte unterliegen einer betriebswirtschaftlichen Logik, deren Kern die Vernachlässigung der Gemeingüter ist. Luft, Boden, Energie, Unfälle werden in die privatwirtschaftliche Kalkulation mit zu geringem Gewicht einbezogen, so daß nicht die Lebensmittel aus der eigenen Region in den Supermarktregalen auftauchen, sondern aus weit entfernten Gegenden. Dazu kommen die von der Werbung beeinflußten Lebensstile, die ein Mineralwasser aus Italien obligatorisch erscheinen lassen, wogegen dann aus heimischen Quellen möglicherweise nach Australien geliefert wird.

Wir wollen keine bürokratischen Restriktionen einführen, keine »Transportwürdigkeitsprüfung«. Stellen wir uns nur einmal vor, wie die Produktions- und Distributionsstrukturen aussehen könnten, wenn für einen Lastzug die auf ihn entfallenden ökologischen Kosten von mehr als einer Mark pro Kilometer von den Versendern bezahlt werden müßten; darüber hinaus unterstellen wir einmal, daß die EU-Politik der Zentralisierung und Produktvereinheitlichung – vom Apfel bis zum Rasenmäher – abgelöst würde von einer Strategie der Stärkung der Dezentralisierung und Regionalisierung.

An erster Stelle werden durch eine Verteuerung des Transportes die Distanzen verringert. Am Lebensmittelsektor kann dies durch einen Blick zurück verdeutlicht werden. In den vergangenen zwanzig Jahren hat der Verbrauch pro Kopf der deutschen Bevölkerung nur leicht zugenommen, nämlich von etwa 640 auf 700 Kilogramm jährlich. Der Transportaufwand für die statistische Kategorie »Lebens- und Genußmittel« ist dagegen von 250 auf 423 Tonnenkilometer pro Person und Jahr angestiegen, 80 Prozent davon werden per LKW transportiert. Rechnen wir als durchschnittliche Beladung eines Vierzigtonners – einschließlich der Leerfahrten – etwa 12 Tonnen, dann müßte für jeden Bundesbürger ein schwerer LKW etwa 35 Kilometer im Jahr fahren.

In unserem Zukunftsbild kommen die alltäglichen Lebensmittel nicht mehr aus mehreren hundert Kilometer Entfernung in den Laden an der Ecke, sondern aus der Region. Sicherlich, auch in einer ökologischen Zukunft wird man noch Barolo in Wanne-Eickel kaufen können; dessen Preis würde dann allerdings zwischen 50 Pfennig und eine Mark höhere Transportkosten einschließen – relativ wenig, um eine andere Kaufentscheidung auszulösen. Doch wie sieht es mit Kartoffeln aus, mit Fleisch aus Polen, mit Milchprodukten aus dem Allgäu in einem Flensburger Supermarkt und solchen aus Schleswig-Holstein in Kempten? Was ist dann mit Äpfeln aus Chile, die heute die traditionellen heimischen Sorten nahezu verdrängt haben?

Dann wird es sich nicht mehr lohnen, Heizöl aus Bochum per LKW-Tankwagen nach Baden-Württemberg zu liefern. Dies wird per Pipeline, Bahn oder Binnenschiff geschehen. Dann werden auch die weltweit diversifizierten Lieferbeziehungen der Autoindustrie einer Neukalkulation unterzogen werden. Möglicherweise rechnet es sich dann wieder, Türverkleidungen in der Nähe von Wolfsburg produzieren zu lassen, und nicht in Portugal. Sicherlich sind die Niedriglohnländer des EU-Südens und insbesondere des früheren Ostblocks hochwillkommen, um die Kosten in der deutschen Industrie zu drücken. Doch um welchen Preis?

Auch abgesehen von den ökologischen Aspekten des Transportes ist die Vorstellung problematisch, die wirtschaftliche Entwicklung in diesen Ländern zu unterstützen, indem wir sie als »verlängerte Werkbank« benutzen. Es scheint doch vordringlichere Aufgaben für ein Entwicklungsland zu geben, als beispielsweise kleine Elektromotoren für die Fensterheber unserer Luxuslimousinen zu montieren – im Ausbildungs- und Gesundheitswesen etwa. Das westliche Industrialisierungsmodell dorthin zu übertragen, hat zumindest nicht zu einer Verringerung des »Entwicklungsabstandes« geführt, eher zu einer Verfestigung der westlichen Dominanz.

Der Trend der Verkehrsentwicklung und Alternativen

Trotz der kritischen Position gegenüber quantitativen Modellrechnungen zur zukünftigen Entwicklung bedienen wir uns ebenfalls dieser Methoden; sie sind für uns allerdings lediglich Hilfsmittel, mögliche Zukünfte zu verdeutlichen, jedoch keine Voraussagen. Weder die Wirtschaftsentwicklung noch gesellschaftliche Veränderungen haben den Rang von Naturgesetzen, sie sind von Menschen gestaltbar. Wir müssen es nur wollen.

Um im Verkehrsbereich Voraussagen über 10 bis 15 Jahre machen zu können, bedarf es keiner prophetischen Gaben. Bleiben die heute geltenden politischen Rahmenbedingungen bestehen, dann wird mit hoher Wahrscheinlichkeit die Situation der heutigen entsprechen, mit Ausnahme des noch höheren Verkehrsaufkommens. Die Kraftfahrzeuge des Jahres 2010 werden ebenfalls mit Otto- und Dieselmotoren angetrieben werden, die Fahrer werden die gleiche volle Souveränität über die Lenk- und andere Fahrbewegungen haben wie heute. Zusätzlich werden allerdings Kommunikationseinrichtungen aller Art die Informationen über Straßenzustand,

Umleitungsempfehlungen, Wetter, Stauungen, Sonderangebote der Raststätten am Wege, Kultur-, Freizeit- und Einkaufsstätten im Einzugsbereich der nächsten Autobahnabfahrten aufzeigen.

Dies ist eine langweilige Prophetie, denn die technischen Konzepte dazu sind heute alle bereits verfügbar. Das müssen sie jedoch auch sein, um in 15 Jahren verbreitet zu sein. Was heute noch nicht zumindest konzeptionell ausformuliert worden ist, wird auch im Jahre 2010 nicht im breiten Umfang im Verkehr vorhanden sein.

Diese Vorhersage scheint sehr vorsichtig zu sein, blicken wir doch einmal 15 Jahre zurück. Im Jahre 1980 gab es auch keine grundsätzlich anderen Verkehrskonzepte. Die Fahrzeuge waren etwas langsamer, etwas schwächer, etwas weniger komfortabel; die elektrischen und elektronischen Helfer im Auto waren noch nicht so zahlreich. Die Partikelemissionen von Dieselfahrzeugen wurden bereits als krebserregend gefürchtet, zur Verminderung der Motorgeräusche wurden Lärmkapseln eingebaut, und das fehlende Tempolimit auf deutschen Autobahnen galt als internationale Besonderheit. Im Grunde unterschied sich der Verkehr 1980 von demjenigen 1995 nur dadurch, daß er etwas besser floß.

Ähnlich wird aller Voraussetzung nach im Jahre 2010 der Verkehr demjenigen des Verkehrs 1995 entsprechen. Die wahrscheinlichste Prognose ist immer die, daß es in allen wesentlichen Parametern so bleibt wie bisher. Auf die Fortsetzung der Verkehrsentwicklung bezogen bedeutet das allerdings, daß sich unsere Lebensbedingungen weiterhin verschlechtern werden. Um dies zu verhindern, muß der Verkehr verändert werden. Wir kennen das Sprichwort, daß sich alles ändern müsse, damit es so bleiben könne. Saubere Luft und sauberes Wasser können nur dauerhaft sein, wenn der nicht dauerhafte Umgang damit aufhört. Nur wenn im demokratischen Konsens die Rahmenbedingungen für eine Verringerung der Ausbeutung der Erde gesetzt werden, kann der von der Ausbeutung bisher geförderte Wohlstand auch langfristig gesichert werden. Ohne eine Veränderung der Rahmenbedingungen wird das Auto in Staus und Umweltkrisen seine eigene Existenzberechtigung zerstören.

Das zukünftige Verkehrssystem wird Barrieren gegen die Ausweitung der Nachfrage richten müssen, andernfalls würde die steigende Nachfrage alle Bemühungen um eine Ökologisierung des Verkehrs zunichte machen. Daher verstehen wir die im nachfolgenden Abschnitt beschriebene Halbierung des PKW-Verkehrs und die Verringerung des Luftverkehrs als ein Denkbeispiel für eine Wende in der Verkehrsentwicklung. Nicht die einzelnen Prozentzahlen sind wichtig, sondern das Signal: Der Trend muß sich ändern; die Verkehrsmengen werden verringert und nicht weiter erhöht.

Wir zeigen mit dem Zahlenmodell, daß dies ohne Einbußen an Mobilität möglich ist, Mobilität im Sinne von »Beweglichkeit«, »Realisierung von Aktivitäten«, »Nutzung von Gelegenheiten«, nicht verstanden als Kilometerfresserei.

2. Quantitative Ziele für eine Verkehrsreduzierung

Da Hauptverkehrsstraßennetze überwiegend auch aus Haupt-Wohn-Straßen bestehen, ergeben die lärmverträglichen Belastbar-keiten Werte, die aus heutiger Sicht unrealistisch erscheinen. Hier stellt sich die Frage, welche Konsequenzen aus der Tatsache zu zie-hen sind, daß Lärmbelastungen untrennbar mit dem Autoverkehr verknüpft sind. So stellt sich die Alternative, verträgliche Lärmbela-stungen nie erreichen zu können oder aber die Grenzwerte am »Machbaren« auszurichten.

Aus dem Forschungsbericht »Grenzwerte für eine städtebau-lich verträgliche Verkehrsbelastung«, Hrsg. Institut für Wohnen und Umwelt, 1994

Verkehr begrenzen: Wie und wieviel?

Wenn es denn keine »natürliche« Grenze für die Nachfrage im Verkehr gibt, zum Beispiel für die Nachfrage nach Flugreisen, diese aber unser aller Wohlergehen gefährdet, so ruft dies nach einer Steuerung durch die Politik. Als Steuerungsmedien kommen vor allem die Kosten, die Zeit und die Verkehrsangebote in Frage.

Eine Begrenzung der Nachfrage durch Kosten ist nicht grund-sätzlich unsozial, schließlich besteht diese Regelung heute auch und hat immer schon bestanden. Einerlei, wo die Kostengrenze für einen privaten Trip nach London, nach San Franzisko oder auf die Seychellen gelegt wird, es wird immer Menschen geben, die sich diesen Trip leisten, und solche, die ihn sich nicht leisten können. Heute liegt die Grenze anders als noch vor 20 Jahren; dies bedeutet allerdings nicht, daß die sozialen Unterschiede damals größer waren als heute – die Schwelle kann sich auch lediglich auf der

299

Einkommensskala verschoben haben. Auch ist keinesfalls der Schluß zutreffend, daß eine Gesellschaft demokratischer und sozialer ist, in der auch die zehn Prozent Niedrigstverdienenden der Gehaltspyramide sich einen dreiwöchigen Sommerurlaub auf den Seychellen und einen entsprechenden Winterurlaub in Kanada leisten können.

Ein ökologisch vertretbarer Umfang der Fluchtbewegungen, des individuellen PKW-Verkehrs oder des Straßengüterverkehrs läßt sich nicht exakt berechnen. Natürlich haben wir verschiedene Zahlenmodelle für die Jahre 2005, 2010, 2020 oder gar 2050 entwickelt, welche ein ungefähres Bild von dem Verkehrsaufwand dieser zukünftigen Gesellschaft geben. Grob gerechnet wird nach unseren Vorstellungen im Jahre 2020 der individuelle PKW-Verkehr nur noch den halben Umfang haben, dagegen wird der Schienen-Personenverkehr etwa auf das Vierfache steigen. Die anderen öffentlichen Verkehrsmittel, Busse und Straßenbahnen, werden ebenfalls erheblich mehr Passagiere befördern als heute. Mehr Fußgänger auf den Straßen und mehr Radfahrer werden dazu beitragen, daß die Mobilität – verstanden als Zahl der Wege zur Nutzung von Aktivitäten – in gleich hohem Umfang erhalten bleibt, aber der Verkehrsaufwand der Gesellschaft sich vermindert.

Dies gilt auch für den Güterverkehr. Hier wird der Rückgang nach den heutigen Überlegungen nicht ganz so stark ausfallen. Im Straßengüterverkehr halten wir bis zum Jahre 2000 eine Stabilisierung des Verkehrsaufwandes für möglich und bis 2020 eine Reduktion um 30 Prozent. Die erhöhten Transportmengen im Güterverkehr werden nicht per Dirigismus auf Schiene und Binnenschiff verlagert werden; auch wird Transportvermeidung nicht bürokratisch erzwungen werden. Dies muß der Markt entscheiden, und die Aufgabe der Politik ist es, die richtigen Rahmenbedingungen dafür bereitzustellen, daß Spediteure und Disponenten weniger den LKW wählen und mehr die ökologisch besseren Alternativen.

Warum Verkehrsvermeidung?

Verlagerung auf Busse und Bahnen im Personenverkehr, Verlagerung der Güter auf Schiene (wo möglich), Binnen- und Küstenschiffahrt – diese Empfehlungen genießen breite Unterstützung, wenngleich es an der praktischen Politik zur Umsetzung hapert. Warum genügen uns diese Ansätze nicht. Aus welchem Grunde halten wir die

Vermeidung von Verkehr, die Verringerung von Personen- und Güterverkehr für notwendig?

Verkehrsvermeidung – das Wort klingt vielen Menschen nach Einschränkung und Freudlosigkeit. Mobilität von Personen gilt als Grundrecht und bedeutet – auch – Lebensqualität; die Mobilität von Gütern zu verringern, beschwört das Bild einer in ihren Entfaltungsmöglichkeiten eingeschränkten und letztlich verkümmernden Wirtschaft.

Daß derartige negative Folgen dann nicht auftreten müssen, wenn die hinter dem Verkehr stehenden Zwecke mit anderen Ansätzen erreicht werden können – durch andere Stadtstrukturen, andere räumliche Zuordnungen von Wohnen, Arbeiten, Einkaufen und Freizeit, andere Produktions- und Marktstrukturen –, haben wir in den vorangegangenen Kapiteln beschrieben. Gemessen an den mit dem heutigen Verkehr verbundenen ökologischen und sozialen Belastungen sehen wir erhebliche gesamtgesellschaftliche Vorteile in weniger motorisiertem Transport.

Dennoch: Verkehrsvermeidung ist sicherlich ein langwieriger Prozeß und ein ökonomisch sowie gesellschaftlich umstrittenes Ziel.

Entgegen den Modellrechnungen etwa des ADAC und des Straßengüterverkehrsgewerbes, die stets behaupten, daß nennenswerte Verlagerungen von Kraftfahrzeugverkehr auf die Schiene wegen deren begrenzten Kapazitäten schlicht unmöglich seien, halten wir dies für leistbar. Wir werden das im folgenden begründen. Doch dies genügt nicht, denn auch die Verkehrsalternativen sind umweltbelastend, sie verbrauchen Energie und Fläche und verursachen Emissionen. Insbesondere viele verkehrs- und umweltpolitische »Progessive« haben erstaunliche Blindstellen in ihrer Wahrnehmung der Umweltaspekte des Schienenverkehrs.

So besagen zum Beispiel die im April 1995 publizierten »Verkehrspolitischen Vorstellungen« der Gesellschaft für rationale Verkehrspolitik (GRV): »Als umweltfreundliches Verkehrsmittel bietet sich die elektrifizierte Bahn an, deren Energieverbrauch je Leistungseinheit verhältnismäßig niedrig ist. Bei der Binnenschiffahrt, die gleichfalls hohe Lasten mit sehr geringem Energieaufwand befördert, erhebt sich die Frage, ob sie wirklich der umweltfreundliche Verkehrsträger der Zukunft sein kann, weil sie zum Antrieb der Schiffe Mineralöl verbraucht. (...)«

Hier wird ein einziges und darüber hinaus auch noch ökologisch fragwürdiges Argument dafür herangezogen, das eine Verkehrsmittel als »umweltfreundlich« einzustufen und das andere als problematisch. Die

Bahn bezieht einen hohen Anteil ihres Fahrstromes aus Kohlekraftwerken, ein ebenfalls beträchtlicher Teil wird aus Kernkraft gewonnen. Beides kann wohl kaum guten Gewissens als »umweltfreundlich« bezeichnet werden.

Es geht uns hier nicht um eine Verteidigung der Binnenschiffahrt; die durch den Ausbau von Flüssen zu »Wasserstraßen« angerichteten Schäden, von der Vernichtung von Biotopen bis zur Häufung von Überschwemmungen, erfordern eine sehr kritische Bewertung auch dieses Verkehrsträgers. Das Wuppertal Institut hat in einer Studie bereits vor mehreren Jahren gefordert, daß die Schiffstypen den Möglichkeiten der Verkehrswege angepaßt werden, und sich gegen weitere Begradigungen und eine Orientierung an dem großen »Europaschiff« mit 3000 Tonnen gewandt. Der geplante Elbeausbau sowie die vorgesehenen Veränderungen an Saale und Havel verdienen in der Tat negative Bewertungen.

Die unkritische Haltung gegenüber dem Schienenverkehr kommt offenbar durch die Vernachlässigung wesentlicher Parameter zustande, die für Mensch und Umwelt jedoch wichtig sind:

Der Energieverbrauch schnell fahrender und schlecht ausgelasteter Züge ist hoch; je größer der Anteil der ICE- und Intercargo-Züge am Schienenverkehr wird, desto ungünstiger werden die verkehrsleistungsbezogenen Faktoren. Dies setzt einer Fortführung der Strategie, durch Hochgeschwindigkeitsverkehre Kunden zu gewinnen, enge Grenzen.

Zum Güterverkehr gehören notwendigerweise selbst bei sehr starker Zunahme der Zahl und der Nutzung von Gleisanschlüssen Vor- und Nachlaufstrecken im Straßengüterverkehr; dieser Zu- und Abtransport mit Lastwagen findet typischerweise in verkehrlich und ökologisch hoch belasteten Ballungsräumen statt.

Die Lärmbelastung der Bevölkerung durch den Schienenverkehr ist in vielen Gebieten unerträglich hoch; bei stark erweitertem Bahnverkehr wird dieses Problem weiter zunehmen. Die Bahnen werden erhebliche Investitionen in Lärmschutzwände sowie in lärmmindernde Fahrzeug- und Betriebstechnik investieren müssen. Zum Beispiel kann durch regelmäßiges Schienenschleifen das Fahrgeräusch deutlich unter das heute übliche Niveau gesenkt werden.

Die Erschließung mit Schienenverkehr hat auch ökonomische Grenzen, zumal auf die Dauer gesehen auch der Schienenverkehr seine direkten und indirekten Kosten wird tragen müssen.

Der letzte Punkt verweist gleichzeitig auf einen Lösungsansatz: die Kosten des Verkehrs. Erst wenn die Transportpreise zum Beispiel durch Ökosteuern auf ein Niveau angehoben sein werden, das den »wahren« Kosten näher kommt als das heutige, werden sich tragfähige Verkehrsstrukturen einstellen können.

Quantitative Potentiale für die mittlere Zukunft

Die im folgenden beschriebenen Handlungsszenarien entstanden im Rahmen einer Konzeptstudie zur Bahnentwicklung und umreißen den quantitativen Rahmen für eine ökologische und gleichzeitig realistisch angelegte Verkehrsentwicklung für eine mittlere Zukunftsperspektive von etwa 15 bis 20 Jahren, also für das Jahr 2010 oder etwas danach.

Dieser Zeitraum wurde gewählt, weil er sich einerseits noch recht gut überblicken und aus der Gegenwart ableiten läßt – etwa was die Technikentwicklung und die räumlichen Strukturen Deutschlands angeht –, andererseits doch auch deutliche Veränderungen verwirklicht werden könnten. Im Trend, das haben wir schon dargestellt, würde im Personenverkehr bei kaum veränderter Wegezahl der Verkehrsaufwand in Kilometern je Einwohner und Jahr weiterhin gesteigert, vor allem im Luftverkehr und im Autoverkehr. Demgegenüber setzen wir in unserer »Option 2010« an, daß bei zukunftsfähiger Entwicklung der Mobilität der Aufwand für die Verkehrsansprüche etwas zurückgenommen wird sowie daß der Umfang des nicht motorisierten und öffentlichen Verkehrs zu Lasten von Auto- und Luftverkehr an Bedeutung gewinnt. Der größte Anteil der Reduktion im Auto- und im Flugverkehr wird jedoch von der Schiene aufgefangen.

Für die Gesamtmobilität ist es am wichtigsten, die erwartete weitere Ausweitung des Verkehrsumfangs um ein gutes Drittel auf rund 18 400 Kilometer pro Person im Jahr 2010 zu vermeiden. Noch schwieriger dagegen erscheint es, den bestehenden Verkehr sogar zu reduzieren. Es wird hier der Ansatz verfolgt, innerhalb von etwa zwanzig Jahren etwa zehn Prozent des Verkehrsaufwandes einzusparen – etwa durch kürzere Einkaufs- und Freizeitwege; pro Kopf und Jahr käme dann mit 12 300 Kilometer im Jahr 2010 etwa der Wert heraus, den wir in Westdeutschland 1985 hatten – offensichtlich kein sonderlich revolutionäres Unterfangen. Erst mit Blick auf den um rund die Hälfte höheren Trendwert wird der Unterschied der Entwicklungsoptionen deutlich. Da in allen Fällen die Anzahl der Wege mit etwa drei pro Tag und Einwohner praktisch gleich ist, bedeutet dies einen entsprechenden Unterschied der Durchschnittswegelängen.

Wir sehen außerdem die Notwendigkeit und auch die Möglichkeit, die relativ wenigen sehr weiten Wege zu reduzieren, etwa durch Verteuerung der Flugtarife infolge der Besteuerung des Flugkraftstoffes. Würde Zahl und Entfernung der Flugreisen weiter überproportional zunehmen, dann könnte das alle Verbesserungen im Alltagsverkehr leicht überkompensieren.

Entwicklung des Personenverkehrsaufkommens in Deutschland

Anzahl der jährlichen Wege pro Person

Verkehrsmittel	Ist 1992	Trend 2010	Option 2010
zu Fuß und per Fahrrad	437,8	409,3	550
Öffentl. Straßenpersonenverkehr	99,2	95,0	200
Eisenbahn	19,2	17,3	90
motorisierter Individualverkehr	582,3	640,5	300
Flugzeug	0,9	2,0	0,25
Insgesamt	1139,5	1164,1	1140

Quellen: Ist und Trend nach: DIW-Wochenbericht 22/94; Luftverkehr abweichend von DIW mit einer Zuwachsrate von 5 Prozent pro Jahr; Option 2010: Szenario Neue Bahn

Entwicklung des Personenverkehrsaufwands in Deutschland

Anzahl der jährlichen Kilometer pro Person

Verkehrsmittel	Ist 1992	Trend 2010	Option 2010
zu Fuß und per Fahrrad	676	656	1000
Öffentl. Straßenpersonenverkehr	1109	1232	2300
Eisenbahn	710	814	3000
motorisierter Individualverkehr	8986	10764	5000
Flugzeug	2115	4950	1000
Insgesamt	13596	18416	12300

Quellen: Ist und Trend nach DIW-Wochenbericht 22/94; Luftverkehr abweichend von DIW mit einer Länge der Auslandsflüge von 3000 km und einer Zuwachsrate von 5 Prozent pro Jahr; Option 2010: Szenario Neue Bahn

Kurze Strecken verlagern, lange Distanzen einschränken

Offensichtlich hat der nicht motorisierte Verkehr zu Fuß und per Fahrrad große Chancen, einen großen Teil etwa der per Auto abgewikkelten kurzen Wege zu übernehmen; andererseits sind die beschränkten Auswirkungen, gemessen in Kilometern, ebenso klar. Für möglich halten wir mittelfristig eine Ausweitung des Anteils an allen Wegen von 40 auf etwa 50 Prozent, wie wir das in Westdeutschland vor 15 bis 20 Jahren hatten, während der Trend eher zu einem auf rund 35 Prozent absinkenden Anteil geht. In Kilometern wäre dies ein Anstieg um etwa die Hälfte auf 1000 Kilometer je Einwohner und Jahr; die daraus ableitbare durchschnittliche tägliche »Belastung« mit etwa zehn Minuten Radfahren plus zehn Minuten Gehen dürfte noch immer deutlich unterhalb des Umfangs liegen, der aus medizinischer Sicht zur Aufrechterhaltung des körperlichen Wohlbefindens tunlich wäre. In diesem Fall läge der Anteil der nichtmotorisiert zurückgelegten Kilometer bei acht Prozent, und damit deutlich über dem Trendwert von etwa 3,5 Prozent.

Damit eine solche Entwicklung eine Chance hat, ist es vor allem notwendig, die Rahmenbedingungen für die Teilnahme von Fußgängern und Radfahrern am Verkehr günstiger zu gestalten, also Sicherheit und Annehmlichkeit zu verbessern und unnötige Umwege und Verzögerungen im Verkehrsablauf abzubauen. Dies ist nur unter Einschränkung des Zuganges zum und der Geschwindigkeiten im Automobilverkehr zu erreichen. Die politische Durchsetzbarkeit schätzen wir in den Städten generell positiv ein; in dünner besiedelten Regionen haben wir die Veränderungsmöglichkeiten niedriger veranschlagt.

Im Luftverkehr haben wir statt einer Verdoppelung der jährlichen Kilometerzahl pro Kopf, wie es der Trend befürchten läßt, eine Reduzierung um mehr als die Hälfte unterstellt; je Einwohner kommen dann statt knapp 5000 nur 1000 Kilometer zusammen. Da der aufkommensstarke Kurzstreckenverkehr leichter zu reduzieren oder zu verlagern ist, ergibt sich ein noch größerer Unterschied in der Zahl der Wege. Der Anteil an allen Wegen ist aber sowohl im Trendfall mit 0,2 Prozent als auch im Handlungsszenario mit 0,025 Prozent gering und für die alltägliche Verkehrspraxis ohne Belang.

Erreicht werden könnte so ein Ergebnis durch eine schrittweise Verlagerung des Flugverkehrs über kürzere Distanzen auf den schnellen

Schienenverkehr; dies ist als Konzept kaum strittig. Erheblicher Unwille ist dagegen – jedenfalls von einigen, zahlenmäßig kleinen Personengruppen – gegenüber der Überlegung zu erwarten, daß flugtouristische Aktivitäten reduziert werden könnten; allerdings ist offensichtlich, daß hier tiefgreifende Verhaltensveränderungen erforderlich wären, die allerdings große Entlastungseffekte erbringen würden. Mit dem Fortschritt im Bereich der Telekommunikation wird ein Teil der Geschäftsreisen substituiert werden können, was besonders für Flüge über größere Distanzen wichtig wäre. Es braucht allerdings nicht viel Phantasie, sich die heftige Opposition der kleinen, aber einflußreichen Minderheit der Vielflieger gegen finanzielle und zeitliche Zugangsrestriktionen zum Luftverkehr vorzustellen. Ohne eine Reduzierung der Reisegeschwindigkeiten jedoch dürfte der Flugverkehr in diesem Sektor weiter zunehmen. Dies ist der Ausgangspunkt unserer Argumentation, daß es aus ökologischen Gründen sinnvoll ist, weniger Flughäfen in Deutschland zu haben und die Anreisezeiten als Steuerungsgröße einzusetzen – was unter anderem bedeuten würde: Kein IC-Anschluß des Flughafens.

Eine Reduzierung der Autokilometer um 45 Prozent, von 9000 auf 5000 Kilometer je Einwohner und Jahr, erscheint utopisch. Trendforscher rechnen demgegenüber mit einer Ausweitung um 20 Prozent. Auf den ersten Blick sieht es unrealistisch aus, das Steuer derart weit herumwerfen zu wollen. Die Veränderungschancen werden aber deutlich, wenn man sich einerseits die Distanzstruktur mit dem großen Anteil kurzer Wege wieder ins Gedächtnis ruft, und wenn man andererseits berücksichtigt, daß ein solches Ergebnis nicht von heute auf morgen, sondern erst über Jahre hinweg erreicht wird. In dieser Zeit kann sich nicht nur das Verhalten der Menschen schrittweise ändern, sondern auch die Nutzungsstruktur des Raumes und der baulichen Anlagen. Vor allem aber kann man den öffentlichen Verkehr so ausbauen, daß er als attraktive Alternative zum Autoverkehr in Erscheinung tritt.

Dementsprechend kann der öffentliche Verkehr mit Bus und Bahn erheblich an Bedeutung gewinnen und in der Anzahl der Wege wie auch der Kilometer etwa mit dem motorisierten Individualverkehr gleichziehen. Dies bedeutet eine Verdoppelung der Nutzung des öffentlichen Straßenpersonenverkehrs auf 200 Wege je Einwohner und Jahr – ist das utopisch? Die Bahn beispielsweise wird derzeit mit durchschnittlich 18 Wegen je Einwohner und Jahr nur selten genutzt. Unsere Verlagerungshypothesen bedeuten, daß auf fünfmal so vielen Wegen mit der Bahn viermal so viele Kilometer gefahren werden. Wir halten dies für ökonomisch und verkehrstechnisch vernünftig und realisierbar. Trotz weniger Autoverkehr bleibt die Mobilität praktisch auf gleichem Niveau wie derzeit.

Die Durchschnittswerte überdecken natürlich große Unterschiede zwischen verschiedenen Bevölkerungsgruppen und raumstrukturellen Gegebenheiten. So kann sich die angegebene quantitative Entwicklung nur einstellen, wenn entsprechend den jeweiligen Systemvorteilen in ländlichen Regionen dem Automobil ein überproportionaler Stellenwert eingeräumt wird und in städtischen Regionen dem öffentlichen Verkehr. Zwar läßt sich bis weit ins »platte Land« hinein ein im Vergleich zu heute phantastisch guter öffentlicher Verkehr einrichten, und wegen der langen Ausbauzeiträume sollte man auch möglichst früh mit den entsprechenden systematischen Angebotsverbesserungen anfangen. Unmittelbare Aussicht auf Erfolg bietet dagegen der Ansatz, in den größeren Städten und den Ballungsräumen die Lebens- und Mobilitätsbedingungen für ein Leben ohne Auto oder mit viel weniger Autonutzung deutlich zu verbessern.

Ökologisches Handlungsszenario im Güterbereich

Im Güterverkehr sind die Verhältnisse und Optionen noch ein Stück schwieriger zu beschreiben als im Personenverkehr: Zu unterschiedlich sind die einzelnen Güter und die jeweiligen Transportanforderungen, und zu vielfältig sind die unterschiedlichen ökonomischen Interessen. Im Kurzstreckenverkehr sind durch optimierte Routenwahlen, durch Austausch von Transportkapazitäten und bessere Auslastung in Einzelfällen Verkehrseinsparungen realisiert worden, doch tut man sich mit verallgemeinerbaren quantitativen Aussagen schwer. Generell können natürlich durch kompaktere Anlagen von Siedlungen Distanzen verkürzt werden, und verringerte Ansprüche an Geschwindigkeit und Zeitpräzision ermöglichen seltenere Fahrten mit besser ausgelasteten Fahrzeugen.

Das Hauptinteresse gilt wegen der hohen Belastungen und der starken Zuwächse üblicherweise dem Güterfernverkehr. Üblich ist es, einen stärkeren Einsatz des Schienenverkehrs in diesem Bereich zu fordern. Auch der aktuelle Bundesverkehrswegeplan von 1992 geht von deutlichem Wachstum bei der Güterbahn aus – allerdings ist es schon seit längerem nicht mehr realistisch, eine solche Trendentwicklung zu erwarten; das

Deutsche Institut für Wirtschaftsforschung (DIW) in Berlin hat dies recht deutlich gemacht und nicht ganz so optimistische Erwartungen für die Zukunft abgeleitet.

Im Rahmen der Konzeptstudie für eine offensive Bahnentwicklung haben wir die Änderungspotentiale auch des Güterfernverkehrs abgeschätzt. Hierfür mußte ein erheblich vorsichtigerer Ansatz gewählt werden als beim Personenverkehr. Die nutzbaren Spielräume erscheinen trotzdem hoch, vgl. Tabelle.

Entwicklung des Güterfernverkehrsaufwands 2010 in Deutschland in Milliarden Tonnenkilometer

Verkehrsträger	1991	Trend 2010	Option 2010
Straße	163	257	100
Schiene	86	135	220
Binnenschiff	63	103	100
Zusammen	**312**	**495**	**420**

Quellen: Kessel u. Partner 1991: Szenarien zum BVWP 2010; DIW 1993: DIW-Trend-Szenario 2010; Option 2010: Szenario Neue Bahn

Eine Verminderung des Transportaufwands erscheint zwar aus gegenwärtiger Sicht – anders als beim Personenverkehr – kaum vorstellbar, jedoch kann zumindest eine im Vergleich zum Trend deutlich geringere Expansion angestrebt werden. Durch stärkere Zuordnung etwas kürzerer Transportentfernungen zum LKW und etwas längerer zur Bahn kann das Gewichtsverhältnis beider Verkehrsträger deutlich modifiziert werden; dann dürfte eine Reduktion des Straßengüterverkehrs um rund 40 Prozent und eine Erhöhung des Schienengüterverkehrs auf nahezu das Dreifache erreichbar sein. Anstatt daß das Gewicht des Straßengüterverkehrs doppelt so hoch ist wie das des Schienengüterverkehrs, wie es heute der Fall ist und sich bei Fortsetzung des Trends auch nicht ändern wird, kehren sich bei dieser Neuverteilung der Gewichte die Verhältnisse um: die Bedeutung des Schienengüterverkehrs ist dann doppelt so hoch wie die des Straßengüterverkehrs.

Solch starke Veränderungen von eingefahrenen Trends können nur bei einer entsprechenden Umgestaltung der Rahmenbedingungen eintreten. Dazu gehört einerseits ein entsprechender Ausbau der Angebote der

Bahnbetreiber. Überlegungen dazu liegen in unterschiedlicher Weise seit langem vor, mit praktischen Ansätzen hat sich die alte Bahn dagegen bisher sehr schwer getan. Bei der neuen, mehr privatwirtschaftlich operierenden Bahn sind zwar Ansätze einer Veränderung erkennbar, es muß aber gegenwärtig offenbleiben, ob eine Trendumkehr erreicht wird.

Während der Bahntransport attraktiver gemacht wird, müssen zugleich die Rahmenbedingungen des Straßengütertransports neu definiert werden: Unzumutbare Belastungen durch diesen Transport müssen abgebaut werden, auch durch verkehrsrechtliche und ordnungspolitische Eingriffe, und für die als zumutbar eingestuften Belastungen muß der Güterverkehr entsprechend zur Kasse gebeten werden. Auch in diesem Feld muß nämlich gelten, was erst ein langfristiges Wirtschaften ermöglicht – in Ernst v. Weizsäckers Formulierung: Die Preise müssen die ökologische Wahrheit sagen.

3. Stadt der Menschen statt Stadt der Motoren

*Künftige Jahrhunderte werden im Vergleich zwischen den Stadt-
strukturen deutscher Städte am Ende des 20. Jahrhunderts und
dem Inhalt der zu dieser Zeit geltenden Verfassung ein erhebliches
Spannungsverhältnis herausfinden.*

Vortrag »Urbanistik als Wissenschaft«, Hans-Jochen Vogel,
1993

Eigentlich die normalste Sache der Welt ...

Die Basis einer ökologischeren Mobilität bildet die motori-
sierungsfreie Bewegung, sprich das Gehen und das Radeln. Den Fußgängern gehört die Stadt in erster Linie; sie erleben alle Nuancen auf dem
Weg und seitlich des Weges, sie sind ansprechbar für die Belange der
Mitbürger, sie sorgen durch ihre Präsenz für die Belebtheit der öffentlichen Räume und vertreiben Einsamkeit und die Angst vor dem Versinken
in der Anonymität.

Die Fußgänger sind erst vor etwa 20 Jahren von der Verkehrsforschung entdeckt worden; selbst heute noch liest man gelegentlich Statistiken zum »Modal Split« (Verteilung der Verkehrsarten), in denen nur das
Auto und die öffentlichen Verkehrsmittel vorkommen. Ausgesprochene
Fußgängerstädte wie zum Beispiel Ingolstadt erscheinen dann als autodo-
miniert, weil der öffentliche Verkehr dort nur einen geringen Anteil hat.

In Fußgänger- und in Fahrradstädten spielt der öffentliche
Verkehr eine zumeist geringe Rolle. Es ist wahr: Die nichtmotorisierten
Verkehrsarten stehen in Konkurrenz zu Bussen und Straßenbahnen. Den-
noch sollte man zuallererst sie unterstützen, wenn eine verkehrspolitische

Wende eingeleitet werden soll. Wir werden in den nachfolgenden Abschnitten dazu einige Vorstellungen entwickeln.

Neuerdings kann man in innovationsfreudigen Gegenden auch vermehrt Roller-Scater und Tretroller-Fahrer beobachten. Bei allem manchmal verständlichen Ärger, den diese Zeitgenossen bisweilen auf sich ziehen: Ist es nicht merkwürdig, daß wir uns über die Plage »Automobil« schon gar nicht mehr aufregen, dagegen über dahinsausende Rollschuhläufer schimpfen oder über Radfahrer, die eine Einbahnstraße in verkehrter Richtung befahren?

Die Maßstäbe für das Richtige und das Falsche sind durcheinandergeraten. In aller Deutlichkeit sollte hier festgestellt werden: Auto fahren muß in den Städten zu einer unerwünschten Art der Fortbewegung werden. Sicher, es gibt individuelle Gründe, es doch zu tun, wir sollten dies in bestimmtem Umfang tolerieren. Auto fahren in der Stadt muß jedoch als ähnlich fragwürdig angesehen werden, wie wenn jemand im Fahrstuhl stinkende Zigarren raucht, sich an der Supermarktkasse rücksichtslos vordrängelt oder in einer vollen Bahn zwei Plätze zum Sitzen und noch den gegenüberliegenden Platz zum Hochlegen der Füße beansprucht. Die Stadt sollte denjenigen gehören, die sie auch zu würdigen wissen und sich stadtgerecht verhalten, also in erster Linie den Fußgängern und in zweiter Linie den Radfahrern.

Wir alle sind Fußgänger – aber in der Statistik dominiert das Auto

Nach den vom Bundesminister für Verkehr herausgegebenen Statistiken wurden im Jahre 1992 – dem letzten Stichjahr für ausführliche Verkehrserhebungen – in Deutschland 91.853 Millionen Wege zurückgelegt, bei etwa 80 Millionen Deutschen entfallen damit auf eine Person etwa 1150 jährliche Wege, pro Tag sind es – im Mittel – drei. Die Statistik verrät ferner, daß 25.698 Millionen dieser Wege zu Fuß zurückgelegt worden sind, das entspricht dann allerdings nur noch rechnerisch 0,88 Wegen pro Tag und pro Person. Dies ist unglaublich wenig, und es entspricht in der Tat auch nicht der Wirklichkeit.

Zunächst einmal: Die Erhebungen verzeichnen nur die hauptsächlich benutzte Verkehrsart. Die Wege zu und von Haltestellen öffentlicher Verkehrsmittel wie auch zu und von Parkplätzen werden nicht berücksichtigt. Würde man diese mit einbeziehen, dann stellte sich wahrscheinlich heraus: Zu-Fuß-Gehen ist die häufigste Art der Fortbewegung. Tatsächlich erweckt die riesige Zahl von 46.937 Millionen Wegen im motorisierten Individualverkehr also, mit Ausnahme einiger Motorradfahrten, den Eindruck, daß »wir alle« Autofahrer und Autofahrerinnen sind. Dieser Eindruck ist falsch. Es gibt nach wie vor sehr viele autofreie Haushalte. Ihr Anteil ist mit 30 bis 50 Prozent in den Großstädten besonders hoch.

Darüber hinaus gibt es gute Gründe, die Befragungsergebnisse wegen eines weiteren Mangels in Frage zu stellen: Möglicherweise steckt in ihnen eine systematische Unterbewertung nichtmotorisierter Wege. Aus der feministischen Verkehrsforschung wurde kritisiert, daß die vielen unterschiedlichen Wege von Frauen in der Hausarbeit und der Kinderbetreuung, beim Einkaufen und bei den sozialen Kontakten von den Befragten selbst weniger hervorgehoben werden als die motorisierten Ausfahrten, die überwiegend von Männern durchgeführt werden. Es steht also zu vermuten, daß die unmotorisierten Wege in der Realität einen größeren Umfang haben.

Autofahren immer noch vor allem »Männersache«

Das Münchner Sozialforschungsinstitut Socialdata hat umfangreiche und detaillierte Mobilitätsuntersuchungen vorgenommen und dazu die Bevölkerung in vier Gruppen unterteilt. Die Ergebnisse beweisen, daß nur in einer dieser Gruppen das Autofahren die am meisten genutzte Fortbewegungsart ist, nämlich bei den 20 bis 59 Jahre alten Männern.

Einige Einzelergebnisse: In der Stadt Saarbrücken legten die Männer der erwähnten mittleren Altersgruppe 68 Prozent ihrer Wege am Lenkrad eines Kraftfahrzeuges zurück. Diese Gruppe bildet – wie die übrigen Analysegruppen, die Frauen zwischen 20 und 59, die Menschen über 60 Jahre und die Menschen im Alter bis 19 Jahre – etwa ein Viertel der Bevölkerung. Dieses Viertel der Bevölkerung schafft diejenigen ökologischen und sozialen Probleme im Verkehr, mit denen wir uns hier auseinandersetzen und unter denen die sich überwiegend ökologisch richtig Verhaltenden leiden. Bei den älteren Mitbürgern sind es nur 32 Prozent der Wege, die als Fahrzeuglenker absolviert werden, 60 Prozent dagegen entfallen auf den »Umweltverbund«, das heißt auf das Zu-Fuß-Gehen, Radfahren und auf die Benutzung öffentlicher Verkehrsmittel. 8 Prozent der Älteren sind Mitfahrer in einem Auto.

... aber die Frauenmotorisierung holt auf

Die Gruppe der 20 bis 59 Jahre alten Frauen hat in den vergangenen Jahrzehnten die stärksten Veränderungen in der Verkehrsmittelwahl durchgemacht: Nach den vorliegenden Zahlen absolvierten sie 1976 nur 16 Prozent der Wege am Steuer eines Fahrzeuges, 13 Jahre später waren es bereits 40 Prozent, und möglicherweise ist es heute bereits mehr als die Hälfte. Die zunehmende Motorisierung der Frauen wird unterschiedlich bewertet. Die ökologische Seite ist, daß die ohnehin mit Autos überfüllten Städte dadurch noch mehr Belastungen erleiden, daß jetzt zunehmend Frauen per Auto zur Arbeit fahren und nunmehr motorisiert die Einkäufe erledigen, die vorher zu Fuß, per Rad oder mit Bus und Straßenbahn durchgeführt wurden. Die betroffenen Frauen argumentieren, daß die Mehrfachbelastungen durch Hausarbeit, Kinderbetreuung und Berufstätigkeit anders nicht zu leisten sei, daß also das Auto eine rationellere Tageseinteilung erlaube und daß ohne Auto entweder keine Teilhabe am Berufsleben möglich oder ein unvertretbar hoher Zeitaufwand für die Wege aufzubringen sei. Für die Automobilindustrie wiederum stellt die Motorisierung der Frauen einen dringend erwünschten Wachstumsmarkt dar; nachdem der Markt der Männer annähernd ausgeschöpft ist, sind anders kaum noch die Absatzzahlen zu steigern.

Nach Zahlen des Marktforschungsinstituts Roland Berger werden 70 Prozent der PKW hauptsächlich von Männern genutzt; dabei gibt es allerdings erhebliche Unterschiede zwischen den unterschiedlichen Fahrzeuggrößen, gemessen in Motorhubraum. Nur 30 Prozent der PKW unter einem Liter Hubraum werden von Männern bewegt, dagegen 87 Prozent der Limousinen über 2 Liter. Männer fahren im Durchschnitt 14 400 Kilometer im Jahr, Frauen dagegen nur 11 500. Man kann also feststellen, daß sowohl hinsichtlich der Autowahl als auch der Nutzungshäufigkeit die Frauen sich selbst dann ökologischer verhalten, wenn sie über ein Auto verfügen.

Dennoch bleibt natürlich die aus Umweltsicht betrübliche Bilanz, daß immer mehr Auto gefahren wird und daß das Zu-Fuß-Gehen zurückgeht. Dies setzt einen Teufelskreis in Gang, denn je weniger Fußgänger auf den Straßen unterwegs sind, desto unattraktiver wird das Gehen. Natürlich darf die Schlußfolgerung aus der dargestellten Entwicklung nicht lauten, daß aus ökologischen Gründen nunmehr etwas gegen die zunehmende Motorisierung von Frauen zu unternehmen sei. Wir argumentieren umgekehrt: Der hohe Motorisierungssockel der Männer – beziehungsweise der

Industrieländer – muß dringend abgebaut werden, damit in einer gerechten Verteilung auf einem insgesamt ökologisch verträglichen Niveau noch Auto gefahren werden kann.

Autowege in der Stadt – warum nicht zu Fuß oder per Rad?

Die Titelfrage dieses Abschnittes zielt auf die Hindernisse nicht nur für ein »Aussteigen«, sondern auch für ein Umsteigen auf Bus oder Fahrrad. Die Verkehrsforschung hat sich mit derartigen Hindernissen vor allem mit Blick auf die öffentlichen Verkehrsmittel befaßt – nicht überraschend, denn derartige Untersuchungen kosten Geld, das in diesen Fällen von den Verkehrsunternehmen auf der Suche nach mehr Kunden aufgebracht worden ist. An mehr Fußgängerverkehr ist niemand aus wirtschaftlichen Gründen interessiert; die Kommunen sollten es sein, allein um die Lebensqualität in den Städten zu erhöhen, Fußgänger werden jedoch nicht wichtig genommen. Fußgängerforschung findet also kaum statt.

Planung aus der Sicht des Fußgängers

Es ist schon erstaunlich, wie weit die artgemäße Fortbewegungsweise des Menschen, der aufrechte Gang, aus dem Bewußtsein der Fachplaner getilgt werden konnte. Ihr zentrales Ziel, die Flüssigkeit und Leichtigkeit des Verkehrs, ist fast ausschließlich unter Vernachlässigung des Fußgängerverkehrs verfolgt worden; auf diese Weise ist dessen Leichtigkeit und Flüssigkeit weitgehend abhanden gekommen. Stützt man die Erfahrung nicht auf die Windschutzscheibenperspektive – Erfahrung ist viel älter und inhaltsreicher als das Autofahren –, sondern auf die Erlebnisse als Fußgänger, so ergeben sich die geänderten Planungsgrundsätze mit großer Eindeutigkeit. Es wird dann klar,

- daß die große Zahl abgestellter PKW ein ernsthaftes Verkehrshindernis darstellt, und deshalb zu vermindern ist,
- daß Lärm, Gestank und Gefahren, die vom Kraftverkehr ausgehen, den Fußgängern und Radfahrern als Nicht-Verursachern erspart werden müssen,
- daß die riesigen Flächen für den fließenden und ruhenden Kraftverkehr die Distanzen erheblich erhöhen und damit die Erreichbarkeiten einschränken,
- daß erzwungene Umwege von mehr als 20 Metern für Fußgänger eine Zumutung darstellen,
- daß eine dem schnellen Kraftfahrzeugverkehr entsprechende optische Gestaltung zu einem öden Erscheinungsbild führt.

Fußgängergerechte Planung muß wieder stärker ins Bewußtsein rücken: Arkaden, Durchhäuser und Passagen, platzartige Erweiterungen mit unterschiedlicher Größe, schmale Gassen und kleine Treppen als Abkürzungen, Abfolgen von Sichtbeziehungen und Ausgestaltung von Orientierungspunkten als optischer Halt, kleine und größere Grünflächen und -zonen, Bäume.

Insgesamt muß eine am Maß des Menschen orientierte Verkehrsplanung sehr viel kleinteiliger optimieren, sehr viel haushälterischer mit den Flächen umgehen sowie die Geschwindigkeiten und die Geschwindigkeitsunterschiede dämpfen. Es ist ein schlichtes Rechenexempel, in welchem Umfang sich die Aktionsräume für Fußgänger erhöhen, wenn Verzögerungszeiten und Umwegzwänge abgebaut werden: Eine Beschleunigung um 40 Prozent durch Wegfall von Wartepflichten und Störungen verdoppelt die zu Fuß erreichbare Fläche, eine Reduzierung der Umwege um 20 Prozent durch das Angebot von Abkürzungen und die Möglichkeit einer gradlinigeren, zielgerichteten Fortbewegung erweitert die erreichbare Fläche noch einmal um die Hälfte. Eine dichtere Nutzung des Stadtgebietes, wenn die von Automobilen beanspruchten Flächen verringert werden, kann noch einmal zu einer Verdoppelung bis Vervierfachung der zu Fuß erreichbaren Ziele führen. Insgesamt dürfte eine Verzehnfachung der Verkehrsgünstigkeit für Fußgänger erreichbar sein.

Aus Mobilitätsuntersuchungen wissen wir, daß ein Weg im Durchschnitt etwa 20 Minuten dauert, ziemlich unabhängig von der Siedlungslage und dem eingesetzten Verkehrsmittel. Für Fußgänger bedeutet das bei einigermaßen fußgängergerechter Verkehrsanlage eine Reichweite von 500 bis zu etwa 4000 Metern, im Mittel 1500 Metern. Die damit erreichbaren Flächen sind zwischen 1 und 50 Quadratkilometer groß, im Mittel 7 Quadratkilometer. Verglichen mit den Größen der vorhandenen Siedlungen sind dies sehr große Areale; bei geeigneter Ausgestaltung mit Funktionen ließen sich dementsprechend auch sehr hohe Verkehrsanteile zu Fuß bewältigen.

Das bereits erwähnte Münchner Sozialfoschungsinstitut hat 1989 im Ruhrgebiet sowohl im Kernbereich selbst als auch in den Randkommunen mehr als 1000 Personen nach den Gründen der Autonutzung befragt. 52 Prozent der Wege von Personen über 18 Jahre wurden am Lenkrad eines Kraftfahrzeuges zurückgelegt. Um sie soll es im folgenden gehen.

Ein durchschnittlicher Weg eines PKW-Lenkers war zehn Kilometer lang. Dies scheint auf den ersten Blick einen überzeugenden Grund darzustellen, warum diese Autofahrer nicht zu Fuß gingen oder das Rad benutzten. Aber: Etwa ein Zehntel aller mit dem Auto zurückgelegten Wege waren nicht länger als ein einziger Kilometer – das ist weniger, als ein durchschnittlicher Fußweg lang war. An der erreichten Geschwindigkeit kann die Bevorzugung des Autos auch nicht gelegen haben: Mit ganzen sechs Stundenkilometern von der Haustür bis zum Ziel wurde ein Tempo erreicht, das auch für Fußgänger nicht untypisch ist.

22 Prozent aller Autowege waren übrigens nicht länger als 2,4 Kilometer – das entsprach exakt der mittleren Distanz der per Fahrrad zurückgelegten Wege; mit beiden Verkehrsmitteln wurde eine Reisegeschwindigkeit von 12 km/h erreicht. Auch hier wurde der mit der Autonutzung verbundene Aufwand nicht gescheut, die Parkplatzsuche und auch die Kosten vermochten offensichtlich die Autofahrer nicht zu einer ökologisch verträglichen Art der Fortbewegung zu veranlassen.

Hat die Argumentation diesen Punkt erreicht und steht die Frage im Raum, warum denn Autofahrer die kürzeren Wege nicht anders als hinter dem Lenkrad zurücklegen, kommt bei öffentlichen Diskussionsveranstaltungen in der Regel das Argument mit dem Sprudelkasten. Man brauche das Auto, so wird dann ausgeführt, denn schließlich sei es nicht zumutbar, über längere Strecken schwere Waren zu schleppen; als weiteres Argument folgt dann der Transport gehbehinderter älterer Personen zum Arzt. Ein näherer Blick aus der angeführten Untersuchung im Ruhrgebiet macht dann allerdings klar, daß der Anteil der Autofahrten mit guten sachlichen Gründen bei großzügiger Auslegung bei höchstens einem Viertel liegt – über alle Distanzbereiche. Drei Viertel aller Autowege sind demnach ersetzbar, durch das schlichte Gehen, durch Radfahren oder durch Benutzung von Bussen und Straßenbahnen. Bei der Analyse wurde streng darauf geachtet, daß enge Zumutbarkeitsgrenzen eingehalten wurden; ein Autoweg von fünf Minuten zeitlicher Länge wurde beispielsweise dann als ersetzbar angenommen, wenn das Gehen nicht mehr als zehn Minuten dauern würde.

Der relativ hohe Anteil sehr kurzer Autofahrten hat im übrigen eine überproportional hohe Abgasbelastung auch durch Katalysatorfahrzeuge zur Folge, da es mehrere Minuten dauert, bis der Katalysator seine Betriebstemperatur erreicht und die Abgase wirksam entgiftet – mit Ausnahme des klimaschädigenden Kohlendioxids, das auf diese Art nicht zu vermindern ist. Im Mittel sind in Deutschland etwa 30 Prozent aller Autowege weniger als drei Kilometer lang – ein enormes Minderungspotential.

Fahrradgerechte Planung

Das Fahrrad ist bezüglich Sozial- und Umweltverträglichkeit nicht ganz so günstig einzustufen wie der Fußgängerverkehr. Dies liegt an den größeren Unfallrisiken und dem höheren Flächenbedarf, auch zum Abstellen der Fahrzeuge, begründet. Verglichen mit PKWs ist die Belastung dagegen gering.

Radfahren ist die energetisch günstigste Fortbewegungsart überhaupt, sie gewährleistet verglichen mit dem normalen Gehen bei gleichem Krafteinsatz eine etwa dreimal so hohe Geschwindigkeit und eine dreimal so große Reichweite. Die erreichbare Fläche ist für Radfahrer etwa zehnmal so groß wie für Fußgänger. Auch die Transportmöglichkeiten sind besser als die des Fußgängers.

Die urban-soziale Qualität ist gegenüber dem Fußverkehr nur wenig eingeschränkt: Blickkontakte und akustischer Austausch sind weitgehend möglich, auch spontane Ausweitungen der Kommunikation sind wegen der praktisch unmittelbaren Anhaltemöglichkeit kaum behindert.

Der erweiterte Aktionsradius, verbunden mit der guten Stadtverträglichkeit, müßte das Fahrrad daher – unabhängig von der primären Orientierung auf die Fußgängergerechtigkeit – eigentlich zu einem Lieblingskind der Planer machen. Tatsächlich erleben wir in den letzten Jahren so etwas wie eine Renaissance des Radverkehrs, einschließlich einer zunehmenden Beachtung durch die Verkehrsplanung. Einen wichtigen Beitrag zur Wahrnehmung dieses Verkehrsmittels lieferte das 1987 erschienene Buch des Berliner Verkehrswissenschaftlers Tilman Bracher; im Unterschied zum Fußgängerverkehr gibt es für das Fahrrad einen aktiven Verband, den Allgemeinen deutschen Fahrradclub (ADFC).

Immer noch ist fahrradgerechte Planung in deutschen Städten jedoch nicht die Regel. In der Stadt Gladbeck beispielsweise – immerhin einer Stadt im Programm fahrradfreundlicher Städte in NRW – stehen mitten auf dem Radweg auf der Europabrücke Beleuchtungsmasten; das verkehrsrechtlich einzig zulässige Verhalten als Radfahrer bestünde darin, diese Masten einen nach dem anderen zu rammen.

Wie beim Fußgängerverkehr ist auch beim Radverkehr die Maßstäblichkeit der planerischen Lösungen maßgeblich für deren Tauglichkeit, also die Berücksichtigung von Platzbedarf, Distanzen, Geschwindigkeiten etc. Ein Fahrrad-Vorzugsnetz aus wenigen, langlaufenden Linien ist wenig sinnvoll; die Finanzmittel dafür würden besser für die Abmarkierung auf bestehenden Straßen und für die Überwachung des Falschparkens auf den Gehwegen eingesetzt. Zwar muß man bei starkem Radverkehr auch einige leistungsfähige Trassen vorsehen, fallweise auch gestützt auf verhältnismäßig aufwendige Kunstbauten. Maßgeblich ist aber die kleinräumige, umwegarme und unaufwendige Erschließung, die den Systemvorteil des Fahrrads zur Geltung bringt: die vielseitige Verwendbarkeit.

Umfangreiche praktische Erfahrungen liegen aus Städten mit hohem Fahrradanteil vor; ohnehin sind ja Städte mit hohem Fahrradanteil nicht etwa unerklärliche Phäno-

mene, sondern das Ergebnis langjähriger systematischer Planungen. International bekannt und auch in deutscher Sprache beschrieben sind vor allem niederländische Städte wie Groningen und Delft. Hingewiesen sei auch auf das schon vor einigen Jahren durchgeführte, vom Umweltbundesamt betreute Projekt »Fahrradfreundliche Städte«.
Dem mangelnden Verständnis von Planern und Politikern für Fahrradbelange könnte auch durch Dienstfahrräder als Ersatz von Dienstwagen begegnet werden; dann hätte man vermutlich schon in weniger als einem Jahr hinreichende Erkenntnisse über eine bessere Gestaltung des Straßenraumes.

Mehrheit: Gehen und Radfahren attraktiver machen

Auch Autofahrer sprechen sich, befragt nach ihren verkehrspolitischen Präferenzen, für eine fußgängerfreundliche Stadt, für bessere Radfahrmöglichkeiten sowie für einen Vorrang öffentlicher Verkehrsmittel in Konfliktfällen aus. In den neuen Bundesländern sind 91 Prozent der Befragten für eine Bevorzugung von Bussen und Bahnen, gegebenenfalls auch unter Benachteiligung des Autos. Der entsprechende Wert für Westdeutschland liegt etwas niedriger, nämlich bei 84 Prozent. Eine europaweite Erhebung erbrachte nahezu identische Ergebnisse: Portugal und Spanien 90 Prozent, Holland, Griechenland, Großbritannien und Italien zwischen 80 und 85 Prozent. Bis auf Irland mit immerhin noch 67 Prozent Vorrang für die umweltverträglicheren Verkehrsarten lagen alle Mehrheiten oberhalb von 70 Prozent.

»Bewegungsfreiheit ohne Auto« – wie könnte dies konkret aussehen, welche Anforderungen müßten erfüllt sein? Beantworten wir diese Frage zunächst in abstrakter Form: Die Verkehrsmöglichkeiten müssen gut erreichbar, gebrauchstüchtig und sicher sein. Die Ziele müssen sowohl räumlich als auch zeitlich erreichbar sein; Gebrauchstüchtigkeit erstreckt sich nicht nur auf technische, sondern auch auf soziale Aspekte. Schließlich bedeutet »sicher« nicht nur ein geringes Unfallrisiko, sondern auch die Sicherheit vor allem für Frauen gegen Belästigungen oder auch nur die Angst davor. Die Anforderungen an ein solches autofreies Mobilitätssystem sind in einer Kreisgrafik im Farbteil weiter ausdifferenziert. Kein Zufall: Sie wurden von Frauen entwickelt; das Mobilitätsverhalten von Frauen kann in mancher Hinsicht ökologischen Vorbildcharakter für die Männerwelt haben.

Was aber heißt das Vorgenannte konkret für die Stadtplanung. Wie sieht eine Stadtstruktur aus, in der das Zu-Fuß-Gehen und Radfahren Spaß machen kann?

Auch der Fuß- und der Radverkehr brauchen geeignete Wege. Es sollten durchgängige Netze sein, in denen man nicht befürchten muß, in »Sackgassen« zu landen. Sie sollten sich nicht an den Autostraßen orientieren. Schließlich ist nicht einsichtig, warum sich gerade diejenigen dem Lärm, den Abgasen und den Gesundheitsgefahren des Autoverkehrs aussetzen sollen, die sich ökologisch vernünftig verhalten. Kreuzungen müssen so gestaltet sein, daß direkte und kurze Wege möglich sind; was Fußgängern und Radfahrern oft an Umwegen und Wartezeiten zugemutet wird, würde Autofahrer auf die Barrikaden treiben.

Fußgängergerechte Planung stützt öffentlichen Verkehr

Fußgänger und hohe Bevölkerungsdichte – zwei Voraussetzungen für einen attraktiven öffentlichen Verkehr. Diejenigen, die ihr Auto greifbar haben, werden nur dann den Weg zur Haltestelle vorziehen, wenn Gehen Spaß macht (und wenn das Fahrplanangebot stimmt). Die Belange von Fußgängern werden nur in wenigen deutschen Städten ernst genommen. Damit sind nicht die Fußgängerzonen gemeint, denn kurz vor den Geschäften werden sie umworben. Die Vernachlässigung der Fußgängerinteressen bezieht sich auf die Verkehrsplanung. Weite Umwege durch stinkende Fußgängertunnel, zu schmale oder sogar blind endende Bürgersteige, fehlende Richtungshinweise auf den Bahnhof oder die nächstgelegene Bushaltestelle sind die Regel. Straßen für Autos würden nie plötzlich unterbrochen, Autofahrern würde nicht wenige Schritte nach einer Ampel ein neues Warten zugemutet, wie oft bei Fußgängerquerungen mit Mittelinsel. Solche Inseln werden eingefügt, um den Kraftfahrzeugen in beiden Fahrtrichtungen eine »grüne Welle« zu ermöglichen.

Die Zugangswege zu den Haltestellen und das Warten werden nur dann gern akzeptiert, wenn der Aufenthalt im öffentlichen Raum angenehm ist. Die Schaulust will befriedigt werden; dies verlangt kleinteilige Bebauung und kleinteilige Nutzungen. Wenn »etwas los ist«, dann kann man das Gehen genießen und empfindet die Strecke kürzer als bei weniger angenehmer Gestaltung. Jede auf den Kraftfahrzeugverkehr hin gestaltete Fläche, ob großer Parkplatz, Parkhaus oder ausgreifende Kreuzung, zerstört Fußgängerattraktivität. Wo aber keine Fußgänger, da keine ÖPNV-Fahrgäste.

Gehen muß nicht nur sicher, angenehm und abwechslungsreich sein, die Ziele müssen natürlich auch in geeigneter Entfernung, also bis 10 oder 20 Minuten Entfernung, vorhanden sein. Die mittlere Entfernung eines Fußweges beträgt zwar etwa 1,3 km, doch beim Zugang zu öffentlichen Verkehrsmitteln fällt die Akzeptanz bei mehr als 350 Meter Entfernung rapide ab. 350 Meter laufen zu müssen, bedeutet, zehn Minuten vor der nächsten Bahn oder dem nächsten Bus die Wohnung verlassen zu müssen. Darin ist der Sicherheitsspielraum enthalten, den man braucht, wenn man bei großen Taktabständen langes, ärgerliches Warten an der Haltestelle vermeiden will.

Wegezeiten und Wartezeiten werden von den Fahrgästen übrigens als negativer empfunden als gleich lange Fahrzeiten im Fahrzeug selbst. Dies spricht für einen kürzeren Takt und eine dichtere Erschließung anstelle einer Steigerung der gefahrenen Höchstgeschwindigkeit.

Sicherheit im Straßenraum und in öffentlichen Verkehrsmitteln

Ein besonders am Abend wichtiger Punkt nicht nur aus verkehrlichen Gründen, sondern für unser gesellschaftliches Leben insgesamt, ist die Belebtheit des Straßenraumes. Es ist ebenfalls ein Teufelskreis: Je weniger Menschen mit dem ÖPNV fahren, zu Fuß gehen oder mit dem Rad fahren, desto leerer ist dieser Straßenraum, desto unangenehmer fühlt man sich, woraufhin er dann wieder weniger benutzt wird … Die Abendverbindungen mögen nur einen kleinen Teil der Wege ausmachen, die Angst vor Übergriffen und Belästigungen wird jedoch – nicht nur von Frauen – als häufiges Argument für die Benutzung oder sogar Anschaffung eines PKW genannt; vor allem geht es natürlich um Untergrundbahnen, aber auch um den Heimweg von der Haltestelle zur Wohnung.

Der Schweizer Verkehrsplaner Willi Hüsler sieht in dem »Gesichtsverlust« der Wohngebäude einen wichtigen Faktor; damit charakterisiert er den Wandel in der Raumanordnung innerhalb der Häuser, der dann auch seinen Ausdruck in der architektonischen Gestaltung findet. Wegen des Verkehrslärms wandern die früher zur Straße hin gelegenen Wohn- und Schlafräume nach hinten; der Verkehrsseite sind nur noch Küchen, Badezimmer, Treppenhäuser zugewandt. Mit kleinen Fensterschlitzen und

Schallschutzfenstern gelingt dann die weitgehende akustische und optische Abkopplung der Bewohner von dem Geschehen im Straßenraum; die Häuser sind ohne Augen und Ohren. Hilfeschreie wären nicht mehr zu hören. Noch schlimmer ist es hinter Lärmschutzwänden und -wällen und Abstandsgrün, wo dann noch jeder theoretisch mögliche Sichtkontakt unterbunden ist.

Literatur

Arras, H.; Frece, A.; Frick, S. (1993): Car-pooling als Maßnahme zur Verringerung der Verkehrsbelastung. In: Logistik und Arbeit, Heft 3

BMRBS (1993): Zukunft Stadt 2000, Bericht der Kommission Zukunft Stadt 2000, Bundesministerium für Raumordnung, Bauwesen und Städtebau, Bonn

Boesch, H. (1992): Die Langsamverkehrs-Stadt. Bedeutung, Attraktion und Akzeptanz der Fußgängeranlagen. Eine Systemanalyse. Hrsg. Arbeitsgemeinschaft Recht für Fußgänger (ARF), Zürich

Bracher, T. (1987): Konzepte für den Radverkehr, Bielefeld

Burwitz, H.; Koch, H.; Krämer-Badoni, T. (1992): Leben ohne Auto. Perspektiven für eine menschliche Stadt, Reinbek

Buschkühl, A. (1984): Die tägliche Mobilität von Frauen. Geschlechtsspezifische Determinanten der Verkehrsteilnahme. Unveröffentlichte Diplomarbeit, Gießen

Henckel, D. et al. (1989): Zeitstrukturen und Stadtentwicklung, Schriften des Deutschen Instituts für Urbanistik, Band 81, Stuttgart/Berlin/Köln

Hüsler, W. (1989): Flächensparen im Straßenverkehr, Bericht 29 des Nationalen Forschungsprogramms Nutzung des Bodens in der Schweiz, Liebefeld-Bern

ILS (Institut f. Landes- u. Stadtentwicklungsforschung) (1988): Umweltverträgliche Freizeit, freizeitverträgliche Umwelt, Dortmund

Knoflacher, H. (1993): Zur Harmonie von Stadt und Verkehr, Freiheit vom Zwang zum Autofahren, Wien

Kutter, E. (1993): Eine Rettung des Lebensraumes Stadt ist nur mit verkehrsintegrierender Raumplanung möglich, in: Informationen zur Raumentwicklung, Heft 5/6

Reiß-Schmidt, S.; Zwoch, F. (1991): Städtebau jetzt! Von der Verantwortung für die Schönheit der Stadt, in: Novy/Zwoch (Hrsg.): Nachdenken über Städtebau: Stadtbaupolitik, Baukultur, Architekturkritik. Bauwelt-Fundamente 93, Braunschweig

Spitzner, M. (1992) und (1993): Bewegungsfreiheit für Frauen – Aspekte integrierter kommunaler Verkehrsplanung. In: Apel et al. (Hrsg.): Handbuch der kommunalen Verkehrsplanung, Bonn

Topp, H. (1990): Gibt es für Stadt und Auto eine gemeinsame Zukunft? ZfU 3/90

Winkler, B. (1993): Grenzen unserer Mobilität in der Stadt, in: Schaufler, H. (Hrsg.), Mobilität und Gesellschaft, München

Kapitel VII
Eine neue Qualität für Bus und Bahn

1. Zukünftiger öffentlicher Verkehr: gut und gut erreichbar

*Für das Gros der Bevölkerung in den großen Städten mit immer
weiteren Entfernungen zum Beispiel von der Wohnung zum
Arbeitsplatz wurde der Omnibus, der Wagen »für alle« entwickelt.
Jacques Laffitte, später Minister bei Louis Philippe, soll ihn als erster von dem englischen, in Paris arbeitenden Wagenbauer Shilli-
beer gekauft und 1891 in der französischen Hauptstadt eingeführt
haben.*

Wilhelm Treue, Achse, Rad und Wagen

*Personennahverkehr gehört auf die Straße, nicht darunter oder
darüber*

Wenn an zukünftige Technik im ÖPNV gedacht wird, kreisen
die Vorstellungen oftmals um Magnetbahnen (wie in den achtziger Jahren
in Berlin erprobt), H-Bahnen mit vollautomatisch verkehrenden Kabinen
(wie auf dem Universitätsgelände in Dortmund) oder »people mover«
unterschiedlichster Konstruktion wie in vielen Städten der USA. Die mehr
als hundert Jahre ohne einen einzigen tödlichen Unfall verkehrende Wuppertaler Schwebebahn gilt vielen als Lösung des Platzproblems, denn die
Platzkonkurrenz auf der sogenannten »Nullebene« läßt die Einfügung von
ÖPNV-Trassen schwierig, wenn nicht unmöglich erscheinen.

Ohne die Originalität, den altertümlichen Charme und auch die
Leistungsfähigkeit der Schwebebahn bezweifeln zu wollen: Der erfolgreiche ÖPNV der Zukunft muß für alle leicht erreichbar sein und gehört daher
auf den Boden, auf die Ebene der Fußgänger. Die wesentlichen Argumente

der heute auf das Auto Angewiesenen (oder sich angewiesen Fühlenden)
gelten. Die Attraktivität hängt nur bei Fahrten über mehr als 15 Minuten
Dauer von einer hohen Geschwindigkeit ab, und auch da sind die System-
geschwindigkeiten wichtiger als die Spitzengeschwindigkeiten beim Fahren. Der Hauptgrund, in den Untergrund oder über die Köpfe der Fußgänger
und der Kraftfahrzeuge zu gehen, sind jedoch die so erzielbaren höheren
Fahrgeschwindigkeiten.

Leider wird dies erkauft durch Beschwernisse für die Nutzerinnen und Nutzer, die erhebliche Umwege machen und Treppen steigen
müssen, um zu ihrem Verkehrsmittel zu gelangen. Ausgerechnet diejenigen
Menschen, die sich ökologisch und sozial vorbildlich verhalten, werden so
von der Verkehrsplanung am schlechtesten behandelt.

Eine hohe Systemgeschwindigkeit, also die Reisegeschwindigkeit von Tür zu Tür, erfordert dichte Netze und kurze Taktabstände. Die
großen Probleme liegen heute zumeist nicht in den Stadtzentren, sondern in
den Wohngebieten. Nur selten sind dort Wohnungen örtlich und zeitlich
zumutbar erreichbar. Eine Probe aufs Exempel: Wo gibt es in den Wohngebieten innerhalb von 350 Meter Fußweg eine Haltestelle, die während des
Tages mindestens im Zehn-Minuten-Takt bedient wird? Dies müßte auch
außerhalb der Stadtzentren von Großstädten mit mehr als 100 000 Einwohnern und deren Wohnquartiere Standard sein.

ÖPNV-Qualitätsvergleich; Ruhrgebietsstädte – ausgewählte Schweizer Städte
Wer schon einmal in der Schweiz mit öffentlichen Verkehrsmitteln gefahren ist,
weiß, was es bedeutet, wenn vom Schweizer ÖPNV-Standard die Rede ist: Engere
Taktfolgen, näher an Quelle und Ziel gelegene Haltestellen, mehr Linien als in
deutschen Städten üblich. Das Institut Socialdata aus München und das Ingenieur-
büro metron aus Windisch/Schweiz wollten es genauer wissen und verglichen das
öffentliche Verkehrsangebot in einigen Ruhrgebietsstädten mit dem in ausgewählten Schweizer Städten.
Untersucht wurden die Streckennetzdichte, das heißt die Kilometer Streckenlänge
pro zufällig ausgewähltem Quadratkilometer, die Haltestellendichte, also die Anzahl
der Haltestellen pro km^2, die Liniennetzdichte, also die Kilometer Linienlänge pro
Quadratkilometer und die Dichte der Haltestellenabfahrten in eben diesen zufällig
ausgewählten Quadratkilometern, die den deutlichsten Hinweis auf die zeitliche und
räumliche Verfügbarkeit des ÖPNV-Systems liefert. Ein weiteres Untersuchungskri-
terium war die »Summe der Kurspaare pro Stunde an definierten Linienquerschnit-

ten«, also die Zahl der Bahnen, die einen bestimmten Linienpunkt in beiden Richtungen passieren, ebenfalls ein Merkmal für die zeitliche Verfügbarkeit.

Die Ergebnisse zeigen, daß sich die Angebote von Zürich und Essen beispielsweise beim Vergleich der Kennziffer »Summe der Kurspaare an den Linienquerschnitten pro Stunde« um den Faktor zwei, von Zürich und Bochum um den Faktor vier unterscheiden. Auch in kleineren Städten ist das Schweizer Angebot etwa zwei- bis dreimal besser als in den deutschen Vergleichsstädten. Die Angebotsdichten auf einem Quadratkilometer Siedlungsfläche sahen Ende der achtziger Jahre folgendermaßen aus:

	Essen (640000 EW)	Bochum (400000 EW)	Gelsenkirchen (300000 EW)	Zürich (400000 EW)
Streckennetzdichte (km/km^2)	1,9	1,7	1,7	3,0
Liniennetzdichte (km/km^2)	3,1	2,5	2,4	4,9
Haltestellendichte (pro km^2)	3,4	3,8	3,2	5,6
werktägliche Haltestellenabfahrten (pro km^2)	680	460	420	2440

Entscheidend bei dem Vergleich ist, daß in Zürich die gesamte Innenstadt durchgängig mit einem hohen Angebotsstandard abgedeckt wird (größtenteils mit der Straßenbahn) und die angebotenen Linien auch fast voll ausgelastet sind. In Bochum dagegen konzentriert sich das deutlich schwächere Angebot auf einzelne Achsen, damit wenigstens dort attraktive Kursfolgezeiten erreicht werden können. Es ist also durchaus möglich, den städtischen ÖPNV auf drastisch voneinander abweichenden Angebotsniveaus anzubieten. Ziel sollte unserer Meinung nach das Erreichen der Schweizer Standards sein.

(Quelle: Socialdata, metron: Trendwende zum ÖPNV – im Ruhrkorridor. Berichtsband. München, Windisch 1989)

Ein ÖPNV-Linienangebot erfordert gebündelte Verkehrsströme; die Fahrgäste müssen sich über die Linienlänge zu einer solchen Anzahl addieren, daß sich der Betrieb lohnt. Die Kosten für ein Busangebot lassen sich nur schwierig kalkulieren; überschlägig sind es hundert Mark pro Stunde oder fünf Mark je Kilometer, z.B. wenn die Leistung eingekauft und nicht weiter mit Overhead-, Planungs- und Baukosten belastet wird. Um die Linie ökonomisch tragfähig zu machen, müssen durchschnittlich fünf Mark je Kilometer von Fahrgästen gezahlt werden; bei einem Kilometerpreis für ein Einzelticket von fünfzig Pfennig bis einer Mark müßten also stets fünf bis zehn Vollzahler im Fahrzeug sitzen. Werden Monatskarten für fünfzig Mark benutzt und werden damit hundert Wege im Monat mit je fünf bis zehn Kilometer Länge absolviert, entspricht dies der gleichen Kostendeckung.

Angebotsverbesserungen setzen voraus, daß die Nachfrage nach dem ÖPNV gesteigert wird; diese kommt allerdings erst, wenn das Angebot gut genug ist, was wiederum ohne Kundenzuspruch kaum finanziert werden kann – ein Teufelskreis. Dem kann der ÖPNV nur durch eine langfristig angelegte Strategie entkommen, wobei die Verkehrsunternehmen allerdings die Unterstützung der Kommunalpolitik, der Stadtplanung, der Landes-Raumordnung und schließlich einen verkehrspolitischen Rahmen vom Bund brauchen. Notwendig sind folgende Elemente:

- Ausschöpfung der Marktpotentiale bei bestehendem (mäßigem) Angebot durch optimales Marketing, damit
- Erzeugung eines ÖPNV-freundlichen kommunalen Klimas durch den Beweis der Leistungsfähigkeit; dadurch dann Beschlüsse für
- Finanzierung von Angebotsausweitungen, Fahrzeugmodernisierung und Tarif-Werbemaßnahmen aus den öffentlichen Haushalten; mit dem starken Nachfrageeffekt
- planerische und verkehrslenkende Bevorzugung der Fahrzeuge des ÖV, Umverteilung von Straßenraum zum Beispiel zugunsten von Busspuren;
- ÖPNV-gerechte Stadtentwicklungsplanung zur Sicherung der Nachfragepotentiale, Vermeidung weiterer autoorientierter Zersiedelung.

Information und Marketing – kostengünstiger Einstieg in den Umstieg
Schon heute, ohne weitgreifende Angebotsverbesserungen, könnten viel mehr Personen den ÖPNV nutzen. Bei dieser Feststellung gehen wir davon aus, daß Meinungen und Einstellungen den Boden für Verhaltensentscheidungen bilden. Als alleinige akzeptable Gründe für das Nichtbenutzen des öffentlichen Verkehrs werden bestimmte Sachzwänge anerkannt, wie zum Beispiel der notwendige Transport sperriger Güter und Gegebenheiten des Verkehrssystems, also das Fehlen von ÖPNV-Erschließung in bestimmten Gebieten.

Schließt man nun die Personen aus, für die diese Gründe gelten, so bleibt nach einer Untersuchung von Bróg und Hüsler im Ruhrkorridor ein Anteil von 25 Prozent des Nicht-ÖPNV-Verkehrsaufkommens, für den der ÖPNV vom Grundsatz her in Frage kommt und wo die Angebotsqualität auch ein – objektiv gesehen – akzeptables Niveau hat.

Der ÖPNV-Nutzung steht bei 18 Prozent dieser Personen der sogenannte »subjektive Wahrnehmungsfilter« entgegen. Damit ist gemeint: Das – für sie gar nicht so schlechte – ÖPNV-Angebot wird wegen mangelnder Information oder weil die Möglichkeit, auch einmal mit dem Bus zu fahren, nicht in ihrem Bewußtsein ist, überhaupt nicht wahrgenommen. Etwa 4 Prozent nutzen die durchaus bekannten ÖPNV-Angebote bewußt nicht, und 2,4 Prozent schätzen die ÖPNV-Alternative schlechter ein, als sie ist, sie beurteilen beispielsweise die Reisezeit zu negativ.

Diese unterschiedlichen Potentiale sind zum einen mit »konventioneller« Werbung und Aufklärung und zum anderen, zur Veränderung des subjektiven Wahrnehmungsfilters, mit sogenannten »Public Awareness«-Maßnahmen zu erschließen. Dieses »Zauberwort« bedeutet so viel wie öffentlicher Bekanntheitsgrad, womit die Einschätzung eines Verkehrsmittels, sein Stellenwert und seine Akzeptanz im gesamten kommunalen Leben und bei dessen Institutionen wie Bürgern, Mandatsträgern, Interessengruppen und Medien gemeint ist.

Für den Einstieg in den Umstieg vom PKW auf den ÖPNV bedarf es also keineswegs teurer Infrastrukturausweitungen. Information und Marketing in ansprechender und überzeugender Weise könnten eine Gruppe von Personen zum Nachdenken bewegen, die erheblich größer ist als das real mit dem ÖPNV erbrachte Volumen von knapp 13 Prozent.

(Vgl. dazu Socialdata, metron: Trendwende zum ÖPNV – im Ruhrkorridor. Berichtsband. München, Windisch 1989)

Bedeutung des Busverkehrs oft unterschätzt

Im öffentlichen Nahverkehr der Städte scheint uns die Bedeutung der Schiene überschätzt zu werden. Es ist zwar wahr, daß Straßen-, Stadt- und U-Bahnen leistungsfähiger sind und – vor allem die ebenerdigen Schienenfahrzeuge – auch von Fahrgästen gegenüber dem Bus bevorzugt werden. Die mengenmäßig wichtigste Bedeutung hat aber nun einmal der Bus. Er ist auch dasjenige Verkehrsmittel, dem in erster Linie die Aufgabe zufällt, die Fahrgäste dort dem Auto abzunehmen, wo die Autofahrten beginnen, im Wohngebiet nämlich. Das große Interesse an leistungsfähigen Schienenverbindungen in den Stadtmitten erklärt sich aus der Zielsetzung,

Stauungen zu vermeiden; die mengenmäßig bedeutenden Fahrstrecken und Emissionen werden jedoch nicht in den Stadtzentren erzeugt. Es sind die Randbereiche der Städte, und es sind die zeitlich-örtlich diffusen Wege, wo das Wachstum stattfindet.

Für die Planung stellt sich daher die Aufgabe, wohnungsnah die Fahrgäste aufzunehmen. Das kann in der Regel nur ein Bussystem. Attraktive Taktzeiten sind nur zu finanzieren, wenn durch ÖPNV-gerechte Stadtentwicklung die notwendige Dichte und damit eine gebündelte Nachfrage entsteht. Eine hohe Wohndichte wiederum ist nur dann akzeptabel, wenn die Wohnungsqualität und die Aufenthaltsqualität im Wohnumfeld hoch sind. Außerdem verbietet das Ziel einer hohen Besiedlungsdichte große Fahrbahn- und Abstellflächen für Autos. Es gibt also den Zielkonflikt zwischen Gestaltung für das Auto und Gestaltung für den Umweltverbund; die möglicherweise teuerste Lösung ist es, Siedlungen autogerecht zu bauen und hinterher, da man die funktionalen Grenzen des Autoverkehrs erreicht sieht, dort einen hochsubventionierten ÖPNV zu unterhalten.

Neue Angebotsformen im ÖPNV nötig?

Aus vielerlei Gründen trifft der klassische ÖPNV die Wünsche der an Autokomfort orientierten Fahrgäste nicht: Selbst wenn er pünktlich und gut vertaktet ist, ist er doch wenig flexibel, weil an vorgegebene Fahrpläne gebunden; dann ist man vom Auto Tür-zu-Tür-Transport gewohnt, und schließlich hört man, daß viele einfach eine Abneigung dagegen haben, sich dicht gedrängt mit fremden und möglicherweise unangenehm riechenden Menschen aufzuhalten und dann möglicherweise während der Fahrt noch stehen zu müssen.

Fachleute und Kommunalpolitiker suchen angesichts der hohen Subventionen bei leerer werdenden Kassen nach preiswerteren Lösungen für aufkommensschwache Linien und Zeiten, damit nicht in großen Bussen nur warme Luft nach Fahrplan umhergefahren wird. Zwischen dem Privatauto und dem großen ÖPNV sollen neue Betriebsformen eingefügt werden, um dann klassische ÖV-Angebote einsparen zu können.

Es wird eine verwirrende Vielzahl von Lösungen diskutiert; Begriffe wie »modifizierter Linienverkehr«, »intermittierende Bedienung«, »Linientaxen«, »bedarfsgesteuerter Verkehr«, »Anrufsammeltaxen«, »Telefonbusse«, »Bürgerbusse« stehen für Versuche, auch unterhalb eines normalen Linienverkehrs die Mobilität der Bevölkerung ohne eigenes Auto zu gewährleisten. Es ist hier nicht der Platz für eine Darstellung der Vor- und Nachteile der einzelnen Konzepte; herausgehoben sei das Anrufsammeltaxi (AST) nach dem Wuppertaler Verkehrswissenschaftler Fiedler, mit dem in mehreren Städten – auch wirtschaftlich – positive Erfahrungen gemacht wurden.

Von der Dritten Welt lernen?

Auf dem Platz zwischen den großen, nach festem Fahrplan verkehrenden Linienbussen und dem eigenen PKW oder dem Taxi drängen sich in Drittweltländern noch verschiedene Angebotsformen. In lateinamerikanischen Ländern sind es die »Collectivos«, einst US PKW mit mehr als sechs Fahrgästen, dann zumeist VW-Busse, die oftmals mehr als zwölf Mitfahrern knappen Platz bieten. In Mexico City wurden sie abgelöst durch Midibusse mit etwa 24 Plätzen, die seit kurzem nur noch mit geregeltem Dreiwegekatalysator erlaubt sind (wie übrigens seit April 1995 auch die Taxen; dergleichen durchzusetzen ist in Deutschland leider nicht gelungen).

Gemeinsames Merkmal der Collectivos, die auch in afrikanischen und asiatischen Ländern unter unterschiedlichen Namen im Einsatz sind (in Indonesien zum Beispiel als Bemos), ist die Unabhängigkeit von Fahrplänen, jedoch bei festgelegten Routen. Es gibt feste Haltestellen, aber darüber hinaus halten sie bei Bedarf. Der Betrieb erfolgt gelegentlich auf genossenschaftlicher Basis, in jedem Fall ist der Fahrer an den Einnahmen beteiligt und versucht daher, seine Kapazitäten voll auszulasten. Erst wenn die Zahl der Fahrgäste befriedigend hoch ist, wird abgefahren.

Derartiges ist nach dem deutschen Personenbeförderungsgesetz schwer vorstellbar, sollte jedoch zum Nachdenken über ähnlich flexible, möglicherweise zuverlässigere Angebotsformen anregen. Das Problem jeder freien Konkurrenz ist die »Rosinenpickerei«, also die Konzentration auf aufkommensstarke Routen, mit denen heute die Verkehrsunternehmen verlustreichere Bedienungsrouten und -zeiten zumindest zum Teil ausgleichen können. Grundsätzlich müßte es möglich sein, daß Kommunen und regionale Gebietskörperschaften ihre Anforderungen an Mindest-Bedienungsqualität spezifizieren und per Ausschreibung auf Zeit vergeben. Wenn sich Wettbewerb und eine Gewinnbeteiligung der Fahrer in mehr Kundenorientierung auswirken – um so erfreulicher.

Zugangshemmnisse abbauen

Für ortsfremde und ungewohnte Nutzer besteht das entscheidende Zugangshemmnis zum ÖPNV in den Informationsdefiziten. Welche Linie ist richtig? Wann und wo ist die nächste Abfahrt? Wie komme ich von dem Haltepunkt zu meinem Ziel in der XY-Straße?

Die Information zu bekommen setzt Insiderkenntnisse und Beharrlichkeit voraus. Hätten Sie gewußt, daß der am Hauptbahnhof in Duisburg ankommende Reisende dann einen umfassenden Überblick über die Buskurse erhält, wenn er hundertfünfzig Meter in den U-Bahn-Tunnel vorgedrungen ist? Die Busse stehen zwar auf dem Vorplatz, eine Zuordnung von angezeigten Endhaltestellen zu dem eigenen Fahrtwunsch ist aber weder im Bahnhof noch in Busnähe möglich. Dies ist kein Einzelfall; in den meisten Großstadtbahnhöfen, so auch in Stuttgart und München, kann man Stadtpläne mit Straßenverzeichnissen finden, die Zuordnung zu den auf anderen Plänen eingezeichneten Linien setzt aber Geduld, gute Augen und kartographische Erfahrungen voraus.

Es fehlt ein Infosystem an Bahnhöfen, nach Möglichkeit auch telefonisch von zu Hause und unterwegs abrufbar, das auf der Basis von Zieladresse und Zeitwunsch die geeignete ÖPNV-Verbindung einschließlich Zu- und Abgangsweg mitteilt. Dies würde im übrigen den Zwang zur Taxennutzung wesentlich verringern.

Moderne Fahrzeugtechnik bedeutet heute – sowohl bei Bussen als auch bei Bahnen – Niederflurtechnik mit Einstiegshöhen von maximal 45 Zentimetern. Zum Vergleich: Bei altertümlichen Linienbussen war zum Teil mehr als ein Meter zu überwinden. Am Bordstein können Busse oft ebenerdig betreten werden, wenn sie zusätzlich vorne rechts hydraulisch abgesenkt werden; dies ist besonders für Rollstuhlfahrer wichtig. Niederflurfahrzeuge werden in den nächsten Jahren zum Standard werden; ein Problem besteht zum Beispiel bei der Einführung auf Stadtbahnstrecken mit Hochbahnsteigen.

Behindertengerechte Fahrzeuge, die »in die Knie« gehen oder einen Rollstuhllift haben, werden seit mehr als acht Jahren bei der New York Transit Authority eingesetzt; im Unterschied dazu wurden von hiesigen Herstellern und ÖV-Unternehmen technische Probleme geltend gemacht, außerdem seien derartige Vorrichtungen zu teuer. Den Anliegen von Mobilitätsbehinderten ist in den USA aufgrund der starken Lobbytätigkeit stets mehr Beachtung geschenkt worden.

Neben der Niederflurtechnik ist in deutschen Verkehrsunternehmen ein vorsichtiger Trend zu mittelgroßen Fahrzeugen festzustellen. Dies greift zunächst einmal die Kritik auf, daß ein zu Schwachlastzeiten kaum besetzter Standardbus unter Umständen, gar als voluminöser Gelenkbus, eher abschreckend auf potentielle Kunden und die Öffentlichkeit wirkt. Andererseits sind die Personalkosten der wichtigste Kalkulationsblock; dies bietet also nur geringe Einsparmöglichkeiten. Die kleineren Busse müßten nur für die aufkommensschwachen Zeiten zusätzlich beschafft werden, in der Rush-hour würden dann wieder große Wagen benutzt. So reduziert sich der Anreiz für Verkehrsunternehmen in Großstädten darauf, sie für bestimmte enge Stadtkurse und Sonderzwecke einzusetzen.

ÖPNV-Utopie

Der öffentliche Verkehr (außer dem Flugverkehr) hat die Phantasie von Schriftstellern nur wenig entzündet. Dabei bieten die neuen Kommunikationsmedien die Möglichkeit, ständig die Angebote im ÖV präsent zu haben und damit viele der Beschränkungen und Schwierigkeiten zu überwinden, die heute das Bus- und Bahnfahren schwierig und unbequem machen. Wo fährt der nächste Bus zu meinem Ziel? Wann kommt er? Erreiche ich meinen nächsten Anschluß? Was erwartet mich an einem unbekannten Zielort, wenn die Bahn oder das Flugzeug dorthin Verspätung haben sollte?

Heute muß man damit rechnen, bei abendlicher Ankunft an dem Zielbahnhof uninformiert alleingelassen zu werden. Da bleibt zumeist nichts anderes, als sich aufatmend in ein Taxi fallen und die restlichen Kilometer chauffieren zu lassen. Stellen wir uns einmal vor, wie mit heute verfügbarer Technik und ohne teuren zusätzlichen Personalaufwand eine Reise von Duisburg in ein kleines Dorf im Bayerischen Wald aussehen könnte.

Die entscheidenden Anfangsinformationen müssen selbstverständlich vor Beginn einer Reise verfügbar sein. Die einfachste Schnittstelle ist das Telefon; unter einer bundeseinheitlichen Telefonnummer sind in allen Ortsnetzen Mobilitätszentralen zu erreichen, die einen vollständigen Überblick über alle Verkehrsmöglichkeiten der Busse und Bahnen haben. Von dort können sich die Kunden einen Ausdruck der optimalen Verbindungen per Faxgerät zusenden lassen oder die Angaben, wie heute schon teilweise möglich, per Datenleitung (Bildschirmtext) abrufen. Die Information umfaßt nicht nur herkömmliche Verbindungen nach dem Fahrplan eines Verkehrsträgers, sondern beschreibt die Anschlüsse von der nächstgelegenen Bushaltestelle oder Straßenbahn zum Hauptbahnhof, die bahninternen Verknüpfungen, die Weiterreise am Ziel wiederum mit Straßenbahn oder Bus. Wenn keine geeignete ÖPNV-Verbindung existiert, zum Beispiel weil es sich um eine extrem dünn besiedelte Gegend handelt oder der Zug erst spät am Abend ankommt, schlägt die Mobilitätszentrale andere Verkehrsformen vor. Dies kann entweder die Information über Mitfahrangebote sein, ein Taxi oder ein Leihauto.

An allen Bahnhöfen und anderen zentralen Stellen der Städte gibt es darüber hinaus Stützpunkte der bundesweit einheitlich organisierten Car-Sharing-Organisationen, wo ein Mitglied einer lokalen Car-Sharing-Vereinigung mit der gleichen Chipkarte Zugang zu dem dortigen Angebot hat. Selbstverständlich hält die Mobilitätszentrale auch umfassende Informationen zu den Kosten und anderen wichtigen Details vor. Das umfassende Informationsangebot wird ergänzt durch Buchungsmöglichkeiten, die ein umständliches Lösen von Tickets beim Umsteigen zwischen den Verkehrsmitteln ersparen. Die Fahrkarte wird ebenfalls per Fax zugestellt und durch Abbuchung von einem persönlichen Konto oder von einem auf der Chipkarte vorher »aufgeladenen« Guthaben abgebucht. Diese Möglichkeit garantiert die Anonymität und vermeidet datenschutzrechtliche Bedenken, die verschiedentlich bereits deswegen erhoben wurden, weil anderenfalls die Rekonstruktion individueller Bewegungsprofile möglich wären.

Moderne ÖPNV-Konzepte erfolgreich

Mehrere Mittelstädte haben begonnen, mit diesen mittelgroßen Bussen eine eigene ÖPNV-Versorgung aufzubauen. Zum Beispiel Lemgo: Die 40000 Einwohner waren bisher von Regionalbussen so kümmerlich bedient worden, daß nur wenige Wege per ÖPNV erfolgten. Unter strikter Orientierung auf die innerstädtischen Verkehrsbedürfnisse wurden drei Durchmesserlinien konzipiert, die im Halbstundentakt bedient werden und sich im Stadtzentrum treffen. Dort ist punktgenaues Umsteigen möglich, so daß auch in tangentialer Richtung vertretbare Reisezeiten erreicht werden. Der Erfolg ist so groß, daß bereits ein Jahr nach der Einführung über Taktverdichtung und Linienergänzungen nachgedacht wird. Weitere Beispiele erfolgreicher Ortsbuseinführung sind Bad Salzuflen und Radolfzell. Als Vorbilder dienten jeweils Schweizer Städte wie Frauenfeld oder Schaffhausen, wo bereits seit Jahren Ortsbussysteme laufen, sowie Dornbirn in Österreich.

Maßgeblich für den Erfolg waren eine klare Konzeption, selbstbewußte ÖV-Manager und entschiedene Stadtpolitiker, eine ansprechende Gestaltung der Produkte und eine sehr gute Öffentlichkeitsarbeit.

Unter solchen Bedingungen, so lautet die Lehre, kommt der öffentliche Verkehr aus der Defensivposition heraus und gewinnt eine steigende Bedeutung.

Rechnet man diese Erfolge auf vergleichbare Städte in ganz Deutschland hoch, so könnten mehrere hundert kommunale ÖPNV-Betriebe entstehen, die den ÖPNV nach ihren kommunalen Interessen gestalten. Bisher sind Städte mit weniger als 100000 Einwohnern oft ausschließlich nach Regionalverkehrsgesichtspunkten angefahren worden. Dabei wird die auf sehr kurze Distanzen in der eigenen Kommune ausgerichtete Mobilität oft auf das Auto verwiesen. Nicht-Autofahrer (Nicht-Autofahrerinnen zumeist) werden so in ihren Aktivitäten behindert.

Die Einspar- und Verlagerungspotentiale sind bisher noch nicht zusammenfassend abgeschätzt worden. Im Sinne der kombinierten Strategie der Verbesserung von Verkehrsalternativen und der Einschränkungen für Autofahrer (»Push-and-Pull-Strategie«) sind ÖV-Angebote ohnehin nur eine Voraussetzung, aber kein hinreichendes Mittel, um den Autoverkehr zu verringern. Dazu bedarf es Restriktionen, wie Parkplatzverknappung und -verteuerung, autofreie Gebiete, Verkehrsberuhigung und -einschränkungen und vieles mehr. Bessere ÖV-Angebote erleichtern möglicherweise die Durchsetzung der Push-Komponente, sie entheben die Planenden und politisch Verantwortlichen aber nicht der Entscheidung, dem Vorrang für den öffentlichen Verkehr den Nachrang für den privaten Autoverkehr hinzuzufügen.

Ist ein guter ÖPNV finanzierbar?

Nun ist zum Schluß die Frage zu stellen: Wer kann sich einen solchen öffentlichen Verkehr überhaupt leisten? Sind nicht in allen Kommunen die Kassen leer? Werden nicht überall auch von den ÖV-Unternehmen Kosteneinsparungen verlangt? Da ist selbst die neue alte Bundeshauptstadt nicht ausgeschlossen. Trotz der ständig weiter steigenden Verkehrsmengen haben die Berliner Verkehrsbetriebe (BVG) auf vielen Buslinien die Taktzeiten wesentlich verlängert. Angebotsverbesserungen müssen in den meisten Städten durch unternehmensinterne Rationalisierungsmaßnahmen erst einmal wirtschaftlich ermöglicht werden. Dabei werden unterschiedliche Wege beschritten – Auslagerung von Fahrdiensten gilt den einen als notwendig, um den ÖTV-Tarifverträgen zu entgehen, andere Unternehmen halten 30 Prozent Kostensenkungen ohne Einschnitte für möglich, die die Qualifikation und die Motivation der Mitarbeiter beeinträchtigen.

ÖPNV-Unternehmen können sicherlich ihre Leistungen effizienter produzieren als heute. Aber das grundsätzliche Problem bleibt bestehen, daß öffentlicher Personennahverkehr weder in Deutschland noch in vergleichbaren Nachbarländern kostendeckend ist. Auch in der Schweiz gibt es einen erheblichen Zuschußbedarf aus dem Stadtsäckel; auch wenn die Steuerbürger dafür mehr Gegenwert in Form von attraktiven Angeboten bekommen als bei uns, bleiben Subventionen tendenziell unbeliebt. Wenn aber der ÖPNV erfolgreich ist, wenn er also steigende Fahrgastzahlen und zufriedene Fahrgäste vorweisen kann, dann werden die notwendigen Finanzmittel von – größenordnungsmäßig – hundert Mark im Jahr je Kopf der Bevölkerung politische Akzeptanz finden. Kritisch wird es allerdings, wenn ein schlechtes Image, sinkende Nachfrage und überteuerte Organisation zusammenkommen; dann sind Leistungseinschränkungen praktisch programmiert.

Aus den Erfahrungen mit der deutschen ÖPNV-Finanzierung und den ausländischen Situationen lassen sich folgende Empfehlungen ableiten:

- Der ÖPNV muß vor Ort finanziell und organisatorisch verantwortet werden; die Eingriffe der übergeordneten Ebenen sollten sich auf die Koordination beschränken. Insbesondere sollten sie der Versuchung widerstehen, alles und jedes reglementieren zu wollen. Über die Bestimmungen des Gemeindeverkehrs-Finanzierungsgesetzes (GVFG) wird den Kommunen beispielsweise eine Mindestlänge der Busse vorgeschrieben. Werden wendige, stadtverträgliche Fahrzeuge mit weniger als zehn Meter Außenlänge angeschafft, gibt es Probleme bei der Förderung.

- Die Größenordnung des kommunalen Zuschusses zum ÖPNV wird für Zürich mit etwa hundert Mark je Kopf der Bevölkerung und Jahr geschätzt. Das ist – zumindest in der Größenordnung – auch nicht anders als in deutschen Großstädten. Vergleiche sind nicht einfach möglich, weil in Deutschland verschiedene Förderungstöpfe außerhalb des Verantwortungsbereiches der Kommunen existieren.

- Andererseits werden viele Ausgaben unter ÖV-Förderung verbucht, die real dem Auto zugute kommen. Sind denn Straßenunterführungen für in S-Bahn-Betrieb überführte Nahverkehrsstrecken als Ausgaben für den öffentlichen Verkehr anzusehen? Immerhin hatten die Schienenfahrzeuge auch vorher schon Vorfahrt; die Unterführung beschleunigt in Wirklichkeit den Autoverkehr. Die Kosten werden aber dem ÖV zugerechnet.

Insgesamt stellt ja auch niemand die Frage, ob sich eine Gesellschaft Schulen, Polizei oder Krankenhäuser leisten kann. Die öffentlichen Verkehrssysteme leisten einen wichtigen Beitrag zu einem funktionierenden Gemeinwesen. Würden die wahren gesellschaftlichen Kosten des Autoverkehrs gerecht angelastet, wäre eine umfassende ÖV-Finanzierung kein Problem.

2. Konzept für eine neue Bahn

Im Gegensatz zu früher, als es hauptsächlich um perfekte Fahrzeuge ging, wird die Zielrichtung heute mehr von der Optimierung der gesamten technischen Systeme und der betrieblichen Abläufe bestimmt.

Bundesverkehrsminister Jürgen Warnke, Verkehrssymposium Hamburg 1988

Anforderungen aus der Sicht der Kunden

Die Bahn versteht sich in Deutschland erst seit wenigen Jahren als modernes Dienstleistungsunternehmen; sie wurde lange Zeit zwar als solide und zuverlässig, aber auch als verschlafen und gestrig charakterisiert. Die Privatisierung gilt als Startschuß für eine Umorientierung zum Kunden hin; dies ist begrüßenswert, wenngleich nicht recht verständlich ist, warum eine moderne Auffassung nicht in der vorigen Unternehmensverfassung realisiert werden konnte.

Was will und braucht der Bahnkunde, und wie kann die Bahn im Wettbewerb mit anderen Verkehrsträgern bestehen? In dem vom Wuppertal Institut 1994 erarbeiteten »Konzept für eine neue Bahn« haben wir aus der Kundensicht begonnen, nicht – wie so häufig, wenn es um Schienenverkehr geht – aus der Defensivposition. Wir wollten erhebliche Verlagerungsmöglichkeiten vom Auto und vom Flugzeug zur Bahn aufzeigen und die dazu notwendigen Innovationen entwickeln. Dazu einige Stichworte:

- Verkehrsangebot: Es müssen geeignete Angebote entwickelt werden, durch welche die in Aussicht genommenen erhöhten Verkehrsmengen abgewickelt werden können.

- Zugänglichkeit: Das Verkehrsangebot muß für die potentiellen Kunden zugänglich sein; zunächst im Sinne einer zureichenden räumlichen und zeitlichen Erschließung, aber auch ganz konkret in der Gestaltung der Zu- und Abwege einschließlich der Ein- und Ausstiege.

- Übersichtlichkeit: Ein zwar vorhandenes, aber kaum jemandem bekanntes oder verständliches Angebot verursacht nur Aufwand, ohne Erträge zu bringen; erforderlich ist daher eine Angebotsgestaltung, die vom Publikum verstanden werden kann und die dem Publikum auch tatsächlich zur Kenntnis gebracht wird.

- Reisegeschwindigkeit: Als ein maßgeblicher Qualitätsparameter bestimmt die Geschwindigkeit die Wahl der Verkehrsmittel; eine nachhaltige Verbesserung der Wettbewerbssituation der Bahn an diesem Punkt ist daher von hoher Bedeutung.

- Komfort: Neben der Geschwindigkeit prägt eine große Zahl von Komfortgesichtspunkten die Entscheidung des Kunden, vom Raumangebot über Lärmbelastung bis zur hygienischen Anmutung der sanitären Einrichtungen.

- Preiswürdigkeit: Der Preis muß angemessen günstig sein, unter Berücksichtigung der Umwelt- und der Sozialverträglichkeit der Wettbewerber.

- Traditionelle Tugenden: Neben der Festlegung zeitgemäßer neuer Anforderungen darf die Pflege der alten Tugenden der Bahn, insbesondere Zuverlässigkeit und Sicherheit, nicht aus den Augen gelassen werden.

- Wettbewerbsfähigkeit und Wirtschaftlichkeit: Neben den Anforderungen aus Kundensicht ist die schrittweise Verbesserung der Wettbewerbsfähigkeit gegenüber den konkurrierenden Verkehrssystemen, dem motorisierten Straßenverkehr und dem Luftverkehr eine zentrale Anforderung.

- Integration der Anforderungen: Alle diese Anforderungen sind als Gesamtpaket anzusehen; auch die zu entwickelnden Lösungen müssen entsprechend als ein Paket geschnürt werden.

Von der Schrumpfbahn zur modernen Flächenbahn

Zentrales Anliegen eines offensiven Bahnkonzepts muß die Umkehrung des Stillegungstrends sein. Nur eine in attraktiver Form in der Fläche präsente Bahn kann wieder größere Teile der Bevölkerung und der Wirtschaft an das Bahnangebot binden. Da für eine echte Verbindung der Bahnanschluß am Abgangs- und am Zielort vorhanden sein muß, muß man – mathematisch vereinfacht – den Anschlußgrad der Bevölkerung und der Güterverkehrsnachfrager zum Quadrat nehmen, um den Anteil der Verbindungen mit Bahnanschluß zu erhalten. Wenn die Hälfte der Bevölkerung einen Bahnanschluß besitzt, dann deckt die Bahn nur ein Viertel der möglichen Verbindungen ab. Jede weitere Verbesserung schlägt dann überproportional zu Buche. Anzustreben sind somit möglichst hohe, über 90 Prozent liegende Anschlußgrade für die Bevölkerung.

Für die Anzahl und die Hierarchie der Haltepunkte haben wir auf der Basis der vorhandenen Siedlungsstruktur einen Vorschlag für eine dreistufige Gliederung abgeleitet.

Für die *oberste Stufe* wurde eine Bezugsbevölkerung von einer Million im Einzugsbereich festgelegt; damit entsprechen diese Haltepunkte im wesentlichen den Oberzentren und den Großstädten, grosso modo also den traditionellen IC-Halten. Für die *mittlere Ebene* wird mit einer Bezugsbevölkerung von 65 000 gerechnet. Daraus ergeben sich rund 1300 Haltepunkte der oberen beiden Stufen. Die Hälfte dieser Haltepunkte liegt in den Ballungsräumen, die dadurch für den Verkehr über mittlere und größere Distanzen schon über einen guten Anschluß verfügen. Die andere Hälfte der Haltepunkte außerhalb der Ballungsräume erschließen dagegen eher punktuell die Übergangszonen in den ländlich geprägten Raum und die Mittelzentren. Für die maßgebliche *Grundstufe der Haltepunkte* läßt sich aus der angestrebten Fahrtenhäufigkeit eine Bezugsbevölkerung von etwa 4000 ableiten; dies führt im Ballungsraum zu Haltepunktdichten, die eine weitgehend fußläufige Erreichbarkeit gewährleisten; im ländlichen Bereich werden typische Fahrradentfernungen eingehalten.

Die Prüfung der theoretischen Ansätze anhand konkreter Anschauungsräume hat die grundsätzliche Tauglichkeit der gewählten Rasterung im wesentlichen bestätigt, was nicht ausschließt, daß in der Praxis jeweils Eigenheiten berücksichtigt werden müssen.

Zeitliche Erschließung und Geschwindigkeiten

Als Grundsatz gilt: Hohe Reisegeschwindigkeiten vom Start zum Ziel werden angestrebt, nicht hohe Spitzengeschwindigkeiten auf der Strecke. Die Bedeutung der Spitzengeschwindigkeit ist für die Reisegeschwindigkeit geringer als üblicherweise vermutet, andere Faktoren spielen dagegen eine wichtigere Rolle:

- Die Unübersichtlichkeit der Netztopologie, des Fahrplans und der Bahnhöfe führen zumal bei ungeübten Bahnbenutzern – und das sind die meisten – zum Verfehlen der günstigsten Verbindungen mit entsprechenden Zeitverlusten;
- Pünktlichkeit, Einhaltung des Fahrplans und Anschlußsicherheit ermöglichen erst eine knappe Zeitkalkulation, sonst müssen Zeitreserven bis zu mehreren Stunden eingeplant werden – durch schnellere Züge ist das kaum herauszuholen;
- nur häufige und regelmäßige Verbindungen führen zu geringen Verlustzeiten, die ansonsten bis zu mehreren Stunden lang sein können, wenn das Angebot zeitlich ungünstig liegt;
- die Aufenthaltszeiten auf den Unterwegsbahnhöfen betragen bei langlaufenden Zügen durchaus 1,5 Stunden oder auch mehr; die Zeitverluste durch geringe Anfahrbeschleunigungs- und Verzögerungswerte sowie durch Langsamfahrstellen und Engpässe bewegen sich in ähnlichen Größenordnungen.

Zur Beschleunigung der Bahnreisen – und die ist in erheblichem Umfang möglich – muß eine Gesamtoptimierung durchgeführt werden, daß heißt, es darf nicht nur die Maximalgeschwindigkeit erhöht werden, sondern es müssen insbesondere die bisher stark vernachlässigten Beschleunigungspotentiale ausgeschöpft werden. Automatisierte höhere Beschleunigung (bei leichteren Zügen und mehr Antriebsrädern) und EDV-gestützte Zielbremsung, grundsätzlich niveaufreie, breite Einstiege – anstatt der bisherigen niveaulosen Zumutung von Kraxelei – sowie der ausschließliche Einsatz von Wendezügen mit Antrieb auf beiden Seiten (jedenfalls, wenn Kopfbahnhöfe berührt werden) können die Verlustzeiten nachhaltig reduzieren: Die Reisegeschwindigkeit des ICE läßt sich dann auch mit ganz normalen Intercityzügen erreichen, die nur 200 Stundenkilometer Spitzengeschwindigkeit erreichen. Einen maßgeblichen Beitrag zur Beschleunigung – und wegen der Übersichtlichkeit und Benutzungssicherheit zum Komfort der Reisenden – leisten bekanntlich integrierte, das heißt aufeinander abgestimmte Taktfahrpläne.

Detailliertere Betrachtungen haben die deutlichen Vorteile eines Halbstunden-Taktes und der Integration gegenüber dem derzeit vorherrschenden schlecht integrierten Stundentakt erwiesen.

Neben der generellen Beschleunigung der angebotenen Verbindungen besteht in vielen Fällen offensichtlich die Aufgabe darin, Verbindungen überhaupt erst herzustellen. Wie bei der räumlichen Erschließung muß auch bei der zeitlichen Erschließung der Anschlußgrad möglichst hoch sein, das heißt, es müssen über den Tag verteilt möglichst viele Züge fahren. Und genau so, wie der Reisende räumlich einen akzeptablen Anfangs- und Endpunkt für seine Reise braucht, so muß er auch zeitlich Anschlüsse an beiden Enden finden. Er muß sowohl vom Startort wegkommen, als auch – in einigermaßen unterbrechungsfreier Form – bis zum Zielort hinkommen. Hier tun sich teils gewaltige Lücken auf, wenn man in die verkehrsschwächeren Zeiten des Tages oder ins Wochenende kommt, erst recht, wenn man sich nicht auf Verbindungen zwischen den etwa 50 bis 100 wichtigsten Bahnhöfen beschränkt.

Produktstruktur der neuen Bahn

Angesichts der Tatsache, daß die Bahn heute vergleichsweise selten benutzt wird, ist es unumgänglich, daß sie ihr Angebot nach außen hin möglichst einfach strukturiert. Für sinnvoll erachtet wird eine Gliederung in lediglich vier Elemente auf drei Hierarchiestufen, wobei in der substantiellen Basisstufe entsprechend den betrieblichen Notwendigkeiten das Angebot im Ballungsraum und jenes im mehr ländlichen Raum voneinander unterschieden werden.

Für den Hochgeschwindigkeitsfernverkehr sind Metropolen die Bezugspunkte; er dient der Verbindung zwischen den Metropolen unter weitgehender Einbeziehung der Oberzentren in die Linienführung. Dieser Verkehr wird mit elektrisch betriebenen Triebzügen typischerweise in doppelstöckiger Bauweise abgewickelt. Insgesamt entspricht dies weitgehend dem herkömmlichen IC/ICE-Netz, allerdings wird ein gewisser Wildwuchs der letzten Jahren etwas zurückgeschnitten.

Struktur des Personenverkehrsangebots

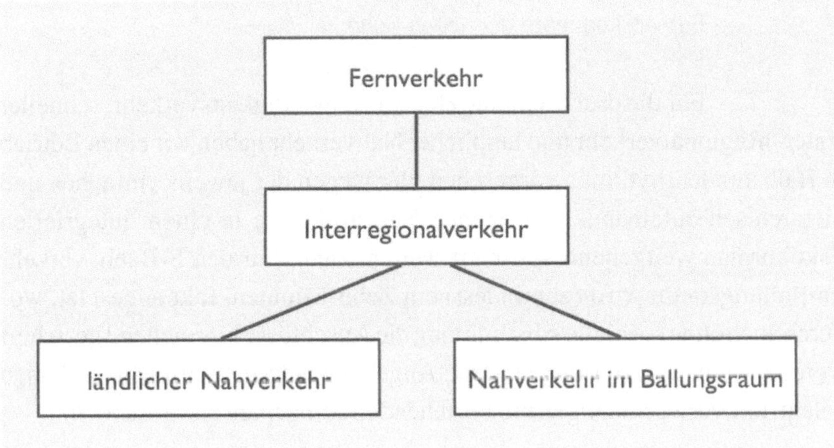

Im schnellen Interregionalverkehr sind die Oberzentren die Bezugspunkte; das Angebot dient der Verbindung zwischen den Oberzentren unter weitgehender Einbeziehung der Mittelzentren in die Linienführung. Die Strecken werden im wesentlichen zweigleisig und gemischt mit schnellem Güterverkehr betrieben. Dieser Vorschlag stellt – grob gesagt – den Versuch dar, das derzeit etwas unübersichtliche Angebot von Eilzügen bis zu Interregios auf dem Komfort- und Reisegeschwindigkeitsniveau derzeitiger Intercities zu vereinheitlichen.

Bezugspunkte der Angebotsebene ländlicher Nahverkehr sind die Mittelzentren; die Züge dienen der Verbindung zwischen den Mittelzentren unter weitgehender Einbeziehung der Grundzentren in die Linienführung. Als Fahrzeuge kommen vorwiegend moderne Dieseltriebwagen in Frage. Die Streckenführung kann über weite Teile eingleisig sein, selbstverständlich im Mischbetrieb mit Güterverkehr, teils auch innerhalb des Straßenraums geführt.

Es liegen hinreichend Erfahrungen mit S-Bahn-Konzepten vor, zu denen hier kaum wirklich Neues beigesteuert werden kann. Selbstverständlich sollte die Bahn grundsätzlich vom lokbespannten Zug abgehen, zugunsten von Triebwagen mit einer größeren Zahl von Antriebsrädern, selbstverständlich sollte sie auf den Hauptstrecken und zu den Hauptverkehrszeiten gegebenenfalls Doppelstockwagen einsetzen; selbstverständlich sollte sie die Netze weiter ausbauen und so konfigurieren, daß möglichst wenig umgestiegen werden muß.

Betriebskonzepte der neuen Bahn

Für die drei Elemente Hochgeschwindigkeitsverkehr, schneller (Inter-)Regionalverkehr und ländlicher Nahverkehr haben wir einen Betrieb in Halbstundenrhythmus vorgesehen, der wegen der jeweils einfachen und hierarchisch aufeinander bezogenen Netzstrukturen in einem integrierten Taktfahrplan weitgehend optimiert werden kann. Für den S-Bahn-Verkehr im Ballungsraum wird (zumindest) ein Zehn-Minuten-Takt angesetzt, wodurch auch ohne spezielle Abstimmung die Anschlüsse hinreichend gesichert werden. In der Aufstellung sind die Angebotskategorien mit neuen Namen belegt, um Verwechslungen mit bestehenden Konzepten zu vermeiden.

	Maximal-geschw.	Reisegeschw.	
		optimiert	2010
RAIL-FLYER im Fernverkehr	200	140–160	120–160
REGIO-LINER auf Mittelstrecken	160	100–120	80–100
METROBAHN im Ballungsraum	120	60–80	40–60
BÜRGERBAHN in der Fläche	120	60–80	40–60

Eine hohe Reisegeschwindigkeit wird nicht durch extreme Höchstgeschwindigkeiten erreicht, sondern durch Nutzung von Geschwindigkeitsvorteilen durch sinnvolle Linienlagen und verlustarme Anschlüsse, durch Optimierung der Fahrgastwechsel, der Anfahr- und Anhaltevorgänge sowie durch – entsprechend den fahrplantechnischen Notwendigkeiten – schrittweise Beseitigung von Engpaßstellen und Langsamfahrabschnitten.

Tarifstruktur

Entscheidend für die Nutzbarkeit des Bahnangebots ist nicht zuletzt die Preiswürdigkeit des Bahnfahrens, die Übersichtlichkeit der Tarifstruktur und der einfache und schnelle Weg zum Ticket. Unter Berücksichtigung der vorliegenden Erfahrungen und unter Einbeziehung künftiger technischer Möglichkeiten haben wir einen Vorschlag entwickelt, der einen beträchtlichen Qualitätssprung gegenüber dem derzeitigen Zustand darstellen würde.

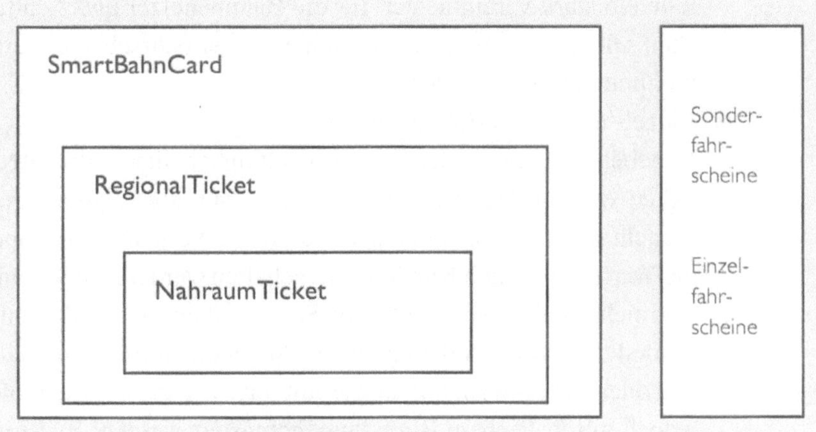

- Nahraum- und Regionalticket

  Aufbauend auf den Erfahrungen mit Umwelttickets im Nahverkehr und in Verkehrsverbünden erscheint die Monatsnetzkarte im Abonnement als optimale Form, die Alltagsmobilität einfach und preiswert mit dem öffentlichen Verkehr zu erledigen; sie sollte in zwei Stufen angeboten werden, einmal für den Nahraum, zum anderen in einer erweiterten regionalen Stufe (Radius 50 bis 70 km). Dabei sollte das Ticket für alle öffentlichen Verkehrsunternehmen gelten und der Mittelpunkt des Geltungsbereichs vom Kunden frei gewählt werden können – wie die Verkehrsunternehmen untereinander abrechnen, sollte weder den Kunden berühren, noch, dank EDV, für die Unternehmen ein ernstes Problem sein.

- SmartBahnCard

  Für weitere Entfernungen bietet sich ein ergänzender Halbpreispaß an, der einerseits die sehr unterschiedliche Fernreiseintensität kostenmäßig nicht ganz wegbügelt, andererseits durch Anrechnung der Nahraum-/Regionalnetzkarte preislich attraktiv angeboten werden kann. Technisch kann dieser Halbpreispaß als SmartCard gestaltet werden, die den Kunden ermöglicht, an geeigneten Automaten selbst Geldbeträge aufzuspielen und die gewünschten Tickets zu ziehen sowie mit einer Reihe von Zusatznutzungsangeboten versehen werden kann. Auf diese Weise kann für etwa 80 bis 90 Prozent der Nutzungsfälle ein stark vereinfachter, für die Bahnbenutzer übersichtlicher, selbst gestaltbarer und kostengünstiger Fahrscheinerwerb möglich gemacht werden.

- Einzel- und Sonderfahrausweise
Daneben muß der Verkauf von Einzelfahrscheinen aufrechterhalten werden. Da solche Fahrscheine dann aber seltener gebraucht werden, kann der Aufwand für den Verkauf gering und die Wartezeit für den Kunden kurz gehalten werden. Außerdem sind sicherlich für eine Reihe von Spezialfällen auch in Zukunft besondere und besonders günstige Angebote aufrechtzuerhalten oder zu entwickeln; insgesamt müssen diese Angebote jedoch mit kritischem Blick durchgemustert werden: Es ist in der Regel offensichtlich kontraproduktiv, die Suche nach dem günstigsten Angebot zu einem häufig frustrierenden Intelligenztest für die Kunden zu machen.

- Preisgestaltung
Im Preisniveau müssen einerseits die Produktionskosten, andererseits die Wettbewerbslage berücksichtigt werden, vor allem aber auch soziale und ökologische Notwendigkeiten; die letzteren Faktoren sind als Aufgabenbereich hauptsächlich dem Staat zuzuweisen, als Aufgabe, die ökonomischen Rahmenbedingungen zu gestalten, und als Zuwendungsbedarf. Insgesamt können durch Ausschöpfung der Rationalisierungspotentiale und durch Marktausweitung und Nutzung der damit verbundenen Vorteile des größeren Umsatzes günstige Preise gemacht werden; durch angemessene Kostenerhöhungen bei den konkurrierenden Verkehrsträgern PKW und Flugzeug wiederum wird eine günstige Erlössituation bei der Bahn ermöglicht.

Ist das neue Bahnkonzept überhaupt finanzierbar?

Ein offensives Bahnkonzept stößt nicht auf grundsätzliche technologische Hindernisse oder Umsetzungsbarrieren. Naturgemäß müssen die hier entwickelten Vorstellungen noch weiter konkretisiert werden.

Die Deutsche Bahn hat die Ergebnisse der Studie sehr positiv aufgenommen, einige Nachfolgeprojekte sind bereits verabredet. Wie Modellrechnungen gezeigt haben, ergeben sich auch ökonomisch tolerable Ergebnisse; der mögliche Beitrag zur Umweltentlastung ist bedeutend.

In der Studie sind die betrieblichen und die betriebswirtschaftlichen Faktoren differenziert untersucht worden; diese können hier nur in Bruchstücken dargestellt werden. Der Personenverkehr braucht, grob geschätzt, genausoviel Personal wie heute, wickelt damit aber drei- bis viermal so viel Verkehr ab. Bei mittleren Jahreskosten je Beschäftigten von 70000 Mark ergeben sich daraus Gesamtkosten von 14 Milliarden Mark.

Etwa 20000 Wagen werden im Jahr 2010 für den Personenverkehr gebraucht werden – etwa doppelt so viele, wie heute existieren. Bei über zehn Jahre verteilter Beschaffung und bei – bahnunüblich kurzer – Abschreibungszeit über zehn Jahre kann ein Jahresbetrag von etwa 4,5 Milliarden Mark für den Wagenpark des Personenverkehrs angesetzt werden – einschließlich Reparaturen. Als Größenordnung für die Kosten der Vorhaltung und des Ausbaus der Schienenwege wurde ein jährlicher Finanzbedarf von etwa zehn Milliarden DM abgeschätzt, bei 600 Kilometer Neubau (ein Prozent der Gleislänge) und 2400 Kilometer Ausbau (vier Prozent der Gleislänge) pro Jahr. Die Summe liegt um etwa 50 Prozent über den gegenwärtigen jährlichen Investitionen ins Netz.

Insgesamt ergibt sich damit ein Ausgabenvolumen in der Größenordnung von jährlich 40 Milliarden DM, also etwa doppelt soviel wie heute, bei allerdings etwa vierfacher Transportleistung im Personenverkehr.

Für den Güterverkehr sind ähnlich detaillierte Konzeptionen und Kostenrechnungen von dem ebenfalls in Wuppertal gelegenen Institut für ökologische Wirtschaftsforschung (IöW) durchgeführt worden. Die gesamte Bahnstudie wurde vom Wuppertal Institut in Kooperation mit dem Verkehrsforscher Markus Hesse vom IöW durchgeführt.

Es ist klar, daß eine derartige Schienenverkehrsstrategie nur im Rahmen einer insgesamt auf Umweltschutz ausgerichteten Verkehrs- und Steuerpolitik denkbar ist. Anderenfalls wäre die Nachfrage nach den dann hervorragenden Angeboten nicht so groß, wie dies aus ökonomischen und aus ökologischen Gründen notwendig wäre. Die Elemente einer solchen Politik sind an anderer Stelle dieses Buches beschrieben. Uns ging es bei der Konzeptentwicklung darum, dem immer wieder vorgebrachten Argument zu begegnen, daß die Bahn die für eine Verringerung des Kraftfahr-

zeugverkehrs notwendigen Verkehrsleistungen überhaupt nicht bewältigen
könne. Sicherlich: Dafür sind Investitionen notwendig. Wir konnten jedoch
zeigen, daß eine solche Verkehrsentwicklung innerhalb realistischer Zeiten
und mit realistischen finanziellen Rahmenbedingungen erreicht werden
könnte. Jetzt ist die Verkehrspolitik »am Zuge«!

3. Zukünftiger Güterverkehr schienenorientiert

*In der Vergangenheit lag das Schwergewicht auf dem Wachstum.
Dies ist verständlich, wenn man das niedrige Versorgungsniveau
der arbeitenden Menschen zu Beginn des industriellen Aufstiegs
berücksichtigt.*

Werner Meißner / Karl Georg Zinn, Der neue Wohlstand

Europäischer Wachstumsbereich Güterfernverkehr

Angesichts der von der EG und von der Bundesregierung
prognostizierten Zuwächse im europäischen Straßengüterverkehr – 50 bis
80 Prozent mehr sollen es allein auf deutschen Straßen werden – muß die
Verkehrspolitik allein aus dem Grunde handeln, um einen rapiden Zuwachs
an Stauungen und einen Anstieg der damit einhergehenden wirtschaftlichen
Verluste zu vermeiden. Die Kapazitäten sind auch durch neue Straßen nicht
mehr nennenswert zu steigern, zumal sich die Menschen in den Ballungsräumen gegen noch mehr Straßen wehren.

Daher sehen Politiker in Bonn und Brüssel die einzige Lösung
in einer stärkeren Nutzung des Schienenverkehrs. Dadurch soll der Anstieg
des Straßengüterverkehrs so gedämpft werden, daß die Straßennetze nicht
zusammenbrechen. Bereits bei dem Bundesverkehrswegeplan hat das Bundesverkehrsministerium sich für ein Szenario als das wahrscheinlichste
entschieden, das erhebliche Ausweitungen der Transportleistung der Bahn
unterstellt und so die Zunahme des Straßengüterverkehrs etwas flacher
verlaufen läßt als unter Trendbedingungen.

Diese Präferenz hat außerdem den Vorteil, daß die LKW-Zu-
nahme auf dem Papier etwas freundlicher dargestellt wird, als wenn Mo-

349

dellrechnungen ohne Bahnzuwächse die Basis für die weiteren Planungen geliefert hätten. Insofern kann der Bundesverkehrsminister den Vorwurf einer allein straßenorientierten Verkehrspolitik zurückweisen. Die Auswahl des LKW-dämpfenden und bahnexpansiven Szenarios schafft allerdings noch keinen veränderten Trend. Die Bundesregierung hat zwar gesagt, sie wolle sich an diesem auf etwas weniger LKW-Zuwachs getönten Szenario orientieren, allerdings unternimmt sie nichts, um das LKW-Wachstum in der Realität zu dämpfen.

Aus diesem Grunde ist zu erwarten, daß zwischen Wunsch und Wirklichkeit in der Güterverkehrsentwicklung auch weiterhin eine Kluft bestehen bleibt; bereits die Entwicklung in den drei Jahren nach Verabschiedung des Bundesverkehrsplanes hat gezeigt, daß man sich wieder einmal getäuscht hat; der Zuwachs auf den Straßen lag über den Erwartungen, der bei der Bahn darunter. Dies ist nicht verwunderlich, wenn man die gesunkenen Frachtraten im Straßengüterverkehr kennt, denen gegenüber die Bahn nicht konkurrenzfähig ist.

Vor diesem Hintergrund müssen Überlegungen über einen radikalen Umschwung in der Güterverkehrspolitik naiv erscheinen. Wie kann man über eine Reduzierung des LKW-Verkehrs in der Zukunft nachdenken, wo es noch nicht einmal gelingt, den fortlaufenden Zuwachs zu vermeiden? Und stellen sich nicht alle Erwartungen auf eine Renaissance des Schienengüterverkehrs als Seifenblasen heraus, wenn es um die Akzeptanz bei den Auftraggebern in der Wirtschaft geht? Sicherlich, immer wieder gibt es spektakuläre Meldungen über hochinteressante Lösungen der Bahn für ihre Kunden. Die Logistikzüge für die Ford-Automobilfertigung zwischen Köln und Berlin gehören dazu sowie die Kooperation zwischen BMW und Ford auf der Strecke Köln–München. Diese Meldungen stehen jedoch ziemlich einsam in dem Strom der statistischen Daten, der in eine andere Richtung fließt.

Ausgerechnet aus den USA kommen nun Meldungen, daß auf bestimmten Verbindungen die Bahngesellschaften den Truckern Marktanteile weggenommen haben; in Pennsylvania soll es sogar Streikdrohungen der LKW-Unternehmer gegen die zu erfolgreiche Schienenkonkurrenz gegeben haben. Dort, wo die Bahngesellschaften auf modernstem Wagenmaterial Container doppelstöckig transportieren, habe das Straßenfrachtvolumen um 25 Prozent abgenommen. Auf anderen Verbindungslinien hätten RoadRailers, also Anhänger, die durch hydraulische Umstellung der Radsätze sowohl auf der Schiene als auch auf der Straße gefahren werden können, innerhalb von drei Jahren ihr Marktvolumen auf das Zwanzigfache erhöht; diese Ladungen waren vorher auf der Straße transportiert worden. Fast alle US-Eisenbahnunternehmen schreiben im Güterbereich wieder schwarze Zahlen, nachdem sie noch vor zwanzig Jahren am Rande des Bankrotts standen. Dies könnte ein ermutigendes Beispiel für die Deutschen Bahnen sein.

Güterverkehr verlagern und reduzieren – aber wie?

Der Schienengüterverkehr wird von zwei Seiten kritisiert und kann den gegenläufigen Erwartungen der verladenen Wirtschaft einerseits und der Umweltschützer andererseits nicht gerecht werden. Die Wirtschaft fordert kurze Tür-zu-Tür-Transportzeiten, die gleich gut oder möglichst noch kürzer als per Straßenfernverkehr sind. Bei der zeitaufwendigen Umladung von Gütern im Vor- und Nachlauf sowie bedingt durch die sehr traditionellen und umständlichen Rangiermethoden bedeutet dies, daß die Güterzüge – wenn sie denn einmal fertig zusammengestellt sind – mit sehr hoher Geschwindigkeit fahren müssen, um die gesteckten Ziele zu erreichen. Wenn zum Beispiel in München die am frühen Abend angelieferten Container und Auflieger noch bis 22 Uhr mit den Güterwagen rangiert werden müssen, ehe es dann endlich losgeht, helfen nur noch Spitzengeschwindigkeiten bis 160 km/h, damit die Sendungen so rechtzeitig am Ankunftsort sind, daß man von einem »Nachtsprung« sprechen kann. Würde es gelingen, die Organisationszeiten vorher und nachher wesentlich zu verkürzen, könnte das gleiche Ziel mit nur 100 km/h nächtlicher Fahrgeschwindigkeit erreicht werden.

Schneller Schienengüterverkehr auch umweltbelastend

Bei hohen Geschwindigkeiten steigen auch auf der Schiene der Energieverbrauch und der Schadstoffausstoß steil an, zusätzlich ist als besonderes Schienenproblem die Lärmentwicklung zu nennen. Dieser Aspekt ist viel zu lange von der Bahn wie auch vom Gesetzgeber übersehen worden. Es gibt zahlreiche technische Möglichkeiten zur Verringerung des Schienenlärms, von überragendem Einfluß beispielsweise ist der Zustand der Schienenoberfläche. Um ein niedriges Geräuschniveau zu halten, müßten die Oberflächen regelmäßig überwacht und gegebenenfalls in kurzen Abständen abgeschliffen werden, denn der Unterschied in der Lärmentwicklung kann so groß sein, als würde nur noch ein Zehntel des Verkehrs fließen.

Auch durch Lärmschutzwände läßt sich die notwendige Nachtruhe der Anlieger an den Bahnstrecken verbessern; seit Jahren werden mit finanzieller Förderung des Bundesumweltministeriums halbhohe radnahe Schutzeinrichtungen getestet, die sowohl akustische Verbesserungen bringen als auch den betrieblichen Erfordernissen der Bahn entgegenkommen und obendrein nicht als optische Barriere wirken – weder für die Bahnreisenden noch für die Anwohner der Strecken.

Eine im April 1995 veröffentlichte Vergleichsstudie des Energieverbrauchs und der CO_2-Emissionen der Verkehrsträger LKW, Bahn und Binnenschiff zeigte, daß die Bahn unter bestimmten Rahmenbedingungen schlechter abschneidet als der LKW. Im Wagenladungsverkehr mit 15 und 25 Tonnen Gütern zeigte sich das eingangs dargestellte Dilemma der hohen Fahrgeschwindigkeiten: Wegen der Zeitverluste beim Umladen und Rangieren sowohl vor als auch nach dem Schienenlauf auf der Haupttransportstrecke wird Zeit verloren, die nur auf Kosten hoher Energieverbräuche und hoher CO_2-Emissionen mit dem schnellen »Intercargo Express« der Bahn wieder eingeholt werden kann; der LKW holt dagegen die Ladung direkt vom Versender ab und bringt sie zum Empfänger, was trotz der Geschwindigkeitsbegrenzung auf 80 km/h in der Regel konkurrenzfähigere Transportzeiten ermöglicht und darüber hinaus selbst auf der mehr als 650 km langen Strecke Stuttgart–Bremen einen günstigeren Energieverbrauch ergibt.

Nur aufgrund der Tatsache, daß Bahnstrom auch aus Kernkraftwerken und damit nahezu ohne CO_2-Emissionen erzeugt wird, liegen die CO_2-Emissionen in den untersuchten Fällen teils günstiger als beim LKW. Der entscheidende Nachteil der Binnenschiffahrt ist die Notwendigkeit, relativ große Umwegstrecken zurückzulegen. Dies kann selbst bei Massengütern wie Mineralölprodukten dazu führen, daß eine mehr als doppelt so lange Strecke zurückgelegt werden muß als mit LKW und Bahn, was sich dann in einem entsprechend höheren Energieverbrauch und höheren CO_2-Emissionen niederschlagen kann. Die bei allgemeiner Betrachtung günstigeren Energieverbrauchs- und -schadstoffemissionsfaktoren je Transportmenge bei Bahn und Binnenschiff dürfen also kein Freibrief für eine bedingungslose Unterstützung dieser Verkehrsträger sein; notwendig sind differenzierte Betrachtungen der Transportaufgaben und eine hinsichtlich der Umweltbelastungen optimierte Nutzung aller Verkehrsträger.

Dezentrale Struktur von Umschlagbahnhöfen

Dem zentralen Ziel einer Verringerung der Organisationszeiten sollten alle strategischen Maßnahmen verpflichtet sein. Wenn man eine flächendeckende Versorgung des gesamten Bundesgebietes mit Annahmestellen haben will und zugleich einen wirtschaftlichen Betrieb, dann tut sich das nächste Konfliktfeld auf.

Die erste Forderung führt zu einer möglichst hohen Anzahl von Annahmebahnhöfen und Umschlagknoten, ein wirtschaftlicher Betrieb erfordert aber zumindest nach heute gängiger Bahnmeinung eine möglichst starke Bündelung auf eine relativ kleine Anzahl von Terminals und Knoten. Existieren aber beispielsweise nur 18 bis 20 derartige Einrichtungen in der Bundesrepublik, dann werden notwendigerweise die Vor- und Nachlaufstrecken auf der Straße länger; gibt es jedoch 50 oder 60 über Deutschland verteilte Einrichtungen, dann kommen unter Umständen nicht die Frachtströme zusammen, die für einen wirtschaftlichen Betrieb sowohl der Umschlageinrichtungen als auch der Züge notwendig sind.

In diesem Dilemma gibt es wiederum nur die Lösung, durch eine neue Organisation des Umschlages und der Zugzusammenstellung so viel Zeit zu sparen, daß mit wenigen Zugverbindungen eine flächendeckende Erschließung verwirklicht werden kann.

Dies wird durch zwei Faktoren erschwert. Zum einen sind die Transportkosten generell zu niedrig, um die Spediteure zu einer gezielten Nutzung auch mehrfach gebrochener Transportketten zu veranlassen. (Als gebrochen werden Transportketten bezeichnet, auf denen die Güter mehrfach zwischen den verschiedenen Verkehrsmitteln umgeladen werden.) Dies stellt das zweite Problem dar: Die Umschlageinrichtungen sind nicht optimal ausgebaut, sie verfügen nicht über die notwendigen modernen Einrichtungen, um zeit- und energiesparend vom LKW auf die Bahn, vom Binnenschiff auf den LKW, von Bahn auf Binnenschiff umschlagen zu können, wenn es zur Reduzierung der ökologischen Belastungen sinnvoll ist.

Notwendig sind eine große Anzahl von dezentral angeordneten Umschlagterminals, an denen alle Verkehrsträger vertreten sind. Dies können keine Großeinrichtungen sein, die große Verkehrsströme auf der Straße anziehen und für die in den Stadtlandschaften im übrigen auch keine Flächen bereitgestellt werden können. Großeinrichtungen bringen Belastungen für die Städte und die Anwohner und stören die städtebauliche Entwicklung. Das erste große deutsche Güterverkehrszentrum (GVZ), das in Bremen realisiert wurde, zeigt die Probleme exemplarisch: Die in der Vorphase immer wieder propagierte Stärkung der Schienenanteile wurde nicht erreicht, weil der Straßentransport kosten- und zeitmäßig attraktiver blieb.

Güterverteilzentren ökologisch vorteilhaft konzipieren!

Die Lehre aus dem Bremer Beispiel sowie die Schlußfolgerung aus der erwähnten Untersuchung kann folgendermaßen zusammengefaßt werden:

- Die Verknüpfung der Verkehrsträger in GVZ, Containerbahnhöfen und ähnlichen Einrichtungen führt nur dann zu einer Reduzierung der LKW-Transporte, wenn dafür Kosten-Anreize bestehen. Dazu muß der LKW-Verkehr teurer werden, denn Güterverkehr auf Schiene und Binnenschiff muß ebenfalls kostendeckend sein.
- Umschlagstellen für den Güterverkehr müssen dezentral angeordnet sein und dürfen eine für Stadt und Region verträgliche Größe nicht überschreiten. Anstelle eines GVZ für Bremen könnten zum Beispiel fünf über die Stadt und das Umland verteilte Umschlageinrichtungen erheblich verträglicher sein.
- Die Umschlagvorgänge müssen so organisiert sein, daß zeitfressende Rangiertätigkeiten entfallen und die Züge so früh auf die Reise gehen können, daß umweltverträgliche Geschwindigkeiten ausreichen.
- Um auch bei kleineren Güterverkehrsströmen aus den dezentralen Einrichtungen energiegünstigen und wirtschaftlichen Verkehr auf der Schiene verwirklichen zu können, müssen auch neue technische Lösungen gefunden werden. Ob dies nun einzelmotorisierte und automatisch gesteuerte Wagen oder Teilzüge sind, die erst bei größeren Knoten zu »richtigen« Güterzügen zusammengestellt werden, kann hier nicht untersucht werden. Auch ist über die optimale Netzstruktur noch nicht

entschieden; die Einrichtung von aus dem Luftverkehr bekannten Nabe-Speiche-Systemen (Hub and Spoke) mag vom Kostenaufwand her zwar attraktiv sein, führt jedoch immer zu erheblichen Umwegen.

Ein wesentliches Problem im zusammenwachsenden europäischen Markt stellt die schlechte Verknüpfung der verschiedenen nationalen Bahnnetze dar. Im Güterverkehr führt dies zu dem paradoxen Effekt, daß gerade auf den sehr langen Strecken, wo sich ein Umladen auf die Bahn lohnen würde, der LKW der bevorzugte Verkehrsträger ist. Das gestiegene grenzüberschreitende Güteraufkommen bedeutet eine überproportionale Zunahme des LKW-Verkehrs, weil die verschiedenen Bahngesellschaften nicht in der Lage sind, vergleichbar schnelle, flexible, zuverlässige Transportangebote auf die Räder zu stellen wie die privaten LKW-Flotten. Wie groß das Potential eines gemeinsamen Vorgehens europäischer Bahnen wäre, läßt sich im Vergleich mit den USA erahnen, wo die Güterbahnen vor allem im Distanzbereich über 800 Kilometer Gütertransporte von der Straße abgezogen haben.

Dringend erforderlich: Der IC für den Güterverkehr

Auch in Europa gibt es eine Erfolgsgeschichte im Schienenverkehr – allerdings nicht im Frachtbereich. Mit dem Euro-City (EC) ist es den Bahnen gelungen, auch grenzüberschreitendes Reisen auf der Schiene attraktiv zu machen. Gleichmäßiger Taktverkehr, ähnliche Markenzeichen, die für die Reisenden gut identifizierbar sind, und funktionierende Umsteigebeziehungen sind die Schlüssel zu einer breiten Akzeptanz geworden. Aufbauend auf einem innerdeutschen Fracht-IC-System, das die Elemente Taktverkehr und schnelles, zeitgenaues Umsteigen realisiert, könnte dieses auch im grenzüberschreitenden Güterverkehr ermöglicht werden. Die Schweizer Bahnen haben mit Schnell-Umsetzcontainern und Combiaufliegern für Schiene-Straße-Betrieb wohl die größten Fortschritte gemacht.

Doch ähnlich wie die Marktgegebenheiten und die Vorlieben für High-Tech-Systeme in Deutschland die Aufmerksamkeit von Politikern und Verkehrsplanern vor allem auf den Hochgeschwindigkeitsverkehr lenken, zeichnet sich auch auf europäischer Ebene für die Güter ein Trend zum Hochgeschwindigkeitsverkehr ab. Die europäischen Planer denken an

Frachthochgeschwindigkeit über 200 km/h. Damit sollen unter dem Motto »billiger als die Luftfracht, schneller als der LKW« Strecken bis zu 1500 Kilometer im Nachtsprung bedient werden – ein vielleicht für die Versender attraktives Angebot, ein allerdings für die Umwelt problematisches Unterfangen. Da Hochgeschwindigkeitsverkehr wiederum nur über zentrale Knoten realisierbar ist, sind weitere Umwegstrecken und weitere energieaufwendige Geschwindigkeitssteigerungen programmiert.

Viel wichtiger wäre eine Integration des Verkehrs in den Grenzregionen, die Realisierung nachbarschaftlicher Kooperation über die Grenzen hinweg im kleinen und mittleren Entfernungsbereich. Dies stellt ein ökologisch verträgliches Modell europäischer Einigung dar und sollte daher ein vordringliches Arbeitsgebiet sein. Europäische Integration über riesige Distanzen mit extrem hohen Geschwindigkeiten bedeutet dagegen unter Umweltaspekten einen Rückschritt.

Güterverkehr in Städten und Ballungsgebieten

Der Straßengüterverkehr über große Distanzen steht meist im Vordergrund der Diskussionen, weil in dem Sektor das Wachstum am höchsten ist und weil dort Verlagerungsmöglichkeiten gegeben sind; außerdem stammt der LKW-Beitrag zu den Stickoxidemissionen und der Ozonbildung überwiegend von den Schwerlastfahrzeugen. Die meisten Konflikte mit den Interessen der Bevölkerung, die Unfallgefährdung, Behinderungen und Lärmbelastungen gehen von den Gütertransporten innerhalb der Städte und Ballungsräume aus. Diese fallen – nimmt man die transportierte Gütermenge als Maßstab – hauptsächlich unter die Kategorie Güternahverkehr.

Im Jahre 1990 wurden innerhalb der westlichen Bundesländer per Straße, Schiene und Binnenschiff etwa drei Milliarden Tonnen Güter transportiert, mit dem grenzüberschreitenden Verkehr wären es rund 430 Millionen Tonnen mehr. Von den Gütermengen im Binnenverkehr entfielen nur 391 Millionen Tonnen auf den Fernverkehr, die Transporte mit regionaler Orientierung machen also fast 87 Prozent der Tonnage aus. Diese Güter werden weit überwiegend per LKW transportiert, und im allgemeinen wird angenommen, daß es dazu auch keine Alternativen gibt. Wir wollen jedoch zeigen, daß es auch im Güternahverkehr Handlungsmöglichkeiten gibt, daß Verkehrsvermeidung und -verlagerung nicht nur auf großen Distanzen funktionieren können.

Reduzierung der Belastungen im Güternahverkehr

Um mit den größten Belastungen und den höchsten Transportlasten zu beginnen: Baustoffe und andere baubezogene Ladungen wie Erdaushub machen den größten Posten an Tonnage im Güternahverkehr aus; nach Untersuchungen des Schweizer Verkehrsplaners Hüsler sind es sogar mehr als 60 Prozent der im Kanton Zürich transportierten Güter. Verkehrsvermeidung kann beispielsweise darin bestehen, daß der Erdaushub verringert wird, also die Zahl der Tiefgeschosse bei Bürobauten begrenzt wird. Eine andere Möglichkeit wäre, bei der Genehmigung des Bauantrages entweder die direkte Verwendung in der Nähe zu fordern, eventuell auch mit Aufbereitung, oder aber – Stichwort Verlagerung – die Umsetzung von Baustoffcontainern auf den nächstgelegenen Schienenanschluß. Aus der Schweiz kommen neue Entwicklungen von Umsetzcontainern, die ohne Kran und allein durch den LKW-Fahrer vom LKW-Fahrgestell auf den Güterwagen bewegt werden können. Für große Bauvorhaben kann die provisorische Verlegung von Schienen bis auf die Baustelle verlangt werden. Bei den Projekten in Berlin-Mitte gibt es zum Beispiel eine gut funktionierende Baustofflogistik mit Umschlag per Schiene.

Ein weiterer Ansatz betrifft die Betonlieferungen. Eine Herstellung mit Einrichtungen auf der Baustelle vermindert die Transportmassen um den Wasseranteil, mit anderen Worten: der per Pipeline aus der Wasserleitung ohne weitere Umweltbelastungen angeliefert wird. Per Pipeline könnte man auch Kraftstoffe zumindest an Großverbraucher verteilen – warum müssen Tankstellen per LKW beliefert werden?

Diese Vorschläge stammen auch aus der Schweiz. Sie sind unter dem Druck der dort geltenden Stickoxid-Verordnung entstanden und sind in der deutschen Diskussion noch nicht aufgenommen worden. Hier konzentrieren sich die Überlegungen unter dem Stichwort »Stadtlogistik« mehr auf Kooperationsmöglichkeiten bei der Belieferung aus dem Umland in die Städte hinein. Die Belieferung von Lebensmittelmärkten in Wohngebieten mit Schwer-LKW ist sicherlich lästig und – wegen der Unübersichtlichkeit dieser Fahrzeuge – auch unfallträchtig, aber sie sind zumeist gut ausgelastet, weil die Lieferbeziehungen stabil sind und die LKW aus den Läden ihr Leergut gleich mitnehmen.

Chancen für Kooperation bei der Stadtlogistik?

Jede Tourenplanung mit der Bedienung mehrerer großer Märkte rechtfertigt zumindest vom ökonomischen Standpunkt aus die Verwendung der relativ großen Fahrzeuge; es steht zu vermuten, daß der Übergang auf kleinere LKW nicht nur vom Personalkostenaufwand her ungünstiger ist, sondern möglicherweise auch – wegen der höheren Zahl der Fahrten – bei Verwendung kleiner, sogenannter stadtverträglicher LKW. Die immer wieder als Rationalisierungsbeispiele angeführte Zusammenarbeit mehrerer Lieferanten von beispielsweise Möbeln oder Haushaltsgeräten böte sicherlich Potentiale für die Einsparung von Fahrten, wenn diese von einem Logistikdienstleister unternehmensübergreifend mit dem Ziel einer stets optimal hohen Auslastung der Fahrzeuge und einer Optimierung der Routen übernommen würde.

Hier ist der hemmende Faktor das Bestreben der Unternehmen, die Lieferung und den Anschluß der Produkte als Wettbewerbsvorteil und besondere Leistung herauszuarbeiten. Da diese Produkte weitgehend identisch sind und der Kunde sich leicht einen Überblick über die Preisspannen verschaffen kann, sind dies die Bereiche, mit denen sich Einzelhandelsgeschäfte beim Kunden profilieren. Logistikkonzepte für diesen Sektor müssen auf diese Fragen der Kundenbindung eine Antwort geben. Ohnehin sind natürlich angesichts der gegenwärtig niedrigen Kosten für die Transportkilometer die Anreize für koordiniertes Beliefern von Stadtregionen nicht sehr hoch. Grundsätzlich trifft es zu, im Vergleich zu einer denkbaren, auf den Raum ausgerichteten Logistikkonzeption, daß eine produkt- und herstellerorientierte Lieferkonzeption sehr schlecht ausgelastete Fahrzeuge mit sich bringt. Damit ist gemeint, daß nicht mehr die Herkunft der Waren das Kriterium für gemeinsame Belieferungsfahrten bildet, sondern die Zielregion die Kombination der Lieferung naheliegt.

Die Möglichkeiten der Städte, derartige Kooperationen zu unterstützen, werden erst vereinzelt genutzt. Grundsätzlich könnte jede Einschränkung der Lieferzeit den erwünschten Druck auf die Lieferanten ausüben, bei ohnehin engen und gleichen Zeitbedingungen für die Lieferung dann auch eine inhaltliche Abstimmung vorzunehmen. Darüber hinaus könnten die auftretenden Stauungen die Lieferkosten für Transportvorgänge in der Stadt so hoch treiben, daß allein aus Rationalisierungsgründen Kooperationen gebildet werden. Solange allerdings die Unternehmen eine schnelle und flexible Lieferung auch nur eines Paketes oder auch nur einer Waschmaschine als Wettbewerbsargument benutzen wollen, laufen Appelle an die Zusammenarbeit ins Leere.

Die Vielzahl der kleinen Lieferwagen wird sich ohnehin nicht in Kooperationskonzepte eingliedern lassen, da ihre jeweiligen Ausgangs- und Zielorte sowie Bewegungszeiten zu diffus erscheinen.

Konzepte der Bahn und der Post ökologisch bedenklich

Ein besonderes Problem in dem Ballungsgebietsverkehr stellt der Post-Güter- und der Bahn-Güter-Bereich dar. Im Frühjahr 1985 veröffentlichte die Post ihr Post-Fracht-Konzept, das in sehr großem Umfang auf den Straßengüterverkehr setzt. Die Zulieferung zu den Post-Frachtzentren geschieht ausschließlich per LKW, die Container für den Fernverkehr zum Umschlag auf die Schiene bringen. Paradoxerweise sind Umschlagvorgänge von Schiene zu Schiene grundsätzlich nicht vorgesehen, selbst wenn Großunternehmen mit eigenem Schienenanschluß ganze Wagenladungen und Container direkt an die Frachtknoten anliefern würden.

In der ZDF-Sendung »Globus« wurde über einen Papierhersteller im süddeutschen Raum berichtet, der 1991 einen eigenen Schienenanschluß eingerichtet hat, um ohne Belastungen der Anwohner die Produkte umweltfreundlich mit der Schiene liefern zu können; nach vier Jahren Betrieb mußte im Frühjahr 1995 diese Versandart aufgegeben werden, weil die Post die Produkte nunmehr per LKW durch enge Straßen und bei hohen Lärm- und Abgasbelastungen der Anwohner angeliefert haben wollte. Eine solche katastrophale Unternehmenspolitik, die dem Straßengüterverkehr über Hunderte von Kilometern den Vorzug vor der Schiene gibt, ist um so kritischer zu bewerten, als die Umweltminister des Bundes und der Länder in mehreren Grundsatzerklärungen das vorbildliche Verhalten insbesondere der öffentlichen Unternehmen angemahnt haben. Die Post mag mit dieser Struktur in Teilbereichen etwas schneller ihre Paketsendungen abliefern können, allerdings um den Preis einer höheren Umweltbelastung.

Ein vergleichbar unökologisches Konzept verfolgt die Bahn seit mehreren Jahren. Auch hier sieht man die Einsatzmöglichkeiten des Schienenverkehrs ausschließlich über lange Strecken, die Containerladungen sollen ausschließlich per LKW angeliefert werden. Die Koordination zwischen den Terminals für den kombinierten Ladungsverkehr (KLV) und den Stückgut-Frachtzentren der Bahn läßt auch zu wünschen übrig. Als Beispiel mag die Planung der Deutschen Bundesbahn für ein solches Zentrum am westlichen Ende von Wuppertal dienen, das ausschließlich von LKW im Zulauf bedient werden soll. Der Teil des Stückguts, der auf den Schienen-Containerverkehr umgeschlagen werden soll, soll von da aus zu dem am östlichen Ende der Stadt gelegenen KLV-Terminal transportiert werden. Die Möglichkeit einer Zulieferung per Schiene zu dem Stückgut-Frachtzentrum wird dadurch unmöglich gemacht, daß Schiene-Schiene-Umschlageinrichtungen überhaupt nicht mehr vorhanden sind. Obwohl es sicherlich ein leichtes wäre, die in dem Zentrum zusammengestellten Container auf der Schiene zu dem KLV-Terminal zu bringen, sieht eine dogmatische Strategie auch der Bahn dies nicht vor.

Auch Nahverkehr über die Schiene leiten

Die Länge der Vor- und Nachlaufstrecken, die über Straßen verlaufen sollen, ist unter Verkehrsplanern umstritten. Während offensichtlich Post und Bahn unterhalb von bis zu 250 Kilometern die Schiene nicht nutzen wollen, sehen andere erheblich niedrigere Distanzen als wirtschaftlich tragfähig an, wenn vertaktete und mit Schnellumschlag-Einrichtungen versehene Lösungen gefunden werden. Innerhalb der Rhein-Ruhr-Wupper-Region wurde vor kurzem ein Ringsystem konzipiert, das das Dreieck der Städte Köln–Duisburg–Dortmund über Wuppertal in beiden Richtungen mehrmals täglich von Güterzügen bedient sehen möchte, wobei dann taktgenaue Abfahrt- und Ladezeiten die Transporte auch im Vergleich zum LKW zeitlich konkurrenzfähig machen sollen. Verschiedene Unternehmen in dem Raum sowie öffentliche Körperschaften wie der Kommunalverband Ruhr unterstützen diese Idee des Frankfurter Verkehrsplaners und Unternehmensberaters Jahnke. Dieses Konzept wird möglicherweise bereits 1996 realisiert werden.

Ohne eine Heranführung des Güterverkehrs auf der Schiene in die Städte hinein werden die Straßen nicht vom Güterverkehr entlastet werden können. Wegen der knappen Fläche, und um die Massierung von LKW zu begrenzen, werden die Güter nur über kleine, dezentrale Verteileinrichtungen in den Städten zugeführt werden können, wozu die noch in großem Umfang vorhandenen Industriegleise genutzt werden sollten. Eine ausführliche Bestandsaufnahme dieser Strecken ist im Ruhrgebiet mit Blick auf den Personennahverkehr auf der Schiene unternommen worden; vorgeschlagen für ein Feinverteilungssystem wurde auch eine entsprechende Aufarbeitung der in der Stadt Berlin sowie im sogenannten »Speckgürtel« drumherum verbliebenen Strecken. Ziel sollte es sein, soweit wie möglich Güter auch im Stadtraum auf der Schiene zu den Verbrauchern und Weiterverarbeitern zu bringen. Eine Lösung der Logistikprobleme im Nahbereich ist aus der Sicht der betroffenen Menschen eher noch dringlicher als eine Substitution des Fernverkehrs außerhalb der Ballungsräume.

Literatur

Baum, H.; Pesch, S.; Weingarten, F. (1993): Verkehrsvermeidung durch Raumstruktur – Güterverkehr, Köln; Gutachten für die Enquête-Kommission »Schutz der Erdatmosphäre« des Deutschen Bundestages

Beckmann, K.J. (1989): Anmerkungen und Thesen zum Zusammenhang zwischen Güterverkehr und Stadtentwicklung, Städtebau, Tiefbau. In: Vereinigung der Stadt-, Regional- und Landesplaner e.V. (SRL) (Hrsg.): Stadtverträglicher Güterverkehr. Fragen und erste Antworten. SRL Schriftenreihe 26, Bochum

Bennemann, S. (1994): Die Bahnreform – Anspruch und Wirklichkeit, Hannover

Böge, S. (1992): Die Auswirkungen des Straßengüterverkehrs auf den Raum – Die Erfassung und Bewertung von Transportvorgängen in einem Produktlebenszyklus. Diplomarbeit an der Universität Dortmund, Fachbereich Raumplanung

DVWG (1991): Die intelligente Bahn; Schriftenreihe der Deutschen Verkehrswissenschaftlichen Gesellschaft, Reihe B, B 140, Bergisch Gladbach

Fiedler, J. (1992): Stop and go, Wege aus dem Verkehrschaos, Köln

Hesse, M. (1994): Stadtverträglicher Wirtschaftsverkehr im Bergischen Städtedreieck. Modellvorhaben des Experimentellen Wohnungs- und Städtebaus des Bundesbauministeriums, Schlußbericht, IöW Wuppertal

Läpple, D. (Hrsg.) (1993): Güterverkehr, Logistik und Umwelt. Analysen und Konzepte zum interregionalen und städtischen Verkehr, Berlin

OECD (1988): Cities and Transport, Paris

Ruske, W. (1995): Städtischer Wirtschaftsverkehr, Entwicklungstendenzen und Lösungsansätze, in: Der Nahverkehr 3/95

Schallaböck, K.O.; Hesse, M. (1995): Konzept für eine Neue Bahn, Wuppertal

Tolley, R. (Ed.) (1990): The Greening of Urban Transport, London

Willeke, R. (1992): Wirtschaftsverkehr in Städten, Frankfurt; Schriftenreihe des Verbandes der Automobilindustrie e.V. (VDA), Nr. 70

Wilner, F. (1991): Railroads and Productivity, A Matter of Survival, Association of American Railroads, Washington

Zängl, W. (1993): ICE: Die Geister-Bahn. Das Dilemma der Hochgeschwindigkeitszüge, München

Konkrete Schritte – eine Aufforderung

*Die fast unlösbare Aufgabe besteht darin, weder von der Macht
der anderen noch von der eigenen Ohnmacht sich dumm machen
zu lassen.*

Theodor W. Adorno, Minima Moralia, Erster Teil

Bei aller Einigkeit über die ökologischen und sozialen Ziele, die es zu erreichen gilt, bei aller grundsätzlichen Zustimmung zu dem Prinzip der »Sustainabilität« auch für die Gestaltung des Verkehrsbereiches gibt es doch eine verbreitete Unsicherheit über die kurzfristig richtigen Schritte. Wir wollen in den folgenden zehn Punkten die aus unserer Sicht notwendigen und auch innerhalb eines Jahres möglichen Entscheidungen auflisten, die sowohl konkrete Verbesserungen bringen werden als auch ein Zeichen für die Ernsthaftigkeit einer ökologisch verträglichen Mobilitätspolitik setzen. Sicherlich sind die sehr weitreichenden Ziele nur durch einen tiefgreifenden Strukturwandel im Verkehr und in den angrenzenden, die Verkehrsnachfrage bestimmenden Politikbereichen zu realisieren, dennoch sind es die konkreten Schritte, die Veränderungen einleiten.

Es wird bei den zehn Schritten unterstellt, daß auf den Ebenen des Bundes, der Länder und der Kommunen der politische Wille für entsprechende Veränderungen vorhanden ist. Bei einigen der Maßnahmen wird darüber hinaus unterstellt, daß die europäischen Institutionen beziehungsweise die anderen Mitgliedsstaaten der EU keine Einwände gegen Entscheidungen des Bundes erheben, weil sie nicht-diskriminierend sind und auch sonst keinen Grundsätzen der Gemeinschaft entgegenstehen.

I. Tempolimits

Durch Novellierung der Straßenverkehrsordnung wird ein allgemeines Tempolimit von 100 km/h für Kraftfahrzeuge bis 2,8 Tonnen zulässigem Gesamtgewicht auf Autobahnen und auf autobahnähnlich ausgebauten Straßen eingeführt. Bisher besteht für diese Fahrzeuge auf den angegebenen Straßen keine Geschwindigkeitsbegrenzung. Die zulässige Höchstgeschwindigkeit auf sonstigen Außerortsstraßen wird für diese Fahrzeugkategorie auf 80 km/h festgelegt. Auf innerörtlichen Straßen gilt im Regelfall eine zulässige Höchstgeschwindigkeit von 30 km/h, wenn nicht für bestimmte Hauptverkehrsstraßen ein höheres Limit von maximal 50 km/h (mit Bebauung) bzw. 60 km/h (ohne Bebauung) durch entsprechende Schilder festgelegt wird. Die Diskussion um Tempolimits auf Autobahnen ist in Deutschland mehrere Jahrzehnte alt. Nirgendwo anders auf der Welt als auf deutschen Autobahnen darf man so schnell fahren, wie es das Fahrzeug hergibt. Die Einführung der Geschwindigkeitsbegrenzung 100 km/h hätte folgende direkten und indirekten Vorteile:

- Die Zahl und die Schwere von Verkehrsunfällen wird verringert.
- Der Energieverbrauch und die Schadstoffemissionen des Verkehrs werden verringert.
- Es wird eine Abkehr von der PS- und Hochgeschwindigkeitsorientierung der gegenwärtigen Autoentwicklung angeregt; durch optimierte Auslegung der Fahrzeuge und ihrer Aggregate auf niedrigere Geschwindigkeiten wird mittel- und längerfristig die Umweltverträglichkeit der Autos drastisch erhöht werden können.
- Durch die Vergleichmäßigung des Verkehrsflusses werden Stauungen vermieden; Straßen haben ihre optimale Leistungsfähigkeit bei Geschwindigkeiten deutlich unter 100 km/h, wogegen hohe Fahrgeschwindigkeiten und hohe Geschwindigkeitsdifferenzen die Stauneigung drastisch erhöhen.
- Durch weniger Hektik und Aggressivität auf unseren Straßen wird ein Beitrag für eine andere Kultur des Miteinander gelegt.
- Die Reduzierung der mittleren Reisegeschwindigkeiten wirkt sich am stärksten auf langen Distanzen aus; dies befindet sich

in Übereinstimmung mit dem Grundsatz, daß der Raumwiderstand erhöht werden soll, daß Entfernung wieder mehr spürbar werden soll.

Die negativen Folgen der Maßnahme bestehen in einem höheren Zeitaufwand besonders für die häufig über lange Strecken pendelnden Autofahrer, zum Beispiel Geschäftsreisende. Ein Teil dieser Zeitverluste wird durch Verlagerung auf den ICE wettgemacht werden können, ein anderer Teil der Zeitverluste durch Ersatz von physischem Verkehr durch Telekommunikation. Insgesamt bleibt jedoch ein Zeitmehraufwand für diesen Teil der Bevölkerung.

2. Subventionsabbau

Die steuerliche Förderung sowohl der Arbeitswege der Arbeitnehmer als auch der betrieblich genutzten Fahrzeuge wird reduziert. Mit dem Ziel eines innerhalb von etwa fünf Jahren vollständigen Wegfalls der sogenannten Kilometer-Pauschale wird zunächst der anzurechnende Betrag um zwanzig Prozent gekürzt. Dieser Schritt wird in den Folgejahren wiederholt. Alternativ zu dem völligen Wegfall könnte als mittelfristiges Ziel definiert werden, nicht die Vollkosten der Autohaltung plus -nutzung absetzen zu können, sondern lediglich die direkten variablen Kosten. Dies wären statt heute 65 Pf je km im wesentlichen nur die Benzinkosten, also etwa 10 Pf je km. Für die betrieblich genutzten PKW wird eine Obergrenze von zunächst 40 kW und – nach den Kaufpreisen von 1995 – 18 000,– DM eingeführt. Höhere Kaufpreise können nicht steuermindernd geltend gemacht werden, ebenfalls nicht die für höhere Motorleistungen aufzuwendenden Steuern und Versicherungen.

Der Vorteil dieser Maßnahme liegt zum einen in dem Anreiz für Arbeitnehmer, anstelle des Autos andere Verkehrsmittel zu benutzen, sowie in der langfristigen Stärkung des arbeitsplatznahen Wohnens. Dies dürfte auch dazu führen, daß das Wohnen in den Städten wieder attraktiver wird. Die Bindung der steuerlichen Abzugsfähigkeit bei Firmenfahrzeugen an die Motorleistung soll den Trend bremsen, gerade in dem individueller ökonomischer Verantwortung entzogenen Sektor individuell motivierte unökologische und unökonomische Entscheidungen zu treffen. Das Fahren eines großen und schnellen Autos dient eher der individuellen Lustbefriedigung als dem Betriebszweck. Durch die Begrenzung der Abzugsfähigkeit auf einen oberen Kaufpreis werden der Finanzverwaltung erhebliche zusätzliche Steuereinnahmen entstehen. Bei dem gegenwärtigen Zustand der öffentlichen Haushalte, der Schuldenquote und den Kürzungen wichtiger ökologischer und sozialer Programme wird eine Beseitigung dieses Subventionstatbestandes willkommen sein.

Die Nachteile dieser Maßnahmen liegen für die Betroffenen in ihrer höheren Steuerlast. Es sollte jedoch nicht verkannt werden, daß es sich hierbei um eine sozial fragwürdige und ökologisch schädliche Subvention handelt. Der stufenweise Abbau der Förderung beziehungsweise die Streckung über fünf Jahre soll den Anpassungsprozeß der Betroffenen erleichtern, beispielsweise durch das Ausweichen auf leistungsärmere und preiswertere Fahrzeuge.

3. Reduktion der Straßenbauinvestitionen

Alle Planungen für neue Straßen in den westlichen Bundesländer werden eingestellt. Dies gilt auch für den Ausbau von Bundesfernstraßen durch Hinzufügen von zusätzlichen Spuren. Ortsumgehungen durch Bundesstraßen und Landesstraßen werden von der Linienfindung und der Trassierung her so gestaltet, daß sie ortsnah und für niedrige Fahrgeschwindigkeiten ausgelegt sind, so daß keine verkehrserzeugende Wirkung von ihnen ausgeht.

Durch die Maßnahme werden die öffentlichen Haushalte entlastet. Zusätzlich induzierter Verkehr wird vermieden. Durch die ortsnahe Führung von Umgehungsstraßen wird eine verkehrsaufwendig neue Siedlungsentwicklung vermieden, ebenfalls wird durch Beibehaltung der bisherigen Reisegeschwindigkeiten induzierter Neuverkehr vermieden.

Ein Nachteil des Vorschlages liegt in dem Umsatz- und Beschäftigungsrisiko der Tiefbaufirmen.

4. Angebotsausbau im öffentlichen Verkehr

Um das allgemein erwünschte Umsteigen vom Auto auf den öffentlichen Verkehr zu erzielen, muß man gleichermaßen die Attraktivität der Autobenutzung reduzieren und die Angebotsqualität im öffentlichen Verkehr erhöhen. Besonders für den alltäglich zu benutzenden öffentlichen

Personennahverkehr ist es wichtig, Qualitätsstandards zu entwickeln und möglichst schnell mit deren Realisierung zu beginnen, um das Umsteigen auch zu ermöglichen.

Nachteile könnten sich daraus vor allem für den verbleibenden Autoverkehr in den Städten ergeben, weil dort in der Konkurrenz um knappe Flächen und knappe Grünzeiten an den Verkehrsampeln dem öffentlichen Verkehr mehr Raum gegeben wird. Diese Nachteile sind jedoch zielführend, denn sie unterstützen den Umsteigeprozeß vom Auto auf den ÖV.

5. Verbrauchsvorschriften für PKW

Durch Novellierung der Straßenverkehrszulassungsordnung wird ein allgemeines Verbrauchslimit für neu in Verkehr gebrachte PKW eingeführt; dieses Limit wird mit der Zeit schrittweise abgesenkt. Damit wird in absehbarer Zeit in der gesamten PKW-Flotte der Verbrauchswert reduziert. Das Prinzip solcher Verbrauchsbeschränkungen ist seit einigen Jahren gut bekannt. In den USA wurde durch einen ähnlichen Ansatz der Verbrauchswert der PKW bereits deutlich gesenkt; durch eine geeignete Gestaltung und Flankierung kann sichergestellt werden, daß Ausweichreaktionen auf Geländefahrzeuge oder Schein-LKW weitgehend ausgeschlossen werden und daß der Erfolg auch nicht dadurch wieder aufgehoben wird, daß anschließend noch mehr Auto gefahren wird. Bis die EU einer derartigen Maßnahme zustimmt, kann – wie PROGNOS vorgerechnet hat – auch durch eine passende Gestaltung der Kraftfahrzeugsteuer ein weitgehend ähnlicher Effekt erzeugt werden.

Nachteile könnten sich aus Sicht des bisherigen Kundenkreises von PKW mit besonders hohem Verbrauch ergeben, sofern sie weiterhin gerne Automobile mit hohen Verbrauchswerten benützen möchten. Soweit allerdings nur der zulässige Verbrauchswert bestimmt wird und nicht die konstruktiven Methoden im Fahrzeugbau vorgeschrieben werden, mit denen das jeweilige Limit eingehalten werden soll, kann man davon ausgehen, daß die Angebotsbreite bei den Fahrzeugen im wesentlichen erhalten bleibt, die Energieeffizienz jedoch stark zunimmt.

6. Verursachergerechte Schwerverkehrsabgabe

Die Bundesregierung stellt die technischen und rechtlichen Rahmenbedingungen für die Erhebung einer verursachergerechten Schwerverkehrsabgabe von 1998 an sicher. Die Gebühren werden auf der Basis des zulässigen Gesamtgewichtes der Fahrzeuge und der zurückgelegten Kilometer bemessen. Die Bundesregierung wird die Gebühren ohne Diskriminierung für inländische und EU-LKW gleich festlegen. Die Kosten werden auf allen Straßenarten erhoben, nicht nur auf Autobahnen.

Der Vorteil liegt in der verursachergerechten Erhebung; die Bemessung nach Fahrzeugmasse und nach Fahrstrecke wird sowohl ökologischen als auch ökonomischen Effizienzkriterien gerecht. Die innerhalb der EU vereinbarte Zeit der Gültigkeit der heutigen Vignetten-Regelung muß von der Bundesregierung dazu benutzt werden, das Konzept einer territorial erhobenen, verursachergerechten Schwerverkehrsabgabe rechtlich und technisch-organisatorisch vorzubereiten. Die Höhe der Abgaben muß so bemessen sein, daß nicht nur die direkten (herkömmlichen) Wegekosten wie Straßenbau und -unterhalt sowie andere Dienste gedeckt werden, sondern auch die Umwelt- und Sozialkosten, die heute noch gar nicht berücksichtigt werden.

Der Nachteil dieser Erhebungsmethode liegt in einem gewissen technischen Aufwand. Bereits mit gegenwärtiger Kommunikationstechnik und automatisiertem Gebühreneinzug stellt dies jedoch kein ernsthaftes Problem dar. Bei entsprechender Ausgestaltung der Abgabe wird der Straßengüterverkehr erheblich mehr in die öffentlichen Kassen abführen müssen. Sehr transportintensive Branchen könnten bei einer deutlichen Erhöhung der Transportkosten dazu veranlaßt werden, einen Standort außerhalb Deutschlands zu suchen. Dieser Standortnachteil läßt sich – zumindest zum Teil – durch eine ökologische Steuerreform ausgleichen, die die Einnahmen aus den höheren Abgaben durch Senkung der Steuern auf Personalkosten wieder an die Steuerzahler zurückgibt. Wenig transportaufwendige Branchen werden durch diesen Rückfluß besser gestellt.

7. Parkkosten in Kommunen

Die Parkraumbewirtschaftung hat bisher erst in den Stadtzentren von Großstädten Breitenwirkung entfaltet. Die Höhe von Parkgebühren wird selten nach der Knappheit des Parkraums bemessen, zudem existieren derzeit Obergrenzen für Parkgebühren, welche die Kommunen nehmen dürfen.

Die Kommunen sollen nunmehr ermächtigt werden können, generell das Abstellen von Kraftfahrzeugen auf öffentlichem Grund, insbesondere auch an Straßenrändern, nur noch nach Entrichtung einer kostendeckenden Gebühr zu gestatten. Bei einem typischen Quadratmeterpreis von DM 300,– in Wohngegenden, beispielsweise in Vororten von Hamburg, Düsseldorf, Köln, Frankfurt, Karlsruhe oder München, würde der Kapitalwert eines Abstellplatzes allein durch den Bodenwert rund DM 5000,– betragen, unter Berücksichtigung der anteiligen Straßenbaukosten für den Randbereich etwa DM 10000,– mehr. Handelt es sich um einen speziell angelegten Parkplatz mit Zufahrtwegen, Grünanlagen etc. so muß man von einem Gestehungspreis von mindestens DM 20000,– bis 25000,– ausgehen. Da alle öffentlichen Haushalte teilweise über Anleihen finanziert werden, müssen zumindest für neu angelegte Straßen und Parkplätze kapitalmarktübliche Zinsen zugrunde gelegt werden. Mittelfristig, das heißt innerhalb von fünf Jahren, sollen für das Abstellen von Fahrzeugen auf öffentlichem Grund kostendeckende Gebühren erhoben werden. Diese würden sich je nach Wohngebiet und Stadtgröße auf monatlich zwischen DM 60,– und 200,– belaufen. Die Kommunen werden verpflichtet, für jedes dort zugelassene Fahrzeug, für das kein anderweitiger Abstell- oder Garagenplatz nachgewiesen werden kann, entsprechende Gebühren zu erheben.

Der Vorteil liegt in einer Reduzierung des Autobestandes, wodurch Straßenraum für andere Zwecke gewonnen werden kann, beispielsweise für breitere Bürgersteige oder für Radspuren. Durch die Dämpfung der Bestandsentwicklung wird außerdem eine weitere Verkehrszunahme vermieden. Die erhobenen Abgaben dienen als originäre Finanzquelle für die Kommunen.

Nachteile bestehen für diejenigen Autohalter, die ihr Auto bisher kostenfrei am Straßenrand oder auf öffentlichen Parkplätzen abgestellt haben. Dieser Tatbestand stellt eine Subvention dar, auf deren Fortsetzung es keinen Rechtsanspruch gibt. Dort, wo aufgrund der hohen Grundstücks- und Gestehungspreise der Stellplätze die monatliche Gebühr vergleichsweise hoch ist oder mittelfristig zu werden verspricht, besteht in der Regel auch ein gutes ÖPNV-Angebot. In dünnbesiedelten ländlichen Gegenden sind zum einen die Gebühren aus dem gleichen Grunde niedrig, zum anderen sind dort nahezu ausnahmslos Abstellplätze auf privatem Grund üblich.

8. Luftverkehr

Die Steuerbefreiung für Kraftstoffe im gewerblichen Luftverkehr wird abgeschafft; der Steuersatz für Luftkraftstoffe entspricht demjenigen für verbleites Superbenzin. Diese Maßnahme kann von der Bundesregierung sofort für den innerdeutschen Luftverkehr umgesetzt werden. Bei internationalen Abkommen zur Steuerfreistellung von Kraftstoffen in grenzüberschreitendem Luftverkehr muß die Besteuerung nach und nach durch Veränderung der Verträge erreicht werden. Solange dies noch nicht der Fall ist, werden die Flughafengebühren stufenweise erhöht. Politisches Ziel muß es sein, das Wachstum des Luftverkehrs zu dämpfen und mittelfristig ein konstantes Niveau ohne weiteren Anstieg zu erreichen.

Der Vorteil der Kostenerhöhungen im Luftverkehr liegt in der Dämpfung der Zunahme dieses ökologisch und klimapolitisch besonders problematischen Bereiches. Aus verteilungspolitischer Sicht ist es vorteilhaft, daß mit der höheren Belastung von häufig Fliegenden keine sozial notleidende Bevölkerungsgruppe herangezogen wird.

Der Nachteil liegt natürlich in den höheren Kosten, die Unternehmen für Geschäftsreisen und Privatpersonen für ihre Urlaubsreisen zu tragen haben. Die Erträge dieser Abgabe werden jedoch – wie generell die verschiedenen Öko-Abgaben – zur Senkung anderer staatlicher Abgabenlasten verwendet. Für die Fluggesellschaften und die Flughafenbetreiber wird sich kurzfristig wenig ändern, da die Bemessung der Abgaben erst stufenweise an einschneidende Werte herangeführt werden sollen. Die mittel- und langfristigen Wachstumserwartungen dieser Branche werden allerdings erheblich tangiert werden. Um eine Abwanderung der Fluggäste in das benachbarte Ausland zu vermeiden, sollte die Bundesregierung für die internationalen Flüge eine europäisch einheitliche Regelung anstreben.

9. Verkehrsvermeidung auf Bundesebene

Die Bundesregierung modifiziert die Bundesverkehrswegeplanung dahingehend, daß alle Investitionen und andere Maßnahmen auf eine Stabilisierung der Verkehrsmengen im PKW- und im LKW-Verkehr bis zum

Jahre 2000 auf dem Niveau von 1995 ausgerichtet werden. Zusätzliche Kapazitäten, die aus früher prognostiziertem Verkehrszuwachs abgeleitet wurden, werden nicht erstellt. Die dadurch eingesparten Mittel werden für verkehrsvermeidende Konzepte sowie für Verlagerung auf andere Verkehrsträger als Fördermittel zur Verfügung gestellt. Durch die Aufnahme des Ziels einer Verkehrsmengenstabilisierung werden alle verkehrswirksamen Entscheidungen auf Bundesebene dahingehend zu überprüfen sein, ob dieses Ziel dadurch gefördert oder konterkariert wird. Dies betrifft unter anderem die Bundesraumordnung, die Wirtschaftspolitik, Finanzpolitik und die Außenwirtschaftspolitik.

Der Vorteil dieses Schrittes liegt in der Verpflichtung aller Politikressorts, die Konsequenzen ihrer Entscheidungen auf die Verkehrsnachfrage zu durchdenken. Damit wird der einzelsektoralen Betrachtungsweise entgegengewirkt, die bisher die Verantwortlichkeiten für Verkehrserzeugung und Verkehrsbewältigung getrennt hat.

Nachteilig für diese Maßnahme ist der Wegfall erheblicher Aufträge für die Straßenbauwirtschaft (siehe auch Punkt 3). Da Infrastruktur, Planung und -ausbau jedoch immer sehr langfristig geplant wird, dürfte es für die Abwicklung der begonnenen Maßnahmen und den sinnvollen Abschluß der laufenden Projekte noch eine mehrjährige Übergangsphase geben. Weiterhin wird durch die Unterstützung von Investitionen im Bereich der anderen Verkehrsträger ein gewisser Ausgleich geschaffen.

Grundsätzlich ist es ein neues Vorgehen, Prognosen zukünftiger Verkehrsmengen nicht als Vorgabe zu nehmen, für welche die Straßeninfrastruktur bereitgestellt werden muß, sondern als politisch beeinflußbare Größe. Das Ziel einer Verkehrsmengenstabilisierung wird zum Ausgangspunkt für entsprechende politische Aktivitäten genommen. Dies ist zwar ungewohnt, aber legitim. Ohne eine solche Umkehr der Prioritäten wird sich die Verkehrsspirale nicht stoppen lassen.

10. Verkehrsvermeidung auf kommunaler Ebene

Die Kommunen werden sich – analog zur Bundesregierung, siehe Punkt 9 – das politische Ziel setzen, die Verkehrsentwicklung bis zum Jahr 2000 auf dem Niveau von 1995 zu stabilisieren. Alle verkehrswirksamen Entscheidungen sind daraufhin zu überprüfen und die Auswirkungen abzuschätzen, ob sie auf dieses Ziel hinführen oder ob die Maßnahmen diesen Anforderungen zuwiderlaufen. Diese Verkehrsverträglichkeitsprüfung erstreckt sich insbesondere auf neue Wohn- und Gewerbeansiedlungen, alle raumwirksamen Planungen und Investitionen in öffentliche Einrichtungen, die Verkehr erzeugen.

Der Vorteil dieses Schrittes ist, daß die bisher übersehene Verkehrsrelevanz der außerhalb des Verkehrssektors getroffenen Entscheidungen transparent gemacht wird. Durch die Kopplung an das Ziel der Verkehrsmengenstabilisierung wird ein Handlungsdruck auf die Entscheider ausgeübt, der zu innovativen Schritten zur Verkehrsvermeidung führen dürfte.

Ein Nachteil liegt sicherlich in dem höheren Verwaltungs- und Planungsaufwand, der dem gegenwärtigen Trend einer möglichst kurzen und schmerzlosen Planungsentscheidung ohne lange Abwägungen zuwiderläuft. In dieser Tendenz (ein Beispiel ist das Wohnbauerleichterungsgesetz) steckt jedoch das Risiko, überstürzt falsche, energieverschwendende Strukturen für die nächsten Jahrzehnte zu zementieren. Damit würde der Strukturwandel noch weiter erschwert.

Besonders neu und revolutionär sind die vorgestellten Ansätze nicht. Manche Mitbürger müßten zwar im Falle einer Realisierung etwas Federn lassen, im wesentlichen allerdings solche, die ihnen bei rechtem Licht betrachtet auch kaum zustehen. Insgesamt wären die Konsequenzen aber doch recht erträglich. Trotzdem dürfte unübersehbar sein, daß mit einem Ansatz entsprechend den skizzierten zehn Schritten ein Einstieg in eine andere Verkehrswelt gefunden werden könnte.

Wir können und wollen hier nicht argumentieren und ausrechnen, wieviel Verkehrstote man damit »einsparen« könnte, um wieviel man die CO_2-Emissionen mindern und wie sehr man die öffentlichen Haushalte entlasten würde; das hängt von der genauen Ausgestaltung und den weiteren Rahmenbedingungen ab. Auf jeden Fall wäre der Effekt wohl beträchtlich. Wichtiger aber ist uns: Mit diesen zehn Schritten – und es dürfen auch neun oder zwölf sein – kann ein praktischer Anfang gemacht werden mit einer verträglicheren Verkehrsgestaltung, die allen, oder zumindest fast allen, Vorteile bietet.

»Sapere aude! Habe Mut, dich deines eigenen Verstandes zu bedienen«, ruft uns Kant in dem berühmten Aufsatz »Was ist Aufklärung« zu; wir müssen nicht wie das Kaninchen vor der Schlange verharren – oder, ganz real, mit einer immer unwirtlicheren Wirklichkeit per Fernseher und

Windschutzscheibe kommunizieren. Wir können unsere Wirklichkeit auch nach reiflicher Überlegung mehr nach unseren Wünschen und Möglichkeiten einrichten. Also fangen wir doch damit an.

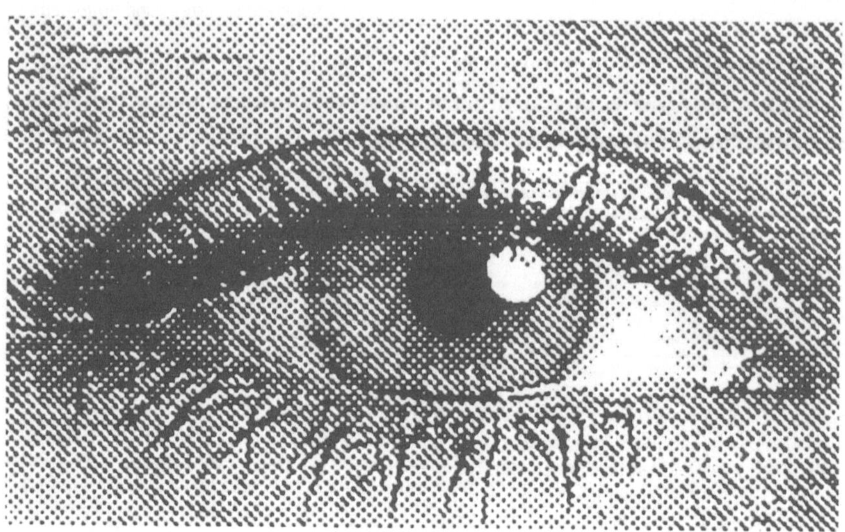

Im Blickpunkt...

Harry Lehmann, Torsten Reetz
Zukunftsenergien
Strategien einer neuen
Energiepolitik

288 Seiten. Broschur.
DM 29.80
ISBN 3-7643-5144-6

Ernst. U. von Weizsäcker
**Umweltstandort
Deutschland**
Argumente gegen die
ökologische Phantasielosigkeit

344 Seiten. Broschur.
DM 19.80
ISBN 3-7643-5057-1

Friedrich Schmidt-Bleek
**Wieviel Umwelt braucht
der Mensch?**
MIPS – Das Maß
für ökologisches Wirtschaften

302 Seiten. Gebunden.
DM 49.80
ISBN 3-7643-2959-9

...Ihres Interesses stehen
Themen wie erneuerbare
Energien, neue Wohlstands-
modelle, Verkehrskonzepte
für die Zukunft und Least-
Cost-Planning. Das sind nur
einige Themen, die der
Birkhäuser Verlag in enger
Kooperation mit dem
Wuppertal Institut für Klima,
Umwelt und Energie in
Buchform herausgibt.

Schreiben Sie uns!
Wir senden Ihnen umgehend
ausführliche und detaillierte
Informationen zu unserem
Programm.

Birkhäuser Verlag AG
Klosterberg 23
CH-4010 Basel / Schweiz
Telefon: +41 / 61 / 271 74 00
Telefax: +41 / 61 / 271 76 66

Birkhäuser 

Birkhäuser Verlag AG
Basel · Boston · Berlin